线性代数历年考题汇编及答案详解

主　编　刘春林　屈龙江

副主编　陈　挚　钱　旭

编　者　文　军　海　昕　杨　涌

国防科技大学出版社

·长沙·

图书在版编目(CIP)数据

线性代数历年考题汇编及答案详解/刘春林，屈龙江主编. —长沙：国防科技大学出版社，2024.1

ISBN 978－7－5673－0603－5

Ⅰ.①线… Ⅱ.①刘… ②屈… Ⅲ.①线性代数—高等学校—习题集 Ⅳ.①O151.2－44

中国国家版本馆 CIP 数据核字（2023）第 243234 号

线性代数历年考题汇编及答案详解

XIANXING DAISHU LINIAN KAOTI HUIBIAN JI DA'AN XIANGJIE

主　　编：刘春林　屈龙江

责任编辑：吉志发

责任校对：马乙群

出版发行：国防科技大学出版社　　地　　址：长沙市开福区德雅路 109 号

邮政编码：410073　　电　　话：(0731) 87028022

印　　制：国防科技大学印刷厂　　开　　本：787×1092　1/16

印　　张：14.5　　字　　数：344 千字

版　　次：2024 年 1 月第 1 版　　印　　次：2024 年 1 月第 1 次

书　　号：ISBN 978－7－5673－0603－5

定　　价：42.00 元

网址：https://www.nudt.edu.cn/press/

前 言

古人云“以史为鉴”。大学数学课程的建设与教学亦不例外。本书意在对国防科技大学线性代数课程的近年期末考试题进行收集、整理，汇编成册，达到“利于学生、利于学校、利于课程组”的目的，在一定程度上推动“传承和创新”，实现“继往开来”。

古人又云“悠悠十二载”。本书收集国防科技大学最近12年（即2010年—2021年）的线性代数课程期末考试题，含（A）卷与（B）卷。

本书的主体结构有两大部分，一是期末考试题汇编，列出了上述年份的期末考试题，此为“史”的作用；二是详细解答，给出了各道试题的详细答案和解题分析过程，可以方便读者的自学自用，此为“鉴”的作用。在历年的考试组织过程中，每份试卷提供了一份参考答案，针对选择题和填空题等客观题给出了答案，针对计算与证明题给出了答案以及详细解答步骤。为了利于读者使用本教学资源，在本次汇编过程中编写组在原来参考答案的基础上增加了客观题的详细解答分析过程。此外，也对计算与证明题的详细解答步骤进行了一定的修改完善。

在过去的12年中，我校的线性代数课程期末考试出题出现了几个不同的模式，一直处于不断的探索过程中：（1）采用试题库形式（2010年—2014年），2010年由课程负责人冯良贵教授牵头，谢政教授、谢端强教授、李超教授、戴清平副教授、陈挚副教授等人参与，一次性共同研制了多套试题，每套试题分别进行密封保存，在后来的各学年分别使用时，随机选取一套试题，开启密封条，用于期末考试；（2）采用委托指定命题形式（2015年、2017年、2018年及2019年），由课程组指定一名资深任课教员拟制当年的（A）（B）卷，再由课程组的其他成员进行核查校对，反复多次修改，共同完成试题，在此期间参与试题拟制的有谢端强教授、刘春林副教授、陈挚副教授、杨涌副教授，参与核查校对的有刘春林副教授、屈龙江教授等；（3）采用第三方出题形式（2016年），由学校出面，邀请国内名校出题，校内课程组和任课教员不参与试题研制的任何环节；（4）采用集体组题形式（2020年秋季、2021年春季、2021年秋季），由刘春林副教授、屈龙江教授、陈挚副教授、钱旭副教授、文军副教授、海昕副教授等人在授课学期后半段，每人分别拟制一部分试题，然后组合出当学期的期末考试题。此外，我校线性代数课程在2019年秋季学期、2020年秋季学期开设了双语课程试点，期末考试试卷采用英文形式，相应的期末考试题未列入本书收集范围。

本书在编写过程中，得到了我校2015年6月之前的线性代数课程负责人冯良贵教授的支持，也得到了参与2010年至2014年期末考试题编写工作的其他多位老师（谢政教授、谢端强教授、李超教授、戴清平副教授等）的支持，还得到了数学系其他同仁的支持，在此一并表示感谢。

本书编写前后耗时近2年，编写组虽已反复校正修改，但纰漏之处在所难免，恳请各位专家和读者批评指正。

笔者

2023年9月

目　录

2010—2011学年秋季学期(A)卷

一、单选题(共6小题，每小题3分，共18分)

1. 设$\boldsymbol{A}$为n阶可逆矩阵，$\boldsymbol{A}$的第二行乘以2为矩阵$\boldsymbol{B}$，则 (　　)

(A)$\boldsymbol{A}^{-1}$的第二行乘以2为$\boldsymbol{B}^{-1}$　　(B)$\boldsymbol{A}^{-1}$的第二列乘以2为$\boldsymbol{B}^{-1}$

(C)$\boldsymbol{A}^{-1}$的第二行乘以$\frac{1}{2}$为$\boldsymbol{B}^{-1}$　　(D)$\boldsymbol{A}^{-1}$的第二列乘以$\frac{1}{2}$为$\boldsymbol{B}^{-1}$

2. 设向量组$\boldsymbol{\alpha}_1$，$\boldsymbol{\alpha}_2$，$\boldsymbol{\alpha}_3$线性无关，$\boldsymbol{\alpha}_2$，$\boldsymbol{\alpha}_3$，$\boldsymbol{\alpha}_4$线性相关，则以下命题中错误的是 (　　)

(A)$\boldsymbol{\alpha}_1$不能被$\boldsymbol{\alpha}_2$，$\boldsymbol{\alpha}_3$，$\boldsymbol{\alpha}_4$线性表示　　(B)$\boldsymbol{\alpha}_2$不能被$\boldsymbol{\alpha}_1$，$\boldsymbol{\alpha}_3$，$\boldsymbol{\alpha}_4$线性表示

(C)$\boldsymbol{\alpha}_4$能被$\boldsymbol{\alpha}_1$，$\boldsymbol{\alpha}_2$，$\boldsymbol{\alpha}_3$线性表示　　(D)$\boldsymbol{\alpha}_1$，$\boldsymbol{\alpha}_2$，$\boldsymbol{\alpha}_3$，$\boldsymbol{\alpha}_4$线性相关

3. 设$\boldsymbol{A}=[a_{ij}]_{n\times n}$，则二次型$f(x_1, x_2, \cdots, x_n)=\sum_{i=1}^{n}(a_{i1}x_1+a_{i2}x_2+\cdots+a_{in}x_n)^2$的矩阵为 (　　)

(A)$\boldsymbol{A}$　　(B)$\boldsymbol{A}^2$　　(C)$\boldsymbol{A}^{\mathrm{T}}\boldsymbol{A}$　　(D)$\boldsymbol{A}\boldsymbol{A}^{\mathrm{T}}$

4. 设$\boldsymbol{A}$，$\boldsymbol{B}$均为4阶方阵，且$\mathrm{rank}\boldsymbol{A}=4$，$\mathrm{rank}\boldsymbol{B}=3$，$\boldsymbol{A}$，$\boldsymbol{B}$的伴随矩阵分别为$\boldsymbol{A}^*$，$\boldsymbol{B}^*$，则$\mathrm{rank}(\boldsymbol{A}^*\boldsymbol{B}^*)$等于 (　　)

(A)1　　(B)2　　(C)3　　(D)4

5. 已知$\boldsymbol{\alpha}_1$，$\boldsymbol{\alpha}_2$，$\boldsymbol{\alpha}_3$，$\boldsymbol{\alpha}_4$是向量空间V的一个基，则以下向量组中也是V的基的是 (　　)

(A)$\boldsymbol{\alpha}_1+\boldsymbol{\alpha}_2$，$\boldsymbol{\alpha}_2+\boldsymbol{\alpha}_3$，$\boldsymbol{\alpha}_3+\boldsymbol{\alpha}_4$，$\boldsymbol{\alpha}_4+\boldsymbol{\alpha}_1$　　(B)$\boldsymbol{\alpha}_1-\boldsymbol{\alpha}_2$，$\boldsymbol{\alpha}_2-\boldsymbol{\alpha}_3$，$\boldsymbol{\alpha}_3-\boldsymbol{\alpha}_4$，$\boldsymbol{\alpha}_4-\boldsymbol{\alpha}_1$

(C)$\boldsymbol{\alpha}_1+\boldsymbol{\alpha}_2$，$\boldsymbol{\alpha}_2+\boldsymbol{\alpha}_3$，$\boldsymbol{\alpha}_3+\boldsymbol{\alpha}_4$，$\boldsymbol{\alpha}_4-\boldsymbol{\alpha}_1$　　(D)$\boldsymbol{\alpha}_1+\boldsymbol{\alpha}_2$，$\boldsymbol{\alpha}_2+\boldsymbol{\alpha}_3$，$\boldsymbol{\alpha}_3-\boldsymbol{\alpha}_4$，$\boldsymbol{\alpha}_4-\boldsymbol{\alpha}_1$

6. 设3阶方阵$\boldsymbol{A}$的三个特征值为$\lambda_1=0$，$\lambda_2=3$，$\lambda_3=-6$，对应于λ_1的特征向量为$\boldsymbol{x}_1=(1, 0, -1)^{\mathrm{T}}$，对应于$\lambda_2$的特征向量为$\boldsymbol{x}_2=(2, 1, 1)^{\mathrm{T}}$，记向量$\boldsymbol{x}_3=\boldsymbol{x}_1+\boldsymbol{x}_2$，则 (　　)

(A)$\boldsymbol{x}_3$是对应于特征值$\lambda_1=0$的特征向量

(B)$\boldsymbol{x}_3$是对应于特征值$\lambda_2=3$的特征向量

(C)$\boldsymbol{x}_3$是对应于特征值$\lambda_3=-6$的特征向量

(D)$\boldsymbol{x}_3$不是$\boldsymbol{A}$的特征向量

二、填空题(共6小题，每小题3分，共18分)

1. 设$\boldsymbol{\alpha}_1$，$\boldsymbol{\alpha}_2$，$\boldsymbol{\alpha}_3$是欧氏空间的标准正交基，则向量$2\boldsymbol{\alpha}_1-\boldsymbol{\alpha}_2+3\boldsymbol{\alpha}_3$的长度为______.

2. 设矩阵 $\mathbf{A}=\begin{bmatrix}\frac{2}{3} & \frac{1}{\sqrt{2}} & \frac{1}{3\sqrt{2}}\\ a & b & \frac{-4}{3\sqrt{2}}\\ \frac{2}{3} & \frac{-1}{\sqrt{2}} & \frac{1}{3\sqrt{2}}\end{bmatrix}$ 为正交矩阵，则 $ab=$______.

3. 若实二次型 $f(x_1, x_2, x_3)=x_1^2+2\lambda x_1x_2-2x_1x_3+4x_2^2+4x_2x_3+4x_3^2$ 为正定二次型，则 λ 的取值范围为______________.

4. 已知 $\boldsymbol{\alpha}_1$，$\boldsymbol{\alpha}_2$ 是非齐次线性方程组 $\mathbf{A}_{2\times3}\boldsymbol{x}=\boldsymbol{b}$ 的两个线性无关的解，且 $\mathrm{rank}\mathbf{A}=2$. 若 $\boldsymbol{\alpha}=k\boldsymbol{\alpha}_1+l\boldsymbol{\alpha}_2$ 是方程组 $\mathbf{A}\boldsymbol{x}=\boldsymbol{b}$ 的通解，则常数 k，l 须满足关系式__________.

5. 设 $\mathbf{A}$ 为 n 阶实对称矩阵，且 $\mathbf{A}^2+2\mathbf{A}-3\mathbf{E}=\mathbf{0}$，$\lambda=1$ 是 $\mathbf{A}$ 的一重特征值，则行列式 $|\mathbf{A}+2\mathbf{E}|=$__________.

6. 设 $\mathbf{A}$ 为 n 阶可逆矩阵，且每一行元素之和都等于常数 $a\neq0$，则 $\mathbf{A}$ 的逆矩阵的每一行元素之和为________.

三、计算与证明题(共 6 小题，共 64 分)

1. (10 分)计算 n 阶行列式 $D=\begin{vmatrix}1 & 2 & \cdots & n-1 & n+x_n\\ 1 & 2 & \cdots & (n-1)+x_{n-1} & n\\ \vdots & \vdots & & \vdots & \vdots\\ 1 & 2+x_2 & \cdots & n-1 & n\\ 1+x_1 & 2 & \cdots & n-1 & n\end{vmatrix}$，其中 $x_i\neq0$，$i=1, 2, \cdots, n$.

2. (10 分)设 3 阶方阵 $\mathbf{A}$，$\mathbf{B}$ 满足方程 $\mathbf{A}^2\mathbf{B}-\mathbf{A}-\mathbf{B}=\mathbf{E}$，试求矩阵 $\mathbf{B}$，其中 $\mathbf{A}=\begin{bmatrix}1 & 0 & 1\\ 0 & 2 & 0\\ -2 & 0 & 1\end{bmatrix}$.

3. (10 分)判定向量组 $\boldsymbol{\alpha}_1=\begin{bmatrix}1\\1\\2\\3\end{bmatrix}$，$\boldsymbol{\alpha}_2=\begin{bmatrix}1\\-1\\1\\1\end{bmatrix}$，$\boldsymbol{\alpha}_3=\begin{bmatrix}1\\3\\3\\5\end{bmatrix}$，$\boldsymbol{\alpha}_4=\begin{bmatrix}4\\-2\\5\\7\end{bmatrix}$，$\boldsymbol{\alpha}_5=\begin{bmatrix}-3\\-1\\-5\\-8\end{bmatrix}$ 的线性相关性，求其一个极大线性无关组，并将其余向量用该极大线性无关组线性表示.

4. (10 分)设线性方程组为 $\begin{cases}x_1-3x_2-x_3=0,\\ x_1-4x_2+ax_3=b,\\ 2x_1-x_2+3x_3=5,\end{cases}$ 问：a，b 取何值时，方程组无解、有唯一解、有无穷多解？在有无穷多解时求出其通解.

5. (12 分)已知实二次型 $f(x_1, x_2, x_3)=2x_1x_2+2x_2x_3+2x_3x_1$，求正交变换 $\boldsymbol{x}=\boldsymbol{Q}\boldsymbol{y}$，将二次型 $f(x_1, x_2, x_3)$ 化为标准形，并写出正交变换 $\boldsymbol{x}=\boldsymbol{Q}\boldsymbol{y}$.

6. (12 分)设 $\mathbf{A}$ 是 $m\times n$ 实矩阵，$\boldsymbol{\beta}\neq\mathbf{0}$ 是 m 维实列向量，证明：

(1) $\mathrm{rank}\mathbf{A}=\mathrm{rank}(\mathbf{A}^{\mathrm{T}}\mathbf{A})$；(2) 线性方程组 $\mathbf{A}^{\mathrm{T}}\mathbf{A}\boldsymbol{x}=\mathbf{A}^{\mathrm{T}}\boldsymbol{\beta}$ 有解.

2010—2011 学年秋季学期(B)卷

一、单选题(共 6 小题，每小题 3 分，共 18 分)

1. 若齐次线性方程组$\begin{cases} kx_1+x_2+x_3=0, \\ x_1+kx_2-x_3=0, \\ 2x_1-x_2+x_3=0 \end{cases}$仅有零解，则 (　　)

(A) $k=4$ 或 $k=-1$　　(B) $k=-4$ 或 $k=1$

(C) $k\neq 4$ 且 $k\neq -1$　　(D) $k\neq -4$ 且 $k\neq 1$

2. 向量组 $\boldsymbol{\alpha}_1, \boldsymbol{\alpha}_2, \cdots, \boldsymbol{\alpha}_s (s\geqslant 2)$ 线性无关的充分必要条件是 (　　)

(A) $\boldsymbol{\alpha}_1, \boldsymbol{\alpha}_2, \cdots, \boldsymbol{\alpha}_s$ 都不是零向量

(B) 任意两个向量的分量不成比例

(C) 至少有一个向量不可由其余向量线性表示

(D) 向量组中每一个向量均不能由其余向量线性表示

3. 设 $\boldsymbol{A}, \boldsymbol{B}$ 均为 n 阶方阵，则下列命题中成立的是 (　　)

(A) $(\boldsymbol{A}+\boldsymbol{B})^2=\boldsymbol{A}^2+2\boldsymbol{AB}+\boldsymbol{B}^2$

(B) $(\boldsymbol{AB})^{\mathrm{T}}=\boldsymbol{A}^{\mathrm{T}}\boldsymbol{B}^{\mathrm{T}}$

(C) 设 $\boldsymbol{AB}=\boldsymbol{0}$，则 $\boldsymbol{A}=\boldsymbol{0}$ 或 $\boldsymbol{B}=\boldsymbol{0}$

(D) 若 $|\boldsymbol{A}+\boldsymbol{AB}|=0$，则 $|\boldsymbol{A}|=0$ 或 $|\boldsymbol{E}+\boldsymbol{B}|=0$

4. 设 $\boldsymbol{A}$ 为 n 阶方阵，且 $\boldsymbol{A}^2+\boldsymbol{A}-5\boldsymbol{E}=\boldsymbol{0}$，则 $\boldsymbol{A}+2\boldsymbol{E}$ 的逆矩阵为 (　　)

(A) $\boldsymbol{A}-\boldsymbol{E}$　　(B) $\boldsymbol{A}+\boldsymbol{E}$

(C) $\frac{1}{3}(\boldsymbol{A}-\boldsymbol{E})$　　(D) $\frac{1}{3}(\boldsymbol{A}+\boldsymbol{E})$

5. 设 $\boldsymbol{A}$ 为 $m\times n$ 矩阵，则 (　　)

(A) 若 $m<n$，则 $\boldsymbol{Ax}=\boldsymbol{b}$ 有无穷多解

(B) 若 $\boldsymbol{A}$ 有 n 阶子式不为零，则 $\boldsymbol{Ax}=\boldsymbol{0}$ 仅有零解

(C) 若 $\boldsymbol{A}$ 有 n 阶子式不为零，则 $\boldsymbol{Ax}=\boldsymbol{b}$ 有唯一解

(D) 若 $m<n$，则 $\boldsymbol{Ax}=\boldsymbol{0}$ 有非零解，且基础解系含有 $n-m$ 个线性无关解向量

6. 若 n 阶矩阵 $\boldsymbol{A}, \boldsymbol{B}$ 有相同的特征值，且各有 n 个线性无关的特征向量，则 (　　)

(A) $\boldsymbol{A}$ 与 $\boldsymbol{B}$ 相似　　(B) $\boldsymbol{A}\neq\boldsymbol{B}$，但 $|\boldsymbol{A}-\boldsymbol{B}|=0$

(C) $\boldsymbol{A}=\boldsymbol{B}$　　(D) $\boldsymbol{A}$ 与 $\boldsymbol{B}$ 不一定相似，但 $|\boldsymbol{A}|=|\boldsymbol{B}|$

二、填空题(共 6 小题，每小题 3 分，共 18 分)

1. 设 $\boldsymbol{A}$ 是 $m\times n$ 矩阵，$\boldsymbol{B}$ 是 $n\times m$ 矩阵，$\boldsymbol{E}$ 是 m 阶单位矩阵，若 $\boldsymbol{AB}=\boldsymbol{E}$，则 $\mathrm{rank}\boldsymbol{A}+$

$\text{rank}\boldsymbol{B}=$ ________.

2. 已知 $\boldsymbol{\eta}_1$, $\boldsymbol{\eta}_2$, $\boldsymbol{\eta}_3$ 是四元非齐次线性方程组 $\boldsymbol{Ax}=\boldsymbol{b}$ 的三个解，其中 $\text{rank}\boldsymbol{A}=3$，$\boldsymbol{\eta}_1=(1, 2, 3, 4)^{\mathrm{T}}$，$\boldsymbol{\eta}_2+\boldsymbol{\eta}_3=(4, 4, 4, 4)^{\mathrm{T}}$，则方程组 $\boldsymbol{Ax}=\boldsymbol{b}$ 的通解为________.

3. 若 n 阶方阵 $\boldsymbol{A}$ 有一个特征值2，则 $|2\boldsymbol{E}-\boldsymbol{A}|=$ ________.

4. 如果二次型 $f(x_1, x_2, x_3)=x_1^2+x_2^2+5x_3^2+2tx_1x_2-2x_1x_3+4x_2x_3$ 是正定的，则 t 的取值范围是________.

5. 设 $\boldsymbol{A}$ 为4阶实对称矩阵，且 $\boldsymbol{A}^2+4\boldsymbol{A}=\boldsymbol{0}$，若 $\boldsymbol{A}$ 的秩为3，则二次型 $\boldsymbol{x}^{\mathrm{T}}\boldsymbol{Ax}$ 在正交变换下的标准形为________.

6. 已知向量组 $\boldsymbol{\alpha}_1=(1, 1, 1)^{\mathrm{T}}$，$\boldsymbol{\alpha}_2=(1, 2, 3)^{\mathrm{T}}$，$\boldsymbol{\alpha}_3=(1, 3, t-2)^{\mathrm{T}}$ 的秩为2，则 $t=$ ________.

三、计算与证明题(共6小题，共64分)

1. (10分)计算 n 阶行列式 $D_n=\begin{vmatrix} x_1 & a_2 & a_3 & \cdots & a_n \\ a_1 & x_2 & a_3 & \cdots & a_n \\ a_1 & a_2 & x_3 & \cdots & a_n \\ \vdots & \vdots & \vdots & & \vdots \\ a_1 & a_2 & a_3 & \cdots & x_n \end{vmatrix}$，其中 $x_i\neq a_i$，$i=1, 2, \cdots, n$.

2. (10分)设 $\boldsymbol{A}$，$\boldsymbol{B}$ 满足 $\boldsymbol{A}^*\boldsymbol{BA}=2\boldsymbol{BA}-8\boldsymbol{E}$，其中 $\boldsymbol{E}$ 为单位矩阵，$\boldsymbol{A}^*$ 为 $\boldsymbol{A}$ 的伴随矩阵，且 $\boldsymbol{A}=\begin{bmatrix} 1 & 0 & 0 \\ 0 & -2 & 0 \\ 0 & 0 & 1 \end{bmatrix}$，求矩阵 $\boldsymbol{B}$.

3. (10分)已知向量空间 $\mathbf{R}^3$ 的基 $\boldsymbol{\alpha}_1$，$\boldsymbol{\alpha}_2$，$\boldsymbol{\alpha}_3$ 到基 $\boldsymbol{\beta}_1$，$\boldsymbol{\beta}_2$，$\boldsymbol{\beta}_3$ 的过渡矩阵为 $\boldsymbol{P}$，且 $\boldsymbol{\alpha}_1=\begin{bmatrix} 1 \\ 0 \\ 1 \end{bmatrix}$，$\boldsymbol{\alpha}_2=\begin{bmatrix} 0 \\ 1 \\ 0 \end{bmatrix}$，$\boldsymbol{\alpha}_3=\begin{bmatrix} 1 \\ 2 \\ 2 \end{bmatrix}$，$\boldsymbol{P}=\begin{bmatrix} 2 & 2 & 1 \\ 3 & 2 & -2 \\ 4 & 3 & 0 \end{bmatrix}$. 试求出在基 $\boldsymbol{\alpha}_1$，$\boldsymbol{\alpha}_2$，$\boldsymbol{\alpha}_3$ 与 $\boldsymbol{\beta}_1$，$\boldsymbol{\beta}_2$，$\boldsymbol{\beta}_3$ 下有相同坐标的全体向量.

4. (10分) 设 $\boldsymbol{A}$ 为 n 阶方阵，已知 n 维列向量组 $\boldsymbol{\alpha}_1$，$\boldsymbol{\alpha}_2$，$\cdots$，$\boldsymbol{\alpha}_s$，$\boldsymbol{\beta}_1$，$\boldsymbol{\beta}_2$，$\cdots$，$\boldsymbol{\beta}_t$ 线性无关，并且 $\boldsymbol{\alpha}_1$，$\boldsymbol{\alpha}_2$，$\cdots$，$\boldsymbol{\alpha}_s$ 是齐次线性方程组 $\boldsymbol{Ax}=\boldsymbol{0}$ 的基础解系. 证明 $\boldsymbol{A\beta}_1$，$\boldsymbol{A\beta}_2$，$\cdots$，$\boldsymbol{A\beta}_t$ 线性无关.

5. (12分)设 $\boldsymbol{A}$ 为 n 阶方阵，证明 $\boldsymbol{A}^2=\boldsymbol{A}$ 的充分必要条件是 $\text{rank}\boldsymbol{A}+\text{rank}(\boldsymbol{A}-\boldsymbol{E})=n$.

6. (12分)已知线性方程组

$$\begin{cases} x_1+x_2+x_3=1, \\ 2x_1+(a+2)x_2+(a+1)x_3=a+3, \\ x_1+2x_2+ax_3=3 \end{cases}$$

有无穷多解，$\boldsymbol{A}$ 为3阶方阵，$\boldsymbol{\alpha}_1=(1, a, 0)^{\mathrm{T}}$，$\boldsymbol{\alpha}_2=(-a, 1, 0)^{\mathrm{T}}$，$\boldsymbol{\alpha}_3=(0, 0, a)^{\mathrm{T}}$ 为 $\boldsymbol{A}$ 的属于特征值 $\lambda_1=1$，$\lambda_2=-2$，$\lambda_3=-1$ 的特征向量，求矩阵 $\boldsymbol{A}$.

2011—2012 学年秋季学期(A)卷

一、单选题(共 6 小题,每小题 3 分,共 18 分)

1. 设 $\boldsymbol{A}=\begin{bmatrix}1 & 2\\4 & 3\end{bmatrix}$, $\boldsymbol{B}=\begin{bmatrix}a & 1\\2 & b\end{bmatrix}$, $\boldsymbol{A}$ 与 $\boldsymbol{B}$ 可交换的充要条件是 (　　)

(A) $a=b-1$　　(B) $a=b+1$　　(C) $a=b$　　(D) $a=2b$

2. 设 n 阶非零矩阵 $\boldsymbol{A}$ 满足 $\boldsymbol{A}^3=\boldsymbol{O}$, 则 (　　)

(A) $\boldsymbol{E}-\boldsymbol{A}$ 不可逆, $\boldsymbol{E}+\boldsymbol{A}$ 不可逆　　(B) $\boldsymbol{E}-\boldsymbol{A}$ 可逆, $\boldsymbol{E}+\boldsymbol{A}$ 不可逆

(C) $\boldsymbol{E}-\boldsymbol{A}$ 不可逆, $\boldsymbol{E}+\boldsymbol{A}$ 可逆　　(D) $\boldsymbol{E}-\boldsymbol{A}$ 可逆, $\boldsymbol{E}+\boldsymbol{A}$ 可逆

3. 设 $\boldsymbol{A}$, $\boldsymbol{B}$ 均为 $m\times n$ 矩阵, 给定下面四个命题

① 若 $\boldsymbol{Ax}=\boldsymbol{0}$ 的解均是 $\boldsymbol{Bx}=\boldsymbol{0}$ 的解, 则 $\mathrm{rank}\boldsymbol{A}\geqslant\mathrm{rank}\boldsymbol{B}$;

② 若 $\mathrm{rank}\boldsymbol{A}\geqslant\mathrm{rank}\boldsymbol{B}$, 则 $\boldsymbol{Ax}=\boldsymbol{0}$ 的解均是 $\boldsymbol{Bx}=\boldsymbol{0}$ 的解;

③ 若 $\boldsymbol{Ax}=\boldsymbol{0}$ 与 $\boldsymbol{Bx}=\boldsymbol{0}$ 同解, 则 $\mathrm{rank}\boldsymbol{A}=\mathrm{rank}\boldsymbol{B}$;

④ 若 $\mathrm{rank}\boldsymbol{A}=\mathrm{rank}\boldsymbol{B}$, 则 $\boldsymbol{Ax}=\boldsymbol{0}$ 与 $\boldsymbol{Bx}=\boldsymbol{0}$ 同解.

则上述命题正确的是 (　　)

(A) ①②　　(B) ①③　　(C) ②④　　(D) ③④

4. 设 n 阶可逆矩阵 $\boldsymbol{A}$ 的伴随矩阵为 $\boldsymbol{A}^*$, $n\geqslant 2$, 互换 $\boldsymbol{A}$ 的第一行与第二行得到矩阵 $\boldsymbol{B}$, 则 (　　)

(A) 互换 $\boldsymbol{A}^*$ 的第一列与第二列得到 $\boldsymbol{B}^*$

(B) 互换 $\boldsymbol{A}^*$ 的第一行与第二行得到 $\boldsymbol{B}^*$

(C) 互换 $\boldsymbol{A}^*$ 的第一列与第二列得到 $-\boldsymbol{B}^*$

(D) 互换 $\boldsymbol{A}^*$ 的第一行与第二行得到 $-\boldsymbol{B}^*$

5. 已知 $\boldsymbol{\eta}_1$, $\boldsymbol{\eta}_2$ 是非齐次线性方程组 $\boldsymbol{Ax}=\boldsymbol{b}$ 的两个不同解, $\boldsymbol{\xi}_1$, $\boldsymbol{\xi}_2$ 是对应的齐次线性方程组 $\boldsymbol{Ax}=\boldsymbol{0}$ 的基础解系, k_1, k_2 为任意常数, 则 $\boldsymbol{Ax}=\boldsymbol{b}$ 的通解是 (　　)

(A) $k_1\boldsymbol{\xi}_1+k_2(\boldsymbol{\xi}_1+\boldsymbol{\xi}_2)+\dfrac{\boldsymbol{\eta}_1-\boldsymbol{\eta}_2}{2}$　　(B) $k_1\boldsymbol{\xi}_1+k_2(\boldsymbol{\xi}_1-\boldsymbol{\xi}_2)+\dfrac{\boldsymbol{\eta}_1+\boldsymbol{\eta}_2}{2}$

(C) $k_1\boldsymbol{\xi}_1+k_2(\boldsymbol{\eta}_1+\boldsymbol{\eta}_2)+\dfrac{\boldsymbol{\eta}_1-\boldsymbol{\eta}_2}{2}$　　(D) $k_1\boldsymbol{\xi}_1+k_2(\boldsymbol{\eta}_1-\boldsymbol{\eta}_2)+\dfrac{\boldsymbol{\eta}_1+\boldsymbol{\eta}_2}{2}$

6. 已知 $\boldsymbol{A}$ 是 4 阶矩阵, 且 $\mathrm{rank}(3\boldsymbol{E}-\boldsymbol{A})=2$, 则 $\lambda=3$ 是 $\boldsymbol{A}$ 的 (　　)

(A) 一重特征值　　(B) 二重特征值

(C) k 重特征值, $k\geqslant 2$　　(D) k 重特征值, $k\leqslant 2$

二、填空题(共6小题，每小题3分，共18分)

1. 已知3阶矩阵$A=\begin{bmatrix}1&0&1\\0&2&0\\1&0&1\end{bmatrix}$，且正整数$n\geqslant 2$，则$A^n-2A^{n-1}=$________.

2. 已知矩阵A的逆矩阵$A^{-1}=\begin{bmatrix}0&0&2\\3&1&0\\5&2&0\end{bmatrix}$，则$\left(\frac{1}{2}A^*\right)^{-1}=$__________.

3. 已知4阶矩阵A和B的列向量组分别为$\boldsymbol{\alpha}_1$，$\boldsymbol{\alpha}_2$，$\boldsymbol{\alpha}_3$，$\boldsymbol{\alpha}_4$和$\boldsymbol{\beta}$，$\boldsymbol{\alpha}_2$，$\boldsymbol{\alpha}_3$，$\boldsymbol{\alpha}_4$，且$|A|=4$，$|B|=1$，则$|A+B|=$________.

4. 设$A=[a_{ij}]_{3\times 3}$是正交矩阵，且$b=(1,0,0)^{\mathrm{T}}$，$a_{11}=1$，则$Ax=b$有一个解是______________.

5. 设n阶实对称矩阵A的特征值为$\frac{1}{n}$，$\frac{2}{n}$，$\cdots$，1，则当λ________时，$A-\lambda E$为正定矩阵.

6. 线性空间$V=\{A\in\mathbf{R}^{n\times n}\,|\,A$为反对称矩阵$\}$的维数为________.

三、计算与证明题(共6小题，共64分)

1. (10分)计算n阶行列式$|A|=\begin{vmatrix}1&2&3&\cdots&n\\x&1&2&\cdots&n-1\\x&x&1&\cdots&n-2\\\vdots&\vdots&\vdots&&\vdots\\x&x&x&\cdots&1\end{vmatrix}$.

2. (10分)设$A=\begin{bmatrix}1&1&-1\\-1&1&1\\1&-1&1\end{bmatrix}$，$A^*X=A^{-1}+2X$，求矩阵$X$.

3. (10分)已知齐次线性方程组(Ⅰ)的基础解系为$\boldsymbol{\alpha}_1=\begin{bmatrix}1\\2\\5\\7\end{bmatrix}$，$\boldsymbol{\alpha}_2=\begin{bmatrix}3\\-1\\1\\7\end{bmatrix}$，$\boldsymbol{\alpha}_3=\begin{bmatrix}2\\3\\4\\20\end{bmatrix}$，齐次线性方程组(Ⅱ)的基础解系为$\boldsymbol{\beta}_1=\begin{bmatrix}1\\4\\7\\1\end{bmatrix}$，$\boldsymbol{\beta}_2=\begin{bmatrix}1\\-3\\-4\\2\end{bmatrix}$，试求方程组(Ⅰ)和(Ⅱ)的公共解.

4. (10分)设$\boldsymbol{p}_1$，$\boldsymbol{p}_2$分别是n阶矩阵A对应于特征值λ_1，λ_2的特征向量，$\lambda_1\neq\lambda_2$，请证明$\boldsymbol{p}_1+\boldsymbol{p}_2$必不是$A$的特征向量.

5. (12 分)设$\boldsymbol{\alpha}_1=\begin{bmatrix}1\\0\\2\end{bmatrix}$, $\boldsymbol{\alpha}_2=\begin{bmatrix}1\\1\\3\end{bmatrix}$, $\boldsymbol{\alpha}_3=\begin{bmatrix}1\\-1\\a\end{bmatrix}$, $\boldsymbol{\beta}_1=\begin{bmatrix}1\\0\\a+1\end{bmatrix}$, $\boldsymbol{\beta}_2=\begin{bmatrix}2\\1\\2a\end{bmatrix}$, $\boldsymbol{\beta}_3=\begin{bmatrix}1\\2\\-2\end{bmatrix}$.
试问:当 a 为何值时, 向量组 $\boldsymbol{\alpha}_1$, $\boldsymbol{\alpha}_2$, $\boldsymbol{\alpha}_3$ 与向量组 $\boldsymbol{\beta}_1$, $\boldsymbol{\beta}_2$, $\boldsymbol{\beta}_3$ 等价? 当 a 为何值时, 向量组 $\boldsymbol{\alpha}_1$, $\boldsymbol{\alpha}_2$, $\boldsymbol{\alpha}_3$ 与向量组 $\boldsymbol{\beta}_1$, $\boldsymbol{\beta}_2$, $\boldsymbol{\beta}_3$ 不等价?

6. (12 分)已知二次型$f(x_1, x_2, x_3)=ax_1^2+ax_2^2+6x_3^2+8x_1x_2-4x_1x_3+4x_2x_3(a>0)$通过正交变换可以化为标准形 $7y_1^2+7y_2^2-2y_3^2$, 求参数 a 及所用的正交变换.

2011—2012 学年秋季学期(B)卷

一、单选题(共 6 小题，每小题 3 分，共 18 分)

1. 设 $\boldsymbol{A}$ 是 3 阶矩阵，将 $\boldsymbol{A}$ 的第二行加到第一行上得到矩阵 $\boldsymbol{B}$，将 $\boldsymbol{B}$ 的第一列的 -1 倍加到第二列上得到矩阵 $\boldsymbol{C}$，若 $\boldsymbol{C}=\boldsymbol{P}^{-1}\boldsymbol{AP}$，则 $\boldsymbol{P}=$ (　　)

(A) $\begin{bmatrix}1 & -1 & 0\\0 & 1 & 0\\0 & 0 & 1\end{bmatrix}$　　(B) $\begin{bmatrix}1 & 0 & 0\\-1 & 1 & 0\\0 & 0 & 1\end{bmatrix}$

(C) $\begin{bmatrix}1 & 1 & 0\\0 & 1 & 0\\0 & 0 & 1\end{bmatrix}$　　(D) $\begin{bmatrix}1 & 0 & 0\\1 & 1 & 0\\0 & 0 & 1\end{bmatrix}$

2. 设 n 阶矩阵 $\boldsymbol{A}$，$\boldsymbol{B}$ 的伴随矩阵分别为 $\boldsymbol{A}^*$，$\boldsymbol{B}^*$，则分块矩阵 $\begin{bmatrix}\boldsymbol{A} & \boldsymbol{O}\\\boldsymbol{O} & \boldsymbol{B}\end{bmatrix}$ 的伴随矩阵为 (　　)

(A) $\begin{bmatrix}|\boldsymbol{A}|\boldsymbol{A}^* & \boldsymbol{O}\\\boldsymbol{O} & |\boldsymbol{B}|\boldsymbol{B}^*\end{bmatrix}$　　(B) $\begin{bmatrix}|\boldsymbol{B}|\boldsymbol{B}^* & \boldsymbol{O}\\\boldsymbol{O} & |\boldsymbol{A}|\boldsymbol{A}^*\end{bmatrix}$

(C) $\begin{bmatrix}|\boldsymbol{A}|\boldsymbol{B}^* & \boldsymbol{O}\\\boldsymbol{O} & |\boldsymbol{B}|\boldsymbol{A}^*\end{bmatrix}$　　(D) $\begin{bmatrix}|\boldsymbol{B}|\boldsymbol{A}^* & \boldsymbol{O}\\\boldsymbol{O} & |\boldsymbol{A}|\boldsymbol{B}^*\end{bmatrix}$

3. 设 3 阶矩阵 $\boldsymbol{A}$，$\boldsymbol{B}$ 满足 $\boldsymbol{A}^2\boldsymbol{B}-\boldsymbol{A}-\boldsymbol{B}=\boldsymbol{E}$，若 $\boldsymbol{A}=\begin{bmatrix}1 & 0 & 1\\0 & 2 & 0\\-2 & 0 & 1\end{bmatrix}$，则 $|\boldsymbol{B}|$ 等于 (　　)

(A) $-\frac{1}{2}$　　(B) $\frac{1}{2}$　　(C) -1　　(D) 1

4. 设 $\boldsymbol{A}$ 是 n 阶矩阵，$\boldsymbol{b}$ 是 n 维列向量，若 $\mathrm{rank}\begin{bmatrix}\boldsymbol{A} & \boldsymbol{b}\\\boldsymbol{b}^{\mathrm{T}} & \boldsymbol{0}\end{bmatrix}=\mathrm{rank}\boldsymbol{A}$，则 (　　)

(A) $\boldsymbol{Ax}=\boldsymbol{b}$ 有无穷多个解　　(B) $\boldsymbol{Ax}=\boldsymbol{b}$ 有唯一解

(C) $\begin{bmatrix}\boldsymbol{A} & \boldsymbol{b}\\\boldsymbol{b}^{\mathrm{T}} & \boldsymbol{0}\end{bmatrix}\begin{bmatrix}\boldsymbol{x}\\\boldsymbol{y}\end{bmatrix}=\boldsymbol{0}$ 有非零解　　(D) $\begin{bmatrix}\boldsymbol{A} & \boldsymbol{b}\\\boldsymbol{b}^{\mathrm{T}} & \boldsymbol{0}\end{bmatrix}\begin{bmatrix}\boldsymbol{x}\\\boldsymbol{y}\end{bmatrix}=\boldsymbol{0}$ 仅有零解

5. 设 n 维列向量组(Ⅰ)：$\boldsymbol{\alpha}_1,\boldsymbol{\alpha}_2,\cdots,\boldsymbol{\alpha}_m$ 线性无关，且 $m<n$，则 n 维列向量组(Ⅱ)：$\boldsymbol{\beta}_1,\boldsymbol{\beta}_2,\cdots,\boldsymbol{\beta}_m$ 线性无关的充要条件是 (　　)

(A) 向量组(Ⅰ)可由向量组(Ⅱ)线性表示

(B) 向量组(Ⅱ)可由向量组(Ⅰ)线性表示

(C)向量组(Ⅰ)与向量组(Ⅱ)等价

(D)矩阵$[\boldsymbol{\alpha}_1 \ \ \boldsymbol{\alpha}_2 \ \ \cdots \ \ \boldsymbol{\alpha}_m]$与$[\boldsymbol{\beta}_1 \ \ \boldsymbol{\beta}_2 \ \ \cdots \ \ \boldsymbol{\beta}_m]$等价

6. 设λ_1，λ_2是n阶矩阵$\boldsymbol{A}$的两个特征值，$\boldsymbol{p}_1$，$\boldsymbol{p}_2$分别为它们对应的特征向量，且$\lambda_1=-\lambda_2\neq 0$，则　　(　　)

(A)$\boldsymbol{p}_1+\boldsymbol{p}_2$是$\boldsymbol{A}$的特征向量　　(B)$\boldsymbol{p}_1-\boldsymbol{p}_2$是$\boldsymbol{A}$的特征向量

(C)$\boldsymbol{p}_1+\boldsymbol{p}_2$是$\boldsymbol{A}^2$的特征向量　　(D)$\boldsymbol{p}_1+\boldsymbol{p}_2$不是$\boldsymbol{A}^2$的特征向量

二、填空题(共6小题，每小题3分，共18分)

1. 设4阶矩阵$\boldsymbol{A}=\begin{bmatrix}\boldsymbol{B} & \boldsymbol{O}\\ \boldsymbol{O} & \boldsymbol{C}\end{bmatrix}$，$\boldsymbol{B}=\begin{bmatrix}1 & 1\\ 0 & 1\end{bmatrix}$，$\boldsymbol{C}=\begin{bmatrix}0 & 1\\ 0 & 0\end{bmatrix}$，且整数$n\geqslant 2$，则$\boldsymbol{A}^n=$______.

2. 设矩阵$\boldsymbol{A}=\begin{bmatrix}3 & 0 & 0\\ 1 & 4 & 0\\ 0 & 0 & 3\end{bmatrix}$，则$(\boldsymbol{A}-2\boldsymbol{E})^{-1}=$__________.

3. 设行列式$D=\begin{vmatrix}4 & 5 & 3 & 1\\ 2 & 3 & 5 & 7\\ 0 & -8 & 0 & 0\\ -2 & -2 & 2 & 2\end{vmatrix}$，则$M_{21}+M_{22}-M_{23}+M_{24}=$________.

4. 设n阶矩阵$\boldsymbol{A}$的特征值互不相等，且$|\boldsymbol{A}|=0$，则$\operatorname{rank}\boldsymbol{A}=$________.

5. 若$\boldsymbol{A}=\begin{bmatrix}1 & t & 0\\ t & 3 & 1\\ 0 & 1 & 2\end{bmatrix}$是正定矩阵，则$t$的取值范围是__________.

6. $\mathbf{R}^3$中的向量$\boldsymbol{\alpha}=(1,1,1)^{\mathrm{T}}$在基$\boldsymbol{\alpha}_1=(1,2,2)^{\mathrm{T}}$，$\boldsymbol{\alpha}_2=(2,1,2)^{\mathrm{T}}$，$\boldsymbol{\alpha}_3=(2,2,1)^{\mathrm{T}}$下的坐标为__________.

三、计算与证明题(共6小题，共64分)

1.(10分)计算4阶行列式$|\boldsymbol{A}|=\begin{vmatrix}1 & 1 & 1 & 1\\ 2 & 3 & 4 & 5\\ 4 & 9 & 16 & 25\\ 60 & 40 & 30 & 24\end{vmatrix}$.

2.(10分)设$\boldsymbol{A}=\begin{bmatrix}1 & 0 & 0\\ 1 & 1 & 0\\ 1 & 1 & 1\end{bmatrix}$，$\boldsymbol{B}=\begin{bmatrix}0 & 1 & 1\\ 1 & 0 & 1\\ 1 & 1 & 0\end{bmatrix}$，$\boldsymbol{E}$是3阶单位矩阵，解矩阵方程$\boldsymbol{AXA}+\boldsymbol{BXB}=\boldsymbol{AXB}+\boldsymbol{BXA}+\boldsymbol{E}$.

3.(10分)设n阶实矩阵$\boldsymbol{A}$有n个两两正交的特征向量，证明$\boldsymbol{A}$是对称矩阵.

4.(10分)设$\boldsymbol{\alpha}_1=\begin{bmatrix}1\\ 4\\ 0\\ 2\end{bmatrix}$，$\boldsymbol{\alpha}_2=\begin{bmatrix}2\\ 7\\ 1\\ 3\end{bmatrix}$，$\boldsymbol{\alpha}_3=\begin{bmatrix}0\\ 1\\ -1\\ a\end{bmatrix}$，$\boldsymbol{\beta}=\begin{bmatrix}3\\ 10\\ b\\ 4\end{bmatrix}$. 当$a$，$b$为何值时：

(1) $\boldsymbol{\beta}$ 不能由 $\boldsymbol{\alpha}_1$, $\boldsymbol{\alpha}_2$, $\boldsymbol{\alpha}_3$ 线性表示；

(2) $\boldsymbol{\beta}$ 能由 $\boldsymbol{\alpha}_1$, $\boldsymbol{\alpha}_2$, $\boldsymbol{\alpha}_3$ 唯一线性表示，并求出其表达式；

(3) $\boldsymbol{\beta}$ 能由 $\boldsymbol{\alpha}_1$, $\boldsymbol{\alpha}_2$, $\boldsymbol{\alpha}_3$ 线性表示，但表达式不唯一，并求出一般表达式.

5. (12 分)设 3 阶实对称矩阵 $\boldsymbol{A}$ 的秩为 2，$\lambda_1=\lambda_2=6$ 是 $\boldsymbol{A}$ 的二重特征值，$\boldsymbol{\alpha}_1=(1,1,0)^{\mathrm{T}}$，$\boldsymbol{\alpha}_2=(2,1,1)^{\mathrm{T}}$ 都是 $\boldsymbol{A}$ 对应于特征值 6 的特征向量.

(1) 求 $\boldsymbol{A}$ 的另一个特征值及其对应的特征向量；

(2) 求矩阵 $\boldsymbol{A}$.

6. (12 分)设 n 阶矩阵 $\boldsymbol{A}$ 满足 $\boldsymbol{A}^2+3\boldsymbol{A}=4\boldsymbol{E}$，请证明：

(1) $\operatorname{rank}(\boldsymbol{A}+4\boldsymbol{E})+\operatorname{rank}(\boldsymbol{A}-\boldsymbol{E})=n$；

(2) $\boldsymbol{A}$ 可相似对角化；

(3) $\boldsymbol{A}+2\boldsymbol{E}$ 可逆，并求其逆.

2012—2013 学年秋季学期(A)卷

一、单选题(共6小题，每小题3分，共18分)

1. 设4阶方阵 $\boldsymbol{A}$，$\boldsymbol{B}$ 的秩分别是1，4，则矩阵 $\boldsymbol{BAB}$ 的秩是 (　　)

(A)1　　(B)2　　(C)3　　(D)4

2. 设 $\boldsymbol{A}$ 为 $m\times n$ 矩阵，$\boldsymbol{B}$ 为 $n\times m$ 矩阵，则线性方程组 $\boldsymbol{ABx}=\boldsymbol{0}$ (　　)

(A)当 $n<m$ 时，仅有零解　　(B)当 $n<m$ 时，必有非零解

(C)当 $m<n$ 时，仅有零解　　(D)当 $m<n$ 时，必有非零解

3. n 阶方阵 $\boldsymbol{A}$ 有 n 个不同的特征值是 $\boldsymbol{A}$ 与对角矩阵相似的 (　　)

(A)充分必要条件　　(B)充分但非必要条件

(C)必要但非充分条件　　(D)既非充分也非必要条件

4. 设 n 为奇数，将1，2，3，…，n^2 这 n^2 个数排成一个 n 阶行列式，使得该行列式中每行每列元素的和都相等，则该行列式的值可以整除的正整数是 (　　)

(A)n^2　　(B)n^2+1　　(C)n^2+2　　(D)n^2+3

5. 已知3阶实对称矩阵 $\boldsymbol{A}$ 的特征值为1，1，-2，且 $\boldsymbol{\eta}_1=(1,\ 1,\ -1)^{\mathrm{T}}$ 是 $\boldsymbol{A}$ 的对应于 $\lambda=-2$ 的特征向量，则矩阵 $\boldsymbol{A}$ 为 (　　)

(A)$\begin{bmatrix}0&-1&1\\1&0&-1\\-1&1&0\end{bmatrix}$　　(B)$\begin{bmatrix}1&1&-1\\1&2&1\\-1&1&0\end{bmatrix}$

(C)$\begin{bmatrix}0&-1&1\\-1&0&1\\1&1&0\end{bmatrix}$　　(D)$\begin{bmatrix}1&-1&1\\-1&1&1\\1&1&-2\end{bmatrix}$

6. 已知4阶矩阵 $\boldsymbol{A}$ 与 $\boldsymbol{B}$ 相似，$\boldsymbol{A}$ 的全部特征值为1，2，3，4，则行列式 $|\boldsymbol{B}^{-1}-\boldsymbol{E}|$ 为 (　　)

(A)1　　(B)2　　(C)3　　(D)0

二、填空题(共6小题，每小题3分，共18分)

1. 设矩阵 $\boldsymbol{A}=[\boldsymbol{\alpha}_1\ \boldsymbol{\alpha}_2\ \boldsymbol{\alpha}_3\ \boldsymbol{\alpha}]$，$\boldsymbol{B}=[\boldsymbol{\alpha}_1\ \boldsymbol{\alpha}_2\ \boldsymbol{\alpha}_3\ \boldsymbol{\beta}]$，其中 $\boldsymbol{\alpha}_1$，$\boldsymbol{\alpha}_2$，$\boldsymbol{\alpha}_3$，$\boldsymbol{\alpha}$，$\boldsymbol{\beta}$ 均为4维列向量，且 $|\boldsymbol{A}|=|\boldsymbol{B}|=1$，则 $|(\boldsymbol{A}+\boldsymbol{B})^*|=$____________.

2. 设 $\boldsymbol{A}$ 是3阶方阵，且 $\boldsymbol{A}$ 的全部特征值是1，2，3，则 $|2\boldsymbol{A}^{-1}|=$____________.

3. 已知 $\boldsymbol{A}=\boldsymbol{PQ}$，$\boldsymbol{P}=(1,\ 2,\ 1)^{\mathrm{T}}$，$\boldsymbol{Q}=(2,\ -1,\ 2)$，则矩阵 $\boldsymbol{A}^2$ 的秩是____________.

4. 设 $\boldsymbol{A}=\begin{bmatrix}-1&2&2\\2&-1&-2\\2&-2&-1\end{bmatrix}$，$\boldsymbol{E}$ 是3阶单位矩阵，则矩阵 $\boldsymbol{E}+2\boldsymbol{A}-\boldsymbol{A}^2$ 全部特征值之

和是 ____________ .

5. 二次型 $f(x_1, x_2, x_3) = 2x_1x_2 + 2x_1x_3 + 2x_2x_3$ 在正交变换下的标准形是______ .

6. 设向量组 $\boldsymbol{\alpha}_1, \boldsymbol{\alpha}_2, \cdots, \boldsymbol{\alpha}_s$ 线性无关，$\boldsymbol{\beta}_1 = \boldsymbol{\alpha}_1 + \boldsymbol{\alpha}_2$，$\boldsymbol{\beta}_2 = \boldsymbol{\alpha}_2 + \boldsymbol{\alpha}_3, \cdots, \boldsymbol{\beta}_{s-1} = \boldsymbol{\alpha}_{s-1} + \boldsymbol{\alpha}_s$，$\boldsymbol{\beta}_s = \boldsymbol{\alpha}_s + \boldsymbol{\alpha}_1$，则向量组 $\boldsymbol{\beta}_1, \boldsymbol{\beta}_2, \cdots, \boldsymbol{\beta}_s$ 线性无关的充要条件是____________.

三、计算与证明题（共 6 小题，共 64 分）

1.（10 分）计算 n 阶行列式的值 $\begin{vmatrix} 1+a_1 & 1 & 1 & \cdots & 1 \\ 1 & 1+a_2 & 1 & \cdots & 1 \\ 1 & 1 & 1+a_3 & \cdots & 1 \\ \vdots & \vdots & \vdots & & \vdots \\ 1 & 1 & 1 & \cdots & 1+a_n \end{vmatrix}$.

2.（10 分）设 $\boldsymbol{A}, \boldsymbol{B}$ 是 3 阶方阵，$\boldsymbol{E}$ 是 3 阶单位矩阵，且满足 $\boldsymbol{AB} + \boldsymbol{E} = \boldsymbol{A}^2 + \boldsymbol{B}$. 如果 $\boldsymbol{A} = \begin{bmatrix} 1 & 0 & 1 \\ 0 & 2 & 0 \\ -1 & 0 & 1 \end{bmatrix}$，求矩阵 $\boldsymbol{B}$.

3.（10 分）设有非齐次线性方程组 $\begin{cases} x_1 + x_3 = k, \\ 4x_1 + x_2 + 2x_3 = k + 2, \\ 6x_1 + x_2 + 4x_3 = 2k + 3, \end{cases}$ 试讨论当参数 k 取何值时：

（1）该线性方程组无解；

（2）该线性方程组有无穷多解，并求出其通解表达式.

4.（10 分）设 $\boldsymbol{A}$ 与 $\boldsymbol{B}$ 相似，且 $\boldsymbol{A} = \begin{bmatrix} 2 & 0 & 0 \\ 0 & 0 & 1 \\ 0 & 1 & x \end{bmatrix}$，$\boldsymbol{B} = \begin{bmatrix} 2 & 0 & 0 \\ 0 & y & 0 \\ 0 & 0 & -1 \end{bmatrix}$，求 x, y 的值，并计算 $\boldsymbol{A}^{100}$.

5.（12 分）设 $\boldsymbol{A}$ 为实对称矩阵，λ_1, λ_n 分别为 $\boldsymbol{A}$ 的最小和最大特征值.

（1）证明对任意 $\boldsymbol{x} = (x_1, x_2, \cdots, x_n)^{\mathrm{T}} \in \mathbf{R}^n$，均有 $\lambda_1 \boldsymbol{x}^{\mathrm{T}}\boldsymbol{x} \leqslant \boldsymbol{x}^{\mathrm{T}}\boldsymbol{A}\boldsymbol{x} \leqslant \lambda_n \boldsymbol{x}^{\mathrm{T}}\boldsymbol{x}$；

（2）若 $|\boldsymbol{A}| < 0$，则存在 $\boldsymbol{x}_0 \in \mathbf{R}^n$，使得 $\boldsymbol{x}_0^{\mathrm{T}}\boldsymbol{A}\boldsymbol{x}_0 < 0$.

6.（12 分）（1）设 $\boldsymbol{\alpha}_1, \boldsymbol{\alpha}_2, \boldsymbol{\beta}_1, \boldsymbol{\beta}_2$ 均是三维列向量，且 $\boldsymbol{\alpha}_1, \boldsymbol{\alpha}_2$ 线性无关，$\boldsymbol{\beta}_1, \boldsymbol{\beta}_2$ 线性无关，证明存在非零向量 $\boldsymbol{\xi}$，使得 $\boldsymbol{\xi}$ 既可由 $\boldsymbol{\alpha}_1, \boldsymbol{\alpha}_2$ 线性表示，又可由 $\boldsymbol{\beta}_1, \boldsymbol{\beta}_2$ 线性表示；

（2）当 $\boldsymbol{\alpha}_1 = \begin{bmatrix} 1 \\ 3 \\ 4 \end{bmatrix}$，$\boldsymbol{\alpha}_2 = \begin{bmatrix} 2 \\ 5 \\ 5 \end{bmatrix}$，$\boldsymbol{\beta}_1 = \begin{bmatrix} 2 \\ 3 \\ -1 \end{bmatrix}$，$\boldsymbol{\beta}_2 = \begin{bmatrix} -3 \\ -4 \\ 3 \end{bmatrix}$ 时，求所有既可由 $\boldsymbol{\alpha}_1, \boldsymbol{\alpha}_2$ 线性表示，又可由 $\boldsymbol{\beta}_1, \boldsymbol{\beta}_2$ 线性表示的向量.

2012—2013 学年秋季学期(B)卷

一、单选题(共 6 小题，每小题 3 分，共 18 分)

1. 设$\boldsymbol{A}$是3阶方阵，$\boldsymbol{A}^*$是$\boldsymbol{A}$的伴随矩阵，$|\boldsymbol{A}|=2$，则行列式$|2\boldsymbol{A}^{-1}-3\boldsymbol{A}^*|$的值为 (　　)

(A)10　　(B) 21　　(C) -22　　(D) -32

2. 向量组$\boldsymbol{\alpha}_1=(1,2,3,4)$，$\boldsymbol{\alpha}_2=(2,3,4,5)$，$\boldsymbol{\alpha}_3=(3,4,5,6)$，$\boldsymbol{\alpha}_4=(4,5,6,7)$的秩是 (　　)

(A)1　　(B)2　　(C)3　　(D)4

3. 设$\boldsymbol{A}=\begin{bmatrix}-a & b\\ b & a\end{bmatrix}$，$a>b>0$，$a^2+b^2=1$，则$\boldsymbol{A}$为 (　　)

(A)正定矩阵　　(B)初等矩阵

(C)正交矩阵　　(D)负定矩阵

4. 已知$\boldsymbol{A}=\begin{bmatrix}a_1^2 & a_2^2 & a_3^2 & a_4^2\\ a_1 & a_2 & a_3 & a_4\\ 1 & 1 & 1 & 1\end{bmatrix}$，$a_1<a_2<a_3<a_4$，则 (　　)

(A)存在$\boldsymbol{B}_{n\times 3}\neq\boldsymbol{O}$，使得$\boldsymbol{BA}=\boldsymbol{O}$　　(B)不存在$\boldsymbol{B}_{4\times s}\neq\boldsymbol{O}$，使得$\boldsymbol{AB}=\boldsymbol{O}$

(C)存在$\boldsymbol{B}_{n\times 3}\neq\boldsymbol{O}$，使得$\boldsymbol{BAA}^{\mathrm{T}}=\boldsymbol{O}$　　(D)存在$\boldsymbol{B}_{4\times s}\neq\boldsymbol{O}$，使得$\boldsymbol{A}^{\mathrm{T}}\boldsymbol{AB}=\boldsymbol{O}$

5. 设三维空间$\boldsymbol{P}_2[x]$中，线性变换T在基$(1,x,x^2)$下的矩阵为$\boldsymbol{A}=\begin{bmatrix}-1 & 1 & 0\\ 0 & -1 & 2\\ 0 & 0 & -1\end{bmatrix}$，则$T$在基$(1,1+x,x+x^2)$下的矩阵为 (　　)

(A)$\begin{bmatrix}-1 & 1 & -1\\ 0 & -1 & 2\\ 0 & 0 & -1\end{bmatrix}$　　(B)$\begin{bmatrix}-1 & 1 & -1\\ 0 & 1 & 2\\ 0 & 0 & -1\end{bmatrix}$

(C)$\begin{bmatrix}-1 & 1 & -1\\ 1 & 0 & 2\\ 0 & 0 & -1\end{bmatrix}$　　(D)$\begin{bmatrix}-1 & 1 & -1\\ 0 & -1 & 2\\ 0 & 0 & 1\end{bmatrix}$

6. 设$\boldsymbol{A}$，$\boldsymbol{B}$分别为m，n阶方阵，$\boldsymbol{A}^*$，$\boldsymbol{B}^*$为对应的伴随矩阵，$\boldsymbol{C}=\begin{bmatrix}\boldsymbol{O} & \boldsymbol{A}\\ \boldsymbol{B} & \boldsymbol{O}\end{bmatrix}$，则$\boldsymbol{C}$的伴随矩阵$\boldsymbol{C}^*$为 (　　)

(A)$(-1)^{mn}\begin{bmatrix}\boldsymbol{O} & |\boldsymbol{A}|\boldsymbol{A}^*\\ |\boldsymbol{B}|\boldsymbol{B}^* & \boldsymbol{O}\end{bmatrix}$　　(B)$(-1)^{mn}\begin{bmatrix}\boldsymbol{O} & |\boldsymbol{B}|\boldsymbol{B}^*\\ |\boldsymbol{A}|\boldsymbol{A}^* & \boldsymbol{O}\end{bmatrix}$

(C) $(-1)^{mn}\begin{bmatrix} O & |B|A^* \\ |A|B^* & O \end{bmatrix}$　　(D) $(-1)^{mn}\begin{bmatrix} O & |A|B^* \\ |B|A^* & O \end{bmatrix}$

二、填空题(共 6 小题，每小题 3 分，共 18 分)

1. 设$\begin{vmatrix} x & y & z \\ 3 & 0 & 2 \\ 1 & 1 & 1 \end{vmatrix}=1$，则$\begin{vmatrix} x-1 & y-1 & z-1 \\ 4 & 1 & 3 \\ 1 & 1 & 1 \end{vmatrix}=$__________.

2. 设A为4阶方阵，A^*为A的伴随矩阵，若$\text{rank}A=2$，则$\text{rank}(A+A^*)=$_____.

3. 设$\alpha=(1,\ -1,\ 2)$，$\beta=(-1,\ 1,\ 1)$，$A=E+\alpha^{\mathrm{T}}\beta$，则$A^n=$____________.

4. 设α_1，α_2，α_3，α_4是$n(n>3)$维列向量，已知α_1与α_2线性无关，α_3与α_4线性无关，且$\langle\alpha_1,\alpha_3\rangle=0$，$\langle\alpha_1,\alpha_4\rangle=0$，$\langle\alpha_2,\alpha_3\rangle=0$，$\langle\alpha_2,\alpha_4\rangle=0$，则$\text{rank}[\alpha_1\ \ \alpha_2\ \ \alpha_3\ \ \alpha_4]=$________.

5. 已知二次型$f(x_1,x_2,x_3,x_4)=x_1^2+x_2^2+x_3^2+2t(x_1x_2+x_2x_3+x_3x_1)+9x_4^2$是正定二次型，则参数$t$满足的条件是_________.

6. 设3阶方阵A的特征值为1，-1，2，若$B=A^3-2A^2+A$，则$|B|=$_________.

三、计算与证明题(共 6 小题，共 64 分)

1. (10分)计算n阶行列式的值$D_n=\begin{vmatrix} 1 & 2 & 3 & \cdots & n \\ -1 & 0 & 3 & \cdots & n \\ -1 & -2 & 0 & \cdots & n \\ \vdots & \vdots & \vdots & & \vdots \\ -1 & -2 & -3 & \cdots & 0 \end{vmatrix}$.

2. (10分)设$A=E-\alpha\alpha^{\mathrm{T}}$，$\alpha$是$n$维非零列向量，$E$是$n$阶单位矩阵. 证明：(1) $A^2=A$的充要条件是$\alpha^{\mathrm{T}}\alpha=1$；(2) 若$\alpha^{\mathrm{T}}\alpha=1$，则$|A|=0$.

3. (10分)设$\beta_1=\alpha_2+\alpha_3+\cdots+\alpha_n$，$\beta_2=\alpha_1+\alpha_3+\cdots+\alpha_n$，$\cdots$，$\beta_n=\alpha_1+\alpha_2+\cdots\alpha_{n-1}$，证明当$n\geqslant2$时，向量组$\alpha_1$，$\alpha_2$，$\cdots$，$\alpha_n$与向量组$\beta_1$，$\beta_2$，$\cdots$，$\beta_n$具有相同的秩.

4. (10分) 当k取何值时，方程组$\begin{cases} x_1+x_2+kx_3=4, \\ -x_1+kx_2+x_3=k^2, \\ x_1-x_2+2x_3=-4 \end{cases}$有唯一解、无解、有无穷多解？并在有无穷多解时，求通解表达式.

5. (12分)设线性空间$\mathbf{R}^3$中两组基分别为：$\alpha_1=(1,0,-1)^{\mathrm{T}}$，$\alpha_2=(2,1,1)^{\mathrm{T}}$，$\alpha_3=(1,1,1)^{\mathrm{T}}$，$\beta_1=(0,1,1)^{\mathrm{T}}$，$\beta_2=(-1,1,0)^{\mathrm{T}}$，$\beta_3=(1,2,1)^{\mathrm{T}}$. (1)求从基$\alpha_1$，$\alpha_2$，$\alpha_3$到基$\beta_1$，$\beta_2$，$\beta_3$的过渡矩阵；(2)求向量$\alpha=3\alpha_1+2\alpha_2+\alpha_3$在基$\beta_1$，$\beta_2$，$\beta_3$下的坐标.

6. (12分)设矩阵$A=\begin{bmatrix} 1 & -1 & 1 \\ x & 4 & y \\ -3 & -3 & 5 \end{bmatrix}$，已知$A$有三个线性无关的特征向量，$\lambda=2$是$A$的二重特征值，求可逆矩阵$P$，使得$P^{-1}AP$为对角矩阵.

2013—2014 学年秋季学期(A)卷

一、单选题(共 6 小题,每小题 3 分,共 18 分)

1. 在 4 阶行列式 $\det[a_{ij}]$ 的展开式中含有因子 a_{31} 的项共有 ( )

(A)4 项 (B)6 项 (C)8 项 (D)10 项

2. 设 $\boldsymbol{A}$, $\boldsymbol{B}$ 是 n 阶方阵,且 $\boldsymbol{B}$ 的第 j 列元素全为零,则下列结论正确的是 ( )

(A)$\boldsymbol{AB}$ 的第 j 列元素全为零 (B)$\boldsymbol{AB}$ 的第 j 行元素全为零

(C)$\boldsymbol{BA}$ 的第 j 列元素全为零 (D)$\boldsymbol{BA}$ 的第 j 行元素全为零

3. 设 n 维向量组 $\boldsymbol{\alpha}_1$, $\boldsymbol{\alpha}_2$, $\boldsymbol{\alpha}_3$, $\boldsymbol{\alpha}_4$, $\boldsymbol{\alpha}_5$ 的秩为 3,且满足 $\boldsymbol{\alpha}_1+2\boldsymbol{\alpha}_3-3\boldsymbol{\alpha}_5=\boldsymbol{0}$, $\boldsymbol{\alpha}_2=2\boldsymbol{\alpha}_4$,则该向量组的一个极大线性无关组为 ( )

(A)$\boldsymbol{\alpha}_1$, $\boldsymbol{\alpha}_2$, $\boldsymbol{\alpha}_5$ (B)$\boldsymbol{\alpha}_1$, $\boldsymbol{\alpha}_2$, $\boldsymbol{\alpha}_4$ (C)$\boldsymbol{\alpha}_2$, $\boldsymbol{\alpha}_4$, $\boldsymbol{\alpha}_5$ (D)$\boldsymbol{\alpha}_1$, $\boldsymbol{\alpha}_3$, $\boldsymbol{\alpha}_5$

4. 设 $\boldsymbol{A}$, $\boldsymbol{B}$ 为 n 阶方阵,给定以下命题:①$\boldsymbol{A}$ 与 $\boldsymbol{B}$ 等价;②$\boldsymbol{A}$ 与 $\boldsymbol{B}$ 相似;③ $\boldsymbol{A}$, $\boldsymbol{B}$ 的行向量组等价. 下列命题正确的是 ( )

(A)①⇒②⇒③ (B)②⇒①⇒③

(C)③⇒②⇒① (D)以上结论均不对

5. 设矩阵 $\boldsymbol{A}\sim\boldsymbol{B}$, $\boldsymbol{C}\sim\boldsymbol{D}$,则下列命题正确的是 ( )

(A)$\boldsymbol{A}+\boldsymbol{B}\sim\boldsymbol{C}+\boldsymbol{D}$ (B)$\boldsymbol{A}-\boldsymbol{B}\sim\boldsymbol{C}-\boldsymbol{D}$

(C)$\boldsymbol{A}^2\sim\boldsymbol{B}^2$ (D)$\boldsymbol{AB}\sim\boldsymbol{CD}$

6. 如果 $\boldsymbol{A}$ 为反对称矩阵,那么 $\boldsymbol{B}=(\boldsymbol{E}-\boldsymbol{A})(\boldsymbol{E}+\boldsymbol{A})^{-1}$ 一定为 ( )

(A)反对称矩阵 (B)正交矩阵

(C)对称矩阵 (D)对角矩阵

二、填空题(共 6 小题,每小题 3 分,共 18 分)

1. 设 $D=\begin{vmatrix}-1&2&-3\\1&2&0\\-1&3&2\end{vmatrix}$,则 $M_{12}+A_{21}-M_{32}=$________.

2. 设 $\boldsymbol{A}=\begin{bmatrix}\boldsymbol{B}&\boldsymbol{C}\\\boldsymbol{O}&\boldsymbol{D}\end{bmatrix}$,其中 $\boldsymbol{B}$, $\boldsymbol{D}$ 皆为可逆矩阵,则 $\boldsymbol{A}^{-1}=$____________.

3. 设 $\boldsymbol{A}=\begin{bmatrix}2&1&0&0\\0&2&0&0\\0&0&-1&2\\0&0&-2&4\end{bmatrix}$, n 为正整数,则 $\boldsymbol{A}^n=$______________.

4. 已知向量空间 $V=\{(2a,2b,3b,3a)\mid a,b\in\mathbf{R}\}$,则 V 的维数是__________.

5. 已知矩阵 $\boldsymbol{A}=\begin{bmatrix}-2 & 1 & 1\\ 0 & 2 & 0\\ -4 & 1 & 3\end{bmatrix}$, $\boldsymbol{A}$ 的特征值 2 的几何重数是__________.

6. 实二次型 $f(x_1, x_2, x_3)=2x_1x_2-2x_1x_3+2x_2x_3$ 的秩为__________.

三、计算与证明题(共 6 小题，共 64 分)

1. (10 分)设 $D_n=\begin{vmatrix}1 & 1 & 0 & \cdots & 0 & 0\\ -1 & 1 & 1 & \cdots & 0 & 0\\ 0 & -1 & 1 & \cdots & 0 & 0\\ \vdots & \vdots & \vdots & & \vdots & \vdots\\ 0 & 0 & 0 & \cdots & 1 & 1\\ 0 & 0 & 0 & \cdots & -1 & 1\end{vmatrix}$, 证明:

$$D_n=\frac{1}{\sqrt{5}}\left[\left(\frac{1+\sqrt{5}}{2}\right)^{n+1}-\left(\frac{1-\sqrt{5}}{2}\right)^{n+1}\right].$$

2. (10 分)求 n 阶方阵 $\boldsymbol{A}=\begin{bmatrix}1 & 1 & 1 & \cdots & 1\\ 1 & 0 & 1 & \cdots & 1\\ 1 & 1 & 0 & \cdots & 1\\ \vdots & \vdots & \vdots & & \vdots\\ 1 & 1 & 1 & \cdots & 0\end{bmatrix}$的逆矩阵.

3. (10 分)求解非齐次线性方程组$\begin{cases}2x_1+3x_2+x_3=4,\\ 3x_1+8x_2-2x_3=13,\\ 4x_1-x_2+9x_3=-6,\\ x_1-2x_2+4x_3=-5.\end{cases}$

4. (10 分) 设 $\boldsymbol{A}$, $\boldsymbol{B}$ 为 3 阶矩阵, $\boldsymbol{A}$ 相似于 $\boldsymbol{B}$, $\lambda_1=-1$, $\lambda_2=1$ 为 $\boldsymbol{A}$ 的两个特征值, $|\boldsymbol{B}^{-1}|=\frac{1}{3}$, 求 $\begin{vmatrix}-(\boldsymbol{A}-3\boldsymbol{E})^{-1} & \boldsymbol{O}\\ \boldsymbol{O} & \boldsymbol{B}^*+\left(-\frac{1}{4}\boldsymbol{B}\right)^{-1}\end{vmatrix}$.

5. (12 分)求一可逆线性变换 $\boldsymbol{x}=\boldsymbol{P}\boldsymbol{y}$, 将二次型 f 化成二次型 g.

$$f=2x_1^2+9x_2^2+3x_3^2+8x_1x_2-4x_1x_3-10x_2x_3,$$
$$g=2y_1^2+3y_2^2+6y_3^2-4y_1y_2-4y_1y_3+8y_2y_3.$$

6. (12 分)设 $\boldsymbol{A}$ 是 n 阶方阵, 证明: $\boldsymbol{A}^2=\boldsymbol{E}$ 的充分必要条件是

$$\operatorname{rank}(\boldsymbol{E}-\boldsymbol{A})+\operatorname{rank}(\boldsymbol{E}+\boldsymbol{A})=n.$$

2013—2014 学年秋季学期(B)卷

一、单选题(共 6 小题，每小题 3 分，共 18 分)

1. 设 4 阶方阵 $\boldsymbol{A}$ 与 $\boldsymbol{B}$ 相似，$\boldsymbol{B}$ 的特征值是 1，2，3，4，则 $\boldsymbol{A}$ 的行列式的值是 ( )

(A) -24　　(B) 24　　(C) 10　　(D) -10

2. 设 $\boldsymbol{A}$，$\boldsymbol{B}$ 是两个 $m\times n$ 矩阵，$\boldsymbol{C}$ 是 n 阶方阵，那么 ( )

(A) $\boldsymbol{C}(\boldsymbol{A}+\boldsymbol{B})=\boldsymbol{CA}+\boldsymbol{CB}$　　(B) $(\boldsymbol{A}^{\mathrm{T}}+\boldsymbol{B}^{\mathrm{T}})\boldsymbol{C}=\boldsymbol{A}^{\mathrm{T}}\boldsymbol{C}+\boldsymbol{B}^{\mathrm{T}}\boldsymbol{C}$

(C) $\boldsymbol{C}^{\mathrm{T}}(\boldsymbol{A}+\boldsymbol{B})=\boldsymbol{C}^{\mathrm{T}}\boldsymbol{A}+\boldsymbol{C}^{\mathrm{T}}\boldsymbol{B}$　　(D) $(\boldsymbol{A}+\boldsymbol{B})\boldsymbol{C}=\boldsymbol{AC}+\boldsymbol{BC}$

3. 已知 $\boldsymbol{A}=\begin{bmatrix} a & b & b \\ b & a & b \\ b & b & a \end{bmatrix}$，$\boldsymbol{A}^*$ 为 $\boldsymbol{A}$ 的伴随矩阵，若 $\operatorname{rank}\boldsymbol{A}^*=1$，则必有 ( )

(A) $a=b$ 或 $a+2b=0$　　(B) $a=b$ 或 $a+2b\neq 0$

(C) $a\neq b$ 且 $a+2b=0$　　(D) $a\neq b$ 且 $a+2b\neq 0$

4. 设 $\boldsymbol{A}$，$\boldsymbol{B}$ 都是可逆矩阵，则矩阵 $\begin{bmatrix} \boldsymbol{A} & \boldsymbol{O} \\ \boldsymbol{C} & \boldsymbol{B} \end{bmatrix}$ 的逆矩阵为 ( )

(A) $\begin{bmatrix} \boldsymbol{A}^{-1} & \boldsymbol{O} \\ \boldsymbol{C}^{-1} & \boldsymbol{B}^{-1} \end{bmatrix}$　　(B) $\begin{bmatrix} \boldsymbol{B}^{-1} & \boldsymbol{C}^{-1} \\ \boldsymbol{O} & \boldsymbol{A}^{-1} \end{bmatrix}$

(C) $\begin{bmatrix} \boldsymbol{A}^{-1} & \boldsymbol{O} \\ -\boldsymbol{A}^{-1}\boldsymbol{C}\boldsymbol{B}^{-1} & \boldsymbol{B}^{-1} \end{bmatrix}$　　(D) $\begin{bmatrix} \boldsymbol{A}^{-1} & \boldsymbol{O} \\ -\boldsymbol{B}^{-1}\boldsymbol{C}\boldsymbol{A}^{-1} & \boldsymbol{B}^{-1} \end{bmatrix}$

5. 设非齐次线性方程组(Ⅰ)的导出方程组为(Ⅱ)，则必有 ( )

(A) 当(Ⅰ)有唯一解时，(Ⅱ)只有零解

(B) (Ⅰ)有解的充分必要条件是(Ⅱ)有解

(C) 当(Ⅰ)有非零解时，(Ⅱ)有无穷多解

(D) 当(Ⅱ)有非零解时，(Ⅰ)有无穷多解

6. 设向量组 $\boldsymbol{\alpha}_1$，$\boldsymbol{\alpha}_2$，$\boldsymbol{\alpha}_3$ 线性无关，向量 $\boldsymbol{\beta}_1$ 可由 $\boldsymbol{\alpha}_1$，$\boldsymbol{\alpha}_2$，$\boldsymbol{\alpha}_3$ 线性表示，向量 $\boldsymbol{\beta}_2$ 不能由 $\boldsymbol{\alpha}_1$，$\boldsymbol{\alpha}_2$，$\boldsymbol{\alpha}_3$ 线性表示，则对于任意常数 k，必有 ( )

(A) $\boldsymbol{\alpha}_1$，$\boldsymbol{\alpha}_2$，$\boldsymbol{\alpha}_3$，$k\boldsymbol{\beta}_1+\boldsymbol{\beta}_2$ 线性无关　　(B) $\boldsymbol{\alpha}_1$，$\boldsymbol{\alpha}_2$，$\boldsymbol{\alpha}_3$，$k\boldsymbol{\beta}_1+\boldsymbol{\beta}_2$ 线性相关

(C) $\boldsymbol{\alpha}_1$，$\boldsymbol{\alpha}_2$，$\boldsymbol{\alpha}_3$，$\boldsymbol{\beta}_1+k\boldsymbol{\beta}_2$ 线性无关　　(D) $\boldsymbol{\alpha}_1$，$\boldsymbol{\alpha}_2$，$\boldsymbol{\alpha}_3$，$\boldsymbol{\beta}_1+k\boldsymbol{\beta}_2$ 线性相关

二、填空题(共 6 小题，每小题 3 分，共 18 分)

1. 设 $\boldsymbol{\alpha}_1=(1,1,1,1)^{\mathrm{T}}$，$\boldsymbol{\alpha}_2=(1,2,4,8)^{\mathrm{T}}$，$\boldsymbol{\alpha}_3=(1,3,9,27)^{\mathrm{T}}$，$\boldsymbol{\alpha}_4=(1,4,16,$

$64)^{\mathrm{T}}$, $\boldsymbol{A}=[\boldsymbol{\alpha}_1\ \ \boldsymbol{\alpha}_2\ \ \boldsymbol{\alpha}_3\ \ \boldsymbol{\alpha}_4]$, 则 $|\boldsymbol{A}|=$____________.

2. 设 $\boldsymbol{A}=\begin{bmatrix}1&2&3\\0&2&3\\0&0&1\end{bmatrix}$, 则 $(\boldsymbol{A}^*)^{-1}=$____________.

3. 设行矩阵 $\boldsymbol{A}=(a_1,a_2,a_3)$, $\boldsymbol{B}=(b_1,b_2,b_3)$, 且 $\boldsymbol{A}^{\mathrm{T}}\boldsymbol{B}=\begin{bmatrix}2&1&1\\-2&-1&-1\\2&1&1\end{bmatrix}$, 则 $\boldsymbol{A}\boldsymbol{B}^{\mathrm{T}}=$__________.

4. 若实对称矩阵 $\begin{bmatrix}6&a\\a&4\end{bmatrix}$ 可经合同变换化为 $\begin{bmatrix}1&0\\0&-1\end{bmatrix}$, 则参数 a 满足的条件是____________.

5. 已知 $\boldsymbol{\alpha}_1=(a,0,4)^{\mathrm{T}}$, $\boldsymbol{\alpha}_2=(0,6,0)^{\mathrm{T}}$, $\boldsymbol{\alpha}_3=(1,-2,2b)^{\mathrm{T}}$ 线性相关, 则 a 与 b 的关系为__________.

6. 三维线性空间 V 的线性变换 T 在基 $\boldsymbol{\xi}_1,\boldsymbol{\xi}_2,\boldsymbol{\xi}_3$ 下的矩阵是 $\begin{bmatrix}1&-1&2\\2&0&1\\1&2&-1\end{bmatrix}$, 则 T 在基 $\boldsymbol{\xi}_1,2\boldsymbol{\xi}_2,\boldsymbol{\xi}_3$ 下的矩阵是____________.

三、计算与证明题(共6小题, 共64分)

1. (10分)计算 n 阶行列式 $D_n=\begin{vmatrix}0&1&1&\cdots&1\\1&0&1&\cdots&1\\1&1&0&\cdots&1\\\vdots&\vdots&\vdots&&\vdots\\1&1&1&\cdots&0\end{vmatrix}$.

2. (10分)设方阵 $\boldsymbol{A}=\begin{bmatrix}2&0&0\\a&2&0\\b&c&-1\end{bmatrix}$, 证明 $\boldsymbol{A}$ 相似于对角矩阵当且仅当 $a=0$.

3. (10分)已知 $\boldsymbol{\alpha}_1=(0,1,0)^{\mathrm{T}}$, $\boldsymbol{\alpha}_2=(-3,2,2)^{\mathrm{T}}$ 是线性方程组 $\begin{cases}x_1-x_2+2x_3=-1,\\3x_1+x_2+4x_3=1,\\ax_1+bx_2+cx_3=d\end{cases}$ 的两个解, 求此方程组的全部解.

4. (10分)判定向量组 $\boldsymbol{\alpha}_1=\begin{bmatrix}1\\1\\3\\1\end{bmatrix}$, $\boldsymbol{\alpha}_2=\begin{bmatrix}-1\\1\\-1\\3\end{bmatrix}$, $\boldsymbol{\alpha}_3=\begin{bmatrix}5\\-2\\8\\-9\end{bmatrix}$, $\boldsymbol{\alpha}_4=\begin{bmatrix}-1\\3\\1\\7\end{bmatrix}$ 的线性相关性, 求其一极大线性无关组, 并将其余向量用该极大线性无关组线性表示.

5. (12分)设 $\boldsymbol{A}$, $\boldsymbol{B}$ 为 n 阶矩阵, $\boldsymbol{A}^2=\boldsymbol{A}$, $\boldsymbol{B}^2=\boldsymbol{B}$, 证明: $(\boldsymbol{A}+\boldsymbol{B})^2=\boldsymbol{A}+\boldsymbol{B}$ 当且仅当 $\boldsymbol{A}\boldsymbol{B}=\boldsymbol{B}\boldsymbol{A}=\boldsymbol{O}$.

6.(12 分)设 $\boldsymbol{A}=\begin{bmatrix} 1 & -2 & 2 \\ -2 & 4 & a \\ 2 & a & 4 \end{bmatrix}$,二次型 $f=\boldsymbol{x}^{\mathrm{T}}\boldsymbol{A}\boldsymbol{x}$ 经正交变换 $\boldsymbol{x}=\boldsymbol{P}\boldsymbol{y}$ 化成标准形 $f=9y_3^2$,求所作的正交变换.

2014—2015 学年秋季学期(A)卷

一、单选题(共 6 小题，每小题 3 分，共 18 分)

1. 设 n 阶方阵 $\boldsymbol{A}$, $\boldsymbol{B}$, $\boldsymbol{C}$ 满足关系式 $\boldsymbol{ABC}=\boldsymbol{E}$, 其中 $\boldsymbol{E}$ 为 n 阶单位矩阵，则必有 ( )

(A) $\boldsymbol{BAC}=\boldsymbol{E}$　(B) $\boldsymbol{B}=\boldsymbol{C}^{-1}\boldsymbol{A}^{-1}$　(C) $\boldsymbol{BCA}=\boldsymbol{E}$　(D) $\boldsymbol{CBA}=\boldsymbol{E}$

2. 设 $\boldsymbol{\alpha}_1$, $\boldsymbol{\alpha}_2$ 和 $\boldsymbol{\beta}_1$, $\boldsymbol{\beta}_2$ 是向量空间 $\mathbf{R}^2$ 的两组基，并且 $\boldsymbol{\beta}_1=-5\boldsymbol{\alpha}_1-2\boldsymbol{\alpha}_2$, $\boldsymbol{\beta}_2=3\boldsymbol{\alpha}_1+\boldsymbol{\alpha}_2$, 则由 $\boldsymbol{\beta}_1$, $\boldsymbol{\beta}_2$ 到 $\boldsymbol{\alpha}_1$, $\boldsymbol{\alpha}_2$ 的过渡矩阵是 ( )

(A) $\begin{bmatrix}0 & -4\\1 & -6\end{bmatrix}$　(B) $\begin{bmatrix}1 & -3\\2 & -5\end{bmatrix}$　(C) $\begin{bmatrix}5 & 2\\-3 & -1\end{bmatrix}$　(D) $\begin{bmatrix}1 & 3\\2 & 5\end{bmatrix}$

3. 设 $\boldsymbol{\alpha}_1=(1, 0, 0, 0)^{\mathrm{T}}$, $\boldsymbol{\alpha}_2=(2, -1, 1, -1)^{\mathrm{T}}$, $\boldsymbol{\alpha}_3=(0, 1, -1, a)^{\mathrm{T}}$, $\boldsymbol{\beta}=(3, -2, b, -2)^{\mathrm{T}}$, 已知 β 不能由 α_1, α_2, α_3 线性表示，则 ( )

(A) $b=2$　(B) $b\neq2$　(C) $a=1$　(D) $a\neq1$.

4. 设 $\boldsymbol{A}$ 是 3 阶矩阵，$|\boldsymbol{A}|=-4$, 且 $\boldsymbol{A}^2-\boldsymbol{A}=2\boldsymbol{E}$, 则 $\boldsymbol{A}$ 的伴随矩阵 $\boldsymbol{A}^*$ 的特征值为 ( )

(A) $-2, -2, 4$　(B) $-2, 4, 4$　(C) $2, 2, -4$　(D) $2, -4, -4$

5. 下列四个矩阵中，正定矩阵是 ( )

(A) $\begin{bmatrix}1 & 2 & 0\\2 & 4 & 0\\0 & 0 & 10\end{bmatrix}$　(B) $\begin{bmatrix}-9 & 2 & 0\\2 & -6 & 0\\0 & 0 & -10\end{bmatrix}$

(C) $\begin{bmatrix}-3 & 4 & 0\\4 & 3 & 0\\0 & 0 & -5\end{bmatrix}$　(D) $\begin{bmatrix}6 & 2 & 0\\2 & 9 & 0\\0 & 0 & 5\end{bmatrix}$

6、设 $\boldsymbol{A}_{4\times4}=[\boldsymbol{\alpha}_1\ \ \boldsymbol{\alpha}_2\ \ \boldsymbol{\alpha}_3\ \ \boldsymbol{\alpha}_4]$, $\boldsymbol{\xi}_1=(-2, 0, 1, 0)^{\mathrm{T}}$, $\boldsymbol{\xi}_2=(1, 0, 0, 1)^{\mathrm{T}}$ 为齐次线性方程组 $\boldsymbol{Ax}=\boldsymbol{0}$ 的基础解系，η 是 $\boldsymbol{A}$ 的属于特征值 2 的特征向量，则以下命题中错误的是 ( )

(A) $\boldsymbol{\alpha}_1$, $\boldsymbol{\alpha}_2$ 线性无关　(B) $\boldsymbol{\alpha}_2$, $\boldsymbol{\alpha}_3$ 线性无关

(C) $\boldsymbol{\alpha}_1$, $\boldsymbol{\alpha}_2$, $\boldsymbol{\eta}$ 线性无关　(D) $\boldsymbol{\xi}_1$, $\boldsymbol{\xi}_2$, $\boldsymbol{\eta}$ 线性无关

二、填空题(共 6 小题，每小题 3 分，共 18 分)

1. 设 $\boldsymbol{A}=\begin{bmatrix}1 & k & -2\\1 & 2 & 0\\1 & 1 & -3\end{bmatrix}$, 行列式 $|3\boldsymbol{A}|=27$, 则参数 $k=$ ________.

2. 矩阵$\begin{bmatrix} 1 & 1 & 1 \\ 0 & 1 & 2 \\ -1 & 0 & 0 \end{bmatrix}$的逆矩阵为__________.

3. 设$\boldsymbol{A}$是正负惯性指数均为 1 的 3 阶实对称矩阵，且满足$|\boldsymbol{E}+\boldsymbol{A}|=|\boldsymbol{E}-\boldsymbol{A}|=0$，则行列式$|2\boldsymbol{E}+3\boldsymbol{A}|=$__________.

4. 已知二次型$f(x_1, x_2, x_3)=ax_1^2+3x_2^2+3x_3^2+2bx_2x_3$可通过正交变换化成标准形$f=y_1^2+2y_2^2+5y_3^2$，则$ab^2=$__________.

5. 已知$\boldsymbol{A}_1=\frac{1}{2}\begin{bmatrix} 1 & -2 \\ -3 & 2 \end{bmatrix}$，$\boldsymbol{A}_2=\begin{bmatrix} 1 & 1 \\ -1 & 1 \end{bmatrix}$，$\boldsymbol{B}=\begin{bmatrix} \boldsymbol{A}_1 & \boldsymbol{O} \\ \boldsymbol{O} & \boldsymbol{A}_2^{-1} \end{bmatrix}$，$\boldsymbol{B}^*$为$\boldsymbol{B}$的伴随矩阵，则$|\boldsymbol{B}^*|=$__________.

6. 若向量组$\boldsymbol{\alpha}_1=(3, 2, 0, 1)^{\mathrm{T}}$，$\boldsymbol{\alpha}_2=(3, 0, \lambda, 0)^{\mathrm{T}}$，$\boldsymbol{\alpha}_3=(1, -2, 4, -1)^{\mathrm{T}}$线性相关，则$\lambda=$__________.

三、计算与证明题(共 6 小题，共 64 分)

1. (10 分)计算n阶行列式$D_n=\begin{vmatrix} 1+x_1 & 1+x_1^2 & \cdots & 1+x_1^n \\ 1+x_2 & 1+x_2^2 & \cdots & 1+x_2^n \\ \vdots & \vdots & & \vdots \\ 1+x_n & 1+x_n^2 & \cdots & 1+x_n^n \end{vmatrix}$.

2. (10 分)求解非齐次线性方程组$\begin{cases} 2x_1+x_2-x_3+x_4=1, \\ 3x_1-3x_2+x_3-3x_4=4, \\ x_1+4x_2-3x_3+5x_4=-2. \end{cases}$

3. (10 分)设n维非零列向量$\boldsymbol{\alpha}_1, \boldsymbol{\alpha}_2, \cdots, \boldsymbol{\alpha}_m$满足条件$\boldsymbol{\alpha}_i^{\mathrm{T}}\boldsymbol{A}\boldsymbol{\alpha}_j=0(i\neq j)$，其中$\boldsymbol{A}$是$n$阶正定矩阵，证明向量组$\boldsymbol{\alpha}_1, \boldsymbol{\alpha}_2, \cdots, \boldsymbol{\alpha}_m$线性无关.

4. (10 分) 设 3 阶方阵$\boldsymbol{A}=\begin{bmatrix} 1 & 0 & 0 \\ 0 & 2 & 0 \\ 1 & 6 & 1 \end{bmatrix}$，求解矩阵方程$\boldsymbol{AX}+\boldsymbol{E}=\boldsymbol{A}^2+\boldsymbol{X}$.

5. (12 分)设 3 阶矩阵$\boldsymbol{A}=[\boldsymbol{\alpha}_1\ \ \boldsymbol{\alpha}_2\ \ \boldsymbol{\alpha}_3]$，其中$\boldsymbol{\alpha}_1\neq\boldsymbol{0}$，已知$\boldsymbol{AB}=\boldsymbol{O}$，$\boldsymbol{B}=\begin{bmatrix} 1 & 2 & 3 \\ -1 & -2 & -3 \\ k & 4 & 6 \end{bmatrix}$，试根据$k$的不同取值求$\boldsymbol{\alpha}_1, \boldsymbol{\alpha}_2, \boldsymbol{\alpha}_3$的一个极大线性无关组，并将其余向量用该极大线性无关组线性表示.

6. (12 分)已知三元二次型$\boldsymbol{x}^{\mathrm{T}}\boldsymbol{A}\boldsymbol{x}$经正交变换化为$2y_1^2-y_2^2-y_3^2$，矩阵$\boldsymbol{B}$满足方程

$$\left[\left(\frac{1}{2}\boldsymbol{A}\right)^*\right]^{-1}\boldsymbol{B}\boldsymbol{A}^{-1}=2\boldsymbol{AB}+4\boldsymbol{E},$$

且$\boldsymbol{A}^*\boldsymbol{\alpha}=\boldsymbol{\alpha}$，其中$\boldsymbol{\alpha}=(1, 1, -1)^{\mathrm{T}}$，$\boldsymbol{A}^*$为$\boldsymbol{A}$的伴随矩阵，求二次型$\boldsymbol{x}^{\mathrm{T}}\boldsymbol{B}\boldsymbol{x}$的表达式.

2014—2015 学年秋季学期(B)卷

一、单选题(共 6 小题，每小题 3 分，共 18 分)

1. 设 $\boldsymbol{A}$ 为 n 阶方阵，齐次线性方程组 $\boldsymbol{Ax}=\boldsymbol{0}$ 只有零解的充分必要条件是 ( )

(A) $|\boldsymbol{A}|>0$ (B) $|\boldsymbol{A}|\neq 0$ (C) $|\boldsymbol{A}|<0$ (D) $\operatorname{rank}\boldsymbol{A}<n$

2. 设 $\boldsymbol{A}$, $\boldsymbol{B}$ 为 n 阶方阵，且 $\boldsymbol{AB}=\boldsymbol{O}$，则必有 ( )

(A) $|\boldsymbol{A}|=0$ 或 $|\boldsymbol{B}|=0$ (B) $\boldsymbol{A}=\boldsymbol{O}$ 或 $\boldsymbol{B}=\boldsymbol{O}$

(C) $\operatorname{rank}\boldsymbol{A}+\operatorname{rank}\boldsymbol{B}<n$ (D) $|\boldsymbol{A}+\boldsymbol{B}|=0$

3. 设 $\boldsymbol{A}$ 为 n 阶方阵，$\operatorname{rank}\boldsymbol{A}=3<n$，那么在 $\boldsymbol{A}$ 的 n 个行向量中，必有 ( )

(A) 任意 3 个行向量都是极大线性无关组

(B) 至少有 3 个非零行向量

(C) 必有 4 个行向量线性无关

(D) 每个行向量可由其余 $n-1$ 个行向量线性表示

4. 已知矩阵 $\boldsymbol{A}=[\boldsymbol{\alpha}_1\ \ \boldsymbol{\alpha}_2\ \ \boldsymbol{\alpha}_3\ \ \boldsymbol{\alpha}_4]$ 经初等行变换化为矩阵 $\begin{bmatrix}1&1&1&3\\0&1&1&2\\0&0&1&1\end{bmatrix}$，则必有 ( )

(A) $\boldsymbol{\alpha}_4=\boldsymbol{\alpha}_1+\boldsymbol{\alpha}_2+\boldsymbol{\alpha}_3$ (B) $\boldsymbol{\alpha}_4=3\boldsymbol{\alpha}_1+2\boldsymbol{\alpha}_2+\boldsymbol{\alpha}_3$

(C) $\boldsymbol{\alpha}_4=-2\boldsymbol{\alpha}_1+\boldsymbol{\alpha}_2+\boldsymbol{\alpha}_3$ (D) $\boldsymbol{\alpha}_1$, $\boldsymbol{\alpha}_2$, $\boldsymbol{\alpha}_3$, $\boldsymbol{\alpha}_4$ 线性无关

5. 设 $\boldsymbol{A}$ 为 4 阶实对称矩阵，且 $\boldsymbol{A}^2+\boldsymbol{A}=\boldsymbol{O}$，若 $\operatorname{rank}\boldsymbol{A}=3$，则 $\boldsymbol{A}$ 相似于 ( )

(A) $\begin{bmatrix}1&&&\\&1&&\\&&1&\\&&&0\end{bmatrix}$ (B) $\begin{bmatrix}1&&&\\&1&&\\&&-1&\\&&&0\end{bmatrix}$

(C) $\begin{bmatrix}1&&&\\&-1&&\\&&-1&\\&&&0\end{bmatrix}$ (D) $\begin{bmatrix}-1&&&\\&-1&&\\&&-1&\\&&&0\end{bmatrix}$

6. 设 $\boldsymbol{A}$ 为 n 阶矩阵，$1<r<n$，记 $s=\operatorname{rank}\left(\begin{bmatrix}\boldsymbol{E}_r&\boldsymbol{O}\\\boldsymbol{O}&\boldsymbol{O}\end{bmatrix}\boldsymbol{A}\right)$，则 ( )

(A) $s=r$ (B) $s=\max\{r, \operatorname{rank}\boldsymbol{A}\}$

(C) $s\leqslant\min\{r, \operatorname{rank}\boldsymbol{A}\}$ (D) $s=\operatorname{rank}\boldsymbol{A}$

二、填空题(共 6 小题，每小题 3 分，共 18 分)

1. 设 $\boldsymbol{A}=[a_{ij}]$ 为 3 阶正交矩阵，$A_{ij}(i,j=1,2,3)$ 是 $\boldsymbol{A}$ 中元素 a_{ij} 的代数余子式，则 $A_{11}^2+A_{12}^2+A_{13}^2=$ ______.

2. 设 $\boldsymbol{\alpha}_1$，$\boldsymbol{\alpha}_2$，$\boldsymbol{\alpha}_3$ 是 3 维列向量，记矩阵 $\boldsymbol{A}=[\boldsymbol{\alpha}_1\ \ \boldsymbol{\alpha}_2\ \ \boldsymbol{\alpha}_3]$，$\boldsymbol{B}=[\boldsymbol{\alpha}_3\ \ \boldsymbol{\alpha}_2\ \ \boldsymbol{\alpha}_1]$，$\boldsymbol{C}=2\boldsymbol{A}-\boldsymbol{B}$，已知 $|\boldsymbol{A}|=1$，则 $|\boldsymbol{C}|=$ ______.

3. 矩阵 $\begin{bmatrix}-1 & 1\\ 2 & -1\end{bmatrix}$ 的逆矩阵为______.

4. 设 $\boldsymbol{\alpha}$ 是 3 维列向量，若 $\boldsymbol{\alpha}\boldsymbol{\alpha}^{\mathrm{T}}=\begin{bmatrix}1 & -1 & 1\\ -1 & 1 & -1\\ 1 & -1 & 1\end{bmatrix}$，则 $\boldsymbol{\alpha}^{\mathrm{T}}\boldsymbol{\alpha}=$ ______ .

5. 设 λ_1，λ_2 是矩阵 $\boldsymbol{A}$ 的两个不同的特征值，相应的特征向量分别为 $\boldsymbol{\alpha}_1$，$\boldsymbol{\alpha}_2$，则向量组 $\boldsymbol{\alpha}_1+2\boldsymbol{\alpha}_2$，$\boldsymbol{A}(-2\boldsymbol{\alpha}_1-2\boldsymbol{\alpha}_2)$ 线性相关的充要条件是______ .

6. 如果 3 阶方阵 $\boldsymbol{A}$ 的特征值分别为 1，3，−1，则 $\boldsymbol{A}^{-1}+\frac{1}{3}\boldsymbol{A}^*$ 的三个特征值之和为______ .

三、计算与证明题(共 6 小题，共 64 分)

1. (10 分)计算 n 阶行列式 $D_n=\begin{vmatrix}1+a_1+b_1 & a_1+b_2 & \cdots & a_1+b_n\\ a_2+b_1 & 1+a_2+b_2 & \cdots & a_2+b_n\\ \vdots & \vdots & & \vdots\\ a_n+b_1 & a_n+b_2 & \cdots & 1+a_n+b_n\end{vmatrix}$.

2. (10 分) 设 3 阶方阵 $\boldsymbol{A}$，$\boldsymbol{B}$ 满足关系式 $\boldsymbol{ABA}=-2\boldsymbol{E}+\boldsymbol{AB}$，又已知 $\boldsymbol{A}=\begin{bmatrix}2 & 2 & 0\\ 2 & 1 & 1\\ -1 & 1 & 1\end{bmatrix}$，求矩阵 $\boldsymbol{B}$.

3. (10 分)设向量组 $\boldsymbol{\alpha}_1=\begin{bmatrix}1\\0\\2\\1\end{bmatrix}$，$\boldsymbol{\alpha}_2=\begin{bmatrix}1\\2\\0\\1\end{bmatrix}$，$\boldsymbol{\alpha}_3=\begin{bmatrix}2\\1\\3\\0\end{bmatrix}$，$\boldsymbol{\alpha}_4=\begin{bmatrix}2\\5\\-1\\4\end{bmatrix}$，$\boldsymbol{\alpha}_5=\begin{bmatrix}1\\-1\\3\\-1\end{bmatrix}$，求向量组 $\boldsymbol{\alpha}_1$，$\boldsymbol{\alpha}_2$，$\boldsymbol{\alpha}_3$，$\boldsymbol{\alpha}_4$，$\boldsymbol{\alpha}_5$ 的秩及极大线性无关组.

4. (10 分) 设 $\boldsymbol{A}$ 为 3 阶实对称矩阵，且满足 $\boldsymbol{A}^2+\boldsymbol{A}-2\boldsymbol{E}=\boldsymbol{O}$，已知向量 $\boldsymbol{\alpha}_1=\begin{bmatrix}0\\1\\0\end{bmatrix}$，$\boldsymbol{\alpha}_2=\begin{bmatrix}1\\0\\1\end{bmatrix}$ 是矩阵 $\boldsymbol{A}$ 对应于特征值 $\lambda=1$ 的特征向量，求 $\boldsymbol{A}^n$，其中 n 为正整数.

5. (12 分)已知向量 $\boldsymbol{\eta}_1=\begin{bmatrix}1\\-1\\0\\2\end{bmatrix}$, $\boldsymbol{\eta}_2=\begin{bmatrix}2\\1\\-1\\4\end{bmatrix}$, $\boldsymbol{\eta}_3=\begin{bmatrix}4\\5\\-3\\11\end{bmatrix}$是方程组

$$\begin{cases}a_1x_1+2x_2+a_3x_3+a_4x_4=d_1,\\4x_1+b_2x_2+3x_3+b_4x_4=d_2,\\3x_1+c_2x_2+5x_3+c_4x_4=d_3\end{cases}$$

的三个解, 求该方程组的通解.

6. (12 分)设 $\boldsymbol{D}=\begin{bmatrix}\boldsymbol{A}&\boldsymbol{C}\\\boldsymbol{C}^{\mathrm{T}}&\boldsymbol{B}\end{bmatrix}$为正定矩阵, 其中 $\boldsymbol{A}$, $\boldsymbol{B}$ 分别为 m, n 阶对称矩阵, $\boldsymbol{C}$ 为 $m\times n$矩阵.

(1)计算 $\boldsymbol{P}^{\mathrm{T}}\boldsymbol{D}\boldsymbol{P}$, 其中 $\boldsymbol{P}=\begin{bmatrix}\boldsymbol{E}_m&-\boldsymbol{A}^{-1}\boldsymbol{C}\\\boldsymbol{O}&\boldsymbol{E}_n\end{bmatrix}$;

(2)利用(1)的结果, 判断 $\boldsymbol{B}-\boldsymbol{C}^{\mathrm{T}}\boldsymbol{A}^{-1}\boldsymbol{C}$ 是否为正定矩阵, 并证明你的结论.

2015—2016 学年秋季学期(A)卷

一、单选题(共 6 小题，每小题 3 分，共 18 分)

1. 设 $\boldsymbol{A},\boldsymbol{B}$ 均为 n 阶方阵，则下列结论中错误的是 (　　)

(A) $|\boldsymbol{A}| = |\boldsymbol{A}^{\mathrm{T}}|$　　(B) $|\boldsymbol{A}^2 - \boldsymbol{B}^2| = |\boldsymbol{A}^2| - |\boldsymbol{B}^2|$

(C) $|\boldsymbol{AB}| = |\boldsymbol{BA}|$　　(D) $|\boldsymbol{AB}^2| = |\boldsymbol{B}^2\boldsymbol{A}|$

2. 设 $\boldsymbol{A}$ 为 n 阶方阵，且 $\mathrm{rank}(\boldsymbol{A}) = r < n$，那么在 $\boldsymbol{A}$ 的 n 个行向量中 (　　)

(A)任意 $r+1$ 个行向量线性相关　　(B)至少有一个零向量

(C)任意 r 个行向量线性无关　　(D)每个行向量可由其余 $n-1$ 个线性表示

3. 设矩阵 $\boldsymbol{A} = \begin{bmatrix} 1 & -3 & 0 \\ 2 & -6 & 0 \\ 1 & -3 & t \end{bmatrix}$，如果 $\boldsymbol{B}$ 是 3 阶非零矩阵且 $\boldsymbol{AB} = \boldsymbol{O}$，则 (　　)

(A)当 $t = -2$ 时，$\boldsymbol{B}$ 的秩为 2　　(B)当 $t = 0$ 时，$\boldsymbol{B}$ 的秩为 2

(C)当 $t = -1$ 时，$\boldsymbol{B}$ 的秩为 1　　(D)当 $t \neq 0$ 时，$\boldsymbol{B}$ 的秩为 2

4. 关于 n 阶实对称矩阵 $\boldsymbol{A}$ 的下列条件中，哪个不是 $\boldsymbol{A}$ 为正定矩阵的充分必要条件？ (　　)

(A)相似于主对角线元素全为正的对角矩阵

(B)负惯性指数为 0

(C)相应的二次型是正定的

(D)存在可逆实矩阵 $\boldsymbol{C}$ 使 $\boldsymbol{A} = \boldsymbol{C}^{\mathrm{T}}\boldsymbol{C}$

5. 设 $\boldsymbol{e}_1$，$\boldsymbol{e}_2$ 和 $\boldsymbol{\varepsilon}_1$，$\boldsymbol{\varepsilon}_2$ 是线性空间 $\mathbf{R}^2$ 的两组基，并且已知关系式 $\boldsymbol{\varepsilon}_1 = \boldsymbol{e}_1 + 5\boldsymbol{e}_2$，$\boldsymbol{\varepsilon}_2 = \boldsymbol{e}_2$，则由基 $\boldsymbol{\varepsilon}_1$，$\boldsymbol{\varepsilon}_2$ 到基 $\boldsymbol{e}_1$，$\boldsymbol{e}_2$ 的过渡矩阵是 (　　)

(A) $\begin{bmatrix} -1 & 0 \\ 5 & -1 \end{bmatrix}$　　(B) $\begin{bmatrix} 0 & -1 \\ -6 & 0 \end{bmatrix}$　　(C) $\begin{bmatrix} 1 & 0 \\ -5 & -1 \end{bmatrix}$　　(D) $\begin{bmatrix} 1 & 0 \\ -5 & 1 \end{bmatrix}$

6. 如果 3 阶方阵 $\boldsymbol{A}$ 的特征值为 1，-3 和 3，则 $-\boldsymbol{A} + 3\boldsymbol{A}^{-1}$ 的特征值为 (　　)

(A) -2，-2，2　　(B) 2，$-\frac{26}{3}$，$\frac{26}{3}$　　(C) 1，1，-3　　(D) 2，2，-2

二、填空题(共 6 小题，每小题 3 分，共 18 分)

1. 设 $\boldsymbol{\alpha}_1$，$\boldsymbol{\alpha}_2$ 均为 2 维行向量，记矩阵 $\boldsymbol{A} = \begin{bmatrix} \boldsymbol{\alpha}_1 \\ \boldsymbol{\alpha}_2 \end{bmatrix}$，$\boldsymbol{B} = \begin{bmatrix} -\boldsymbol{\alpha}_2 \\ 3\boldsymbol{\alpha}_1 - \boldsymbol{\alpha}_2 \end{bmatrix}$，如果 $|\boldsymbol{A}| = 3$，那么行列式 $|\boldsymbol{B}| =$ ________.

2. 如果向量 $(6,\ -3)^{\mathrm{T}}$ 不能由向量组 $(a,\ -1)^{\mathrm{T}}$，$(-a-2,\ a)^{\mathrm{T}}$ 线性表示，则参数

$a=$__________.

3. 已知矩阵$\begin{bmatrix}1 & x\\2 & 3\end{bmatrix}$的逆矩阵为$\begin{bmatrix}-3 & 2\\2 & -1\end{bmatrix}$，则 $x=$________.

4. 若实对称矩阵$\begin{bmatrix}3 & a\\a & 2\end{bmatrix}$是正定矩阵，则参数 a 满足条件________.

5. 设 $\boldsymbol{e}_1$，$\boldsymbol{e}_2$ 是线性空间 $\mathbf{R}^2$ 的基，如果 $\boldsymbol{e}_2x-3\boldsymbol{e}_1$，$\boldsymbol{e}_2-\boldsymbol{e}_1$ 也是 $\mathbf{R}^2$ 的基，则参数 x 满足条件________.

6. 设 n 阶非零方阵 $\boldsymbol{A}$ 满足 $3\boldsymbol{A}^2-2\boldsymbol{A}=\boldsymbol{O}$，则 $\boldsymbol{A}$ 的全部不同特征值可能是________.

三、计算与证明题(共 6 小题，共 64 分)

1. (10 分)设 $x_k=a+bk(k=0,1,2,\cdots,n-1)$，计算 n 阶行列式的值

$$\boldsymbol{\Delta}_n=\begin{vmatrix}x_0 & x_1 & x_2 & \cdots & x_{n-1}\\x_1 & x_2 & x_3 & \cdots & x_0\\x_2 & x_3 & x_4 & \cdots & x_1\\\vdots & \vdots & \vdots & & \vdots\\x_{n-1} & x_0 & x_1 & \cdots & x_{n-2}\end{vmatrix}.$$

2. (10 分)设有 n 元线性方程组 $\boldsymbol{Ax}=\boldsymbol{b}$，其中

$$\boldsymbol{A}=\begin{bmatrix}2a & 1 & & & & \\a^2 & 2a & 1 & & & \\ & a^2 & 2a & 1 & & \\ & & \ddots & \ddots & \ddots & \\ & & & a^2 & 2a & 1\\ & & & & a^2 & 2a\end{bmatrix}_{n\times n},\quad \boldsymbol{x}=\begin{bmatrix}x_1\\x_2\\\vdots\\x_n\end{bmatrix},\ \boldsymbol{b}=\begin{bmatrix}1\\0\\\vdots\\0\end{bmatrix}.$$

(1)证明:行列式 $|\boldsymbol{A}|=(n+1)a^n$;(2)当 a 为何值时，该方程组有唯一解？在有唯一解时，求 x_2;(3)当 a 为何值时，该方程组有无穷多解，并求通解.

3. (8 分)已知向量组 $\boldsymbol{\alpha}_1,\boldsymbol{\alpha}_2,\cdots,\boldsymbol{\alpha}_r$ 与向量组 $\boldsymbol{\alpha}_1,\boldsymbol{\alpha}_2,\cdots,\boldsymbol{\alpha}_r,\boldsymbol{\beta}_1,\boldsymbol{\beta}_2,\cdots,\boldsymbol{\beta}_s$ 有相同的秩. 证明:向量组 $\boldsymbol{\beta}_1,\boldsymbol{\beta}_2,\cdots,\boldsymbol{\beta}_s$ 可由向量组 $\boldsymbol{\alpha}_1,\boldsymbol{\alpha}_2,\cdots,\boldsymbol{\alpha}_r$ 线性表示.

4. (10 分) 设 $\boldsymbol{A}$，$\boldsymbol{B}$，$\boldsymbol{C}$ 均为 2 阶方阵，其中 $\boldsymbol{A}$，$\boldsymbol{B}$ 为可逆矩阵. 求分块矩阵 $\boldsymbol{M}=\begin{bmatrix}\boldsymbol{O} & \boldsymbol{A}\\\boldsymbol{B} & \boldsymbol{C}\end{bmatrix}$的伴随矩阵.

5. (12 分)设 $\boldsymbol{A}$ 为 3 阶方阵，$\boldsymbol{\alpha}_1$，$\boldsymbol{\alpha}_2$ 分别是 $\boldsymbol{A}$ 的属于特征值 -2，-3 的特征向量，向量 $\boldsymbol{\alpha}_3$ 满足 $\boldsymbol{A\alpha}_3=2\boldsymbol{\alpha}_1+3\boldsymbol{\alpha}_2-2\boldsymbol{\alpha}_3$. (1)证明:$\boldsymbol{\alpha}_1,\boldsymbol{\alpha}_2,\boldsymbol{\alpha}_3$ 线性无关;(2)令 $\boldsymbol{P}=[\boldsymbol{\alpha}_1\ \boldsymbol{\alpha}_2\ \boldsymbol{\alpha}_3]$ 为 3 阶方阵，求 $\boldsymbol{P}^{-1}\boldsymbol{AP}$.

6. (14 分)(1)设 $\boldsymbol{J}_3=\begin{bmatrix}0 & 0 & 0\\1 & 0 & 0\\0 & 1 & 0\end{bmatrix}$，求出所有与 $\boldsymbol{J}_3$ 可交换的矩阵;(2)用 $\boldsymbol{J}_n$ 表示 n 阶

方阵$\begin{bmatrix} 0 & 0 & 0 & & & \\ 1 & 0 & 0 & & & \\ 0 & 1 & 0 & & & \\ & & \ddots & \ddots & \ddots & \\ & & 0 & 1 & 0 & 0 \\ & & 0 & 0 & 1 & 0 \end{bmatrix}$. 证明：与 $\boldsymbol{J}_n$ 可交换的矩阵必是下三角矩阵；(3) 用 $\mathrm{com}(\boldsymbol{J}_n)$ 表示所有与 $\boldsymbol{J}_n$ 可交换的矩阵组成之集合，证明 $\mathrm{com}(\boldsymbol{J}_n)$ 是线性空间 $\mathbf{R}^{n\times n}$ 的一个线性子空间并求其维数.

2015—2016 学年秋季学期(B)卷

一、单选题(共6小题，每小题3分，共18分)

1. 设 $\boldsymbol{A}$ 为 n 阶方阵，齐次线性方程组 $\boldsymbol{Ax}=\boldsymbol{0}$ 有非零解的充分必要条件是 (　　)

(A) $\boldsymbol{A}$ 的行向量组线性无关　　(B)行列式 $|\boldsymbol{A}|>0$

(C)行列式 $|\boldsymbol{A}|=0$　　(D)行列式 $|\boldsymbol{A}|\neq 0$

2. n 维向量组 $\boldsymbol{\alpha}_1, \boldsymbol{\alpha}_2, \cdots, \boldsymbol{\alpha}_r (r\geqslant 3)$ 线性无关的充分必要条件是 (　　)

(A) $\boldsymbol{\alpha}_1, \boldsymbol{\alpha}_2, \cdots, \boldsymbol{\alpha}_r$ 中任意 $r-1$ 个向量都线性无关

(B) $\boldsymbol{\alpha}_1, \boldsymbol{\alpha}_2, \cdots, \boldsymbol{\alpha}_r$ 都是非零向量

(C) $\boldsymbol{\alpha}_1, \boldsymbol{\alpha}_2, \cdots, \boldsymbol{\alpha}_r$ 的秩为 r

(D)对任何全不为零的数 $k_1, k_2, \cdots, k_r$，有 $k_1\boldsymbol{\alpha}_1+k_2\boldsymbol{\alpha}_2+\cdots+k_r\boldsymbol{\alpha}_r\neq \boldsymbol{0}$

3. 设 $\boldsymbol{A}$ 为3阶方阵，将 $\boldsymbol{A}$ 的第3行的2倍加到第1行得到矩阵 $\boldsymbol{B}$，再将 $\boldsymbol{B}$ 的第3列的2倍加到第1列得到矩阵 $\boldsymbol{C}$，记 $\boldsymbol{P}=\begin{bmatrix}1&0&2\\0&1&0\\0&0&1\end{bmatrix}$，则有 (　　)

(A) $\boldsymbol{C}=\boldsymbol{PAP}^{\mathrm{T}}$　　(B) $\boldsymbol{C}=\boldsymbol{PAP}^{-1}$

(C) $\boldsymbol{C}=\boldsymbol{P}^{\mathrm{T}}\boldsymbol{AP}$　　(D) $\boldsymbol{C}=\boldsymbol{P}^{-1}\boldsymbol{AP}$

4. 在欧氏空间 $\mathbf{R}^3$(通常内积)中，与 $(-3, -1, 0)^{\mathrm{T}}$，$(-2, -2, -2)^{\mathrm{T}}$ 都正交的向量是 (　　)

(A) $(1, -2, -3)^{\mathrm{T}}$　　(B) $(1, -3, 2)^{\mathrm{T}}$

(C) $(2, 1, 1)^{\mathrm{T}}$　　(D) $(-2, 1, 1)^{\mathrm{T}}$

5. 设 $\boldsymbol{e}_1, \boldsymbol{e}_2$ 和 $\boldsymbol{\varepsilon}_1, \boldsymbol{\varepsilon}_2$ 是线性空间 $\mathbf{R}^2$ 的两组基，并且 $\boldsymbol{e}_1, \boldsymbol{e}_2$ 到基 $\boldsymbol{\varepsilon}_1, \boldsymbol{\varepsilon}_2$ 的过渡矩阵是 $\begin{bmatrix}1&-2\\-2&2\end{bmatrix}$，则由 $\boldsymbol{e}_2-2\boldsymbol{e}_1$，$-2\boldsymbol{e}_1$ 到 $\boldsymbol{\varepsilon}_1, \boldsymbol{\varepsilon}_2$ 的过渡矩阵是 (　　)

(A) $\begin{bmatrix}-3&1\\\frac{1}{2}&-2\end{bmatrix}$　(B) $\begin{bmatrix}-2&2\\\frac{3}{2}&-1\end{bmatrix}$　(C) $\begin{bmatrix}4&3\\-1&-1\end{bmatrix}$　(D) $\begin{bmatrix}-1&3\\\frac{5}{2}&0\end{bmatrix}$

6. 如果3阶方阵 $\boldsymbol{A}$ 的特征值为1，-3 和2，$\boldsymbol{A}^*$ 为 $\boldsymbol{A}$ 的伴随矩阵，则 $-2\boldsymbol{A}^{-1}-\frac{1}{3}\boldsymbol{A}^*$ 的特征值为 (　　)

(A) $-1, -1, -1$　(B) $1, 1, 1$　(C) $0, 0, 0$　(D) $0, \frac{16}{3}, -3$

二、填空题(共 6 小题，每小题 3 分，共 18 分)

1. 设 $\boldsymbol{A}$, $\boldsymbol{B}$ 都是 n 阶方阵，并且 $\boldsymbol{A}=[\boldsymbol{\alpha}_1\cdots\boldsymbol{\alpha}_{n-1}\ \boldsymbol{\beta}]$，$\boldsymbol{B}=[\boldsymbol{\alpha}_1\cdots\boldsymbol{\alpha}_{n-1}\ \boldsymbol{\gamma}]$，$|\boldsymbol{A}|=-2$，$|\boldsymbol{B}|=-1$，其中 $\boldsymbol{\alpha}_1$，…，$\boldsymbol{\alpha}_{n-1}$，$\boldsymbol{\beta}$，$\boldsymbol{\gamma}$ 均为 n 维列向量，则行列式 $|5\boldsymbol{A}+\boldsymbol{B}|$ 的值等于__________.

2. 设 λ_1，λ_2 是矩阵 $\boldsymbol{A}$ 的两个不同的特征值，相应的特征向量分别为 $\boldsymbol{\alpha}_1$，$\boldsymbol{\alpha}_2$，则向量组 $\boldsymbol{\alpha}_1-2\boldsymbol{\alpha}_2$，$\boldsymbol{A}(2\boldsymbol{\alpha}_2-2\boldsymbol{\alpha}_1)$ 线性相关的充分必要条件是__________.

3. 设矩阵 $\boldsymbol{A}=\begin{bmatrix}-1&2\\2&-2\end{bmatrix}$，矩阵 $\boldsymbol{B}$ 满足 $3\boldsymbol{ABA}^*-2\boldsymbol{BA}^*-3\boldsymbol{E}=\boldsymbol{O}$，其中 $\boldsymbol{A}^*$ 为 $\boldsymbol{A}$ 的伴随矩阵，$\boldsymbol{E}$ 是单位矩阵，则矩阵 $2\boldsymbol{B}=$__________.

4. 若实对称矩阵 $\begin{bmatrix}6&a\\a&3\end{bmatrix}$ 可经合同变换化为 $\begin{bmatrix}4&0\\0&-1\end{bmatrix}$，则参数 a 满足条件__________.

5. 在线性空间 $\mathbf{R}^2$ 中，基 $\boldsymbol{e}_1$，$\boldsymbol{e}_2$ 到基 $\boldsymbol{\varepsilon}_1$，$\boldsymbol{\varepsilon}_2$ 的过渡矩阵为 $\begin{bmatrix}-5&-1\\2&0\end{bmatrix}$. 又已知 $\boldsymbol{\alpha}_1$ 在 $\boldsymbol{e}_1$，$\boldsymbol{e}_2$ 下的坐标为 $(0,\ -3)^{\mathrm{T}}$，$\boldsymbol{\alpha}_2$ 在 $\boldsymbol{\varepsilon}_1$，$\boldsymbol{\varepsilon}_2$ 下的坐标为 $(3,\ -3)^{\mathrm{T}}$，则 $2\boldsymbol{\alpha}_1-\boldsymbol{\alpha}_2$ 在 $\boldsymbol{e}_1$，$\boldsymbol{e}_2$ 下的坐标为__________.

6. 设 $\boldsymbol{A}=\begin{bmatrix}-3&a-3\\0&-3\end{bmatrix}$，当 $a=$__________时，$\boldsymbol{A}$ 相似于对角矩阵.

三、计算与证明题(共 6 小题，共 64 分)

1. (8 分) 计算 n 阶行列式 $\Delta_n=\begin{vmatrix}a+b&b&0&0&&\\a&a+b&b&0&&\\0&a&a+b&b&&\\&&\ddots&\ddots&\ddots&\\&&&a&a+b&b\\&&&0&a&a+b\end{vmatrix}$ 的值，其中 $a\neq b$.

2. (8 分) 已知非齐次线性方程组

$$\begin{cases}-x_2-2x_3-3x_4=11,\\-3x_1-x_2+3x_3+x_4=-10,\\3x_1+2x_2-x_3+2x_4=-2b,\\-3x_1-x_2+3x_3+x_4=-3a\end{cases}$$

有 3 个线性无关的解. (1) 证明：方程组的系数矩阵 $\boldsymbol{A}$ 的秩 $\operatorname{rank}\boldsymbol{A}=2$；(2) 求参数 a，b 的值，并求方程组的通解.

3. (10 分) 设 $\boldsymbol{\eta}_0$ 为非齐次线性方程组 $\boldsymbol{Ax}=\boldsymbol{b}$ 的解，$\boldsymbol{\eta}_1$，$\boldsymbol{\eta}_2$，…，$\boldsymbol{\eta}_t$ 是其导出方程组 $\boldsymbol{Ax}=\boldsymbol{0}$ 的一个基础解系. 令 $\boldsymbol{\gamma}_0=\boldsymbol{\eta}_0$，$\boldsymbol{\gamma}_i=\boldsymbol{\eta}_0+\boldsymbol{\eta}_i\ (i=1,2,\cdots,t)$. 证明：对线性方程组 $\boldsymbol{Ax}=\boldsymbol{b}$ 的任意一个解 $\boldsymbol{\gamma}$，$\boldsymbol{\gamma}$ 一定可以写成 $\boldsymbol{\gamma}=k_0\boldsymbol{\gamma}_0+k_1\boldsymbol{\gamma}_1+\cdots+k_t\boldsymbol{\gamma}_t=\sum\limits_{i=0}^{t}k_i\boldsymbol{\gamma}_i$ 的形

式，其中 $k_0+k_1+\cdots+k_t=1$，$k_0,k_1,\cdots,k_t$ 为常数.

4.（14 分）设 $\boldsymbol{A}$，$\boldsymbol{B}$，$\boldsymbol{C}$ 均为 n 阶方阵.（1）求分块矩阵 $\boldsymbol{M}=\begin{bmatrix}\boldsymbol{A} & \boldsymbol{B}\\ \boldsymbol{C} & \boldsymbol{O}\end{bmatrix}$的逆矩阵（其中 $\boldsymbol{B}$，$\boldsymbol{C}$ 为可逆矩阵）；（2）设 $\boldsymbol{A}=\begin{bmatrix}-1 & 5\\ 0 & 1\end{bmatrix}$，$\boldsymbol{B}=\begin{bmatrix}-1 & -1\\ -3 & -4\end{bmatrix}$，$\boldsymbol{C}=\begin{bmatrix}2 & -1\\ 2 & 0\end{bmatrix}$，求 $\boldsymbol{M}^{-1}$.

5.（14 分）设矩阵 $\boldsymbol{A}=\begin{bmatrix}-2 & 3 & a\\ 3 & -2 & 3\\ -1 & 1 & 0\end{bmatrix}$的特征方程有一个二重根，求参数 a 的值，并讨论 $\boldsymbol{A}$ 是否可相似于对角矩阵.

6.（10 分）设 $\boldsymbol{A}=\begin{bmatrix}3 & 1 & 2\\ 2 & a & 1\\ 1 & -1 & 2\end{bmatrix}$，$\boldsymbol{B}\in\mathbf{R}^{3\times 2}$ 是一个列满秩矩阵.（1）证明 $\operatorname{rank}(\boldsymbol{AB})\geqslant 1$；（2）若 $\operatorname{rank}(\boldsymbol{AB})=1$，求参数 a 的值，并给出一个使此式成立的矩阵 $\boldsymbol{B}$；（3）对于（2）给出的参数 a 的值，举例说明存在这样的矩阵 $\boldsymbol{B}$，使 $\operatorname{rank}(\boldsymbol{AB})=2$.

2016—2017 学年秋季学期(A)卷

一、单选题(共 6 小题，每小题 3 分，共 18 分)

1. 设 n 阶行列式 $\begin{vmatrix} d_1 & & & \\ & d_2 & & \\ & & \ddots & \\ & & & d_n \end{vmatrix} = \begin{vmatrix} & & & d_1 \\ & & d_2 & \\ & \iddots & & \\ d_n & & & \end{vmatrix}$，且 $d_1d_2\cdots d_n \neq 0$，则 n 不可能取下列值中的 (　　)

(A)12　　(B)11　　(C)9　　(D)8

2. 设 $\boldsymbol{\alpha}_1$，$\boldsymbol{\alpha}_2$ 是线性空间 $\mathbf{R}^2$ 中的一组基，$\boldsymbol{\beta}_1 = \boldsymbol{\alpha}_1 + \boldsymbol{\alpha}_2$，$\boldsymbol{\beta}_2 = -2\boldsymbol{\alpha}_1 + \boldsymbol{\alpha}_2$，则由基 $\boldsymbol{\beta}_1$，$\boldsymbol{\beta}_2$ 到基 $\boldsymbol{\alpha}_1$，$\boldsymbol{\alpha}_2$ 的过渡矩阵为 (　　)

(A)$\begin{bmatrix} 1 & 1 \\ -2 & 1 \end{bmatrix}$　　(B)$\begin{bmatrix} 1 & -2 \\ 1 & 1 \end{bmatrix}$　　(C)$\frac{1}{3}\begin{bmatrix} 1 & 2 \\ -1 & 1 \end{bmatrix}$　　(D)$\frac{1}{3}\begin{bmatrix} 1 & 1 \\ -2 & 1 \end{bmatrix}$

3. 若矩阵 $\mathbf{A} = \begin{bmatrix} 1 & 2 & a \\ 0 & 2 & 1 \\ 0 & 0 & 1 \end{bmatrix}$ 相似于对角矩阵，则 $a =$ (　　)

(A)2　　(B)3　　(C)1　　(D) -1

4. 设 3 阶实矩阵 $\mathbf{A} = [a_{ij}]_{3\times 3}$ 的特征值为 1，-2，3，$A_{ij}(i, j = 1, 2, 3)$ 为行列式 $|\mathbf{A}|$ 中元素 a_{ij} 的代数余子式，则 $A_{11} + A_{22} + A_{33}$ 的值为 (　　)

(A) -5　　(B)5　　(C) -6　　(D)6

5. 如果三个平面 $\Pi_1: x + y + z = 1$；$\Pi_2: y + z = b$；$\Pi_3: x + ay + 2z = 2$ 相交于一直线，则 (　　)

(A)$a = -2$，$b = -1$　　(B)$a = 2$，$b = -1$

(C)$a = -2$，$b = 1$　　(D)$a = 2$，$b = 1$

6. 设向量 $\boldsymbol{\alpha}_1 = (1, 2, 0)^{\mathrm{T}}$，$\boldsymbol{\alpha}_2 = (2, 3, 1)^{\mathrm{T}}$，$\boldsymbol{\alpha}_3 = (0, 1, -1)^{\mathrm{T}}$，$\boldsymbol{\beta} = (3, 5, k)^{\mathrm{T}}$，则 $k = 2$ 是 $\boldsymbol{\beta}$ 不能由向量 $\boldsymbol{\alpha}_1$，$\boldsymbol{\alpha}_2$，$\boldsymbol{\alpha}_3$ 线性表示的 (　　)

(A)充分条件，但非必要条件　　(B)必要条件，但非充分条件

(C)充分必要条件　　(D)既非充分，也非必要条件

二、填空题(共 6 小题，每小题 3 分，共 18 分)

1. 设 $\mathbf{A}$ 为 3 阶方阵，$|\mathbf{A}^{-1}| = \frac{1}{3}$，$\mathbf{A}^*$ 为 $\mathbf{A}$ 的伴随矩阵，则 $|2\mathbf{A}^*| =$ ________.

2. 设 $\mathbf{A} = \begin{bmatrix} 1 & 1 & 1 \\ -1 & 2 & a \\ 1 & 4 & a^2 \end{bmatrix}$，若方程组 $\mathbf{Ax} = \mathbf{0}$ 存在非零解，则 $a =$ ________.

3. 设$\boldsymbol{A}$为3阶不可逆实矩阵，$\boldsymbol{E}$为3阶单位矩阵，若线性齐次方程组$(\boldsymbol{A}-3\boldsymbol{E})\boldsymbol{x}=\boldsymbol{0}$的基础解系由两个线性无关的解向量组成，则行列式$|\boldsymbol{A}+\boldsymbol{E}|=$________.

4. 若矩阵$\boldsymbol{A}=\begin{bmatrix}0&1&0\\1&0&0\\0&0&-1\end{bmatrix}$，矩阵$\boldsymbol{B}$与$\boldsymbol{A}$相似，则矩阵$\boldsymbol{B}+\boldsymbol{E}$($\boldsymbol{E}$为3阶单位矩阵)的秩$\operatorname{rank}(\boldsymbol{B}+\boldsymbol{E})=$________.

5. 设$\boldsymbol{\alpha},\boldsymbol{\beta}\in\mathbf{R}^n$，它们的长度分别为$\|\boldsymbol{\alpha}\|=1,\|\boldsymbol{\beta}\|=3$，则内积$<\boldsymbol{\alpha}+\boldsymbol{\beta},\ \boldsymbol{\alpha}-\boldsymbol{\beta}>=$________.

6. 设二次型$f(x_1,x_2,x_3)=\boldsymbol{x}^{\mathrm{T}}\boldsymbol{A}\boldsymbol{x}$的负惯性指数为1，且矩阵$\boldsymbol{A}$满足$\boldsymbol{A}^2-\boldsymbol{A}=6\boldsymbol{E}$，其中$\boldsymbol{E}$为3阶单位矩阵，则二次型$f(x_1,x_2,x_3)=\boldsymbol{x}^{\mathrm{T}}\boldsymbol{A}\boldsymbol{x}$在正交变换$\boldsymbol{x}=\boldsymbol{Q}\boldsymbol{y}$下的标准形$f(y_1,y_2,y_3)=$__________.

三、计算与证明题(共6小题，共64分)

1. (8分)设$a\neq0$，计算n阶行列式

$$D_n=\begin{vmatrix}1+a&1&\cdots&1&1\\2&2+a&\cdots&2&2\\\vdots&\vdots&&\vdots&\vdots\\n-1&n-1&\cdots&n-1+a&n-1\\n&n&\cdots&n&n+a\end{vmatrix}.$$

2. (8分)已知3阶方阵$\boldsymbol{A}$，$\boldsymbol{B}$满足关系式$\boldsymbol{A}^2-3\boldsymbol{A}\boldsymbol{B}=\boldsymbol{E}$，其中$\boldsymbol{E}$为3阶单位矩阵.
(1)证明：$\boldsymbol{A}\boldsymbol{B}=\boldsymbol{B}\boldsymbol{A}$；(2)若$\boldsymbol{B}=\begin{bmatrix}1&2&0\\0&3&a\\0&0&5\end{bmatrix}$，其中$a$为任意实数，求$\operatorname{rank}(\boldsymbol{A}\boldsymbol{B}-2\boldsymbol{B}\boldsymbol{A}+5\boldsymbol{A})$.

3. (10分)设三维列向量组$\boldsymbol{\alpha}_1,\boldsymbol{\alpha}_2,\boldsymbol{\alpha}_3$线性无关，$\boldsymbol{A}$为3阶方阵，且$\boldsymbol{A}\boldsymbol{\alpha}_1=\boldsymbol{\alpha}_1+2\boldsymbol{\alpha}_2$，$\boldsymbol{A}\boldsymbol{\alpha}_2=\boldsymbol{\alpha}_2+2\boldsymbol{\alpha}_3$，$\boldsymbol{A}\boldsymbol{\alpha}_3=\boldsymbol{\alpha}_3+2\boldsymbol{\alpha}_1$. (1)证明：向量组$\boldsymbol{A}\boldsymbol{\alpha}_1,\boldsymbol{A}\boldsymbol{\alpha}_2,\boldsymbol{A}\boldsymbol{\alpha}_3$也线性无关；(2)计算行列式$|\boldsymbol{A}-2\boldsymbol{E}|$，其中$\boldsymbol{E}$为3阶单位矩阵.

4. (14分)设$\boldsymbol{A}$为3阶实对称矩阵，其特征值为$\lambda_1=0$，$\lambda_2=\lambda_3=1$，且齐次线性方程组$\boldsymbol{A}\boldsymbol{x}=\boldsymbol{0}$有非零解$\boldsymbol{\alpha}_1=(1,1,0)^{\mathrm{T}}$. (1)求$\boldsymbol{A}$的全部特征向量；(2)求矩阵$\boldsymbol{A}$.

5. (14分)设矩阵$\boldsymbol{A}=\begin{bmatrix}1&-1&-1\\2&a&1\\1&-1&-a\end{bmatrix}$，$\boldsymbol{B}=\begin{bmatrix}2&2\\1&a\\a+1&2\end{bmatrix}$. 试讨论：当$a$为何值时，方程$\boldsymbol{A}\boldsymbol{X}=\boldsymbol{B}$有唯一解、无解、有无穷多解？当有无穷多解时，求通解.

6. (10分)设$\boldsymbol{\alpha},\boldsymbol{\beta}\in\mathbf{R}^3$为不相等的非零列向量，$\boldsymbol{A}=\boldsymbol{\alpha}\boldsymbol{\beta}^{\mathrm{T}}+\boldsymbol{\beta}\boldsymbol{\alpha}^{\mathrm{T}}$. (1)证明：$\boldsymbol{A}$的行列式$|\boldsymbol{A}|=0$；(2)如果$\boldsymbol{\alpha}$，$\boldsymbol{\beta}$正交，且$\|\boldsymbol{\alpha}\|=\|\boldsymbol{\beta}\|=\sqrt{k}$，证明：矩阵$\boldsymbol{A}$相似于对角矩阵

$$\boldsymbol{\Lambda}=\begin{bmatrix}k&&\\&-k&\\&&0\end{bmatrix}.$$

2016—2017学年秋季学期(B)卷

一、单选题(共6小题，每小题3分，共18分)

1. 不恒为零的函数 $f(x)=\begin{vmatrix} a_1+x & b_1+x & c_1+x \\ a_2+x & b_2+x & c_2+x \\ a_3+x & b_3+x & c_3+x \end{vmatrix}$ (　　)

(A)恰有3个零点　　(B)恰有2个零点

(C)至多有1个零点　　(D)没有零点

2. 若向量组 $\boldsymbol{\alpha}_1$, $\boldsymbol{\alpha}_2$ 线性无关，则以下向量组线性相关的是 (　　)

(A) $2\boldsymbol{\alpha}_1+\boldsymbol{\alpha}_2$, $\boldsymbol{\alpha}_2$　　(B) $3\boldsymbol{\alpha}_1$, $2\boldsymbol{\alpha}_1-\boldsymbol{\alpha}_2$

(C) $\boldsymbol{\alpha}_1+\boldsymbol{\alpha}_2$, $\boldsymbol{\alpha}_1-\boldsymbol{\alpha}_2$　　(D) $6\boldsymbol{\alpha}_2-3\boldsymbol{\alpha}_1$, $\boldsymbol{\alpha}_1-2\boldsymbol{\alpha}_2$

3. 设 $\boldsymbol{A}$ 为3阶可逆矩阵，$\boldsymbol{B}$ 为由 $\boldsymbol{A}$ 交换第1行和第2行所得，则 $|-2\boldsymbol{A}\boldsymbol{B}^{-1}|=$ (　　)

(A) 8　　(B) -8　　(C) 2　　(D) -2

4. 已知 $\lambda=-1$ 是矩阵 $\boldsymbol{A}=\begin{bmatrix} 2 & a & 0 \\ 0 & 0 & -1 \\ 1 & 0 & 0 \end{bmatrix}$ 的特征值，$\boldsymbol{x}=(-2, 2, b)^{\mathrm{T}}$ 是属于该特征值的特征向量，则 (　　)

(A) $a=1$, $b=2$　　(B) $a=3$, $b=2$

(C) $a=3$, $b=-2$　　(D) $a=1$, $b=-2$

5. 设 $\boldsymbol{A}$ 为 3×4 实矩阵，且 $\boldsymbol{A}$ 的行向量组线性无关，则以下结论错误的是 (　　)

(A) $\boldsymbol{A}^{\mathrm{T}}\boldsymbol{x}=\boldsymbol{0}$ 只有零解　　(B) $\boldsymbol{A}^{\mathrm{T}}\boldsymbol{A}\boldsymbol{x}=0$ 必有无穷多解

(C) $\forall \boldsymbol{b}$, $\boldsymbol{A}\boldsymbol{x}=\boldsymbol{b}$ 有唯一解　　(D) $\forall \boldsymbol{b}$, $\boldsymbol{A}\boldsymbol{x}=\boldsymbol{b}$ 总有无穷多解

6. 若矩阵 $\boldsymbol{A}=\begin{bmatrix} 1 & 1 & 1 \\ 0 & 0 & a \\ 0 & 0 & 0 \end{bmatrix}$，则 $a=0$ 是矩阵 $\boldsymbol{A}$ 相似于对角矩阵的 (　　)

(A)充分条件，但非必要条件　　(B)必要条件，但非充分条件

(C)充分必要条件　　(D)既非充分，也非必要条件

二、填空题(共6小题，每小题3分，共18分)

1. 方程 $\begin{vmatrix} x & 1 & 1 \\ 1 & x & 1 \\ 1 & 1 & x \end{vmatrix}=0$ 的三个根之和为________.

2. 设$\boldsymbol{A}=\begin{bmatrix}1&1&2\\-1&2&1\\0&1&1\end{bmatrix}$, $\boldsymbol{B}=\begin{bmatrix}4&-1\\2&a\\2&-1\end{bmatrix}$, 如果矩阵方程$\boldsymbol{AX}=\boldsymbol{B}$有解，则$a=$______.

3. 设矩阵$\boldsymbol{A}=\begin{bmatrix}0&0&1\\0&2&0\\3&0&0\end{bmatrix}$, $\boldsymbol{B}=\begin{bmatrix}1&1&0\\1&2&2\\0&1&3\end{bmatrix}$, $\boldsymbol{C}=\boldsymbol{AB}^{-1}$, 则$\boldsymbol{C}^{-1}$中第3行第2列的元素为________.

4. 设$\boldsymbol{\alpha}_1$, $\boldsymbol{\alpha}_2$是线性空间$\mathbf{R}^2$中的一组基，$\boldsymbol{\beta}_1=\boldsymbol{\alpha}_1+\boldsymbol{\alpha}_2$, $\boldsymbol{\beta}_2=\boldsymbol{\alpha}_1-2\boldsymbol{\alpha}_2$, 则由基$\boldsymbol{\beta}_1$, $\boldsymbol{\beta}_2$到基$\boldsymbol{\alpha}_1$, $\boldsymbol{\alpha}_2$的过渡矩阵为________.

5. 设$\boldsymbol{A}$为3阶实对称矩阵，$\boldsymbol{\alpha}_1=(a,0,1)^{\mathrm{T}}$是方程$\boldsymbol{Ax}=\boldsymbol{0}$的解，$\boldsymbol{\alpha}_2=(1,a,1)^{\mathrm{T}}$是方程$(\boldsymbol{A}-\boldsymbol{E})\boldsymbol{x}=0$的解，其中$\boldsymbol{E}$为3阶单位矩阵，则$a=$________.

6. 设二次型$f(x_1,x_2,x_3)=\boldsymbol{x}^{\mathrm{T}}\boldsymbol{Ax}$的秩为1，且矩阵$\boldsymbol{A}$的每一行的元素之和均为3，则二次型$f(x_1,x_2,x_3)=\boldsymbol{x}^{\mathrm{T}}\boldsymbol{Ax}$在正交变换$\boldsymbol{x}=\boldsymbol{Qy}$下的标准形$f(y_1,y_2,y_3)=$________.

三、计算与证明题(共6小题，共64分)

1. (8分)设$a\neq 0$，计算n阶行列式

$$D_n=\begin{vmatrix}a&0&\cdots&0&a\\-1&a&\cdots&0&a\\\vdots&\vdots&&\vdots&\vdots\\0&0&\cdots&a&a\\0&0&\cdots&-1&a\end{vmatrix}.$$

2. (8分)已知向量$\boldsymbol{\alpha}_1=(1,1,-1)^{\mathrm{T}}$, $\boldsymbol{\alpha}_2=(1,0,a)^{\mathrm{T}}$, $\boldsymbol{\alpha}_3=(a,2,1)^{\mathrm{T}}$, $\boldsymbol{\alpha}_4=(-1,-2,a^2)^{\mathrm{T}}$. 若向量组$\boldsymbol{\alpha}_1$, $\boldsymbol{\alpha}_2$, $\boldsymbol{\alpha}_3$和向量组$\boldsymbol{\alpha}_1$, $\boldsymbol{\alpha}_2$, $\boldsymbol{\alpha}_3$, $\boldsymbol{\alpha}_4$不等价，求参数a的值.

3. (12分)设矩阵$\boldsymbol{A}=\begin{bmatrix}a&1&0\\1&a&-1\\0&1&a\end{bmatrix}$，且$\boldsymbol{A}^3=\boldsymbol{O}$, $\boldsymbol{E}$为3阶单位矩阵. (1)求a的值；(2)求$(\boldsymbol{E}-\boldsymbol{A}^2)^{-1}$；(3)若矩阵$\boldsymbol{X}$满足$\boldsymbol{X}+\boldsymbol{XA}-\boldsymbol{AX}-\boldsymbol{AXA}=2\boldsymbol{E}$，求矩阵$\boldsymbol{X}$.

4. (12分) 已知线性方程组$\begin{cases}x_1+x_2+x_3=2,\\2x_1+3x_2+ax_3=6,\\-2x_1+(a-2)x_2+x_3=2.\end{cases}$ (1)a取何值时方程组无解？(2)a取何值时方程组有无穷多解？并求其通解. (3)a取何值时方程组有唯一解？并求其解.

5. (14分)设$\boldsymbol{A}$为3阶实对称矩阵，$|\boldsymbol{A}|=-12$, $\boldsymbol{A}$的三个特征值之和为1，且$\boldsymbol{\alpha}_1=(1,0,-2)^{\mathrm{T}}$是方程$(\boldsymbol{A}^*-4\boldsymbol{E})\boldsymbol{x}=\boldsymbol{0}$的一个解向量，其中$\boldsymbol{A}^*$为$\boldsymbol{A}$的伴随矩阵，$\boldsymbol{E}$为3阶单位矩阵. (1)求$\boldsymbol{A}$的全部特征值；(2)求矩阵$\boldsymbol{A}$.

6. (10分)设$\boldsymbol{A}$为3阶方阵，证明：(1)若对于任意3维列向量$\boldsymbol{\alpha}$有$\boldsymbol{A\alpha}=\boldsymbol{0}$，则$\boldsymbol{A}=\boldsymbol{O}$；(2)若$\boldsymbol{A}$的3个特征值$\lambda_1$, λ_2, λ_3互不相等，且$\boldsymbol{\xi}_1$, $\boldsymbol{\xi}_2$, $\boldsymbol{\xi}_3$分别是$\boldsymbol{A}$对应于λ_1, λ_2, λ_3的特征向量，令$\boldsymbol{\alpha}=\boldsymbol{\xi}_1+\boldsymbol{\xi}_2+\boldsymbol{\xi}_3$，则向量组$\boldsymbol{\alpha}$, $\boldsymbol{A\alpha}$, $\boldsymbol{A}^2\boldsymbol{\alpha}$线性无关.

2017—2018 学年秋季学期(A)卷

一、单选题(共 6 小题，每小题 3 分，共 18 分)

1. 设 $\boldsymbol{A}$ 为 $n(n\geqslant 2)$ 阶方阵，$\boldsymbol{A}^*$ 为 $\boldsymbol{A}$ 的伴随矩阵，则 $\left||\boldsymbol{A}^*|\boldsymbol{A}\right|$ 等于 (   )

(A) $|\boldsymbol{A}|^{n^2}$　　(B) $|\boldsymbol{A}|^{n^2-n}$　　(C) $|\boldsymbol{A}|^{n^2+n}$　　(D) $|\boldsymbol{A}|^{n^2-n+1}$

2. 设 $\boldsymbol{A}=[\boldsymbol{\alpha}_1\ \boldsymbol{\alpha}_2\ \boldsymbol{\alpha}_3\ \boldsymbol{\alpha}_4]$ 为 4 阶方阵，其伴随矩阵 $\boldsymbol{A}^*$ 不是零矩阵，若 $(1,0,1,0)^{\mathrm{T}}$ 是方程组 $\boldsymbol{A}x=\boldsymbol{0}$ 的一个解，η 是非齐次线性方程组 $\boldsymbol{A}^*\boldsymbol{x}=\boldsymbol{b}$ 的一个解，k_1，k_2，k_3 为任意常数，则 $\boldsymbol{A}^*\boldsymbol{x}=\boldsymbol{b}$ 的通解可为 (   )

(A) $k_1\boldsymbol{\alpha}_1+k_2\boldsymbol{\alpha}_3$　　(B) $k_1\boldsymbol{\alpha}_1+k_2\boldsymbol{\alpha}_2$

(C) $k_1\boldsymbol{\alpha}_2+k_2\boldsymbol{\alpha}_3+k_3\boldsymbol{\alpha}_4+\eta$　　(D) $k_1\boldsymbol{\alpha}_1+k_2\boldsymbol{\alpha}_2+k_3\boldsymbol{\alpha}_3+\eta$.

3. 设 $\lambda=3$ 是可逆矩阵 $\boldsymbol{A}$ 的一个特征值，则 $\left(\frac{1}{4}\boldsymbol{A}^2\right)^{-1}+\boldsymbol{E}$ 的一个特征值是 (   )

(A) $\frac{4}{9}$　　(B) $\frac{13}{9}$　　(C) $\frac{13}{4}$　　(D) $\frac{7}{3}$

4. 设 $\boldsymbol{A}$ 为 3 阶方阵，$\boldsymbol{P}=[\boldsymbol{\alpha}_1\ \boldsymbol{\alpha}_2\ \boldsymbol{\alpha}_3]$ 为 3 阶可逆矩阵，$\boldsymbol{Q}=[\boldsymbol{\alpha}_1\ \boldsymbol{\alpha}_1+\boldsymbol{\alpha}_2\ \boldsymbol{\alpha}_3]$，已知 $\boldsymbol{P}^{\mathrm{T}}\boldsymbol{AP}=\begin{bmatrix}1&0&0\\0&1&0\\0&0&2\end{bmatrix}$，则 $\boldsymbol{Q}^{\mathrm{T}}\boldsymbol{AQ}$ 等于 (   )

(A) $\begin{bmatrix}1&1&0\\1&2&0\\0&0&2\end{bmatrix}$　　(B) $\begin{bmatrix}1&0&0\\0&1&1\\0&1&2\end{bmatrix}$

(C) $\begin{bmatrix}2&1&0\\1&1&0\\0&0&2\end{bmatrix}$　　(D) $\begin{bmatrix}1&1&0\\1&1&0\\0&0&2\end{bmatrix}$

5. 设 $\boldsymbol{A}=\begin{bmatrix}2&2&0\\2&5&0\\0&0&-3\end{bmatrix}$，$\boldsymbol{B}=\begin{bmatrix}-1&0&0\\0&2&0\\0&0&3\end{bmatrix}$，则 (   )

(A) $\boldsymbol{A}$ 与 $\boldsymbol{B}$ 相似但不合同　　(B) $\boldsymbol{A}$ 与 $\boldsymbol{B}$ 既相似又合同

(C) $\boldsymbol{A}$ 与 $\boldsymbol{B}$ 不相似但合同　　(D) $\boldsymbol{A}$ 与 $\boldsymbol{B}$ 既不相似又不合同

6. 设 $\boldsymbol{\alpha}$ 是长度为 2 的 n 维列向量，$\boldsymbol{E}$ 是 n 阶单位矩阵，则 (   )

(A) $\boldsymbol{E}-\frac{1}{4}\boldsymbol{\alpha\alpha}^{\mathrm{T}}$ 不可逆　　(B) $\boldsymbol{E}-\frac{1}{2}\boldsymbol{\alpha\alpha}^{\mathrm{T}}$ 不可逆

(C) $\boldsymbol{E}-4\boldsymbol{\alpha\alpha}^{\mathrm{T}}$ 不可逆　　(D) $\boldsymbol{E}-\boldsymbol{\alpha\alpha}^{\mathrm{T}}$ 不可逆

二、填空题(共6小题，每小题3分，共18分)

1. 设$\begin{bmatrix} 1 & 0 & 0 \\ 0 & \frac{1}{2} & \frac{3}{2} \\ 0 & 1 & \frac{5}{2} \end{bmatrix}$，$\boldsymbol{A}^*$为$\boldsymbol{A}$的伴随矩阵，则$(\boldsymbol{A}^*)^{-1}=$__________.

2. 已知向量$\boldsymbol{\beta}_1=\begin{bmatrix} 1 \\ a \\ 5 \end{bmatrix}$能由向量组$\boldsymbol{\beta}_2=\begin{bmatrix} 1 \\ -3 \\ 2 \end{bmatrix}$，$\boldsymbol{\beta}_3=\begin{bmatrix} 2 \\ -1 \\ 1 \end{bmatrix}$线性表示，则$a=$______.

3. 设$\begin{bmatrix} k & -1 & -1 \\ -1 & k & -1 \\ -1 & -1 & k \end{bmatrix}$与$\begin{bmatrix} 1 & 2 & 0 \\ 0 & -2 & -1 \\ 1 & 0 & -1 \end{bmatrix}$等价，则$k=$________.

4. 设$\boldsymbol{A}=[\boldsymbol{\gamma}_1\ \ \boldsymbol{\gamma}_2\ \ \boldsymbol{\gamma}_3]$，$\boldsymbol{B}=[\boldsymbol{\gamma}_4\ \ 2\boldsymbol{\gamma}_2\ \ 3\boldsymbol{\gamma}_3]$为3阶方阵，且已知$|\boldsymbol{A}|=2$，$|\boldsymbol{B}|=18$，则$|\boldsymbol{B}-\boldsymbol{A}|=$________.

5. 设$\boldsymbol{A}$为n阶方阵，其特征值互不相等，且$|\boldsymbol{A}|=0$，则$\boldsymbol{A}$的秩等于________.

6. 已知二次型$f(x_1,x_2,x_3)=ax_1^2-x_2^2+2x_3^2+2x_1x_2-8x_1x_3+2x_2x_3$可经非退化线性变换$\boldsymbol{x}=\boldsymbol{P}\boldsymbol{y}$化为标准形$\lambda_1y_1^2+\lambda_2y_2^2$，则$a=$________.

三、计算与证明题(共6小题，共64分)

1. (10分)计算n阶行列式$\boldsymbol{D}_n=\begin{vmatrix} 0 & 1 & 1 & \cdots & 1 & 1 \\ 1 & 0 & x & \cdots & x & x \\ 1 & x & 0 & \cdots & x & x \\ \vdots & \vdots & \vdots & & \vdots & \vdots \\ 1 & x & x & \cdots & 0 & x \\ 1 & x & x & \cdots & x & 0 \end{vmatrix}$，其中$n>2$.

2. (10分)设4阶方阵$\boldsymbol{A}$，$\boldsymbol{B}$，$\boldsymbol{C}$满足关系式$\boldsymbol{B}^{\mathrm{T}}\boldsymbol{C}(\boldsymbol{E}-\boldsymbol{B}^{-1}\boldsymbol{A})^{\mathrm{T}}=\boldsymbol{E}$，又已知$\boldsymbol{A}=\begin{bmatrix} 1 & 0 & 0 & 0 \\ -1 & 1 & 0 & 0 \\ 0 & -1 & 1 & 0 \\ 0 & 0 & -1 & 1 \end{bmatrix}$，$\boldsymbol{B}=\begin{bmatrix} 2 & 0 & 0 & 0 \\ 1 & 2 & 0 & 0 \\ 3 & 1 & 2 & 0 \\ 4 & 3 & 1 & 2 \end{bmatrix}$，求矩阵$\boldsymbol{C}$.

3. (10分)设$\boldsymbol{A}$为3阶方阵，λ_1，λ_2，λ_3是$\boldsymbol{A}$的3个不同特征值，对应的特征向量分别为$\boldsymbol{\alpha}_1$，$\boldsymbol{\alpha}_2$，$\boldsymbol{\alpha}_3$. 令$\boldsymbol{\beta}=\boldsymbol{\alpha}_1+2\boldsymbol{\alpha}_2+3\boldsymbol{\alpha}_3$. (1)证明$\boldsymbol{\beta}$，$\boldsymbol{A\beta}$，$\boldsymbol{A}^2\boldsymbol{\beta}$线性无关；(2)若$\boldsymbol{A}^3\boldsymbol{\beta}=3\boldsymbol{A\beta}-2\boldsymbol{A}^2\boldsymbol{\beta}$，求$\boldsymbol{A}$的特征值.

4. (10分)已知n阶方阵$\boldsymbol{A}$满足关系式$\boldsymbol{A}^2-3\boldsymbol{A}-10\boldsymbol{E}=\boldsymbol{O}$，试判断$A$是否能相似对角化，并说明理由.

5.(12 分)设齐次线性方程组(Ⅰ)为 $\begin{cases}2x_1+3x_2-x_3=0,\\ x_1+2x_2+x_3-x_4=0,\\ 4x_1+7x_2+x_3-2x_4=0,\\ 3x_1+4x_2-3x_3+x_4=0.\end{cases}$ 且已知另一齐次线性方程组(Ⅱ)的一个基础解系为

$$\boldsymbol{\alpha}_1=\begin{bmatrix}2\\-1\\a+2\\1\end{bmatrix},\ \boldsymbol{\alpha}_2=\begin{bmatrix}-1\\2\\4\\a+8\end{bmatrix}.$$

(1)求线性方程组(Ⅰ)的一个基础解系;

(2)当 a 为何值时,线性方程组(Ⅰ)与(Ⅱ)有非零公共解?在有非零公共解时,求出全部非零公共解.

6.(12 分)设二次型 $f(x_1, x_2, x_3)=\boldsymbol{x}^{\mathrm{T}}\boldsymbol{A}\boldsymbol{x}$ 在正交变换 $\boldsymbol{x}=\boldsymbol{Q}\boldsymbol{y}$ 下的标准形为 $y_1^2+y_2^2$,且 $\boldsymbol{Q}$ 的第三列为 $\frac{1}{\sqrt{6}}\begin{bmatrix}1\\-2\\1\end{bmatrix}$. (1)求 $\boldsymbol{A}$;(2)证明 $\boldsymbol{A}+\boldsymbol{E}$ 是正定矩阵.

2017—2018 学年秋季学期(B)卷

一、单选题(共 6 小题，每小题 3 分，共 18 分)

1. 设 $\boldsymbol{P}_1=\begin{bmatrix}0&1&0\\1&0&0\\0&0&1\end{bmatrix}$, $\boldsymbol{P}_2=\begin{bmatrix}0&0&1\\0&1&0\\1&0&0\end{bmatrix}$, $\boldsymbol{A}=\begin{bmatrix}a_{11}&a_{12}&a_{13}\\a_{21}&a_{22}&a_{23}\\a_{31}&a_{32}&a_{33}\end{bmatrix}$, 若 $\boldsymbol{P}_1^m\boldsymbol{A}\boldsymbol{P}_2^n=\begin{bmatrix}a_{23}&a_{22}&a_{21}\\a_{13}&a_{12}&a_{11}\\a_{33}&a_{32}&a_{31}\end{bmatrix}$, 则 m, n 可取 ( )

(A) $m=2$, $n=3$　　(B) $m=3$, $n=2$

(C) $m=2$, $n=2$　　(D) $m=5$, $n=3$

2. 设 $\boldsymbol{A}$ 是 $n(n\geqslant 2)$ 阶方阵, k、l 为正整数, 下列命题错误的是 ( )

(A) $\boldsymbol{A}\boldsymbol{A}^*=\boldsymbol{A}^*\boldsymbol{A}$　　(B) $\boldsymbol{A}\boldsymbol{A}^{\mathrm{T}}=\boldsymbol{A}^{\mathrm{T}}\boldsymbol{A}$

(C) $\boldsymbol{A}^k\boldsymbol{A}^l=\boldsymbol{A}^l\boldsymbol{A}^k$　　(D) $(\boldsymbol{A}+\boldsymbol{E})(\boldsymbol{A}-\boldsymbol{E})=(\boldsymbol{A}-\boldsymbol{E})(\boldsymbol{A}+\boldsymbol{E})$

3. 设 $\boldsymbol{A}$ 是 $n(n\geqslant 4)$ 阶方阵, 其秩等于 $n-3$, 且 $\boldsymbol{\alpha}_1$, $\boldsymbol{\alpha}_2$, $\boldsymbol{\alpha}_3$ 是 $\boldsymbol{A}\boldsymbol{x}=\boldsymbol{0}$ 的 3 个线性无关的解向量, 则 $\boldsymbol{A}\boldsymbol{x}=\boldsymbol{0}$ 的基础解系可为 ( )

(A) $\boldsymbol{\alpha}_1+\boldsymbol{\alpha}_2$, $\boldsymbol{\alpha}_2+\boldsymbol{\alpha}_3$, $\boldsymbol{\alpha}_3+\boldsymbol{\alpha}_1$　　(B) $\boldsymbol{\alpha}_1-\boldsymbol{\alpha}_2$, $\boldsymbol{\alpha}_2-\boldsymbol{\alpha}_3$, $\boldsymbol{\alpha}_3-\boldsymbol{\alpha}_1$

(C) $2\boldsymbol{\alpha}_2-\boldsymbol{\alpha}_1$, $\boldsymbol{\alpha}_2-\frac{1}{2}\boldsymbol{\alpha}_3$, $\boldsymbol{\alpha}_1-\boldsymbol{\alpha}_3$　　(D) $\boldsymbol{\alpha}_1+\boldsymbol{\alpha}_2+\boldsymbol{\alpha}_3$, $\boldsymbol{\alpha}_2-\boldsymbol{\alpha}_3$, $-\boldsymbol{\alpha}_1-2\boldsymbol{\alpha}_2$

4. 设 $\boldsymbol{\alpha}_0$ 是 $\boldsymbol{A}$ 对应于特征值 λ_0 的特征向量, 则 $\boldsymbol{\alpha}_0$ 不一定是其特征向量的矩阵是 ( )

(A) $-2\boldsymbol{A}$　　(B) $\boldsymbol{A}^{\mathrm{T}}$　　(C) $(\boldsymbol{A}+\boldsymbol{E})^2$　　(D) $\boldsymbol{A}^*$

5. 设 $\boldsymbol{A}=\begin{bmatrix}2&1&0\\0&2&0\\0&0&1\end{bmatrix}$, $\boldsymbol{B}=\begin{bmatrix}2&0&0\\0&2&1\\0&0&1\end{bmatrix}$, $\boldsymbol{C}=\begin{bmatrix}2&0&0\\0&2&0\\0&0&1\end{bmatrix}$, 则 ( )

(A) $\boldsymbol{A}$ 与 $\boldsymbol{C}$ 相似, $\boldsymbol{B}$ 与 $\boldsymbol{C}$ 相似　　(B) $\boldsymbol{A}$ 与 $\boldsymbol{C}$ 相似, $\boldsymbol{B}$ 与 $\boldsymbol{C}$ 不相似

(C) $\boldsymbol{A}$ 与 $\boldsymbol{C}$ 不相似, $\boldsymbol{B}$ 与 $\boldsymbol{C}$ 相似　　(D) $\boldsymbol{A}$ 与 $\boldsymbol{C}$ 不相似, $\boldsymbol{B}$ 与 $\boldsymbol{C}$ 不相似

6. 设二次型 $f(x_1, x_2, x_3)=\boldsymbol{x}^{\mathrm{T}}\boldsymbol{A}\boldsymbol{x}$ 在非退化线性变换 $\boldsymbol{x}=\boldsymbol{P}\boldsymbol{y}$ 下的标准形为 $y_1^2+2y_2^2-3y_3^2$, 其中 $\boldsymbol{P}=[\boldsymbol{\beta}_1\ \ \boldsymbol{\beta}_2\ \ \boldsymbol{\beta}_3]$. 若 $\boldsymbol{Q}=[\boldsymbol{\beta}_2\ \ \boldsymbol{\beta}_1\ \ \boldsymbol{\beta}_3]$, 则 $f(x_1, x_2, x_3)$ 在线性变换 $\boldsymbol{x}=\boldsymbol{Q}\boldsymbol{y}$ 下的标准形为 ( )

(A) $y_1^2+2y_2^2-3y_3^2$　　(B) $2y_1^2+y_2^2-3y_3^2$

(C) $y_1^2-2y_2^2-3y_3^2$　　(D) $y_1^2-2y_2^2+3y_3^2$

二、填空题(共 6 小题，每小题 3 分，共 18 分)

1. 设$A=\begin{bmatrix}1&2&-1\\1&2&0\\-1&0&2\end{bmatrix}$，则$\left(\frac{1}{4}A\right)^{-1}=$__________.

2. 已知向量组$\beta_1=\begin{bmatrix}-2\\3\\0\end{bmatrix}$，$\beta_2=\begin{bmatrix}0\\1\\k\end{bmatrix}$，$\beta_3=\begin{bmatrix}-2\\5\\1\end{bmatrix}$线性相关，则$k=$__________.

3. 已知n阶方阵A有一个特征值为2，设$B=A^2-A-2E$，则$|B|=$__________.

4. 设$A=\begin{bmatrix}1&2&3\\4&5&6\\5&7&10\end{bmatrix}$，$A^*$为$A$的伴随矩阵，则方程组$A^*x=0$的通解为________.

5. 设$A=\begin{bmatrix}1&1&-1\\2&a&-1\\4&2&a\end{bmatrix}$，$B$是3阶非零矩阵，且$AB=O$，则$B$的秩等于__________.

6. 设二次型$f(x_1,x_2,x_3)=2x_1^2+bx_2^2+2x_3^2+2x_1x_2-6x_1x_3+2x_2x_3$的秩为2，则$b=$__________.

三、计算与证明题(共 6 小题，共 64 分)

1. (10 分)计算n阶行列式$D_n=\begin{vmatrix}a&b&b&\cdots&b&b\\c&a&b&\cdots&b&b\\c&c&a&\cdots&b&b\\\vdots&\vdots&\vdots&&\vdots&\vdots\\c&c&c&\cdots&a&b\\c&c&c&\cdots&c&a\end{vmatrix}$，其中$b\neq c$.

2. (10 分)已知$A=\begin{bmatrix}0&1&1\\2&0&1\\3&2&0\end{bmatrix}$，$B=\begin{bmatrix}1&0&0\\2&1&0\\3&2&1\end{bmatrix}$，且方阵$C$满足关系式$ACA+BCB=ACB+BCA+E$，求$C$.

3. (10 分)已知线性方程组$\begin{cases}x_1+x_3=k,\\4x_1+x_2+2x_3=k+2,\\6x_1+x_2+4x_3=2k+3,\\7x_1+x_2+5x_3=3k+3.\end{cases}$讨论当$k$取何值时，方程组有解、无解;当有解时，求出其所有解.

4. (10 分) 已知向量组$\alpha_1=\begin{bmatrix}1\\1\\k\end{bmatrix}$，$\alpha_2=\begin{bmatrix}1\\k\\1\end{bmatrix}$，$\alpha_3=\begin{bmatrix}k\\1\\1\end{bmatrix}$可由向量组$\beta_1=\begin{bmatrix}1\\1\\k\end{bmatrix}$，$\beta_2=$

$\begin{bmatrix} 2 \\ -k \\ -4 \end{bmatrix}$, $\boldsymbol{\beta}_3=\begin{bmatrix} -2 \\ k \\ k \end{bmatrix}$线性表示，但$\boldsymbol{\beta}_1$，$\boldsymbol{\beta}_2$，$\boldsymbol{\beta}_3$ 不能由 $\boldsymbol{\alpha}_1$，$\boldsymbol{\alpha}_2$，$\boldsymbol{\alpha}_3$ 线性表示. 试确定常数 k 的取值范围.

5. (12 分)设 $\boldsymbol{A}$ 为 3 阶实对称矩阵，$\boldsymbol{A}$ 不可逆，且 $\boldsymbol{A}\begin{bmatrix} 1 & 1 \\ 0 & 0 \\ -1 & 1 \end{bmatrix}=\begin{bmatrix} -1 & 1 \\ 0 & 0 \\ 1 & 1 \end{bmatrix}$. (1)求 $\boldsymbol{A}$ 的所有特征值与特征向量;(2)求矩阵 $\boldsymbol{A}$.

6. (12 分)已知$f(x_1, x_2, x_3)=a(x_1^2+x_2^2+x_3^2)+2x_1x_2+2x_1x_3+2x_2x_3$ 的正、负惯性指数分别为 1, 2. (1)求 a 的取值范围;(2)当 $a=0$ 时，找出正交变换 $\boldsymbol{x}=\boldsymbol{Q}\boldsymbol{y}$，将二次型化为标准形.

2018—2019 学年秋季学期(A)卷

一、单选题(共 6 小题，每小题 3 分，共 18 分)

1. 设 $\boldsymbol{A}$ 为 n 阶对称矩阵，$\boldsymbol{B}$ 为 n 阶反对称矩阵，则下列矩阵中为反对称矩阵的是 ( )

(A) $\boldsymbol{AB}-\boldsymbol{BA}$　(B) $\boldsymbol{AB}+\boldsymbol{BA}$　(C) $\boldsymbol{BAB}$　(D) $(\boldsymbol{AB})^2$

2. 设 $\boldsymbol{A}$, $\boldsymbol{B}$ 是可逆矩阵，且 $\boldsymbol{A}$ 与 $\boldsymbol{B}$ 相似，则下列命题中不正确的是 ( )

(A) $\boldsymbol{A}^{\mathrm{T}}$ 与 $\boldsymbol{B}^{\mathrm{T}}$ 相似　(B) $\boldsymbol{A}^{-1}$ 与 $\boldsymbol{B}^{-1}$ 相似

(C) $\boldsymbol{A}+\boldsymbol{A}^{\mathrm{T}}$ 与 $\boldsymbol{B}+\boldsymbol{B}^{\mathrm{T}}$ 相似　(D) $\boldsymbol{A}+\boldsymbol{A}^{-1}$ 与 $\boldsymbol{B}+\boldsymbol{B}^{-1}$ 相似

3. 设向量组 $\boldsymbol{\alpha}_1=(0,0,c_1)^{\mathrm{T}}$, $\boldsymbol{\alpha}_2=(0,1,c_2)^{\mathrm{T}}$, $\boldsymbol{\alpha}_3=(1,-1,c_3)^{\mathrm{T}}$, $\boldsymbol{\alpha}_4=(-1,1,c_4)^{\mathrm{T}}$, 其中 c_1, c_2, c_3, c_4 为任意常数，则下列向量组中线性相关的是 ( )

(A) $\boldsymbol{\alpha}_1,\boldsymbol{\alpha}_2,\boldsymbol{\alpha}_3$　(B) $\boldsymbol{\alpha}_1,\boldsymbol{\alpha}_2,\boldsymbol{\alpha}_4$　(C) $\boldsymbol{\alpha}_1,\boldsymbol{\alpha}_3,\boldsymbol{\alpha}_4$　(D) $\boldsymbol{\alpha}_2,\boldsymbol{\alpha}_3,\boldsymbol{\alpha}_4$

4. 设 $\boldsymbol{A}$, $\boldsymbol{B}$ 为 n 阶实矩阵，则 ( )

(A) $\operatorname{rank}[\boldsymbol{A}\ \boldsymbol{AB}]=\operatorname{rank}\boldsymbol{A}$　(B) $\operatorname{rank}[\boldsymbol{A}\ \boldsymbol{BA}]=\operatorname{rank}\boldsymbol{A}$

(C) $\operatorname{rank}[\boldsymbol{A}\ \boldsymbol{B}]=\max\{\operatorname{rank}\boldsymbol{A},\operatorname{rank}\boldsymbol{B}\}$　(D) $\operatorname{rank}[\boldsymbol{A}\ \boldsymbol{B}]=\operatorname{rank}[\boldsymbol{A}^{\mathrm{T}}\ \boldsymbol{B}^{\mathrm{T}}]$

5. 设 $\boldsymbol{A}$ 为可逆矩阵，将 $\boldsymbol{A}$ 的第一列加上第二列的 2 倍得到矩阵 $\boldsymbol{B}$，则矩阵 $\boldsymbol{A}^*$ 与 $\boldsymbol{B}^*$ 满足 ( )

(A) 将 $\boldsymbol{A}^*$ 的第一列加上第二列的 2 倍得到 $\boldsymbol{B}^*$

(B) 将 $\boldsymbol{A}^*$ 的第一行加上第二行的 2 倍得到 $\boldsymbol{B}^*$

(C) 将 $\boldsymbol{A}^*$ 的第二列加上第一列的 (-2) 倍得到 $\boldsymbol{B}^*$

(D) 将 $\boldsymbol{A}^*$ 的第二行加上第一行的 (-2) 倍得到 $\boldsymbol{B}^*$

6. 已知方程组(Ⅰ) $\begin{cases} x_1+2x_2+3x_3=0, \\ 2x_1+3x_2+5x_3=0, \\ x_1+x_2+ax_3=0, \end{cases}$ 与(Ⅱ) $\begin{cases} x_1+bx_2+cx_3=0, \\ 2x_1+b^2x_2+(c+1)x_3=0 \end{cases}$ 同解，则 ( )

(A) $a=1$, $b=0$, $c=1$　(B) $a=1$, $b=1$, $c=2$

(C) $a=2$, $b=0$, $c=1$　(D) $a=2$, $b=1$, $c=2$

二、填空题(共 6 小题，每小题 3 分，共 18 分)

1. 已知向量 $\boldsymbol{\alpha}_1=(1,0,-1,0)^{\mathrm{T}}$, $\boldsymbol{\alpha}_2=(1,1,-1,-1)^{\mathrm{T}}$, $\boldsymbol{\alpha}_3=(-1,0,1,1)^{\mathrm{T}}$, 则向量 $\boldsymbol{\alpha}_1+2\boldsymbol{\alpha}_2$ 与 $2\boldsymbol{\alpha}_1+\boldsymbol{\alpha}_3$ 的内积 $\langle\boldsymbol{\alpha}_1+2\boldsymbol{\alpha}_2, 2\boldsymbol{\alpha}_1+\boldsymbol{\alpha}_3\rangle=$ ________.

2. 设 2 阶矩阵 $\boldsymbol{A}$ 有两个相异特征值，$\boldsymbol{\alpha}_1$, $\boldsymbol{\alpha}_2$ 是 $\boldsymbol{A}$ 的线性无关的特征向量，且 $\boldsymbol{A}^2(\boldsymbol{\alpha}_1+\boldsymbol{\alpha}_2)=\boldsymbol{\alpha}_1+\boldsymbol{\alpha}_2$，则 $|\boldsymbol{A}|=$ ________.

3. 若向量组 $\boldsymbol{\alpha}_1=(1,0,1)^{\mathrm T}$，$\boldsymbol{\alpha}_2=(0,1,1)^{\mathrm T}$，$\boldsymbol{\alpha}_3=(1,3,5)^{\mathrm T}$ 不能由向量组 $\boldsymbol{\beta}_1=(1,1,1)^{\mathrm T}$，$\boldsymbol{\beta}_2=(1,2,3)^{\mathrm T}$，$\boldsymbol{\beta}_3=(3,4,a)^{\mathrm T}$ 线性表示，则 $a=$__________.

4. 设矩阵 $\boldsymbol{A}=\begin{bmatrix}1 & a_1 & a_1^2 & a_1^3\\ 1 & a_2 & a_2^2 & a_2^3\\ 1 & a_3 & a_3^2 & a_3^3\\ 1 & a_4 & a_4^2 & a_4^3\end{bmatrix}$，$\boldsymbol{x}=\begin{bmatrix}x_1\\ x_2\\ x_3\\ x_4\end{bmatrix}$，$\boldsymbol{b}=\begin{bmatrix}1\\ 1\\ 1\\ 1\end{bmatrix}$，其中常数 a_1，a_2，a_3，a_4 互不相等，则线性方程组 $\boldsymbol{Ax}=\boldsymbol{b}$ 的解为________________.

5. 若 n 阶实对称矩阵 $\boldsymbol{A}$ 的特征值为 $\lambda_i=(-1)^i(i=1,2,\cdots,n)$，则 $\boldsymbol{A}^{100}=$______.

6. 设 n 阶矩阵 $\boldsymbol{A}=[a_{ij}]_{n\times n}$，则二次型 $f(x_1,x_2,\cdots,x_n)=\sum\limits_{i=1}^{n}(a_{i1}x_1+a_{i2}x_2+\cdots+a_{in}x_n)^2$ 对应的矩阵为______________.

三、计算与证明题(共 6 小题，共 64 分)

1. (10 分)计算 n 阶行列式 $\begin{vmatrix}1 & 2 & 3 & \cdots & n-1 & n\\ 2 & 1 & 2 & \cdots & n-2 & n-1\\ 3 & 2 & 1 & \cdots & n-3 & n-2\\ \vdots & \vdots & \vdots & & \vdots & \vdots\\ n-1 & n-2 & n-3 & \cdots & 1 & 2\\ n & n-1 & n-2 & \cdots & 2 & 1\end{vmatrix}$.

2. (10 分)设 $\boldsymbol{\alpha}_1=(1,0,-1)^{\mathrm T}$，$\boldsymbol{\alpha}_2=(2,1,1)^{\mathrm T}$，$\boldsymbol{\alpha}_3=(1,1,1)^{\mathrm T}$ 和 $\boldsymbol{\beta}_1=(0,1,1)^{\mathrm T}$，$\boldsymbol{\beta}_2=(-1,1,0)^{\mathrm T}$，$\boldsymbol{\beta}_3=(0,2,1)^{\mathrm T}$ 是 $\mathbf{R}^3$ 的两组基，求向量 $\boldsymbol{u}=\boldsymbol{\alpha}_1+2\boldsymbol{\alpha}_2-3\boldsymbol{\alpha}_3$ 在基 $\boldsymbol{\beta}_1$，$\boldsymbol{\beta}_2$，$\boldsymbol{\beta}_3$ 下的坐标.

3. (10 分)设实二次型 $f(x_1,x_2,x_3)=x_1^2+x_2^2+x_3^2-2x_1x_2-2x_1x_3+2ax_2x_3$ 通过正交变换可化为标准型 $f=2y_1^2+2y_2^2+by_3^2$.

(1)求常数 a，b 的值，并求所用的正交变换矩阵 $\boldsymbol{Q}$；

(2)证明 $\boldsymbol{A}+2\boldsymbol{E}$ 为正定矩阵.

4. (10 分)设 3 阶矩阵 $\boldsymbol{A}=[\boldsymbol{\alpha}_1\ \boldsymbol{\alpha}_2\ \boldsymbol{\alpha}_3]$ 有三个不同的特征值，且满足 $\boldsymbol{\alpha}_3=\boldsymbol{\alpha}_1+2\boldsymbol{\alpha}_2$，$\boldsymbol{\beta}=\boldsymbol{\alpha}_1+\boldsymbol{\alpha}_2+\boldsymbol{\alpha}_3$.

(1)证明 $\operatorname{rank}\boldsymbol{A}=2$；

(2)求方程组 $\boldsymbol{Ax}=\boldsymbol{\beta}$ 的通解.

5. (12 分)设 n 阶方阵 $\boldsymbol{A}$，$\boldsymbol{B}$ 满足 $\boldsymbol{AB}=\boldsymbol{A}+\boldsymbol{B}$.

(1)证明 $\boldsymbol{A}-\boldsymbol{E}$ 可逆；

(2)证明 $\boldsymbol{AB}=\boldsymbol{BA}$；

(3)证明 $\operatorname{rank}\boldsymbol{A}=\operatorname{rank}\boldsymbol{B}$；

(4)若矩阵 $\boldsymbol{B}=\begin{bmatrix}1 & -3 & 0\\ 2 & 1 & 0\\ 0 & 0 & 2\end{bmatrix}$，求矩阵 $\boldsymbol{A}$.

6. (12 分)已知实矩阵 $\boldsymbol{A}=\begin{bmatrix}2 & 2\\ 2 & a\end{bmatrix}$, $\boldsymbol{B}=\begin{bmatrix}4 & b\\ 3 & 1\end{bmatrix}$, 其中 a, b 为常数. 证明:

(1)矩阵方程 $\boldsymbol{AX}=\boldsymbol{B}$ 有解但 $\boldsymbol{BY}=\boldsymbol{A}$ 无解的充要条件是 $a\neq 2$, $b=\dfrac{4}{3}$.

(2)矩阵 $\boldsymbol{A}$ 相似于 $\boldsymbol{B}$ 的充要条件是 $a=3$, $b=\dfrac{2}{3}$.

(3)矩阵 $\boldsymbol{A}$ 合同于 $\boldsymbol{B}$ 的充要条件是 $a<2$, $b=3$.

2018—2019 学年秋季学期(B)卷

一、单选题(共 6 小题，每小题 3 分，共 18 分)

1. 设 n 阶矩阵 $\boldsymbol{A}$ 的伴随矩阵 $\boldsymbol{A}^* \neq \boldsymbol{O}$，非齐次线性方程组 $\boldsymbol{Ax}=\boldsymbol{\beta}$ 有两个不同的解向量 $\boldsymbol{\xi}_1$，$\boldsymbol{\xi}_2$，则下列命题正确的是 (　　)

(A) $\boldsymbol{\xi}_1+\boldsymbol{\xi}_2$ 也是 $\boldsymbol{Ax}=\boldsymbol{\beta}$ 的解

(B) $\boldsymbol{A}x=\boldsymbol{\beta}$ 的通解为 $\boldsymbol{x}=k_1\boldsymbol{\xi}_1+k_2\boldsymbol{\xi}_2\,(k_1,\ k_2\in\mathbf{R})$

(C) $\operatorname{rank}\boldsymbol{A}=n$

(D) $\boldsymbol{\xi}_1-\boldsymbol{\xi}_2$ 是 $\boldsymbol{Ax}=\boldsymbol{0}$ 的基础解系

2. 下列矩阵中，与矩阵 $\begin{bmatrix}1&1&0\\0&1&1\\0&0&1\end{bmatrix}$ 相似的是 (　　)

(A) $\begin{bmatrix}1&1&-1\\0&1&1\\0&0&1\end{bmatrix}$　　(B) $\begin{bmatrix}1&0&-1\\0&1&1\\0&0&1\end{bmatrix}$

(C) $\begin{bmatrix}1&1&-1\\0&1&0\\0&0&1\end{bmatrix}$　　(D) $\begin{bmatrix}1&0&-1\\0&1&0\\0&0&1\end{bmatrix}$

3. 设向量组 $\boldsymbol{\alpha}_1$，$\boldsymbol{\alpha}_2$，$\boldsymbol{\alpha}_3$，$\boldsymbol{\alpha}_4$ 线性无关，则 (　　)

(A) $\boldsymbol{\alpha}_1+\boldsymbol{\alpha}_2$，$\boldsymbol{\alpha}_2+\boldsymbol{\alpha}_3$，$\boldsymbol{\alpha}_3+\boldsymbol{\alpha}_4$，$\boldsymbol{\alpha}_4+\boldsymbol{\alpha}_1$ 线性无关

(B) $\boldsymbol{\alpha}_1-\boldsymbol{\alpha}_2$，$\boldsymbol{\alpha}_2-\boldsymbol{\alpha}_3$，$\boldsymbol{\alpha}_3-\boldsymbol{\alpha}_4$，$\boldsymbol{\alpha}_4-\boldsymbol{\alpha}_1$ 线性无关

(C) $\boldsymbol{\alpha}_1+\boldsymbol{\alpha}_2$，$\boldsymbol{\alpha}_2+\boldsymbol{\alpha}_3$，$\boldsymbol{\alpha}_3-\boldsymbol{\alpha}_4$，$\boldsymbol{\alpha}_4-\boldsymbol{\alpha}_1$ 线性无关

(D) $\boldsymbol{\alpha}_1+\boldsymbol{\alpha}_2$，$\boldsymbol{\alpha}_2-\boldsymbol{\alpha}_3$，$\boldsymbol{\alpha}_3-\boldsymbol{\alpha}_4$，$\boldsymbol{\alpha}_4-\boldsymbol{\alpha}_1$ 线性无关

4. 设矩阵 $\boldsymbol{B}=\begin{bmatrix}0&0&0&0\\0&3&0&0\\0&0&-1&2\\0&0&2&2\end{bmatrix}$，且 $\boldsymbol{A}\sim\boldsymbol{B}$，则 $\operatorname{rank}(\boldsymbol{A}-\boldsymbol{E})+\operatorname{rank}(\boldsymbol{A}-3\boldsymbol{E})$ 的值为 (　　)

(A) 4　　(B) 5　　(C) 6　　(D) 7

5. 设 $\boldsymbol{A}$ 为 3 阶矩阵，将 $\boldsymbol{A}$ 的第 2 行加到第 1 行得 $\boldsymbol{B}$，再将 $\boldsymbol{B}$ 的第 1 列的 -1 倍加到第 2 列得 $\boldsymbol{C}$，记 $\boldsymbol{P}=\begin{bmatrix}1&1&0\\0&1&0\\0&0&1\end{bmatrix}$，则 (　　)

(A) $C = P^{-1}AP$　　(B) $C = PAP^{-1}$　　(C) $C = P^{T}AP$　　(D) $C = PAP^{T}$

6. 设 A 为 4 阶实对称矩阵，且 $A^2 + 2A - 3E = O$，若 $\operatorname{rank}(A - E) = 1$，则二次型 x^TAx 在正交变换下的标准形是　　(　　)

(A) $y_1^2 + y_2^2 + y_3^2 - 3y_4^2$　　(B) $y_1^2 - 3y_2^2 - 3y_3^2 - 3y_4^2$

(C) $y_1^2 + y_2^2 - 3y_3^2 - 3y_4^2$　　(D) $y_1^2 + y_2^2 + y_3^2 - y_4^2$

二、填空题(共 6 小题，每小题 3 分，共 18 分)

1. 已知 α_1，α_2，α_3，β_1，β_2 均为 4 维列向量，且 $|[\alpha_1\ \ \alpha_2\ \ \alpha_3\ \ \beta_1]| = 1$，$|[\alpha_1\ \ \alpha_2\ \ \beta_2\ \ \alpha_3]| = 3$，则行列式 $|[\alpha_3\ \ \alpha_2\ \ \alpha_1\ \ \beta_1 + \beta_2]| =$ ________.

2. 设矩阵 $A = \begin{bmatrix} 1 & 0 & 1 \\ 1 & 1 & 2 \\ 0 & 1 & 1 \end{bmatrix}$，$\alpha_1$，$\alpha_2$，$\alpha_3$ 为线性无关的 3 维列向量，则向量组 $A\alpha_1$，$A\alpha_2$，$A\alpha_3$ 的秩为________.

3. 设 2 阶矩阵 $A = \begin{bmatrix} 3 & -1 \\ -9 & 3 \end{bmatrix}$，$n$ 为正整数，则 $A^n =$ ________.

4. 设 6 阶方阵 A 的秩为 4，则 A 的伴随矩阵 A^* 的秩 $\operatorname{rank}A^* =$ ________.

5. 设 n 阶实对称矩阵 A 的秩为 r，满足 $A^2 = A$，则 $|E + A + A^2 + \cdots + A^n| =$ ________.

6. 已知方程组(Ⅰ)的通解为 $x = k_1(0, 1, 1, 0)^T + k_2(-1, 2, 2, 1)^T$(其中 k_1，k_2 为任意常数)，设方程组(Ⅱ)为 $\begin{cases} x_1 + x_2 = 0, \\ x_2 - x_4 = 0, \end{cases}$ 则方程组(Ⅰ)、(Ⅱ)的所有公共解为________.

三、计算与证明题(共 6 小题，共 64 分)

1. (10 分)设 M_{ij} 和 A_{ij} 分别为行列式 $D = \begin{vmatrix} 2 & -3 & 1 & 5 \\ -1 & 5 & 7 & -8 \\ 2 & 2 & 2 & 2 \\ 0 & 1 & -1 & 0 \end{vmatrix}$ 中元素 $a_{ij}(i, j = 1, 2, 3, 4)$ 的余子式和代数余子式，计算：(1) $2A_{31} - 3A_{32} + A_{33} + 5A_{34}$；(2) $M_{14} + M_{24} + M_{34} + M_{44}$.

2. (10 分)设矩阵 $A = \begin{bmatrix} 1 & 2 & 1 & 2 \\ 0 & 1 & t & t \\ 1 & t & 0 & 1 \end{bmatrix}$，齐次线性方程组 $Ax = 0$ 的基础解系中含有两个解向量，求 $Ax = 0$ 的通解.

3. (10 分)设有向量组 $\alpha_1 = (2, 4, 0, 0)^T$，$\alpha_2 = (2, 5, 0, 0)^T$，$\alpha_3 = (1, 2, 4, 2)^T$，$\alpha_4 = (3, 1, 2, 2)^T$ 和向量 $\beta = (-1, 3, 2, 2)^T$，问：(1) 向量组 α_1，α_2，α_3，α_4 是否线性无关？(2) 向量 β 能否由向量组 α_1，α_2，α_3，α_4 线性表示？若能表示，写出具体表示式.

4. (10 分) 设 A，B，$A + B$ 为 n 阶可逆矩阵，证明 $A^{-1} + B^{-1}$ 可逆，且

$$(A^{-1} + B^{-1})^{-1} = A(A + B)^{-1}B = B(A + B)^{-1}A.$$

5. (12 分)设 $a_0, a_1, \cdots, a_{n-1}$ 为常数, 且 $\boldsymbol{B}=\begin{bmatrix} 0 & 1 & 0 & \cdots & 0 & 0 \\ 0 & 0 & 1 & \cdots & 0 & 0 \\ \vdots & \vdots & \vdots & & \vdots & \vdots \\ 0 & 0 & 0 & \cdots & 0 & 1 \\ -a_0 & -a_1 & -a_2 & \cdots & -a_{n-2} & -a_{n-1} \end{bmatrix}$.

(1) 若 λ 为 $\boldsymbol{B}$ 的特征值, 证明 $(1, \lambda, \cdots, \lambda^{n-1})^{\mathrm{T}}$ 为 $\boldsymbol{B}$ 的特征向量.

(2) 若 $\boldsymbol{B}$ 有 n 个相异特征值 $\lambda_1, \lambda_2, \cdots, \lambda_n$, 求可逆阵 $\boldsymbol{P}$, 使得

$$\boldsymbol{P}^{-1}\boldsymbol{BP}=\mathrm{diag}(\lambda_1, \lambda_2, \cdots, \lambda_n).$$

6. (12 分)设实二次型 $f(x_1, x_2, x_3)=(x_1-x_2+x_3)^2+(x_2+x_3)^2+(x_1+ax_3)^2$, 其中 a 为参数. (1) 求 $f(x_1, x_2, x_3)=0$ 的解;(2) 求 $f(x_1, x_2, x_3)$ 的规范形.

2019—2020 学年秋季学期(A)卷

一、单选题(共 6 小题，每小题 3 分，共 18 分)

1. n 维向量组 $\boldsymbol{\alpha}_1$，$\boldsymbol{\alpha}_2$，…，$\boldsymbol{\alpha}_r(3\leqslant r\leqslant n)$线性无关的充要条件是 ( )

A. 存在一组不全为零的数 k_1，k_2，…，k_r，使得 $\sum_{i=1}^{r}k_i\boldsymbol{\alpha}_i\neq\boldsymbol{0}$

B. $\boldsymbol{\alpha}_1$，$\boldsymbol{\alpha}_2$，…，$\boldsymbol{\alpha}_r$ 中任意两个向量都线性无关

C. $\boldsymbol{\alpha}_1$，$\boldsymbol{\alpha}_2$，…，$\boldsymbol{\alpha}_r$ 中存在一个向量不能用其余向量线性表示

D. $\boldsymbol{\alpha}_1$，$\boldsymbol{\alpha}_2$，…，$\boldsymbol{\alpha}_r$ 中任意一个向量都不能用其余向量线性表示

2. 已知 $\boldsymbol{Q}$ 为 n 阶可逆矩阵，$\boldsymbol{P}$ 为 n 阶方阵，满足 $\boldsymbol{QP}=\boldsymbol{O}$，则下列命题中正确的是 ( )

A. $\boldsymbol{P}$ 的秩为 0　　B. $\boldsymbol{P}$ 可逆

C. $\boldsymbol{P}$ 不可对角化　　D. 不存在这样的方阵 $\boldsymbol{P}$

3. 已知向量组 $\boldsymbol{\alpha}_1$，$\boldsymbol{\alpha}_2$，$\boldsymbol{\alpha}_3$，$\boldsymbol{\alpha}_4$ 线性无关，则以下向量组中线性相关的是 ( )

A. $\boldsymbol{\alpha}_1+\boldsymbol{\alpha}_2$，$\boldsymbol{\alpha}_2$，$\boldsymbol{\alpha}_3$，$\boldsymbol{\alpha}_4$

B. $\boldsymbol{\alpha}_2-\boldsymbol{\alpha}_1$，$\boldsymbol{\alpha}_3-\boldsymbol{\alpha}_2$，$\boldsymbol{\alpha}_3-\boldsymbol{\alpha}_4$，$\boldsymbol{\alpha}_4-\boldsymbol{\alpha}_1$

C. $\boldsymbol{\alpha}_1+\boldsymbol{\alpha}_2$，$\boldsymbol{\alpha}_2+\boldsymbol{\alpha}_3$，$\boldsymbol{\alpha}_3+\boldsymbol{\alpha}_4$，$\boldsymbol{\alpha}_4-\boldsymbol{\alpha}_1$

D. $\boldsymbol{\alpha}_1$，$\boldsymbol{\alpha}_2+\boldsymbol{\alpha}_3$，$\boldsymbol{\alpha}_3-\boldsymbol{\alpha}_4$，$\boldsymbol{\alpha}_4+\boldsymbol{\alpha}_3$

4. 设 n 阶非零方阵 $\boldsymbol{A}$ 满足 $\boldsymbol{A}^2=\boldsymbol{A}$，则下列命题中正确的是 ( )

A. $\boldsymbol{A}$ 只有特征值 1　　B. $\boldsymbol{A}$ 只有特征值 0

C. $\boldsymbol{A}$ 可相似对角化　　D. $\boldsymbol{A}$ 一定不可逆

5. 下列命题中正确的是 ( )

A. 等价的矩阵必相似　　B. 合同的矩阵必相似

C. 合同的矩阵必等价　　D. 等价的矩阵必合同

6. 设 $\boldsymbol{A}$ 是二次型 $f(x_1, x_2, \cdots, x_n)$所对应的矩阵，则下列命题中正确的是 ( )

A. 若 $f(x_1, x_2, \cdots, x_n)$负定，则 $\boldsymbol{A}$ 的任意阶顺序主子式都大于零

B. 若 $f(x_1, x_2, \cdots, x_n)$正定，则 $\boldsymbol{A}$ 的任意阶顺序主子式都大于零

C. 若 $f(x_1, x_2, \cdots, x_n)$半负定，则 $\boldsymbol{A}$ 的任意阶顺序主子式都大于零

D. 若 $f(x_1, x_2, \cdots, x_n)$半正定，则 $\boldsymbol{A}$ 的任意阶顺序主子式都大于零

二、填空题(共 6 小题，每小题 3 分，共 18 分)

1. 如果 $\begin{vmatrix} 1 & 2 & 3 & 4 \\ 5 & 6 & 7 & 8 \\ 0 & 0 & 9 & x \\ 0 & 0 & 11 & 12 \end{vmatrix}=0$，则 $x=$__________.

2. 设 n 阶方阵 $\begin{bmatrix} 1 & a & \cdots & a \\ a & 1 & \cdots & a \\ \vdots & \vdots & & \vdots \\ a & a & \cdots & 1 \end{bmatrix}$ 的秩为 $n-1$，且 $n>2$，则 $a=$__________.

3. 设 $\boldsymbol{E}$ 为 3 阶单位矩阵，$\boldsymbol{\alpha}$ 为一个 3 维单位列向量，则矩阵 $\boldsymbol{E}-\boldsymbol{\alpha}\boldsymbol{\alpha}^{\mathrm{T}}$ 的全部 3 个特征值为__________.

4. 设二次型 $f(x_1, x_2, x_3)=x_1^2+4x_2^2+2x_3^2+2ax_1x_2+2x_1x_3$ 正定，则参数 a 的取值范围是__________.

5. $\begin{bmatrix} 1 & a & 0 \\ 0 & 1 & a \\ 0 & 0 & 1 \end{bmatrix}^{-1}=$____________.

6. 设 $\boldsymbol{A}=\begin{bmatrix} 1 & 2 & 0 \\ 0 & 2 & 0 \\ -2 & -1 & -1 \end{bmatrix}$，则 $\boldsymbol{A}^{100}=$____________.

三、计算与证明题(共 6 小题，共 64 分)

1. (10 分)计算行列式并解方程 $\begin{vmatrix} 1 & 2 & 3 & 4+x \\ 1 & 2 & 3+x & 4 \\ 1 & 2+x & 3 & 4 \\ 1+x & 2 & 3 & 4 \end{vmatrix}=0$.

2. (10 分)设 $\boldsymbol{A}=\begin{bmatrix} 1 & a & b \\ 0 & 1 & a \\ 0 & 0 & 1 \end{bmatrix}$，其中 a，b 都不等于 0.

(1)对任意自然数 $n\in\mathbf{N}$，计算 $\boldsymbol{A}^n$.

(2)计算 $\boldsymbol{A}^{-1}$.

3. (10 分)设 $\boldsymbol{\alpha}_1$，$\boldsymbol{\alpha}_2$，$\boldsymbol{\alpha}_3$ 是线性方程组 $\boldsymbol{A}\boldsymbol{x}=\boldsymbol{b}$ 的解，其中 $\boldsymbol{x}=\begin{bmatrix} x_1 \\ x_2 \\ x_3 \\ x_4 \end{bmatrix}$，$\boldsymbol{b}=\begin{bmatrix} b_1 \\ b_2 \\ b_3 \\ b_4 \end{bmatrix}$，且 $\boldsymbol{A}$ 的秩等于 3. 已知 $\boldsymbol{\alpha}_1+\boldsymbol{\alpha}_2=\begin{bmatrix} 2 \\ 2 \\ 4 \\ 6 \end{bmatrix}$，$\boldsymbol{\alpha}_1+2\boldsymbol{\alpha}_3=\begin{bmatrix} 0 \\ 3 \\ 0 \\ 6 \end{bmatrix}$，求该方程组的通解.

4. (10 分)设方阵 $\boldsymbol{A}$ 与 $\boldsymbol{B}$ 相似，其中 $\boldsymbol{A}=\begin{bmatrix}-2&0&0\\2&x&2\\3&1&1\end{bmatrix}$, $\boldsymbol{B}=\begin{bmatrix}-1&0&0\\0&2&0\\0&0&y\end{bmatrix}$. 求 x, y 的值及可逆矩阵 $\boldsymbol{P}$, 使得 $\boldsymbol{P}^{-1}\boldsymbol{A}\boldsymbol{P}=\boldsymbol{B}$.

5. (12 分)已知二次型 $f=x_1^2+ax_2^2+x_3^2+2bx_1x_2+2x_1x_3+2x_2x_3$ 可经过正交变换 $\begin{bmatrix}x_1\\x_2\\x_3\end{bmatrix}=\boldsymbol{P}\begin{bmatrix}y_1\\y_2\\y_3\end{bmatrix}$ 化为 $y_2^2+4y_3^2$. 求 a, b 的值和正交矩阵 $\boldsymbol{P}$.

6. (12 分)设 $\boldsymbol{A}$ 为 n 阶可逆矩阵，证明：$\boldsymbol{A}$ 可以相似对角化当且仅当 $\boldsymbol{A}^2$ 可以相似对角化.

2019—2020 学年秋季学期(B)卷

一、单选题(共 6 小题，每小题 3 分，共 18 分)

1. 对 n 维向量组 $\boldsymbol{\alpha}_1, \boldsymbol{\alpha}_2, \cdots, \boldsymbol{\alpha}_r$，下列命题中正确的是　　(　　)

A. 若 $\sum_{i=1}^{r} k_i\boldsymbol{\alpha}_i = \mathbf{0}$，则 $\boldsymbol{\alpha}_1, \boldsymbol{\alpha}_2, \cdots, \boldsymbol{\alpha}_r$ 线性相关

B. 若对任意一组不全为零的数 $k_1, k_2, \cdots, k_r$，都有 $\sum_{i=1}^{r} k_i\boldsymbol{\alpha}_i \neq \mathbf{0}$，则 $\boldsymbol{\alpha}_1, \boldsymbol{\alpha}_2, \cdots, \boldsymbol{\alpha}_r$ 线性无关

C. 若 $\boldsymbol{\alpha}_1, \boldsymbol{\alpha}_2, \cdots, \boldsymbol{\alpha}_r$ 线性相关，则对任意一组不全为零的数 $k_1, k_2, \cdots, k_r$，都有 $\sum_{i=1}^{r} k_i\boldsymbol{\alpha}_i = \mathbf{0}$

D. 若 $0\boldsymbol{\alpha}_1 + 0\boldsymbol{\alpha}_2 + \cdots + 0\boldsymbol{\alpha}_r = \mathbf{0}$，则 $\boldsymbol{\alpha}_1, \boldsymbol{\alpha}_2, \cdots, \boldsymbol{\alpha}_r$ 线性相关

2. 已知 $\boldsymbol{Q}, \boldsymbol{P}$ 均为 n 阶方阵，满足 $\boldsymbol{QP} = \boldsymbol{E}$，其中 $\boldsymbol{E}$ 为 n 阶单位阵，则下列命题中正确的是　　(　　)

A. $\boldsymbol{P}$ 的秩为 0　　B. $\boldsymbol{P}$ 的行列式不为零

C. $\boldsymbol{P}$ 一定不可对角化　　D. $\boldsymbol{P}$ 有特征值 0

3. 已知向量组 $\boldsymbol{\alpha}_1, \boldsymbol{\alpha}_2, \boldsymbol{\alpha}_3, \boldsymbol{\alpha}_4$ 线性无关，则以下向量组中与 $\boldsymbol{\alpha}_1, \boldsymbol{\alpha}_2, \boldsymbol{\alpha}_3, \boldsymbol{\alpha}_4$ 等价的是　　(　　)

A. $\boldsymbol{\alpha}_1+\boldsymbol{\alpha}_2, \boldsymbol{\alpha}_2+\boldsymbol{\alpha}_3, \boldsymbol{\alpha}_3+\boldsymbol{\alpha}_4, \boldsymbol{\alpha}_4+\boldsymbol{\alpha}_1$　　B. $\boldsymbol{\alpha}_1-\boldsymbol{\alpha}_2, \boldsymbol{\alpha}_2-\boldsymbol{\alpha}_3, \boldsymbol{\alpha}_3-\boldsymbol{\alpha}_4, \boldsymbol{\alpha}_4-\boldsymbol{\alpha}_1$

C. $\boldsymbol{\alpha}_1+\boldsymbol{\alpha}_2, \boldsymbol{\alpha}_2+\boldsymbol{\alpha}_3, \boldsymbol{\alpha}_3+\boldsymbol{\alpha}_4, \boldsymbol{\alpha}_4-\boldsymbol{\alpha}_1$　　D. $\boldsymbol{\alpha}_1+\boldsymbol{\alpha}_2, \boldsymbol{\alpha}_2+\boldsymbol{\alpha}_3, \boldsymbol{\alpha}_3-\boldsymbol{\alpha}_4, \boldsymbol{\alpha}_4-\boldsymbol{\alpha}_1$

4. 设 n 阶非零方阵 $\boldsymbol{A}$ 的所有特征值的几何重数之和等于 n，则下列命题中不正确的是　　(　　)

A. $\boldsymbol{A}$ 一定有 n 个相异的特征值

B. $\boldsymbol{A}$ 的所有特征值的代数重数之和等于 n

C. $\boldsymbol{A}$ 可以相似对角化

D. $\boldsymbol{A}$ 的任意特征值的几何重数等于代数重数

5. 下列命题中正确的是　　(　　)

A. 相似的矩阵具有相同的行列式　　B. 合同的矩阵具有相同的行列式

C. 等价的矩阵具有相同的行列式　　D. 以上皆不正确

6. 设 $\boldsymbol{A}$ 是二次型 $f(x_1, x_2, \cdots, x_n)$ 所对应的矩阵，则下列命题中正确的是　　(　　)

A. 若 $f(x_1, x_2, \cdots, x_n)$ 负定，则 A 的正惯性指数等于 n

B. 若 $f(x_1, x_2, \cdots, x_n)$ 正定，则 A 的正惯性指数等于 n

C. 若 $f(x_1, x_2, \cdots, x_n)$ 半负定，则 A 的负惯性指数等于 n

D. 若$f(x_1, x_2, \cdots, x_n)$半正定，则 A 的正惯性指数等于 n

二、填空题(共 6 小题，每小题 3 分，共 18 分)

1. 如果$\begin{vmatrix} a_1 & a_2 & a_3 & a_4+x \\ a_1 & a_2 & a_3+x & a_4 \\ a_1 & a_2+x & a_3 & a_4 \\ a_1+x & a_2 & a_3 & a_4 \end{vmatrix}=0$，则 $x=$____________.

2. 矩阵$\begin{bmatrix} 0 & 2 & 3 & 1 & 5 \\ 1 & 2 & 0 & 1 & 3 \\ 3 & 0 & 2 & 0 & 5 \end{bmatrix}$的秩等于____________.

3. 设 3 阶方阵 $\boldsymbol{A}$ 的特征值为 2，3，λ，若$|2\boldsymbol{A}|=-48$，则 $\lambda=$____________.

4. 设$\boldsymbol{A}=\frac{1}{2}\begin{bmatrix} 0 & 0 & 2 \\ 1 & 3 & 0 \\ 2 & 5 & 0 \end{bmatrix}$，则$\boldsymbol{A}^{-1}=$____________.

5. 设$\boldsymbol{A}=\begin{bmatrix} 4 & 6 & 0 \\ -3 & -5 & 0 \\ -3 & -6 & 1 \end{bmatrix}$，则$\boldsymbol{A}^{100}=$____________.

6. 二次型$f(x_1, x_2, x_3)=(a_1x_1+a_2x_2+a_3x_3)^2$的矩阵为____________.

三、计算与证明题(共 6 小题，共 64 分)

1. (10 分)计算 n 阶行列式$\begin{vmatrix} 1+a_1 & 1 & 1 & \cdots & 1 & 1 \\ 2 & 2+a_2 & 2 & \cdots & 2 & 2 \\ 3 & 3 & 3+a_3 & \cdots & 3 & 3 \\ \vdots & \vdots & \vdots & & \vdots & \vdots \\ n-1 & n-1 & n-1 & \cdots & n-1+a_{n-1} & n-1 \\ n & n & n & \cdots & n & n+a_n \end{vmatrix}$.

2. (10 分)设$\boldsymbol{AB}=\boldsymbol{A}-2\boldsymbol{B}$，其中$\boldsymbol{A}=\begin{bmatrix} -1 & -1 & 0 \\ -1 & 0 & 1 \\ 2 & 2 & 1 \end{bmatrix}$，求矩阵 $\boldsymbol{B}$.

3. (10 分)已知线性方程组$\begin{cases} x_1+x_2-2x_3=1, \\ x_1-2x_2+x_3=2, \\ x_1+ax_2+bx_3=c \end{cases}$有两个解向量$\boldsymbol{\alpha}_1=\left(2, \frac{1}{3}, \frac{2}{3}\right)^{\mathrm{T}}$，$\boldsymbol{\alpha}_2=\left(\frac{1}{3}, -\frac{4}{3}, -1\right)^{\mathrm{T}}$，求该方程组的通解.

4. (10 分)设$\boldsymbol{A}=\begin{bmatrix} 4 & 2 & 2 \\ 2 & 4 & 2 \\ 2 & 2 & 4 \end{bmatrix}$，求正交矩阵 $\boldsymbol{P}$，使$\boldsymbol{P}^{\mathrm{T}}\boldsymbol{AP}$为对角阵.

5. (12 分)证明对任意秩为 1 的 $n(n>1)$ 阶方阵 $\boldsymbol{A}$ 必存在常数 k, 使得 $\boldsymbol{A}^2=k\boldsymbol{A}$, 且若 k 不等于零, 则 $\boldsymbol{A}$ 一定可以相似对角化.

6. (12 分)设 $\boldsymbol{A}$, $\boldsymbol{B}$ 均是 n 阶方阵, 且满足 $\boldsymbol{A}$ 有 n 个相异的特征值 $\lambda_1, \lambda_2, \cdots, \lambda_n$. 证明:$\boldsymbol{A}$, $\boldsymbol{B}$ 乘法可交换(即 $\boldsymbol{AB}=\boldsymbol{BA}$)当且仅当存在 n 阶可逆矩阵 $\boldsymbol{P}$ 使得 $\boldsymbol{P}^{-1}\boldsymbol{AP}$ 和 $\boldsymbol{P}^{-1}\boldsymbol{BP}$ 都是对角矩阵.

2020—2021学年秋季学期(A)卷

一、单选题(共6小题，每小题3分，共18分)

1. 设n阶方阵$\boldsymbol{A}$满足$\boldsymbol{A}^2-3\boldsymbol{A}+2\boldsymbol{E}=\boldsymbol{O}$，则下列命题中正确的是 (　　)

A. $\boldsymbol{A}-\boldsymbol{E}=\boldsymbol{O}$

B. $\mathrm{rank}(\boldsymbol{A}-\boldsymbol{E})=n-1$

C. 非齐次线性方程组$\boldsymbol{Ax}=\boldsymbol{b}$有唯一解

D. $\boldsymbol{A}$的列向量组线性相关

2. 设$\boldsymbol{A}=\begin{bmatrix} a & b & b & b \\ b & a & b & b \\ b & b & a & b \\ b & b & b & a \end{bmatrix}$，$\boldsymbol{A}^*$为$\boldsymbol{A}$的伴随矩阵，若$\mathrm{rank}\,\boldsymbol{A}^*=1$，则必有 (　　)

A. $a=b$且$a+3b\neq 0$　　B. $a=b$或$a+3b\neq 0$

C. $a\neq b$且$a+3b=0$　　D. $a\neq b$且$a+3b\neq 0$

3. 已知$\boldsymbol{\eta}_1$，$\boldsymbol{\eta}_2$是非齐次线性方程组$\boldsymbol{Ax}=\boldsymbol{b}$的两个不同解，$\boldsymbol{\xi}_1$，$\boldsymbol{\xi}_2$是对应的齐次线性方程组$\boldsymbol{Ax}=\boldsymbol{0}$的基础解系，$k_1$，$k_2$为任意常数，则$\boldsymbol{Ax}=\boldsymbol{b}$的通解为 (　　)

A. $k_1\boldsymbol{\xi}_1+k_2(\boldsymbol{\xi}_1+\boldsymbol{\xi}_2)+\dfrac{2\boldsymbol{\eta}_1-\boldsymbol{\eta}_2}{3}$　　B. $k_1\boldsymbol{\xi}_1+k_2(\boldsymbol{\xi}_1+\boldsymbol{\xi}_2)+\dfrac{2\boldsymbol{\eta}_1+\boldsymbol{\eta}_2}{3}$

C. $k_1\boldsymbol{\xi}_1+k_2(\boldsymbol{\eta}_1-\boldsymbol{\eta}_2)+\dfrac{2\boldsymbol{\eta}_1-\boldsymbol{\eta}_2}{3}$　　D. $k_1\boldsymbol{\xi}_1+k_2(\boldsymbol{\eta}_1-\boldsymbol{\eta}_2)+\dfrac{2\boldsymbol{\eta}_1+\boldsymbol{\eta}_2}{3}$

4. 已知向量空间$\mathbf{V}$的两组基$\boldsymbol{\alpha}_1$，$\boldsymbol{\alpha}_2$，$\boldsymbol{\alpha}_3$与$\boldsymbol{\beta}_1$，$\boldsymbol{\beta}_2$，$\boldsymbol{\beta}_3$，其中$\boldsymbol{\beta}_1=\boldsymbol{\alpha}_1$，$\boldsymbol{\beta}_2=\boldsymbol{\alpha}_1+\boldsymbol{\alpha}_2$，$\boldsymbol{\beta}_3=\boldsymbol{\alpha}_1+\boldsymbol{\alpha}_2+\boldsymbol{\alpha}_3$，则由基$\boldsymbol{\beta}_1$，$\boldsymbol{\beta}_2$，$\boldsymbol{\beta}_3$到基$\boldsymbol{\alpha}_1$，$\boldsymbol{\alpha}_2$，$\boldsymbol{\alpha}_3$的过渡矩阵为 (　　)

A. $\begin{bmatrix} 1 & 1 & 1 \\ 0 & 1 & 1 \\ 0 & 0 & 1 \end{bmatrix}$　　B. $\begin{bmatrix} 1 & 1 & 0 \\ 0 & 1 & 1 \\ 0 & 0 & 1 \end{bmatrix}$

C. $\begin{bmatrix} 1 & -1 & 0 \\ 0 & 1 & -1 \\ 0 & 0 & 1 \end{bmatrix}$　　D. $\begin{bmatrix} 1 & -1 & -1 \\ 0 & 1 & -1 \\ 0 & 0 & 1 \end{bmatrix}$

5. 设$\boldsymbol{A}=\begin{bmatrix} 1 & 1 & 1 \\ 1 & 1 & 1 \\ 1 & 1 & 1 \end{bmatrix}$，$\boldsymbol{B}=\begin{bmatrix} 3 & 0 & 0 \\ 0 & 0 & 0 \\ 0 & 0 & 0 \end{bmatrix}$，则 (　　)

A. $\boldsymbol{A}$与$\boldsymbol{B}$既相似又合同　　B. $\boldsymbol{A}$与$\boldsymbol{B}$相似但不合同

C. $\boldsymbol{A}$与$\boldsymbol{B}$等价但不相似　　D. $\boldsymbol{A}$与$\boldsymbol{B}$合同但不相似

6. 二次型$f(x_1, x_2, x_3)=(x_1+x_2)^2+(x_2+x_3)^2-(x_3-x_1)^2$的正负惯性指数分别为 ( )

A. 2, 0　　B. 1, 1　　C. 2, 1　　D. 1, 2

二、填空题(共6小题，每小题3分，共18分)

1. 设n阶行列式$D_n=\begin{vmatrix} x & a & \cdots & a \\ a & x & \cdots & a \\ \vdots & \vdots & & \vdots \\ a & a & \cdots & x \end{vmatrix}$，则第二行元素的代数余子式之和等于________.

2. 设$\boldsymbol{A}=\begin{bmatrix} \boldsymbol{O} & \boldsymbol{B} \\ \boldsymbol{C} & \boldsymbol{O} \end{bmatrix}$，其中$\boldsymbol{B}$，$\boldsymbol{C}$皆为可逆矩阵，则$\boldsymbol{A}^{-1}=$________.

3. 设向量空间$\boldsymbol{V}=\{(a, 2b, 4b, a) \mid a, b \in \mathbf{R}\}$，则$\boldsymbol{V}$的维数等于________.

4. 设$\boldsymbol{P}$为n阶可逆矩阵，$\boldsymbol{A}$为n阶方阵，$\boldsymbol{B}=\boldsymbol{PAP}^{-1}-\boldsymbol{P}^{-1}\boldsymbol{AP}$，则$\boldsymbol{B}$的特征值之和等于________.

5. 设4阶矩阵$\boldsymbol{A}$与$\boldsymbol{B}$相似，且$\boldsymbol{A}$的特征值为2, 3, 4, 5，则$|\boldsymbol{B}-2\boldsymbol{E}|=$________.

6. 已知实二次型$f(x_1, x_2, x_3)=x_1^2+2x_1x_2-2x_1x_3+4x_2^2+2\lambda x_2x_3+4x_3^2$为正定二次型，则$\lambda$的取值范围是________.

三、计算与证明题(共6小题，共64分)

1. (10分)计算n阶行列式$D_n=\begin{vmatrix} 0 & 2 & 2 & \cdots & 2 \\ 2 & 0 & 2 & \cdots & 2 \\ 2 & 2 & 0 & \cdots & 2 \\ \vdots & \vdots & \vdots & & \vdots \\ 2 & 2 & 2 & \cdots & 0 \end{vmatrix}$.

2. (10分)设$\boldsymbol{A}$的伴随矩阵$\boldsymbol{A}^*=\begin{bmatrix} 4 & 0 & 0 \\ 2 & 1 & 0 \\ -1 & 0 & 1 \end{bmatrix}$，$|\boldsymbol{A}|>0$，且$\boldsymbol{A}^{-1}\boldsymbol{BA}=\boldsymbol{A}^{-1}\boldsymbol{B}+2\boldsymbol{E}$，求$\boldsymbol{B}$.

3. (10分)求解非齐次线性方程组$\begin{cases} -x_1+2x_2-4x_3=5, \\ 2x_1+3x_2+x_3=4, \\ 3x_1+8x_2-2x_3=13, \\ -4x_1+x_2-9x_3=6. \end{cases}$

4. (10分)已知3阶矩阵$\boldsymbol{A}$与三维向量$\boldsymbol{x}$，向量组$\boldsymbol{x}$，$\boldsymbol{Ax}$，$\boldsymbol{A}^2\boldsymbol{x}$线性无关，且满足$\boldsymbol{A}^3\boldsymbol{x}=3\boldsymbol{Ax}-2\boldsymbol{A}^2\boldsymbol{x}$.

(1)记$\boldsymbol{P}=[\boldsymbol{x} \quad \boldsymbol{Ax} \quad \boldsymbol{A}^2\boldsymbol{x}]$，求3阶矩阵$\boldsymbol{B}$，使$\boldsymbol{A}=\boldsymbol{PBP}^{-1}$.

(2)计算行列式$|\boldsymbol{A}+\boldsymbol{E}|$.

5. (12分)设3阶实对称矩阵$\boldsymbol{A}$的特征值$\lambda_1=1$，$\lambda_2=2$，$\lambda_3=-2$，且$\boldsymbol{\alpha}_1=$

$(1, -1, 1)^{\mathrm{T}}$ 是 $\boldsymbol{A}$ 对应于 λ_1 的一个特征向量. 记 $\boldsymbol{B}=\boldsymbol{A}^5-4\boldsymbol{A}^3+\boldsymbol{E}$, 其中 $\boldsymbol{E}$ 为 3 阶单位矩阵.

(1)验证 $\boldsymbol{\alpha}_1$ 是矩阵 $\boldsymbol{B}$ 的特征向量, 并求 $\boldsymbol{B}$ 的全部特征值与特征向量.

(2)求矩阵 $\boldsymbol{B}$.

6.(12 分)已知实二次型 $f(x_1, x_2, x_3)=x_1^2-2x_2^2+x_3^2+2x_1x_2-4x_1x_3+2x_2x_3$, 求正交变换 $\boldsymbol{x}=\boldsymbol{Q}\boldsymbol{y}$, 将二次型 $f(x_1, x_2, x_3)$ 化为标准形, 并写出标准形.

2020—2021 学年秋季学期(B)卷

一、单选题(共 6 小题，每小题 3 分，共 18 分)

1. 设 $\boldsymbol{A}$, $\boldsymbol{B}$ 为 n 阶可逆矩阵，则下列命题中正确的是 (　　)

A. $(\boldsymbol{AB})^n=\boldsymbol{A}^n\boldsymbol{B}^n$　　B. $(\boldsymbol{AB})^{-1}=\boldsymbol{A}^{-1}\boldsymbol{B}^{-1}$

C. 若 $\boldsymbol{AC}=\boldsymbol{O}$，则 $\boldsymbol{C}=\boldsymbol{O}$　　D. $\boldsymbol{A}$ 与 $\boldsymbol{B}$ 相似

2. 设 n 维向量组 $\boldsymbol{\alpha}_1$，$\boldsymbol{\alpha}_2$，$\boldsymbol{\alpha}_3$，$\boldsymbol{\alpha}_4$，$\boldsymbol{\alpha}_5$ 的秩为 3，且满足 $\boldsymbol{\alpha}_1+2\boldsymbol{\alpha}_2+3\boldsymbol{\alpha}_3=0$，$\boldsymbol{\alpha}_4=4\boldsymbol{\alpha}_5$，则该向量组的一个极大线性无关组为 (　　)

A. $\boldsymbol{\alpha}_1$，$\boldsymbol{\alpha}_2$，$\boldsymbol{\alpha}_3$　　B. $\boldsymbol{\alpha}_1$，$\boldsymbol{\alpha}_4$，$\boldsymbol{\alpha}_5$

C. $\boldsymbol{\alpha}_2$，$\boldsymbol{\alpha}_4$，$\boldsymbol{\alpha}_5$　　D. $\boldsymbol{\alpha}_1$，$\boldsymbol{\alpha}_3$，$\boldsymbol{\alpha}_5$

3. 已知 $\boldsymbol{\alpha}_1$，$\boldsymbol{\alpha}_2$，$\boldsymbol{\alpha}_3$ 是向量空间 $\mathbf{V}$ 的一个基，则以下向量组中也是 $\mathbf{V}$ 的基的是

(　　)

A. $\boldsymbol{\alpha}_1+\boldsymbol{\alpha}_2$，$\boldsymbol{\alpha}_2+\boldsymbol{\alpha}_3$，$\boldsymbol{\alpha}_3-\boldsymbol{\alpha}_1$

B. $\boldsymbol{\alpha}_1-\boldsymbol{\alpha}_2$，$\boldsymbol{\alpha}_2-\boldsymbol{\alpha}_3$，$\boldsymbol{\alpha}_3-\boldsymbol{\alpha}_1$

C. $\boldsymbol{\alpha}_1+2\boldsymbol{\alpha}_2+\boldsymbol{\alpha}_3$，$\boldsymbol{\alpha}_1+\boldsymbol{\alpha}_2+3\boldsymbol{\alpha}_3$，$\boldsymbol{\alpha}_2-2\boldsymbol{\alpha}_3$

D. $\boldsymbol{\alpha}_1+\boldsymbol{\alpha}_2$，$\boldsymbol{\alpha}_2+\boldsymbol{\alpha}_3$，$\boldsymbol{\alpha}_3+\boldsymbol{\alpha}_1$

4. 已知向量 $\boldsymbol{\alpha}=(a_1, a_2, \cdots, a_n)^{\mathrm{T}}$，$\boldsymbol{\beta}=(b_1, b_2, \cdots, b_n)^{\mathrm{T}}$ 都是非零向量，且 $\boldsymbol{\alpha}^{\mathrm{T}}\boldsymbol{\beta}=0$，记 $\boldsymbol{A}=\boldsymbol{\alpha\beta}^{\mathrm{T}}$，则矩阵 $\boldsymbol{A}$ 的非零特征值的个数为 (　　)

A. 0　　B. 1　　C. 2　　D. n

5. 设 $\boldsymbol{A}$ 为可逆矩阵且可相似对角化，$\boldsymbol{A}^*$ 为 $\boldsymbol{A}$ 的伴随矩阵，则 (　　)

A. $\boldsymbol{A}^*$ 不可逆且不可相似对角化

B. $\boldsymbol{A}^*$ 可逆且可相似对角化

C. $\boldsymbol{A}^*$ 可逆但不可相似对角化

D. $\boldsymbol{A}^*$ 不可逆但可相似对角化

6. 设 $\boldsymbol{A}$, $\boldsymbol{B}$ 为 n 阶正定矩阵，则 $\boldsymbol{AB}$ 是 (　　)

A. 实对称矩阵　　B. 正定矩阵　　C. 可逆矩阵　　D. 正交矩阵

二、填空题(共 6 小题，每小题 3 分，共 18 分)

1. 设 $\boldsymbol{A}=\begin{bmatrix}1&1&1&1\\0&1&1&1\\0&0&1&1\\0&0&0&1\end{bmatrix}$，则$\boldsymbol{A}^{-1}=$________.

2. 设 n 阶方阵 $\boldsymbol{A}$ 的伴随矩阵 $\boldsymbol{A}^*\neq\boldsymbol{O}$，$\boldsymbol{\xi}_1$，$\boldsymbol{\xi}_2$，$\boldsymbol{\xi}_3$ 是非齐次线性方程组 $\boldsymbol{Ax}=\boldsymbol{b}$ 的三

个不同解，则 rank A^* = ________.

3. 已知 $\boldsymbol{\alpha}_1=(0,1,0)^{\mathrm{T}}$，$\boldsymbol{\alpha}_2=(k,0,1)^{\mathrm{T}}$，$\boldsymbol{\alpha}_3=(1,-3,m)^{\mathrm{T}}$ 线性相关，则 k，m 需要满足的关系为________.

4. 设 3 阶实对称矩阵 $\boldsymbol{A}$ 的特征值是 1，2，3，且 $\boldsymbol{\alpha}_1=(1,1,1)^{\mathrm{T}}$，$\boldsymbol{\alpha}_2=(1,-2,1)^{\mathrm{T}}$ 分别是 $\boldsymbol{A}$ 对应于特征值 1，2 的特征向量，则 $\boldsymbol{A}$ 对应于特征值 3 的一个单位特征向量 α_3 = ________.

5. 设 $\boldsymbol{A}$ 为 3 阶可逆矩阵，且 $\boldsymbol{A}^2=\boldsymbol{A}$，则 $\boldsymbol{A}$ 的全部特征值为________.

6. 实二次型 $f(x_1,x_2,x_3)=(x_1+2x_2)^2+(2x_2+x_3)^2+(x_1-x_3)^2$ 的秩为________.

三、计算与证明题(共 6 小题，共 64 分)

1. (10 分)计算 n 阶行列式 $D_n=\begin{vmatrix} 2 & 0 & 0 & \cdots & 0 & 2 \\ -1 & 2 & 0 & \cdots & 0 & 2 \\ 0 & -1 & 2 & \cdots & 0 & 2 \\ \vdots & \vdots & \vdots & & \vdots & \vdots \\ 0 & 0 & 0 & \cdots & 2 & 2 \\ 0 & 0 & 0 & \cdots & -1 & 2 \end{vmatrix}$.

2. (10 分)已知 $\boldsymbol{A}=\begin{bmatrix} \frac{1}{2} & 0 & 0 \\ 0 & 1 & -\frac{3}{4} \\ 0 & -\frac{2}{3} & 1 \end{bmatrix}$，$\boldsymbol{B}=\begin{bmatrix} 0 \\ 1 \\ -1 \end{bmatrix}$，且 $\boldsymbol{A}^{-1}(\boldsymbol{E}+\boldsymbol{B}\boldsymbol{B}^{\mathrm{T}}\boldsymbol{A}^{-1})^{-1}\boldsymbol{C}^{-1}=\boldsymbol{E}$，求 $\boldsymbol{C}$.

3. (10 分)当 λ 取何值时，线性方程组 $\begin{cases} x_1+x_2+\lambda x_3=1, \\ x_1+\lambda x_2+x_3=1, \\ \lambda x_1+x_2+x_3=1 \end{cases}$ (1)有唯一解；(2)无解；(3)有无穷多解，并求其通解.

4. (10 分)设 $\boldsymbol{A}$ 为 n 阶可逆矩阵，$\boldsymbol{A}$ 与 $\boldsymbol{B}$ 相似，$\boldsymbol{A}^*$ 为 $\boldsymbol{A}$ 的伴随矩阵，$\boldsymbol{B}^*$ 为 $\boldsymbol{B}$ 的伴随矩阵，证明 $\boldsymbol{A}^*$ 与 $\boldsymbol{B}^*$ 相似.

5. (12 分)设矩阵 $\boldsymbol{A}=\begin{bmatrix} 2 & 1 & 0 \\ 1 & 2 & 0 \\ 1 & a & b \end{bmatrix}$ 仅有两个不同的特征值，且 $\boldsymbol{A}$ 相似于对角矩阵，求 a，b，并求可逆矩阵 $\boldsymbol{P}$，使得 $\boldsymbol{P}^{-1}\boldsymbol{A}\boldsymbol{P}$ 为对角矩阵.

6. (12 分)设矩阵 $\boldsymbol{A}=\begin{bmatrix} 0 & 1 & 0 & 0 \\ 1 & 0 & 0 & 0 \\ 0 & 0 & k & 1 \\ 0 & 0 & 1 & 2 \end{bmatrix}$，已知 $\boldsymbol{A}$ 的一个特征值为 3，求正交变换 $\boldsymbol{x}=\boldsymbol{Q}\boldsymbol{y}$，将二次型 $f(x_1,x_2,x_3,x_4)=\boldsymbol{x}^{\mathrm{T}}\boldsymbol{A}^{\mathrm{T}}\boldsymbol{A}\boldsymbol{x}$ 化为标准形，并写出标准形.

2020—2021学年春季学期(A)卷

一、单选题(共6小题，每小题3分，共18分)

1. 设$\boldsymbol{A}$是$m\times n$矩阵，$\boldsymbol{B}$是$n\times m$矩阵，则 (　　)

A. 当$m>n$时，必有$|\boldsymbol{AB}|\neq 0$　　B. 当$m>n$时，必有$|\boldsymbol{AB}|=0$

C. 当$n>m$时，必有$|\boldsymbol{AB}|\neq 0$　　D. 当$n>m$时，必有$|\boldsymbol{AB}|=0$

2. 设$\boldsymbol{A}$是$n(n\geqslant 3)$阶方阵，$\boldsymbol{A}^*$是其伴随矩阵，k为常数，且$k\neq 0$，± 1，则$(k\boldsymbol{A})^*=$ (　　)

A. $k\boldsymbol{A}^*$　　B. $k^{n-1}\boldsymbol{A}^*$　　C. $k^n\boldsymbol{A}^*$　　D. $k^{-1}\boldsymbol{A}^*$

3. 设$\boldsymbol{A}$是$m\times n$矩阵，$\boldsymbol{B}$是$n\times m$矩阵，$\boldsymbol{E}$为m阶单位矩阵，若$\boldsymbol{AB}=\boldsymbol{E}$，则(　　)

A. $r(\boldsymbol{A})=m$，$r(\boldsymbol{B})=m$　　B. $r(\boldsymbol{A})=m$，$r(\boldsymbol{B})=n$

C. $r(\boldsymbol{A})=n$，$r(\boldsymbol{B})=m$　　D. $r(\boldsymbol{A})=n$，$r(\boldsymbol{B})=n$

4. 已知线性方程组$x_1\boldsymbol{\alpha}_1+x_2\boldsymbol{\alpha}_2+x_3\boldsymbol{\alpha}_3+x_4\boldsymbol{\alpha}_4=\boldsymbol{\beta}$有通解$(2,0,0,1)^{\mathrm{T}}+k(1,-1,1,0)^{\mathrm{T}}$，则 (　　)

A. $\boldsymbol{\beta}$能由$\boldsymbol{\alpha}_1$，$\boldsymbol{\alpha}_2$，$\boldsymbol{\alpha}_3$线性表示　　B. $\boldsymbol{\alpha}_4$能由$\boldsymbol{\alpha}_1$，$\boldsymbol{\alpha}_2$，$\boldsymbol{\alpha}_3$线性表示

C. $\boldsymbol{\beta}$能由$\boldsymbol{\alpha}_2$，$\boldsymbol{\alpha}_3$，$\boldsymbol{\alpha}_4$线性表示　　D. $\boldsymbol{\alpha}_1$不能由$\boldsymbol{\alpha}_2$，$\boldsymbol{\alpha}_3$，$\boldsymbol{\alpha}_4$线性表示

5. 已知向量空间$\boldsymbol{V}$的两组基$\boldsymbol{\alpha}_1$，$\boldsymbol{\alpha}_2$，$\boldsymbol{\alpha}_3$与$\boldsymbol{\beta}_1$，$\boldsymbol{\beta}_2$，$\boldsymbol{\beta}_3$，其中$\boldsymbol{\alpha}_1=\boldsymbol{\beta}_1+\boldsymbol{\beta}_2+\boldsymbol{\beta}_3$，$\boldsymbol{\alpha}_2=\boldsymbol{\beta}_2+\boldsymbol{\beta}_3$，$\boldsymbol{\alpha}_3=\boldsymbol{\beta}_3$，则由基$\boldsymbol{\alpha}_1$，$\boldsymbol{\alpha}_2$，$\boldsymbol{\alpha}_3$到基$\boldsymbol{\beta}_1$，$\boldsymbol{\beta}_2$，$\boldsymbol{\beta}_3$的过渡矩阵为 (　　)

A. $\begin{bmatrix}1&1&1\\0&1&1\\0&0&1\end{bmatrix}$　　B. $\begin{bmatrix}1&0&0\\1&1&0\\1&1&1\end{bmatrix}$

C. $\begin{bmatrix}1&0&0\\-1&1&0\\0&-1&1\end{bmatrix}$　　D. $\begin{bmatrix}1&-1&0\\0&1&-1\\0&0&1\end{bmatrix}$

6. 设n阶方阵$\boldsymbol{A}$相似于$\begin{bmatrix}1&0&0\\0&0&0\\0&0&2\end{bmatrix}$，则下列方阵中与$\boldsymbol{A}^3-2\boldsymbol{A}^2+3\boldsymbol{E}$相似的是 (　　)

A. $\begin{bmatrix}1&0&0\\0&2&0\\0&0&3\end{bmatrix}$　　B. $\begin{bmatrix}0&0&0\\0&3&0\\0&0&2\end{bmatrix}$　　C. $\begin{bmatrix}2&0&0\\0&3&0\\0&0&2\end{bmatrix}$　　D. $\begin{bmatrix}2&0&0\\0&3&0\\0&0&3\end{bmatrix}$

二、填空题(共6小题，每小题3分，共18分)

1. 设$\boldsymbol{\alpha}_1$，$\boldsymbol{\alpha}_2$，$\boldsymbol{\alpha}_3$为三维列向量组，记矩阵$\boldsymbol{A}=[\boldsymbol{\alpha}_1\quad\boldsymbol{\alpha}_2\quad\boldsymbol{\alpha}_3]$，$\boldsymbol{B}=[\boldsymbol{\alpha}_1+\boldsymbol{\alpha}_2+\boldsymbol{\alpha}_3$

$\boldsymbol{\alpha}_1+2\boldsymbol{\alpha}_2+4\boldsymbol{\alpha}_3 \quad \boldsymbol{\alpha}_1+3\boldsymbol{\alpha}_2+9\boldsymbol{\alpha}_3]$，如果 $|\boldsymbol{A}|=1$，那么 $|\boldsymbol{B}|=$__________.

2. 设矩阵 $\boldsymbol{A}=\begin{bmatrix} k & 1 & 1 & 1 \\ 1 & k & 1 & 1 \\ 1 & 1 & k & 1 \\ 1 & 1 & 1 & k \end{bmatrix}$，且 $r(\boldsymbol{A})=3$，则 $k=$__________.

3. 设 $\boldsymbol{A}$ 为 n 阶方阵，$\boldsymbol{A}^*$ 是 $\boldsymbol{A}$ 的伴随矩阵，$|\boldsymbol{A}|=5$，则矩阵 $\boldsymbol{B}=\boldsymbol{A}^*\boldsymbol{A}$ 的迹 $\mathrm{tr}\boldsymbol{B}=$__________.

4. 设 4 阶方阵 $\boldsymbol{A}$ 及 $\boldsymbol{E}-\boldsymbol{A}$，$\boldsymbol{E}+\boldsymbol{A}$，$3\boldsymbol{E}-\boldsymbol{A}$ 不可逆，则 $|\boldsymbol{A}+2\boldsymbol{E}|=$__________.

5. 设方阵 $\boldsymbol{A}=\begin{bmatrix} 2 & 0 & 2 \\ 0 & 4 & 0 \\ 2 & 0 & 2 \end{bmatrix}$，$n$ 为不小于 2 的正整数，则 $\boldsymbol{A}^n-4\boldsymbol{A}^{n-1}=$__________.

6. 已知实二次型 $f(x_1, x_2, x_3)=x_1^2+4x_2^2+4x_3^2+2ax_1x_2-2x_1x_3+4x_2x_3$ 为正定二次型，则 a 的取值范围是__________.

三、计算与证明题(共 6 小题，共 64 分)

1. (10 分)计算 4 阶行列式 $\begin{vmatrix} a^2+\frac{1}{a^2} & a & \frac{1}{a} & 1 \\ b^2+\frac{1}{b^2} & b & \frac{1}{b} & 1 \\ c^2+\frac{1}{c^2} & c & \frac{1}{c} & 1 \\ d^2+\frac{1}{d^2} & d & \frac{1}{d} & 1 \end{vmatrix}$，其中 $abcd=1$.

2. (10 分)设矩阵 $\boldsymbol{A}=\begin{bmatrix} 0 & 1 & 0 \\ 1 & 0 & -1 \\ 0 & 1 & 0 \end{bmatrix}$，矩阵 $\boldsymbol{X}$ 满足 $\boldsymbol{X}-\boldsymbol{X}\boldsymbol{A}^2-\boldsymbol{A}\boldsymbol{X}+\boldsymbol{A}\boldsymbol{X}\boldsymbol{A}^2=\boldsymbol{E}$，其中 $\boldsymbol{E}$ 为 3 阶单位矩阵，求 $\boldsymbol{X}$.

3. (10 分)设 $\lambda_1, \lambda_2, \cdots, \lambda_k (k \leqslant n)$ 是 n 阶方阵 $\boldsymbol{A}$ 的 k 个互不相同的特征值，对应的特征向量分别为 $\boldsymbol{x}_1, \boldsymbol{x}_2, \cdots, \boldsymbol{x}_k$. 记 $\boldsymbol{\alpha}=\boldsymbol{x}_1+\boldsymbol{x}_2+\cdots+\boldsymbol{x}_k$，证明 $\boldsymbol{\alpha}, \boldsymbol{A}\boldsymbol{\alpha}, \cdots, \boldsymbol{A}^{k-1}\boldsymbol{\alpha}$ 线性无关.

4. (10 分)设向量组 $\boldsymbol{\alpha}_1=\begin{bmatrix} 1 \\ 0 \\ 2 \\ 4 \end{bmatrix}$，$\boldsymbol{\alpha}_2=\begin{bmatrix} -1 \\ -3 \\ 2 \\ 5 \end{bmatrix}$，$\boldsymbol{\alpha}_3=\begin{bmatrix} 5 \\ 6 \\ 2 \\ 2 \end{bmatrix}$，$\boldsymbol{\alpha}_4=\begin{bmatrix} 2 \\ -1 \\ 0 \\ 2 \end{bmatrix}$. (1)讨论向量组 $\boldsymbol{\alpha}_1, \boldsymbol{\alpha}_2, \boldsymbol{\alpha}_3, \boldsymbol{\alpha}_4$ 的线性相关性；(2)求 $\boldsymbol{\alpha}_1, \boldsymbol{\alpha}_2, \boldsymbol{\alpha}_3, \boldsymbol{\alpha}_4$ 的一个极大线性无关组，并把其余向量表示成该极大线性无关组的线性组合.

5. (12 分)已知线性方程组$\begin{cases} x_1+x_2+x_3+x_4=0, \\ x_2+2x_3+2x_4=1, \\ -x_2+(a-3)x_3-2x_4=b, \\ 3x_1+2x_2+x_3+ax_4=-1. \end{cases}$讨论当 a, b 取何值时，方程组有唯一解、无解、有无穷多解，并求出有无穷多解时的通解.

6. (12 分)已知实二次型 $f(x_1, x_2, x_3)=\boldsymbol{x}^{\mathrm{T}}\boldsymbol{A}\boldsymbol{x}$ 的矩阵 $\boldsymbol{A}$ 满足 $|2\boldsymbol{E}-\boldsymbol{A}|=0$, $\boldsymbol{AB}=\boldsymbol{C}$, 其中

$$\boldsymbol{B}=\begin{bmatrix} 1 & 1 \\ 2 & 0 \\ 1 & -1 \end{bmatrix}, \boldsymbol{C}=\begin{bmatrix} 0 & 6 \\ 0 & 0 \\ 0 & -6 \end{bmatrix},$$

求正交变换将二次型化为标准形，并写出标准形.

2020—2021 学年春季学期(B)卷

一、单选题(共 6 小题，每小题 3 分，共 18 分)

1. 设 $\boldsymbol{A}$ 为 3 阶矩阵，将 $\boldsymbol{A}$ 的第 2 行的 1 倍加到第 3 行得 $\boldsymbol{B}$，再将 $\boldsymbol{B}$ 的第 2 列的 1 倍加到第 3 列得 $\boldsymbol{C}$，记 $\boldsymbol{P}=\begin{bmatrix}1&0&0\\0&1&1\\0&0&1\end{bmatrix}$，则　　(　　)

A. $\boldsymbol{C}=\boldsymbol{P}^{-1}\boldsymbol{AP}$　　B. $\boldsymbol{C}=\boldsymbol{PAP}^{-1}$　　C. $\boldsymbol{C}=\boldsymbol{P}^{\mathrm{T}}\boldsymbol{AP}$　　D. $\boldsymbol{C}=\boldsymbol{PAP}^{\mathrm{T}}$

2. 已知 3 阶矩阵 $\boldsymbol{A}=\begin{bmatrix}x&y&y\\y&x&y\\y&y&x\end{bmatrix}$，其秩记为 $\mathrm{rank}\boldsymbol{A}$，则下列命题中错误的是　(　　)

A. 当 $x=y=0$ 时，$\mathrm{rank}\boldsymbol{A}=0$　　B. 当 $x=y\neq0$ 时，$\mathrm{rank}\boldsymbol{A}=1$

C. 当 $x=-2y\neq0$ 时，$\mathrm{rank}\boldsymbol{A}=2$　　D. 当 $x\neq-2y$ 时，$\mathrm{rank}\boldsymbol{A}=3$

3. 设线性方程组 $\begin{cases}bx-ay=-2ad,\\-2cy+3bz=bc,\\cx+az=0,\end{cases}$ 则　　(　　)

A. 当 a，b，c 取任意实数时，方程组均有解

B. 当 $a=0$ 时方程组无解

C. 当 $b=0$ 时方程组无解

D. 当 $c=0$ 时方程组无解

4. 已知 3 阶方阵 $\boldsymbol{A}$ 的行列式 $|\boldsymbol{A}|=1$，$\boldsymbol{A}$ 中的元素 $a_{33}=-1$ 且所有元素都满足 $a_{ij}=A_{ij}$，其中 A_{ij} 为 a_{ij} 的代数余子式，则线性方程组 $\boldsymbol{Ax}=\begin{bmatrix}0\\0\\1\end{bmatrix}$ 的解是　　(　　)

A. $(-1,-1,-1)^{\mathrm{T}}$　B. $(0,0,-1)^{\mathrm{T}}$　C. $(0,0,1)^{\mathrm{T}}$　D. $(1,1,1)^{\mathrm{T}}$

5. 以下命题中正确的是　　(　　)

A. 设 $\boldsymbol{A}$，$\boldsymbol{B}$，$\boldsymbol{C}$ 均为 n 阶矩阵，其中 $\boldsymbol{C}$ 可逆，且 $\boldsymbol{ABA}=\boldsymbol{C}^{-1}$，则 $\boldsymbol{BAC}=\boldsymbol{CAB}$

B. 设 $\boldsymbol{A}$ 为 n 阶实反对称矩阵，则 $(\boldsymbol{E}+\boldsymbol{A})^{-1}$ 为正交矩阵

C. 同解线性方程组的增广矩阵必等价

D. 增广矩阵等价的线性方程组必同解

6. 设 λ_1，λ_2 是矩阵 $\boldsymbol{A}$ 的特征值，$\boldsymbol{\xi}_1$，$\boldsymbol{\xi}_2$ 为 $\boldsymbol{A}$ 分别对应于 λ_1，λ_2 的特征向量，则　　(　　)

A. 当 $\lambda_1=\lambda_2$ 时，$\boldsymbol{\xi}_1$ 与 $\boldsymbol{\xi}_2$ 必成比例　　B. 当 $\lambda_1=\lambda_2$ 时，$\boldsymbol{\xi}_1$ 与 $\boldsymbol{\xi}_2$ 必不成比例

C. 当 $\lambda_1 \neq \lambda_2$ 时, $\boldsymbol{\xi}_1$ 与 $\boldsymbol{\xi}_2$ 必成比例　　D. 当 $\lambda_1 \neq \lambda_2$ 时, $\boldsymbol{\xi}_1$ 与 $\boldsymbol{\xi}_2$ 必不成比例

二、填空题(共6小题,每小题3分,共18分)

1. 设 $\boldsymbol{A}$ 是3阶方阵, $\boldsymbol{A}^*$ 是 $\boldsymbol{A}$ 的伴随矩阵, $|\boldsymbol{A}| = \frac{1}{2}$, 则 $|(3\boldsymbol{A})^{-1} - 2\boldsymbol{A}^*| =$ ________.

2. 设 n 阶实对称矩阵 $\boldsymbol{A}$ 满足 $\boldsymbol{A}^2 - 4\boldsymbol{A} + 4\boldsymbol{E} = \boldsymbol{O}$, 则矩阵 $\boldsymbol{A} =$ ________.

3. 设 $\boldsymbol{A} = \begin{bmatrix} 1 & 0 & 0 \\ -2 & 3 & 0 \\ 0 & -4 & 5 \end{bmatrix}$, $\boldsymbol{E}$ 为4阶单位矩阵, 且 $\boldsymbol{B} = (\boldsymbol{E} + \boldsymbol{A})^{-1}(\boldsymbol{E} - \boldsymbol{A})$, 则 $(\boldsymbol{E} + \boldsymbol{B})^{-1} =$ ________.

4. 设矩阵 $\boldsymbol{A} = \begin{bmatrix} 1 & 2 & 1 \\ 1 & 0 & 1 \end{bmatrix}$, $\boldsymbol{B} = \begin{bmatrix} 1 & 2 \\ 1 & 1 \\ 1 & 1 \end{bmatrix}$, 则 $|\boldsymbol{AB}| - |\boldsymbol{BA}| =$ ________.

5. 二次型 $f(x_1, x_2, \cdots, x_n) = \sum\limits_{i,j=1}^{n} a_i a_j x_i x_j$ (其中 $a_1, a_2, \cdots, a_n$ 不全为0)的规范形是 $g(z_1, z_2, \cdots, z_n) =$ ________.

6. 已知 $\boldsymbol{A} = \boldsymbol{P}^{\mathrm{T}}\boldsymbol{Q}$, $\boldsymbol{P} = (1, 2, 3)$, $\boldsymbol{Q} = (3, 2, 1)$, 则矩阵 $\boldsymbol{A}^{2021}$ 的秩等于________.

三、计算与证明题(共6小题,共64分)

1. (10分)设 n 阶行列式 $D_n = \begin{vmatrix} x & 4 & 4 & 4 & \cdots & 4 \\ 1 & x & 2 & 2 & \cdots & 2 \\ 1 & 2 & x & 2 & \cdots & 2 \\ 1 & 2 & 2 & x & \cdots & 2 \\ \vdots & \vdots & \vdots & \vdots & & \vdots \\ 1 & 2 & 2 & 2 & \cdots & x \end{vmatrix}$. (1)证明 $D_n = (x-2)D_{n-1} + 2(x-2)^{n-1}$; (2)计算行列式 D_n 的值.

2. (10分)设矩阵 $\boldsymbol{A} = \begin{bmatrix} 1 & 0 & 0 \\ 1 & 1 & 0 \\ 1 & 1 & 1 \end{bmatrix}$, $\boldsymbol{B} = \begin{bmatrix} 0 & 1 & 1 \\ 1 & 0 & 1 \\ 1 & 1 & 0 \end{bmatrix}$, 且矩阵 $\boldsymbol{X}$ 满足 $\boldsymbol{AXA} + \boldsymbol{BXB} = \boldsymbol{AXB} + \boldsymbol{BXA} + \boldsymbol{E}$, 其中 $\boldsymbol{E}$ 是3阶单位矩阵, 求 $\boldsymbol{X}$.

3. (10分)已知3阶矩阵 $\boldsymbol{B}$ 的每一个列向量都是线性方程组 $\begin{cases} x_1 + 2x_2 - x_3 = 1, \\ 2x_1 - x_2 + \lambda x_3 = -2, \\ 3x_1 + x_2 - x_3 = -1 \end{cases}$ 的解向量, 且 $\operatorname{rank}\boldsymbol{B} = 2$, 求该方程组的通解.

4. (10分)设 $\boldsymbol{A}$, $\boldsymbol{B}$ 均为 n 阶方阵, 且 $\boldsymbol{BAB} = \boldsymbol{A}^{-1}$, 证明 $\operatorname{rank}(\boldsymbol{E} + \boldsymbol{AB}) + \operatorname{rank}(\boldsymbol{E} - \boldsymbol{AB}) = n$.

5. (12分)设 $\boldsymbol{A}$ 为3阶方阵, $\boldsymbol{\alpha}_1$, $\boldsymbol{\alpha}_2$ 为 $\boldsymbol{A}$ 分别对应于特征值2, 5的特征向量, 向量 $\boldsymbol{\alpha}_3$ 满足 $\boldsymbol{A}\boldsymbol{\alpha}_3 = -2\boldsymbol{\alpha}_1 - 5\boldsymbol{\alpha}_2 + 2\boldsymbol{\alpha}_3$.

(1)证明 $\boldsymbol{\alpha}_1$, $\boldsymbol{\alpha}_2$, $\boldsymbol{\alpha}_3$ 线性无关.

(2)令 $\boldsymbol{P}=[\boldsymbol{\alpha}_1\quad\boldsymbol{\alpha}_2\quad\boldsymbol{\alpha}_3]$, 求 $\boldsymbol{P}^{-1}\boldsymbol{AP}$.

6. (12 分)设 n 元实二次型 $f(x_1, x_2, \cdots, x_n)=\boldsymbol{x}^{\mathrm{T}}\boldsymbol{Ax}$ 的对称矩阵 $\mathbf{A}$ 的 n 个特征值为 $\lambda_1, \lambda_2, \cdots, \lambda_n$, 且 $\lambda_1\leqslant\lambda_2\leqslant\cdots\leqslant\lambda_n$.

(1)证明对任意 $\boldsymbol{x}=(x_1, x_2, \cdots, x_n)^{\mathrm{T}}\in\mathbf{R}^n$, 有 $\lambda_1\boldsymbol{x}^{\mathrm{T}}\boldsymbol{x}\leqslant\boldsymbol{x}^{\mathrm{T}}\boldsymbol{Ax}\leqslant\lambda_n\boldsymbol{x}^{\mathrm{T}}\boldsymbol{x}$.

(2)求出非零向量 $\boldsymbol{x}$, 使得上式分别取到等号.

2021—2022 学年秋季学期(A)卷

一、单选题(共 6 小题，每小题 3 分，共 18 分)

1. 设 3 阶方阵 $\boldsymbol{A}=\begin{bmatrix} a & b & b \\ b & a & b \\ b & b & a \end{bmatrix}$，其伴随矩阵 $\boldsymbol{A}^*$ 的秩等于 1，则 (　　)

A. $a=b$ 且 $a+2b\neq 0$　　B. $a=b$ 或 $a+2b\neq 0$

C. $a\neq b$ 且 $a+2b=0$　　D. $a\neq b$ 且 $a+2b\neq 0$

2. 设 $\boldsymbol{A}$，$\boldsymbol{B}$，$\boldsymbol{A}+\boldsymbol{B}$，$\boldsymbol{A}^{-1}+\boldsymbol{B}^{-1}$ 均为 $n(n\geqslant 2)$ 阶可逆矩阵，则 $(\boldsymbol{A}^{-1}+\boldsymbol{B}^{-1})^{-1}$ 等于 (　　)

A. $\boldsymbol{A}^{-1}+\boldsymbol{B}^{-1}$　　B. $\boldsymbol{A}+\boldsymbol{B}$

C. $\boldsymbol{A}(\boldsymbol{A}+\boldsymbol{B})^{-1}\boldsymbol{B}$　　D. $(\boldsymbol{A}+\boldsymbol{B})^{-1}$

3. 设 n 维向量 $\boldsymbol{\alpha}$，$\boldsymbol{\beta}$，$\boldsymbol{\gamma}$ 与数 k，l，m 满足 $k\boldsymbol{\alpha}+l\boldsymbol{\beta}+m\boldsymbol{\gamma}=\boldsymbol{0}$，且 $km\neq 0$，则 (　　)

A. $\boldsymbol{\alpha}$，$\boldsymbol{\beta}$ 与 $\boldsymbol{\alpha}$，$\boldsymbol{\gamma}$ 等价　　B. $\boldsymbol{\alpha}$，$\boldsymbol{\beta}$ 与 $\boldsymbol{\beta}$，$\boldsymbol{\gamma}$ 等价

C. $\boldsymbol{\alpha}$，$\boldsymbol{\gamma}$ 与 $\boldsymbol{\beta}$，$\boldsymbol{\gamma}$ 等价　　D. $\boldsymbol{\alpha}$ 与 $\boldsymbol{\gamma}$ 等价

4. 下列矩阵中，与 $\begin{bmatrix} 4 & 2 & 0 \\ 2 & 4 & 0 \\ 0 & 0 & -8 \end{bmatrix}$ 合同的是 (　　)

A. $\begin{bmatrix} 1 & 0 & 0 \\ 0 & 1 & 0 \\ 0 & 0 & -1 \end{bmatrix}$　B. $\begin{bmatrix} 1 & 0 & 0 \\ 0 & 1 & 0 \\ 0 & 0 & 0 \end{bmatrix}$　C. $\begin{bmatrix} 1 & 0 & 0 \\ 0 & -1 & 0 \\ 0 & 0 & 0 \end{bmatrix}$　D. $\begin{bmatrix} 1 & 0 & 0 \\ 0 & -1 & 0 \\ 0 & 0 & -1 \end{bmatrix}$

5. 设 λ_1，λ_2 是矩阵 $\boldsymbol{A}$ 的两个相异特征值，对应的特征向量分别为 $\boldsymbol{\alpha}_1$，$\boldsymbol{\alpha}_2$，则 $\boldsymbol{A}(\boldsymbol{\alpha}_1+\boldsymbol{\alpha}_2)$，$\boldsymbol{\alpha}_1$ 线性无关的充要条件为 (　　)

A. $\lambda_1\neq 0$　　B. $\lambda_2\neq 0$　　C. $\lambda_1=0$　　D. $\lambda_2=0$

6. 设 $\boldsymbol{A}$，$\boldsymbol{B}$ 均为 n 阶正定矩阵，则下列矩阵中必为正定矩阵的是 (　　)

A. $k\boldsymbol{AB}$，其中 k 为常数　　B. $k\boldsymbol{A}^*+l\boldsymbol{B}^*$，其中 $kl>0$

C. $\boldsymbol{A}^{-1}+\boldsymbol{B}^{-1}$　　D. $\boldsymbol{A}^{-1}-\boldsymbol{B}^{-1}$

二、填空题(共 6 小题，每小题 3 分，共 18 分)

1. 设矩阵 $\boldsymbol{A}=\begin{bmatrix} 0 & 1 & 0 & 0 \\ 0 & 0 & 1 & 0 \\ 0 & 0 & 0 & 1 \\ 0 & 0 & 0 & 0 \end{bmatrix}$，则矩阵 $\boldsymbol{A}^3$ 的秩等于__________.

2. 已知 $\boldsymbol{\alpha}_1=\begin{bmatrix}1\\0\end{bmatrix}$，$\boldsymbol{\alpha}_2=\begin{bmatrix}0\\1\end{bmatrix}$和$\boldsymbol{\beta}_1=\begin{bmatrix}1\\2\end{bmatrix}$，$\boldsymbol{\beta}_2=\begin{bmatrix}2\\3\end{bmatrix}$为向量空间 $\mathbf{R}^2$ 的两组基，则从$\boldsymbol{\beta}_1$，$\boldsymbol{\beta}_2$ 到 $\boldsymbol{\alpha}_1$，$\boldsymbol{\alpha}_2$ 的过渡矩阵为__________.

3. 在实数域中，二次型 $f(x_1, x_2, x_3)=2x_1x_2-2x_1x_3+2x_2x_3$ 的规范形为__________.

4. 设 5 阶实对称矩阵 $\boldsymbol{A}$ 满足 $\boldsymbol{A}^2-2\boldsymbol{A}=\boldsymbol{O}$，$\operatorname{rank}\boldsymbol{A}=3$，则 $|\boldsymbol{A}+\boldsymbol{E}|$ 等于__________.

5. 设 $\boldsymbol{A}=[a_{ij}]_{3\times3}$ 是正交矩阵，且 $a_{33}=1$，$\boldsymbol{b}=\begin{bmatrix}0\\0\\3\end{bmatrix}$，则线性方程组 $\boldsymbol{Ax}=\boldsymbol{b}$ 的解是__________.

6. 设 $\boldsymbol{A}$ 为 3 阶方阵，将 $\boldsymbol{A}$ 的第 2 列加到第 1 列得到 $\boldsymbol{B}$，再交换 $\boldsymbol{B}$ 的第 2 行与第 3 行得到单位矩阵，则 $\boldsymbol{A}$ 等于__________.

三、计算与证明题(共 6 小题，共 64 分)

1. (10 分)求多项式 $f(x)=\begin{vmatrix}x & x & 1 & 2x\\1 & x & 2 & -1\\2 & 1 & x & 1\\2 & -1 & 1 & x\end{vmatrix}$ 中 x^3 的系数.

2. (10 分)设 3 阶方阵 $\boldsymbol{A}$，$\boldsymbol{B}$ 满足 $\boldsymbol{A}^*\boldsymbol{BA}=2\boldsymbol{BA}-8\boldsymbol{E}$，其中 $\boldsymbol{A}=\begin{bmatrix}1 & 0 & 0\\0 & -2 & 0\\0 & 0 & 1\end{bmatrix}$，求 $\boldsymbol{B}$.

3. (10 分)已知线性方程组 $\begin{cases}x_1+x_2=0,\\-2x_1+2x_2+(2-\lambda)x_3=1,\\-4x_1+(5-\lambda)x_2+2x_3=2.\end{cases}$ 讨论当 λ 取何值时，方程组有唯一解、无解、有无穷多解，并求出有无穷多解时的通解.

4. (10 分)设 $\boldsymbol{\beta}_1$，$\boldsymbol{\beta}_2$，…，$\boldsymbol{\beta}_m$ 均为实数域上的 n 维列向量，其中 $m<n$，证明 $\boldsymbol{\beta}_1$，$\boldsymbol{\beta}_2$，…，$\boldsymbol{\beta}_m$ 线性无关的充要条件为 $\begin{vmatrix}\boldsymbol{\beta}_1^{\mathrm{T}}\boldsymbol{\beta}_1 & \boldsymbol{\beta}_1^{\mathrm{T}}\boldsymbol{\beta}_2 & \cdots & \beta_1^{\mathrm{T}}\beta_m\\\boldsymbol{\beta}_2^{\mathrm{T}}\boldsymbol{\beta}_1 & \boldsymbol{\beta}_2^{\mathrm{T}}\boldsymbol{\beta}_2 & \cdots & \boldsymbol{\beta}_2^{\mathrm{T}}\boldsymbol{\beta}_m\\\vdots & \vdots & & \vdots\\\boldsymbol{\beta}_m^{\mathrm{T}}\boldsymbol{\beta}_1 & \boldsymbol{\beta}_m^{\mathrm{T}}\boldsymbol{\beta}_2 & \cdots & \boldsymbol{\beta}_m^{\mathrm{T}}\boldsymbol{\beta}_m\end{vmatrix}\neq0$.

5. (12 分)已知 $\boldsymbol{\alpha}=\begin{bmatrix}a_1\\a_2\\\vdots\\a_n\end{bmatrix}$，$\boldsymbol{\beta}=\begin{bmatrix}b_1\\b_2\\\vdots\\b_n\end{bmatrix}$ 为 n 维非零列向量，且 $\boldsymbol{\beta}^{\mathrm{T}}\boldsymbol{\alpha}\neq0$，设 $\boldsymbol{A}=\boldsymbol{\alpha\beta}^{\mathrm{T}}$，证明 $\boldsymbol{A}$ 可相似对角化.

6. (12 分)已知实二次型 $f(x_1, x_2, x_3)=3x_1^2+2x_2^2+ax_3^2+bx_1x_3$，经过正交变换 $\boldsymbol{x}=\boldsymbol{Py}$ 得标准形 $y_1^2+2y_2^2+5y_3^2$，其中 a，b 都是非负实数，求正交变换矩阵 $\boldsymbol{P}$.

2021—2022 学年秋季学期(B)卷

一、单选题(共 6 小题，每小题 3 分，共 18 分)

1. 设 $\boldsymbol{A}$, $\boldsymbol{B}$ 为 $n(n\geqslant 2)$ 阶方阵，其伴随矩阵为$\boldsymbol{A}^*$，$\boldsymbol{B}^*$，则$\begin{bmatrix} \boldsymbol{A} & \boldsymbol{O} \\ \boldsymbol{O} & \boldsymbol{B} \end{bmatrix}$的伴随矩阵为 (　　)

A. $\begin{bmatrix} |\boldsymbol{A}|\boldsymbol{A}^* & \boldsymbol{O} \\ \boldsymbol{O} & |\boldsymbol{B}|\boldsymbol{B}^* \end{bmatrix}$　　B. $\begin{bmatrix} |\boldsymbol{B}|\boldsymbol{B}^* & \boldsymbol{O} \\ \boldsymbol{O} & |\boldsymbol{A}|\boldsymbol{A}^* \end{bmatrix}$

C. $\begin{bmatrix} |\boldsymbol{A}|\boldsymbol{B}^* & \boldsymbol{O} \\ \boldsymbol{O} & |\boldsymbol{B}|\boldsymbol{A}^* \end{bmatrix}$　　D. $\begin{bmatrix} |\boldsymbol{B}|\boldsymbol{A}^* & \boldsymbol{O} \\ \boldsymbol{O} & |\boldsymbol{A}|\boldsymbol{B}^* \end{bmatrix}$

2. 设 3 阶方阵 $\boldsymbol{A}=[a_{ij}]$ 相似于$\begin{bmatrix} 2 & 0 & 0 \\ 0 & 3 & 0 \\ 0 & 0 & 4 \end{bmatrix}$，$A_{ij}$ 为 $|\boldsymbol{A}|$ 中元素 a_{ij} 的代数余子式，则 $A_{11}+A_{22}+A_{33}$ 等于 (　　)

A. 9　　B. 24　　C. 25　　D. 26

3. 设 $\boldsymbol{A}=\begin{bmatrix} 1 & -1 & 1 \\ 2 & 4 & x \\ -3 & -3 & 5 \end{bmatrix}$有特征值 $\lambda_1=6$，$\lambda_2=\lambda_3=2$，且 $\boldsymbol{A}$ 有三个线性无关的特征向量，则 x 等于 (　　)

A. 2　　B. -2　　C. 4　　D. -4

4. 设 3 阶方阵 $\boldsymbol{A}$, $\boldsymbol{P}$ 满足 $\boldsymbol{P}^{\mathrm{T}}\boldsymbol{A}\boldsymbol{P}=\begin{bmatrix} 1 & 0 & 0 \\ 0 & 1 & 0 \\ 0 & 0 & 2 \end{bmatrix}$，$\boldsymbol{P}=[\boldsymbol{\alpha}_1\ \boldsymbol{\alpha}_2\ \boldsymbol{\alpha}_3]$，$\boldsymbol{Q}=[\boldsymbol{\alpha}_1+\boldsymbol{\alpha}_2\ \boldsymbol{\alpha}_2\ \boldsymbol{\alpha}_3]$，则 $\boldsymbol{Q}^{\mathrm{T}}\boldsymbol{A}\boldsymbol{Q}$ 等于 (　　)

A. $\begin{bmatrix} 2 & 1 & 0 \\ 1 & 1 & 0 \\ 0 & 0 & 2 \end{bmatrix}$　　B. $\begin{bmatrix} 1 & 1 & 0 \\ 1 & 2 & 0 \\ 0 & 0 & 2 \end{bmatrix}$　　C. $\begin{bmatrix} 2 & 0 & 0 \\ 0 & 1 & 0 \\ 0 & 0 & 2 \end{bmatrix}$　　D. $\begin{bmatrix} 1 & 0 & 0 \\ 0 & 2 & 0 \\ 0 & 0 & 2 \end{bmatrix}$

5. 已知 $\boldsymbol{\alpha}_1$, $\boldsymbol{\alpha}_2$, $\boldsymbol{\alpha}_3$ 为非齐次线性方程组 $\boldsymbol{Ax}=\boldsymbol{b}$ 的三个不同的解，$\boldsymbol{\beta}_1$, $\boldsymbol{\beta}_2$ 为其导出方程组 $\boldsymbol{Ax}=\boldsymbol{0}$ 的基础解系，k, l 为任意常数，则 $\boldsymbol{Ax}=\boldsymbol{b}$ 的通解为 (　　)

A. $k\boldsymbol{\beta}_1+l(\boldsymbol{\beta}_2-\boldsymbol{\beta}_1)+\dfrac{\boldsymbol{\alpha}_1+2\boldsymbol{\alpha}_2+3\boldsymbol{\alpha}_3}{3}$　　B. $k\boldsymbol{\beta}_1+l(\boldsymbol{\beta}_2-\boldsymbol{\beta}_1)+\dfrac{\boldsymbol{\alpha}_1+2\boldsymbol{\alpha}_2+3\boldsymbol{\alpha}_3}{6}$

C. $k\boldsymbol{\beta}_1+l(\boldsymbol{\alpha}_2-\boldsymbol{\alpha}_1)+\dfrac{\boldsymbol{\alpha}_1+2\boldsymbol{\alpha}_2+3\boldsymbol{\alpha}_3}{6}$　　D. $k\boldsymbol{\beta}_1+l(\boldsymbol{\beta}_2-\boldsymbol{\beta}_1)+\dfrac{\boldsymbol{\alpha}_1+2\boldsymbol{\alpha}_2-3\boldsymbol{\alpha}_3}{6}$

6. 设$\boldsymbol{A}$为4阶实对称矩阵，且$\boldsymbol{A}^2+\boldsymbol{A}=\boldsymbol{O}$，若$\mathrm{rank}\boldsymbol{A}=3$，则二次型$\boldsymbol{x}^{\mathrm{T}}\boldsymbol{A}\boldsymbol{x}$的正负惯性指数分别为 (　　)

A. 1，2　　B. 2，1　　C. 3，0　　D. 0，3

二、填空题(共6小题，每小题3分，共18分)

1. 设m阶方阵$\boldsymbol{A}$和n阶方阵$\boldsymbol{B}$满足$|\boldsymbol{A}|=1$，$|\boldsymbol{B}|=1$，则$\begin{vmatrix}\boldsymbol{O} & \boldsymbol{A}\\ \boldsymbol{B} & \boldsymbol{O}\end{vmatrix}=$__________.

2. 向量组$\boldsymbol{\alpha}_1=(1,2,3,4)$，$\boldsymbol{\alpha}_2=(2,3,4,5)$，$\boldsymbol{\alpha}_3=(3,4,5,6)$，$\boldsymbol{\alpha}_4=(4,5,6,7)$的秩等于__________.

3. 设$\boldsymbol{\alpha}_1$，$\boldsymbol{\alpha}_2$是向量空间$\boldsymbol{V}$的一组基，$\boldsymbol{\beta}_1=\boldsymbol{\alpha}_1+\boldsymbol{\alpha}_2$，$\boldsymbol{\beta}_2=2\boldsymbol{\alpha}_1+3\boldsymbol{\alpha}_2$，$\boldsymbol{\xi}=5\boldsymbol{\alpha}_1+7\boldsymbol{\alpha}_2$，则$\boldsymbol{\xi}$在基$\boldsymbol{\beta}_1$，$\boldsymbol{\beta}_2$下的坐标为__________.

4. 设有矩阵$\boldsymbol{A}_{m\times n}$，$\boldsymbol{B}_{n\times m}$，其中$m>n$，则$|\boldsymbol{AB}|$的值等于__________.

5. 已知0是矩阵$\begin{bmatrix}1 & 0 & 1\\ 0 & 2 & 0\\ 3 & 0 & a\end{bmatrix}$的特征值，则$a$等于__________.

6. 设$\boldsymbol{\alpha}_1=(1,2,-1,0)^{\mathrm{T}}$，$\boldsymbol{\alpha}_2=(1,1,0,2)^{\mathrm{T}}$，$\boldsymbol{\alpha}_3=(2,1,1,t)^{\mathrm{T}}$，若由$\boldsymbol{\alpha}_1$，$\boldsymbol{\alpha}_2$，$\boldsymbol{\alpha}_3$生成的向量空间的维数是2，则$t$等于__________.

三、计算与证明题(共6小题，共64分)

1. (10分)设$\boldsymbol{A}=[a_{ij}]_{n\times n}$，$\boldsymbol{B}=[a_{ij}+x]_{n\times n}$，$A_{ij}$为行列式$|\boldsymbol{A}|$中元素$a_{ij}$的代数余子式，证明

$$|\boldsymbol{B}|=\begin{vmatrix}a_{11}+x & a_{12}+x & \cdots & a_{1n}+x\\ a_{21}+x & a_{22}+x & \cdots & a_{2n}+x\\ \vdots & \vdots & & \vdots\\ a_{n1}+x & a_{n2}+x & \cdots & a_{nn}+x\end{vmatrix}=|\boldsymbol{A}|+x\sum_{j=1}^{n}\sum_{i=1}^{n}A_{ij}.$$

2. (10分)已知3阶方阵$\boldsymbol{A}$的伴随矩阵为$\boldsymbol{A}^*=\begin{bmatrix}1 & 0 & 0 & 0\\ 0 & 1 & 0 & 0\\ 0 & 0 & 1 & 0\\ 0 & 0 & 0 & 8\end{bmatrix}$，且$\boldsymbol{B}$满足$\boldsymbol{ABA}^{-1}=\boldsymbol{BA}^{-1}+3\boldsymbol{E}$，求$\boldsymbol{B}$.

3. (10分)设矩阵$\boldsymbol{A}=\begin{bmatrix}1 & 2 & 1 & 2\\ 0 & 1 & t & t\\ 1 & t & 0 & 1\end{bmatrix}$，且线性方程组$\boldsymbol{Ax}=\boldsymbol{0}$的基础解系中含有两个解向量，求$\boldsymbol{Ax}=0$的通解.

4. (10分)设$\boldsymbol{A}$为n阶实对称矩阵，且$\boldsymbol{A}^3-2\boldsymbol{A}^2+\boldsymbol{A}-2\boldsymbol{E}=\boldsymbol{O}$，证明$\boldsymbol{A}$为正定矩阵.

5. (12分)已知向量组$\boldsymbol{\alpha}_1=\begin{bmatrix}1+x\\ 1\\ 1\\ 1\end{bmatrix}$，$\boldsymbol{\alpha}_2=\begin{bmatrix}2\\ 2+x\\ 2\\ 2\end{bmatrix}$，$\boldsymbol{\alpha}_3=\begin{bmatrix}4\\ 4\\ 4+x\\ 4\end{bmatrix}$，$\boldsymbol{\alpha}_4=\begin{bmatrix}8\\ 8\\ 8\\ 8+x\end{bmatrix}$线性相

关，试求其极大线性无关组，并把其余向量表示成该极大线性无关组的线性组合.

6. (12 分)设实二次型 $f(x_1, x_2, x_3) = 2x_1x_2 + 2x_1x_3 - 2x_2x_3$，求能将该二次型化为标准形的正交变换 $\boldsymbol{x} = \boldsymbol{P}\boldsymbol{y}$，并写出标准形.

2010—2011 学年秋季学期(A)卷解析

一、单选题

1.【答】 D.

【解析】 由题意可知$\boldsymbol{B}=\boldsymbol{P}[2(2)]\boldsymbol{A}$，于是有

$$\boldsymbol{B}^{-1}=[\boldsymbol{P}(2(2))\boldsymbol{A}]^{-1}=\boldsymbol{A}^{-1}\boldsymbol{P}(2(2))^{-1}=\boldsymbol{A}^{-1}\boldsymbol{P}(2(\frac{1}{2})),$$

即$\boldsymbol{B}^{-1}$可由$\boldsymbol{A}^{-1}$的第二列乘以$\frac{1}{2}$得到.

2.【答】 B.

【解析】 (A)选项内容正确. 由$\boldsymbol{\alpha}_1,\boldsymbol{\alpha}_2,\boldsymbol{\alpha}_3$线性无关，可知$\boldsymbol{\alpha}_2,\boldsymbol{\alpha}_3$线性无关;又由$\boldsymbol{\alpha}_2,\boldsymbol{\alpha}_3,\boldsymbol{\alpha}_4$线性相关，可知$\boldsymbol{\alpha}_4$能被$\boldsymbol{\alpha}_2,\boldsymbol{\alpha}_3$线性表示. 反证法，若$\boldsymbol{\alpha}_1$能被$\boldsymbol{\alpha}_2,\boldsymbol{\alpha}_3,\boldsymbol{\alpha}_4$线性表示，则$\boldsymbol{\alpha}_1$能被$\boldsymbol{\alpha}_2,\boldsymbol{\alpha}_3$线性表示，于是$\boldsymbol{\alpha}_1,\boldsymbol{\alpha}_2,\boldsymbol{\alpha}_3$线性相关，矛盾.

(B)选项不一定正确. 现举例说明. 例如，当$\boldsymbol{\alpha}_1=\begin{bmatrix}1\\0\\0\\0\end{bmatrix}$，$\boldsymbol{\alpha}_2=\begin{bmatrix}0\\1\\0\\0\end{bmatrix}$，$\boldsymbol{\alpha}_3=\begin{bmatrix}0\\0\\1\\0\end{bmatrix}$，$\boldsymbol{\alpha}_4=\begin{bmatrix}0\\1\\1\\0\end{bmatrix}$时，$\boldsymbol{\alpha}_2$能被$\boldsymbol{\alpha}_1,\boldsymbol{\alpha}_3,\boldsymbol{\alpha}_4$线性表示为$\boldsymbol{\alpha}_2=0\boldsymbol{\alpha}_1-\boldsymbol{\alpha}_3+\boldsymbol{\alpha}_4$. 又如，当$\boldsymbol{\alpha}_1=\begin{bmatrix}1\\0\\0\\0\end{bmatrix}$，$\boldsymbol{\alpha}_2=\begin{bmatrix}0\\1\\0\\0\end{bmatrix}$，$\boldsymbol{\alpha}_3=\begin{bmatrix}0\\0\\1\\0\end{bmatrix}$，$\boldsymbol{\alpha}_4=\begin{bmatrix}0\\0\\1\\0\end{bmatrix}$时，则$\boldsymbol{\alpha}_2$不能被$\boldsymbol{\alpha}_1,\boldsymbol{\alpha}_3,\boldsymbol{\alpha}_4$线性表示.

(C)选项内容正确. 由$\boldsymbol{\alpha}_1,\boldsymbol{\alpha}_2,\boldsymbol{\alpha}_3$线性无关，可知$\boldsymbol{\alpha}_2,\boldsymbol{\alpha}_3$线性无关;又由$\boldsymbol{\alpha}_2,\boldsymbol{\alpha}_3,\boldsymbol{\alpha}_4$线性相关，可知$\boldsymbol{\alpha}_4$能被$\boldsymbol{\alpha}_2,\boldsymbol{\alpha}_3$线性表示，从而$\boldsymbol{\alpha}_4$能被$\boldsymbol{\alpha}_1,\boldsymbol{\alpha}_2,\boldsymbol{\alpha}_3$线性表示.

(D)选项内容正确. 由$\boldsymbol{\alpha}_2,\boldsymbol{\alpha}_3,\boldsymbol{\alpha}_4$线性相关，可知$\boldsymbol{\alpha}_1,\boldsymbol{\alpha}_2,\boldsymbol{\alpha}_3,\boldsymbol{\alpha}_4$线性相关.

3.【答】 C.

【解析】 对二次型进行变形

$$\sum_{i=1}^{n}(a_{i1}x_1+a_{i2}x_2+\cdots+a_{in}x_n)^2$$

$$=(a_{11}x_1+a_{12}x_2+\cdots+a_{1n}x_n,\ \cdots,\ a_{n1}x_1+a_{n2}x_2+\cdots+a_{nn}x_n)\begin{bmatrix}a_{11}x_1+a_{12}x_2+\cdots+a_{1n}x_n\\ \vdots\\ a_{n1}x_1+a_{n2}x_2+\cdots+a_{nn}x_n\end{bmatrix}$$

$$=\left(\begin{bmatrix}a_{11}&a_{12}&\cdots&a_{1n}\\a_{21}&a_{22}&\cdots&a_{2n}\\ \vdots&\vdots&&\vdots\\a_{n1}&a_{n2}&\cdots&a_{nn}\end{bmatrix}\begin{bmatrix}x_1\\x_2\\ \vdots\\x_n\end{bmatrix}\right)^{\mathrm{T}}\begin{bmatrix}a_{11}&a_{12}&\cdots&a_{1n}\\a_{21}&a_{22}&\cdots&a_{2n}\\ \vdots&\vdots&&\vdots\\a_{n1}&a_{n2}&\cdots&a_{nn}\end{bmatrix}\begin{bmatrix}x_1\\x_2\\ \vdots\\x_n\end{bmatrix}$$

$$=\boldsymbol{x}\boldsymbol{A}^{\mathrm{T}}\boldsymbol{A}\boldsymbol{x}.$$

4.【答】 A.

【解析】 由于4阶方阵$\boldsymbol{A}$，$\boldsymbol{B}$的秩分别为4，3，从而其伴随矩阵$\boldsymbol{A}^*$，$\boldsymbol{B}^*$的秩分别为4，1，且$\boldsymbol{A}^*$为可逆矩阵，从而$\mathrm{rank}(\boldsymbol{A}^*\boldsymbol{B}^*)=\mathrm{rank}(\boldsymbol{B}^*)=1$.

5.【答】 C.

【解析】 由$\boldsymbol{\alpha}_1$，$\boldsymbol{\alpha}_2$，$\boldsymbol{\alpha}_3$，$\boldsymbol{\alpha}_4$是向量空间$\boldsymbol{V}$的一个基可知，向量空间$\boldsymbol{V}$中一组向量$\boldsymbol{\beta}_1$，$\boldsymbol{\beta}_2$，$\boldsymbol{\beta}_3$，$\boldsymbol{\beta}_4$的线性相关性的讨论等价于这些向量在上述基下的坐标向量$\boldsymbol{X}_1$，$\boldsymbol{X}_2$，$\boldsymbol{X}_3$，$\boldsymbol{X}_4$的线性相关性的讨论.

在(A)选项中，向量$\boldsymbol{\alpha}_1+\boldsymbol{\alpha}_2$，$\boldsymbol{\alpha}_2+\boldsymbol{\alpha}_3$，$\boldsymbol{\alpha}_3+\boldsymbol{\alpha}_4$，$\boldsymbol{\alpha}_4+\boldsymbol{\alpha}_1$在$\boldsymbol{\alpha}_1$，$\boldsymbol{\alpha}_2$，$\boldsymbol{\alpha}_3$，$\boldsymbol{\alpha}_4$下的坐标向量分别为$\begin{bmatrix}1\\1\\0\\0\end{bmatrix}$，$\begin{bmatrix}0\\1\\1\\0\end{bmatrix}$，$\begin{bmatrix}0\\0\\1\\1\end{bmatrix}$，$\begin{bmatrix}1\\0\\0\\1\end{bmatrix}$，由于$\begin{bmatrix}1&0&0&1\\1&1&0&0\\0&1&1&0\\0&0&1&1\end{bmatrix}$可经初等行变换化简为$\begin{bmatrix}1&0&0&1\\0&1&0&-1\\0&0&1&1\\0&0&0&0\end{bmatrix}$，故$\begin{bmatrix}1\\1\\0\\0\end{bmatrix}$，$\begin{bmatrix}0\\1\\1\\0\end{bmatrix}$，$\begin{bmatrix}0\\0\\1\\1\end{bmatrix}$，$\begin{bmatrix}1\\0\\0\\1\end{bmatrix}$线性相关，$\boldsymbol{\alpha}_1+\boldsymbol{\alpha}_2$，$\boldsymbol{\alpha}_2+\boldsymbol{\alpha}_3$，$\boldsymbol{\alpha}_3+\boldsymbol{\alpha}_4$，$\boldsymbol{\alpha}_4+\boldsymbol{\alpha}_1$线性相关，$\boldsymbol{\alpha}_1+\boldsymbol{\alpha}_2$，$\boldsymbol{\alpha}_2+\boldsymbol{\alpha}_3$，$\boldsymbol{\alpha}_3+\boldsymbol{\alpha}_4$，$\boldsymbol{\alpha}_4+\boldsymbol{\alpha}_1$不是$\boldsymbol{V}$的基.

同理可证：(B)选项中的$\boldsymbol{\alpha}_1-\boldsymbol{\alpha}_2$，$\boldsymbol{\alpha}_2-\boldsymbol{\alpha}_3$，$\boldsymbol{\alpha}_3-\boldsymbol{\alpha}_4$，$\boldsymbol{\alpha}_4-\boldsymbol{\alpha}_1$不是$\boldsymbol{V}$的基；(D)选项中的$\boldsymbol{\alpha}_1+\boldsymbol{\alpha}_2$，$\boldsymbol{\alpha}_2+\boldsymbol{\alpha}_3$，$\boldsymbol{\alpha}_3-\boldsymbol{\alpha}_4$，$\boldsymbol{\alpha}_4-\boldsymbol{\alpha}_1$不是$\boldsymbol{V}$的基.

在(C)选项中，向量$\boldsymbol{\alpha}_1+\boldsymbol{\alpha}_2$，$\boldsymbol{\alpha}_2+\boldsymbol{\alpha}_3$，$\boldsymbol{\alpha}_3+\boldsymbol{\alpha}_4$，$\boldsymbol{\alpha}_4-\boldsymbol{\alpha}_1$在$\boldsymbol{\alpha}_1$，$\boldsymbol{\alpha}_2$，$\boldsymbol{\alpha}_3$，$\boldsymbol{\alpha}_4$下的坐标向量分别为$\begin{bmatrix}1\\1\\0\\0\end{bmatrix}$，$\begin{bmatrix}0\\1\\1\\0\end{bmatrix}$，$\begin{bmatrix}0\\0\\1\\1\end{bmatrix}$，$\begin{bmatrix}-1\\0\\0\\1\end{bmatrix}$，由于$\begin{vmatrix}1&0&0&-1\\1&1&0&0\\0&1&1&0\\0&0&1&1\end{vmatrix}=\begin{vmatrix}1&0&0&0\\1&1&0&1\\0&1&1&0\\0&0&1&1\end{vmatrix}=\begin{vmatrix}1&0&1\\1&1&0\\0&1&1\end{vmatrix}=2$，故$\begin{bmatrix}1\\1\\0\\0\end{bmatrix}$，$\begin{bmatrix}0\\1\\1\\0\end{bmatrix}$，$\begin{bmatrix}0\\0\\1\\1\end{bmatrix}$，$\begin{bmatrix}-1\\0\\0\\1\end{bmatrix}$线性无关，$\boldsymbol{\alpha}_1+\boldsymbol{\alpha}_2$，$\boldsymbol{\alpha}_2+\boldsymbol{\alpha}_3$，$\boldsymbol{\alpha}_3+\boldsymbol{\alpha}_4$，$\boldsymbol{\alpha}_4-\boldsymbol{\alpha}_1$线性无关，$\boldsymbol{\alpha}_1+\boldsymbol{\alpha}_2$，$\boldsymbol{\alpha}_2+\boldsymbol{\alpha}_3$，$\boldsymbol{\alpha}_3+\boldsymbol{\alpha}_4$，$\boldsymbol{\alpha}_4-\boldsymbol{\alpha}_1$是$\boldsymbol{V}$的基.

6.【答】 D.

【解析】 由题意，可知 $\boldsymbol{A}\boldsymbol{x}_3=\boldsymbol{A}\boldsymbol{x}_1+\boldsymbol{A}\boldsymbol{x}_2=3\boldsymbol{x}_2$，若 $\boldsymbol{x}_3$ 是 $\boldsymbol{A}$ 对应于某个特征值 k 的特征向量，则有 $\boldsymbol{A}\boldsymbol{x}_3=k\boldsymbol{x}_3=k\boldsymbol{x}_1+k\boldsymbol{x}_2$，即 $3\boldsymbol{x}_2=k\boldsymbol{x}_1+k\boldsymbol{x}_2$，$k\boldsymbol{x}_1+(k-3)\boldsymbol{x}_2=\boldsymbol{0}$，而 $\boldsymbol{x}_1$，$\boldsymbol{x}_2$ 作为 $\boldsymbol{A}$ 对应于不同特征值的特征向量是线性无关的，故 k 需要满足 $k=0$ 且 $k-3=0$，但这样的 k 是不存在的. 因此 $\boldsymbol{x}_3$ 不是 $\boldsymbol{A}$ 的特征向量.

二、填空题

1.【答】 $\sqrt{14}$.

【解析】 由于 $<\boldsymbol{\alpha}_i,\boldsymbol{\alpha}_j>=\begin{cases}1, & i=j,\\ 0, & i\neq j,\end{cases}$ 故

$<2\boldsymbol{\alpha}_1-\boldsymbol{\alpha}_2+3\boldsymbol{\alpha}_3,2\boldsymbol{\alpha}_1-\boldsymbol{\alpha}_2+3\boldsymbol{\alpha}_3>=<2\boldsymbol{\alpha}_1,2\boldsymbol{\alpha}_1>+<-\boldsymbol{\alpha}_2,-\boldsymbol{\alpha}_2>+<3\boldsymbol{\alpha}_3,3\boldsymbol{\alpha}_3>=4<\boldsymbol{\alpha}_1,\boldsymbol{\alpha}_1>+<\boldsymbol{\alpha}_2,\boldsymbol{\alpha}_2>+9<\boldsymbol{\alpha}_3,\boldsymbol{\alpha}_3>=14.$

从而 $\|2\boldsymbol{\alpha}_1-\boldsymbol{\alpha}_2+3\boldsymbol{\alpha}_3\|=\sqrt{<2\boldsymbol{\alpha}_1-\boldsymbol{\alpha}_2+3\boldsymbol{\alpha}_3,2\boldsymbol{\alpha}_1-\boldsymbol{\alpha}_2+3\boldsymbol{\alpha}_3>}=\sqrt{14}.$

2.【答】 0.

【解析】 对 $\boldsymbol{A}$ 进行列分块 $\boldsymbol{A}=[\boldsymbol{\beta}_1\ \ \boldsymbol{\beta}_2\ \ \boldsymbol{\beta}_3]$，其中 $\boldsymbol{\beta}_1=\begin{bmatrix}\frac{2}{3}\\ a\\ \frac{2}{3}\end{bmatrix}$，$\boldsymbol{\beta}_2=\begin{bmatrix}\frac{1}{\sqrt{2}}\\ b\\ \frac{-1}{\sqrt{2}}\end{bmatrix}$，则有 $<\boldsymbol{\beta}_1,\boldsymbol{\beta}_2>=0$，从而得出 $ab=0$.

3.【答】 $-2<\lambda<1$.

【解析】 二次型的对称矩阵为 $\boldsymbol{A}=\begin{bmatrix}1 & \lambda & -1\\ \lambda & 4 & 2\\ -1 & 2 & 4\end{bmatrix}$，由二次型为正定，可知 $\boldsymbol{A}$ 的顺序主子式全大于零，即

$$|1|=1>0,\ \begin{vmatrix}1 & \lambda\\ \lambda & 4\end{vmatrix}=4-\lambda^2>0,\ |\boldsymbol{A}|=\begin{vmatrix}1 & \lambda & -1\\ \lambda & 4 & 2\\ -1 & 2 & 4\end{vmatrix}=-4\lambda^2-4\lambda+8>0,$$ 得

$-2<\lambda<2$，$-2<\lambda<1$，从而 λ 的取值范围为 $-2<\lambda<1$.

4.【答】 $k+l=1$.

【解析】 由条件 $\mathrm{rank}\boldsymbol{A}=2$ 可知齐次线性方程组 $\boldsymbol{Ax}=\boldsymbol{0}$ 的解空间的维数等于 1. 又由于 $\boldsymbol{\alpha}_1$，$\boldsymbol{\alpha}_2$ 是非齐次线性方程组 $\boldsymbol{Ax}=\boldsymbol{b}$ 的两个线性无关的解，从而 $\boldsymbol{\alpha}_1-\boldsymbol{\alpha}_2$ 能成为 $\boldsymbol{Ax}=\boldsymbol{0}$ 的一个基础解系，从而 $\boldsymbol{Ax}=\boldsymbol{b}$ 的通解可写成 $\boldsymbol{\alpha}_1+r(\boldsymbol{\alpha}_1-\boldsymbol{\alpha}_2)=(r+1)\boldsymbol{\alpha}_1-r\boldsymbol{\alpha}_2$. 若 $\boldsymbol{\alpha}=k\boldsymbol{\alpha}_1+l\boldsymbol{\alpha}_2$ 是方程组 $\boldsymbol{Ax}=\boldsymbol{b}$ 的通解，则只需要 $k=r+1$，$l=-r$ 即可，消去 r，得 $k+l=1$.

5.【答】 $(-1)^{n-1}3$.

【解析】 由 $\boldsymbol{A}^2+2\boldsymbol{A}-3\boldsymbol{E}=\boldsymbol{0}$，可知 $\boldsymbol{A}$ 的特征值 λ 一定满足关系式 $\lambda^2+2\lambda-3=0$，即 $\lambda=-3$ 或 1. 又因 $\lambda=1$ 是 $\boldsymbol{A}$ 的一重特征值，从而 -3 是 $\boldsymbol{A}$ 的 $n-1$ 重特征值. 从而矩阵 $\boldsymbol{A}+2\boldsymbol{E}$ 的特征值为 $\lambda_1=\lambda_2=\cdots=\lambda_{n-1}=-1$，$\lambda_n=3$，于是 $|\boldsymbol{A}+2\boldsymbol{E}|=\lambda_1\lambda_2\cdots\lambda_n=(-1)^{n-1}3$.

提示:本题中“$\boldsymbol{A}$ 为实对称矩阵”的条件中,“实对称”三字可去掉,结论不受影响.

6.【答】 $\frac{1}{a}$.

【解析】 由题意“每一行元素之和都等于常数 $a\neq0$”,可知 $\boldsymbol{A}\begin{bmatrix}1\\\vdots\\1\end{bmatrix}=\begin{bmatrix}a\\\vdots\\a\end{bmatrix}=a\begin{bmatrix}1\\\vdots\\1\end{bmatrix}$,

$\begin{bmatrix}1\\\vdots\\1\end{bmatrix}=a\boldsymbol{A}^{-1}\begin{bmatrix}1\\\vdots\\1\end{bmatrix}$, $\boldsymbol{A}^{-1}\begin{bmatrix}1\\\vdots\\1\end{bmatrix}=\frac{1}{a}\begin{bmatrix}1\\\vdots\\1\end{bmatrix}=\begin{bmatrix}\frac{1}{a}\\\vdots\\\frac{1}{a}\end{bmatrix}$,从而 $\boldsymbol{A}$ 的逆矩阵的每一行元素之和为$\frac{1}{a}$.

三、计算与证明题

1.【解】 利用计算行列式的升阶法,可得

$$D=\begin{vmatrix}1&0&0&0&0&0\\1&1&2&\cdots&n-1&n+x_n\\1&1&2&\cdots&(n-1)+x_{n-1}&n\\\vdots&\vdots&\vdots&&\vdots&\vdots\\1&1&2+x_2&\cdots&n-1&n\\1&1+x_1&2&\cdots&n-1&n\end{vmatrix}$$

$$=\begin{vmatrix}1&-1&-2&\cdots&-(n-1)&-n\\1&0&0&\cdots&0&x_n\\1&0&0&\cdots&x_{n-1}&0\\\vdots&\vdots&\vdots&&\vdots&\vdots\\1&0&x_2&\cdots&0&0\\1&x_1&0&\cdots&0&0\end{vmatrix}$$

$$=\begin{vmatrix}1+\sum\limits_{i=1}^{n}\frac{i}{x_i}&-1&-2&\cdots&-(n-1)&-n\\0&0&0&\cdots&0&x_n\\0&0&0&\cdots&x_{n-1}&0\\\vdots&\vdots&\vdots&&\vdots&\vdots\\0&0&x_2&\cdots&0&0\\0&x_1&0&\cdots&0&0\end{vmatrix},$$

再将行列式按照第一列降阶,得到

$$D=(1+\sum_{i=1}^{n}\frac{i}{x_i})\begin{vmatrix}0&0&\cdots&0&x_n\\0&0&\cdots&x_{n-1}&0\\\vdots&\vdots&&\vdots&\vdots\\0&x_2&\cdots&0&0\\x_1&0&\cdots&0&0\end{vmatrix}=(-1)^{\frac{n(n-1)}{2}}(1+\sum_{i=1}^{n}\frac{i}{x_i})\prod_{i=1}^{n}x_i.$$

2.【解】 先对给定关系式 $\boldsymbol{A}^2\boldsymbol{B}-\boldsymbol{A}-\boldsymbol{B}=\boldsymbol{E}$ 进行变形可得$(\boldsymbol{A}^2-\boldsymbol{E})\boldsymbol{B}=\boldsymbol{A}+\boldsymbol{E}$. 由 $\boldsymbol{A}=\begin{bmatrix}1&0&1\\0&2&0\\-2&0&1\end{bmatrix}$, 可知 $\boldsymbol{A}-\boldsymbol{E}$, $\boldsymbol{A}+\boldsymbol{E}$ 均为可逆矩阵, 从而 $\boldsymbol{A}^2-\boldsymbol{E}$ 可逆.

于是

$$\boldsymbol{B}=(\boldsymbol{A}^2-\boldsymbol{E})^{-1}(\boldsymbol{A}+\boldsymbol{E})=(\boldsymbol{A}-\boldsymbol{E})^{-1}=\begin{bmatrix}0&0&1\\0&1&0\\-2&0&0\end{bmatrix}^{-1}=\begin{bmatrix}0&0&-1/2\\0&1&0\\1&0&0\end{bmatrix}.$$

3.【解】 令 $\boldsymbol{A}=[\boldsymbol{\alpha}_1\ \ \boldsymbol{\alpha}_2\ \ \boldsymbol{\alpha}_3\ \ \boldsymbol{\alpha}_4\ \ \boldsymbol{\alpha}_5]$, 对其进行初等行变换

$$[\boldsymbol{\alpha}_1\ \ \boldsymbol{\alpha}_2\ \ \boldsymbol{\alpha}_3\ \ \boldsymbol{\alpha}_4\ \ \boldsymbol{\alpha}_5]=\begin{bmatrix}1&1&1&4&-3\\1&-1&3&-2&-1\\2&1&3&5&-5\\3&1&5&7&-8\end{bmatrix}\to\begin{bmatrix}1&0&2&0&-1\\0&1&-1&0&2\\0&0&0&1&-1\\0&0&0&0&0\end{bmatrix}=\boldsymbol{B},$$

可知 $\boldsymbol{B}$ 的秩为 3, $\boldsymbol{\alpha}_1$, $\boldsymbol{\alpha}_2$, $\boldsymbol{\alpha}_3$, $\boldsymbol{\alpha}_4$, $\boldsymbol{\alpha}_5$ 的秩为 3, $\boldsymbol{\alpha}_1$, $\boldsymbol{\alpha}_2$, $\boldsymbol{\alpha}_3$, $\boldsymbol{\alpha}_4$, $\boldsymbol{\alpha}_5$ 线性相关, 且 $\boldsymbol{\alpha}_1$, $\boldsymbol{\alpha}_2$, $\boldsymbol{\alpha}_4$ 为其一个极大线性无关组, $\boldsymbol{\alpha}_3=2\boldsymbol{\alpha}_1-\boldsymbol{\alpha}_2$, $\boldsymbol{\alpha}_5=-\boldsymbol{\alpha}_1+2\boldsymbol{\alpha}_2-\boldsymbol{\alpha}_4$.

4.【解】 对增广矩阵进行初等行变换

$$[\boldsymbol{A}\ \ \boldsymbol{b}]=\begin{bmatrix}1&-3&-1&0\\1&-4&a&b\\2&-1&3&5\end{bmatrix}\to\begin{bmatrix}1&-3&-1&0\\0&1&1&1\\0&0&a+2&b+1\end{bmatrix}.$$

当 $a\neq-2$ 时, 方程组有唯一解.

当 $a=-2$, $b\neq-1$ 时, 方程组无解.

当 $a=-2$, $b=-1$ 时, $\mathrm{rank}\boldsymbol{A}=\mathrm{rank}[\boldsymbol{A}\ \ \boldsymbol{b}]=2<3$, 方程组有无穷多组解, 其通解为 $\boldsymbol{x}=(3,1,0)^{\mathrm{T}}+k(-2,-1,1)^{\mathrm{T}}$, k 为任意常数.

5.【解】 二次型 $f(x_1,x_2,x_3)$ 的矩阵 $\boldsymbol{A}=\begin{bmatrix}0&1&1\\1&0&1\\1&1&0\end{bmatrix}$, 其特征值为 $\lambda_1=\lambda_2=-1$, $\lambda_3=2$. $\boldsymbol{A}$ 对应于特征值 $\lambda_1=\lambda_2=-1$, $\lambda_3=2$ 的线性无关的特征向量分别为

$$\boldsymbol{\alpha}_1=\begin{bmatrix}-1\\1\\0\end{bmatrix},\ \boldsymbol{\alpha}_2=\begin{bmatrix}-1\\0\\1\end{bmatrix},\ \boldsymbol{\alpha}_3=\begin{bmatrix}1\\1\\1\end{bmatrix}.$$

对上述特征向量进行标准正交化得

$$\boldsymbol{\eta}_1=\frac{1}{\sqrt{2}}\begin{bmatrix}-1\\1\\0\end{bmatrix},\ \boldsymbol{\eta}_2=\frac{1}{\sqrt{6}}\begin{bmatrix}-1\\-1\\2\end{bmatrix},\ \boldsymbol{\eta}_3=\frac{1}{\sqrt{3}}\begin{bmatrix}1\\1\\1\end{bmatrix}.$$

令 $\boldsymbol{Q}=[\boldsymbol{\eta}_1\ \boldsymbol{\eta}_2\ \boldsymbol{\eta}_3]$，于是正交变换 $\boldsymbol{x}=\boldsymbol{Q}\boldsymbol{y}$，即 $\begin{cases} x_1=-\dfrac{1}{\sqrt{2}}y_1-\dfrac{1}{\sqrt{6}}y_2+\dfrac{1}{\sqrt{3}}y_3, \\ x_2=\dfrac{1}{\sqrt{2}}y_1-\dfrac{1}{\sqrt{6}}y_2+\dfrac{1}{\sqrt{3}}y_3, \\ x_3=\dfrac{2}{\sqrt{6}}y_2+\dfrac{1}{\sqrt{3}}y_3 \end{cases}$ 能化二次型 $f(x_1,x_2,x_3)$ 为标准形 $-y_1^2-y_2^2+2y_3^2$.

6.【证】（1）若 $\boldsymbol{A\alpha}=\boldsymbol{0}$，则 $\boldsymbol{A}^{\mathrm{T}}\boldsymbol{A\alpha}=\boldsymbol{A}^{\mathrm{T}}\boldsymbol{0}=\boldsymbol{0}$.

当 $\boldsymbol{A}^{\mathrm{T}}\boldsymbol{A\alpha}=\boldsymbol{0}$时，由

$$\|\boldsymbol{A\alpha}\|^2=(\boldsymbol{A\alpha})^{\mathrm{T}}\boldsymbol{A\alpha}=\boldsymbol{\alpha}^{\mathrm{T}}\boldsymbol{A}^{\mathrm{T}}\boldsymbol{A\alpha}=\boldsymbol{\alpha}^{\mathrm{T}}\boldsymbol{0}=0,$$

得 $\boldsymbol{A}\alpha=\boldsymbol{0}$.

因此齐次线性方程组 $\boldsymbol{Ax}=\boldsymbol{0}$ 与$\boldsymbol{A}^{\mathrm{T}}\boldsymbol{Ax}=\boldsymbol{0}$同解，故 $\mathrm{rank}\boldsymbol{A}=\mathrm{rank}(\boldsymbol{A}^{\mathrm{T}}\boldsymbol{A})$.

（2）因为 $\mathrm{rank}(\boldsymbol{A}^{\mathrm{T}}\boldsymbol{A})\leqslant\mathrm{rank}(\boldsymbol{A}^{\mathrm{T}}\boldsymbol{A}\quad\boldsymbol{A}^{\mathrm{T}}\boldsymbol{\beta})=\mathrm{rank}[\boldsymbol{A}^{\mathrm{T}}(\boldsymbol{A}\quad\boldsymbol{\beta})]\leqslant\mathrm{rank}(\boldsymbol{A}^{\mathrm{T}})=\mathrm{rank}(\boldsymbol{A})=\mathrm{rank}(\boldsymbol{A}^{\mathrm{T}}\boldsymbol{A})$，因此 $\mathrm{rank}(\boldsymbol{A}^{\mathrm{T}}\boldsymbol{A}\quad\boldsymbol{A}^{\mathrm{T}}\boldsymbol{\beta})=\mathrm{rank}(\boldsymbol{A}^{\mathrm{T}}\boldsymbol{A})$，故线性方程组 $\boldsymbol{A}^{\mathrm{T}}\boldsymbol{Ax}=\boldsymbol{A}^{\mathrm{T}}\boldsymbol{\beta}$ 有解.

2010—2011 学年秋季学期(B)卷解析

一、单选题

1.【答】 C.

【解析】 由齐次线性方程组仅有零解，可知其系数矩阵 $\boldsymbol{A}=\begin{bmatrix}k & 1 & 1\\1 & k & -1\\2 & -1 & 1\end{bmatrix}$的秩等于3，故$|\boldsymbol{A}|\neq 0$. 又由$|\boldsymbol{A}|=\begin{vmatrix}k & 1 & 1\\1 & k & -1\\2 & -1 & 1\end{vmatrix}=k^2-3k-4$，可知$k\neq 4$且$k\neq -1$.

2.【答】 D.

【解析】 (A)选项，不是充分条件. 例如，$\boldsymbol{\alpha}_1=\begin{bmatrix}1\\0\\0\end{bmatrix}$，$\boldsymbol{\alpha}_2=\begin{bmatrix}0\\1\\0\end{bmatrix}$，$\boldsymbol{\alpha}_3=\begin{bmatrix}1\\1\\0\end{bmatrix}$都不是零向量，但是它们线性相关.

(B)选项，不是充分条件. 例如，$\boldsymbol{\alpha}_1=\begin{bmatrix}1\\0\\0\end{bmatrix}$，$\boldsymbol{\alpha}_2=\begin{bmatrix}0\\1\\0\end{bmatrix}$，$\boldsymbol{\alpha}_3=\begin{bmatrix}1\\1\\0\end{bmatrix}$中任意两个向量的分量不成比例，但是它们线性相关.

(C)选项，不是充分条件. 例如，$\boldsymbol{\alpha}_1=\begin{bmatrix}1\\0\\0\end{bmatrix}$，$\boldsymbol{\alpha}_2=\begin{bmatrix}0\\1\\0\end{bmatrix}$，$\boldsymbol{\alpha}_3=\begin{bmatrix}0\\0\\0\end{bmatrix}$中$\boldsymbol{\alpha}_1$不可由其余向量线性表示，但是它们线性相关.

(D)选项，是充分必要条件. 教材上学习了定理“向量组$\boldsymbol{\alpha}_1$，$\boldsymbol{\alpha}_2$，…，$\boldsymbol{\alpha}_s$($s\geqslant 2$)线性相关的充分必要条件是至少存在一个向量可由其余的向量线性表示”，该结论的逆否命题可表述为“向量组$\boldsymbol{\alpha}_1$，$\boldsymbol{\alpha}_2$，…，$\boldsymbol{\alpha}_s$($s\geqslant 2$)线性无关的充分必要条件是每个向量都不能由其余的向量线性表示”、“向量组$\boldsymbol{\alpha}_1$，$\boldsymbol{\alpha}_2$，…，$\boldsymbol{\alpha}_s$($s\geqslant 2$)线性无关的充分必要条件是不存在某个向量可由其余的向量线性表示”.

3.【答】 D.

【解析】 (A)选项，由$(\boldsymbol{A}+\boldsymbol{B})^2=\boldsymbol{A}^2+\boldsymbol{AB}+\boldsymbol{BA}+\boldsymbol{B}^2$，可知当$\boldsymbol{AB}\neq\boldsymbol{BA}$时，命题不成立.

(B)选项，$(\boldsymbol{AB})^{\mathrm{T}}=\boldsymbol{B}^{\mathrm{T}}\boldsymbol{A}^{\mathrm{T}}$.

(C)选项，若$\boldsymbol{AB}=\mathbf{0}$，则不一定有$\boldsymbol{A}=\mathbf{0}$或$\boldsymbol{B}=\mathbf{0}$. 例如，$\boldsymbol{A}=\begin{bmatrix}1&-1\\1&-1\end{bmatrix}$，$\boldsymbol{B}=\begin{bmatrix}1&1\\1&1\end{bmatrix}$.

(D)选项，由$|\boldsymbol{A}+\boldsymbol{AB}|=|\boldsymbol{A}(\boldsymbol{E}+\boldsymbol{B})|=|\boldsymbol{A}||\boldsymbol{E}+\boldsymbol{B}|$及$|\boldsymbol{A}+\boldsymbol{AB}|=0$，可知$|\boldsymbol{A}|=0$或$|\boldsymbol{E}+\boldsymbol{B}|=0$.

4.【答】 C.

【解析】 由$\boldsymbol{A}^2+\boldsymbol{A}-5\boldsymbol{E}=\mathbf{0}$，可得

$(\boldsymbol{A}-\boldsymbol{E})(\boldsymbol{A}+2\boldsymbol{E})-3\boldsymbol{E}=\mathbf{0}$，$(\boldsymbol{A}-\boldsymbol{E})(\boldsymbol{A}+2\boldsymbol{E})=3\boldsymbol{E}$，$\frac{1}{3}(\boldsymbol{A}-\boldsymbol{E})(\boldsymbol{A}+2\boldsymbol{E})=\boldsymbol{E}$，

从而$(\boldsymbol{A}+2\boldsymbol{E})^{-1}=\frac{1}{3}(\boldsymbol{A}-\boldsymbol{E})$.

5.【答】 B.

【解析】 (A)选项，当$m<n$时，方程组$\boldsymbol{Ax}=\boldsymbol{b}$可能无解，也可能有无穷多解. 例如非齐次方程组$\begin{cases}x_1+x_2+x_3=1,\\x_1+x_2+x_3=2\end{cases}$无解，$\begin{cases}x_1+x_2-x_3=1,\\x_1+x_2+x_3=2\end{cases}$有无穷多解.

(B)选项，若$\boldsymbol{A}$有n阶子式不为零，则齐次线性方程组$\boldsymbol{Ax}=\mathbf{0}$的系数矩阵$\boldsymbol{A}$的秩等于$n$，从而$\boldsymbol{Ax}=\mathbf{0}$仅有零解.

(C)选项，若$\boldsymbol{A}$有n阶子式不为零，则方程组$\boldsymbol{Ax}=\boldsymbol{b}$的系数矩阵$\boldsymbol{A}$的秩等于$n$且$m\geqslant n$. 当$m=n$时，增广矩阵$\widetilde{\boldsymbol{A}}=[\boldsymbol{A}\quad\boldsymbol{b}]$为$n\times(n+1)$矩阵，其秩也必等于$n$，方程组$\boldsymbol{Ax}=\boldsymbol{b}$有唯一解. 但是当$m>n$时，增广矩阵$\widetilde{\boldsymbol{A}}=[\boldsymbol{A}\quad\boldsymbol{b}]$的秩有可能等于$n$，也有可能等于$n+1$，从而方程组$\boldsymbol{Ax}=\boldsymbol{b}$可能无解，也可能有唯一解. 例如$\begin{cases}x_1+x_2=1,\\x_1-x_2=2,\\x_1-x_2=3\end{cases}$无解.

(D)选项，当$m<n$时，则$\boldsymbol{Ax}=\mathbf{0}$有非零解，且基础解系含有$n-\mathrm{rank}\boldsymbol{A}$个线性无关解向量，但是$\mathrm{rank}\boldsymbol{A}$不一定等于$m$.

6.【答】 A.

【解析】 由于矩阵$\boldsymbol{A}$，$\boldsymbol{B}$有相同的特征值，且各有n个线性无关的特征向量，所以$\boldsymbol{A}$，$\boldsymbol{B}$都能相似对角化，且可以相似于同一个对角矩阵，从而$\boldsymbol{A}$与$\boldsymbol{B}$相似，即存在可逆矩阵$\boldsymbol{P}$，使得$\boldsymbol{P}^{-1}\boldsymbol{AP}=\boldsymbol{B}$. 另外，$\boldsymbol{A}$与$\boldsymbol{B}$不一定相等，$\boldsymbol{A}-\boldsymbol{B}$的行列式不一定等于零. 例如，$\boldsymbol{A}=\begin{bmatrix}1&0\\0&2\end{bmatrix}$与$\boldsymbol{B}=\begin{bmatrix}2&0\\0&1\end{bmatrix}$是相似的，但是$|\boldsymbol{A}-\boldsymbol{B}|\neq0$.

二、填空题

1.【答】 $2m$.

【解析】 由$\boldsymbol{AB}=\boldsymbol{E}$，可知$\mathrm{rank}\boldsymbol{AB}=\mathrm{rank}\boldsymbol{E}=m$，又由于$\mathrm{rank}\boldsymbol{A}\leqslant\min\{m,n\}$，$\mathrm{rank}\boldsymbol{B}\leqslant\min\{m,n\}$，$\mathrm{rank}\boldsymbol{AB}\leqslant\min\{\mathrm{rank}\boldsymbol{A},\mathrm{rank}\boldsymbol{B}\}$，因此$\mathrm{rank}\boldsymbol{A}=m$，$\mathrm{rank}\boldsymbol{B}=m$.

2.【答】 $(1,2,3,4)^{\mathrm{T}}+k(1,0,-1,-2)^{\mathrm{T}}$，$k\in\mathbf{R}$.

【解析】 由$\mathrm{rank}\boldsymbol{A}=3$，可知齐次线性方程组$\boldsymbol{Ax}=\mathbf{0}$的解空间的维数等于1. 又由于$\boldsymbol{\eta}_1$，$\boldsymbol{\eta}_2$，$\boldsymbol{\eta}_3$是非齐次线性方程组$\boldsymbol{Ax}=\boldsymbol{b}$的三个解，因此$2\boldsymbol{\eta}_1$，$\boldsymbol{\eta}_2+\boldsymbol{\eta}_3$都是$\boldsymbol{Ax}=2\boldsymbol{b}$的解

向量，从而 $2\boldsymbol{\eta}_1-(\boldsymbol{\eta}_2+\boldsymbol{\eta}_3)=\begin{bmatrix}-2\\0\\2\\4\end{bmatrix}$能成为 $\boldsymbol{Ax}=\boldsymbol{0}$ 的一个基础解系. 于是 $\boldsymbol{Ax}=\boldsymbol{b}$ 的通解可写成$(1,2,3,4)^{\mathrm{T}}+k(1,0,-1,-2)^{\mathrm{T}}$，$k\in\mathbf{R}$.

3.【答】 0.

【解析】 由 $\boldsymbol{A}$ 有一个特征值2，可知 $2\boldsymbol{E}-\boldsymbol{A}$ 有一个特征值0，而 $2\boldsymbol{E}-\boldsymbol{A}$ 的行列式等于其所有特征值之积，从而$|2\boldsymbol{E}-\boldsymbol{A}|=0$.

4.【答】 $-\dfrac{4}{5}<t<0$.

【解析】 二次型的对称矩阵为 $\boldsymbol{A}=\begin{bmatrix}1&t&-1\\t&1&2\\-1&2&5\end{bmatrix}$，由二次型为正定，可知 $\boldsymbol{A}$ 的顺序主子式全大于零，即

$$|1|=1>0,\ \begin{vmatrix}1&t\\t&1\end{vmatrix}=1-t^2>0,\ |\boldsymbol{A}|=\begin{vmatrix}1&t&-1\\t&1&2\\-1&2&5\end{vmatrix}=-5t^2-4t>0,\ 得\ -1<t<1,$$

$-\dfrac{4}{5}<t<0$，从而 t 的取值范围是 $-\dfrac{4}{5}<t<0$.

5.【答】 $-4y_1^2-4y_2^2-4y_3^2$.

【解析】 由 $\boldsymbol{A}^2+4\boldsymbol{A}=\boldsymbol{0}$，可知 $\boldsymbol{A}$ 的特征值 λ 一定满足关系式 $\lambda^2+4\lambda=0$，即 λ 等于 -4 或0. 因 $\boldsymbol{A}$ 为实对称矩阵，故 $\boldsymbol{A}$ 可相似对角化，又因 $\boldsymbol{A}$ 的秩为3，故 -4 是 $\boldsymbol{A}$ 的三重特征值，0 是 $\boldsymbol{A}$ 的一重特征值，从而可知二次型 $\boldsymbol{x}^{\mathrm{T}}\boldsymbol{Ax}$ 在正交变换下的标准形为 $-4y_1^2-4y_2^2-4y_3^2+0y_4^2$.

6.【答】 7.

【解析】 构造矩阵 $\boldsymbol{A}=[\boldsymbol{\alpha}_1\ \boldsymbol{\alpha}_2\ \boldsymbol{\alpha}_3]=\begin{bmatrix}1&1&1\\1&2&3\\1&3&t-2\end{bmatrix}$，对其进行初等行变换得 $\begin{bmatrix}1&1&1\\0&1&2\\0&0&t-7\end{bmatrix}$，由 $\boldsymbol{\alpha}_1,\boldsymbol{\alpha}_2,\boldsymbol{\alpha}_3$ 的秩为2，可知 $\boldsymbol{A}$ 的秩为2，$t-7=0$，$t=7$.

三、计算与证明题

1.【解】 利用行列式的性质可得

$$D_n \xlongequal[i=2,3,\cdots,n]{r_i-r_1} \begin{vmatrix} x_1 & a_2 & a_3 & \cdots & a_n \\ a_1-x_1 & x_2-a_2 & 0 & \cdots & 0 \\ a_1-x_1 & 0 & x_3-a_3 & \cdots & 0 \\ \vdots & \vdots & \vdots & & \vdots \\ a_1-x_1 & 0 & 0 & \cdots & x_n-a_n \end{vmatrix}$$

$$= \prod_{i=1}^{n}(x_i-a_i) \begin{vmatrix} \frac{x_1}{x_1-a_1} & \frac{a_2}{x_2-a_2} & \frac{a_3}{x_3-a_3} & \cdots & \frac{a_n}{x_n-a_n} \\ -1 & 1 & 0 & \cdots & 0 \\ -1 & 0 & 1 & \cdots & 0 \\ \vdots & \vdots & \vdots & & \vdots \\ -1 & 0 & 0 & \cdots & 1 \end{vmatrix}$$

$$= \left(1+\sum_{i=1}^{n}\frac{a_i}{x_i-a_i}\right)\prod_{i=1}^{n}(x_i-a_i).$$

2.【解】 将 $\boldsymbol{A}^*\boldsymbol{BA}=2\boldsymbol{BA}-8\boldsymbol{E}$ 两边左乘 $\boldsymbol{A}$，右乘 $\boldsymbol{A}^{-1}$，得

$$|\boldsymbol{A}|\boldsymbol{B}=2\boldsymbol{AB}-8\boldsymbol{E},$$

故 $(2\boldsymbol{A}-|\boldsymbol{A}|\boldsymbol{E})\boldsymbol{B}=8\boldsymbol{E}$.

于是

$$\boldsymbol{B}=8(2\boldsymbol{A}-|\boldsymbol{A}|\boldsymbol{E})^{-1}=\begin{bmatrix} 2 & 0 & 0 \\ 0 & -4 & 0 \\ 0 & 0 & 2 \end{bmatrix}.$$

3.【解】 设 $\boldsymbol{A}=[\boldsymbol{\alpha}_1\ \boldsymbol{\alpha}_2\ \boldsymbol{\alpha}_3]$，$\boldsymbol{B}=[\boldsymbol{\beta}_1\ \boldsymbol{\beta}_2\ \boldsymbol{\beta}_3]$，则 $\boldsymbol{B}=\boldsymbol{AP}$.

设所求向量在基 $\boldsymbol{\alpha}_1$，$\boldsymbol{\alpha}_2$，$\boldsymbol{\alpha}_3$ 下的坐标为 $x=(x_1,x_2,x_3)^{\mathrm{T}}$，则 $\boldsymbol{Ax}=\boldsymbol{APx}$，即

$$\boldsymbol{A}(\boldsymbol{P}-\boldsymbol{E})\boldsymbol{x}=\boldsymbol{0}.$$

因为 $\boldsymbol{A}$ 为可逆矩阵，得 $(\boldsymbol{P}-\boldsymbol{E})\boldsymbol{x}=\boldsymbol{0}$，由

$$\boldsymbol{P}-\boldsymbol{E}=\begin{bmatrix} 1 & 2 & 1 \\ 3 & 1 & -2 \\ 4 & 3 & -1 \end{bmatrix}\to\begin{bmatrix} 1 & 0 & -1 \\ 0 & 1 & 1 \\ 0 & 0 & 0 \end{bmatrix},$$

解得 $\boldsymbol{x}=k(1,-1,1)^{\mathrm{T}}$，$k$ 为任意常数.

故所求向量 $\boldsymbol{\alpha}=k(\boldsymbol{\alpha}_1-\boldsymbol{\alpha}_2+\boldsymbol{\alpha}_3)=k(2,1,3)^{\mathrm{T}}$，$k$ 为任意常数.

4.【证】 设常数 k_1，k_2，$\cdots$，k_t 使得

$$k_1\boldsymbol{A\beta}_1+k_2\boldsymbol{A\beta}_2+\cdots+k_t\boldsymbol{A\beta}_t=\boldsymbol{0}. \tag{1}$$

令

$$\boldsymbol{\gamma}=k_1\boldsymbol{\beta}_1+k_2\boldsymbol{\beta}_2+\cdots+k_t\boldsymbol{\beta}_t, \tag{2}$$

则 $\boldsymbol{A\gamma}=\boldsymbol{0}$.

若 $\boldsymbol{\gamma}\neq\boldsymbol{0}$，则由 $\boldsymbol{\alpha}_1$，$\boldsymbol{\alpha}_2$，$\cdots$，$\boldsymbol{\alpha}_s$ 是齐次线性方程组 $\boldsymbol{Ax}=\boldsymbol{0}$ 的基础解系，可知 $\boldsymbol{\gamma}$ 可由 $\boldsymbol{\alpha}_1$，$\boldsymbol{\alpha}_2$，$\cdots$，$\boldsymbol{\alpha}_s$ 线性表示，从而存在一组不全为零的常数 l_1，l_2，$\cdots$，l_s 使得

$$\boldsymbol{\gamma}=k_1\boldsymbol{\beta}_1+k_2\boldsymbol{\beta}_2+\cdots+k_t\boldsymbol{\beta}_t=l_1\boldsymbol{\alpha}_1+l_2\boldsymbol{\alpha}_2+\cdots+l_s\boldsymbol{\alpha}_s,$$

移项后得到

$$l_1\boldsymbol{\alpha}_1+l_2\boldsymbol{\alpha}_2+\cdots+l_s\boldsymbol{\alpha}_s-k_1\boldsymbol{\beta}_1-k_2\boldsymbol{\beta}_2-\cdots-k_t\boldsymbol{\beta}_t=\mathbf{0},$$

于是 $\boldsymbol{\alpha}_1,\boldsymbol{\alpha}_2,\cdots,\boldsymbol{\alpha}_s,\boldsymbol{\beta}_1,\boldsymbol{\beta}_2,\cdots,\boldsymbol{\beta}_t$ 线性相关，这与题意矛盾，于是 $\boldsymbol{\gamma}=\mathbf{0}$.

由 $\boldsymbol{\alpha}_1,\boldsymbol{\alpha}_2,\cdots,\boldsymbol{\alpha}_s,\boldsymbol{\beta}_1,\boldsymbol{\beta}_2,\cdots,\boldsymbol{\beta}_t$ 线性无关可知 $\boldsymbol{\beta}_1,\boldsymbol{\beta}_2,\cdots,\boldsymbol{\beta}_t$ 线性无关，再由式(2)及 $\boldsymbol{\gamma}=\mathbf{0}$ 知 $k_1=k_2=\cdots=k_t=0$，由式(1)可知 $\boldsymbol{A}\boldsymbol{\beta}_1,\boldsymbol{A}\boldsymbol{\beta}_2,\cdots,\boldsymbol{A}\boldsymbol{\beta}_t$ 线性无关.

5.【证】（充分性）由 $\mathrm{rank}\boldsymbol{A}+\mathrm{rank}(\boldsymbol{A}-\boldsymbol{E})=n$ 可得：

$$(n-\mathrm{rank}\boldsymbol{A})+[n-\mathrm{rank}(\boldsymbol{A}-\boldsymbol{E})]=n,$$

从而两个齐次线性方程组 $\boldsymbol{A}\boldsymbol{x}=\mathbf{0}$ 与 $(\boldsymbol{A}-\boldsymbol{E})\boldsymbol{x}=\mathbf{0}$ 的解空间的维数之和为 n，故 $\boldsymbol{A}$ 有 n 个线性无关的特征向量 $\alpha_i(i=1,2,\cdots,n)$，这些特征向量分别对应于特征值 0，1，于是存在可逆矩阵 $\boldsymbol{P}$ 使得

$$\boldsymbol{P}^{-1}\boldsymbol{A}\boldsymbol{P}=\begin{bmatrix}\boldsymbol{E}_r & \\ & \boldsymbol{O}_{n-r}\end{bmatrix}，其中 r=\mathrm{rank}\boldsymbol{A}.$$

从而

$$\boldsymbol{P}^{-1}\boldsymbol{A}^2\boldsymbol{P}=\boldsymbol{P}^{-1}\boldsymbol{A}\boldsymbol{P}\,\boldsymbol{P}^{-1}\boldsymbol{A}\boldsymbol{P}=\begin{bmatrix}\boldsymbol{E}_r & \\ & \boldsymbol{O}_{n-r}\end{bmatrix}\begin{bmatrix}\boldsymbol{E}_r & \\ & \boldsymbol{O}_{n-r}\end{bmatrix}=\begin{bmatrix}\boldsymbol{E}_r & \\ & \boldsymbol{O}_{n-r}\end{bmatrix}=\boldsymbol{P}^{-1}\boldsymbol{A}\boldsymbol{P},$$

故 $\boldsymbol{A}^2=\boldsymbol{A}$.

（必要性）因为 $\boldsymbol{A}^2=\boldsymbol{A}$，所以 $\boldsymbol{A}(\boldsymbol{A}-\boldsymbol{E})=\mathbf{0}$，从而由秩的不等式得

$n=\mathrm{rank}\boldsymbol{E}=\mathrm{rank}[\boldsymbol{A}+(\boldsymbol{E}-\boldsymbol{A})]\leqslant\mathrm{rank}\boldsymbol{A}+\mathrm{rank}(\boldsymbol{E}-\boldsymbol{A})=\mathrm{rank}\boldsymbol{A}+\mathrm{rank}(\boldsymbol{A}-\boldsymbol{E})\leqslant n$，故 $\mathrm{rank}\boldsymbol{A}+\mathrm{rank}(\boldsymbol{A}-\boldsymbol{E})=n$.

6.【解】 因为

$$\begin{cases}x_1+x_2+x_3=1,\\2x_1+(a+2)x_2+(a+1)x_3=a+3,\\x_1+2x_2+ax_3=3\end{cases}$$

有无穷多解，则系数行列式为0，即

$$\begin{vmatrix}1 & 1 & 1\\2 & a+2 & a+1\\1 & 2 & a\end{vmatrix}=0,$$

求得 $a=1$.

因此，$\boldsymbol{A}$ 的属于特征值 $\lambda_1=1,\lambda_2=-2,\lambda_3=-1$ 的特征向量分别为

$$\boldsymbol{\alpha}_1=(1,1,0)^{\mathrm{T}},\boldsymbol{\alpha}_2=(-1,1,0)^{\mathrm{T}},\boldsymbol{\alpha}_3=(0,0,1)^{\mathrm{T}},$$

令

$$\boldsymbol{P}=\begin{bmatrix}1 & -1 & 0\\1 & 1 & 0\\0 & 0 & 1\end{bmatrix},$$

则 $\boldsymbol{P}^{-1}\boldsymbol{A}\boldsymbol{P}=\begin{bmatrix}1 & & \\ & -2 & \\ & & -1\end{bmatrix}=\boldsymbol{\Lambda}$，从而

$$A=P\Lambda P^{-1}=\begin{bmatrix}1&-1&0\\1&1&0\\0&0&1\end{bmatrix}\begin{bmatrix}1&&\\&-2&\\&&-1\end{bmatrix}\begin{bmatrix}1&-1&0\\1&1&0\\0&0&1\end{bmatrix}^{-1}$$

$$=\begin{bmatrix}1&-1&0\\1&1&0\\0&0&1\end{bmatrix}\begin{bmatrix}1&&\\&-2&\\&&-1\end{bmatrix}\begin{bmatrix}\frac{1}{2}&\frac{1}{2}&0\\-\frac{1}{2}&\frac{1}{2}&0\\0&0&1\end{bmatrix}=\begin{bmatrix}-\frac{1}{2}&\frac{3}{2}&0\\\frac{3}{2}&-\frac{1}{2}&0\\0&0&-1\end{bmatrix}.$$

2011—2012 学年秋季学期(A)卷解析

一、单选题

1.【答】 A.

【解析】 由于 $\boldsymbol{A}$ 与 $\boldsymbol{B}$ 可交换，因此 $\begin{bmatrix}1&2\\4&3\end{bmatrix}\begin{bmatrix}a&1\\2&b\end{bmatrix}=\begin{bmatrix}a&1\\2&b\end{bmatrix}\begin{bmatrix}1&2\\4&3\end{bmatrix}$，即 $\begin{bmatrix}a+4&1+2b\\4a+6&4+3b\end{bmatrix}=\begin{bmatrix}a+4&2a+3\\2+4b&4+3b\end{bmatrix}$，从而得到 $a=b-1$.

2.【答】 D.

【解析】 由 $\boldsymbol{A}^3=\boldsymbol{O}$，可知 $\boldsymbol{E}-\boldsymbol{A}^3=\boldsymbol{E}$，$\boldsymbol{E}+\boldsymbol{A}^3=\boldsymbol{E}$，分别变形可得 $(\boldsymbol{E}-\boldsymbol{A})(\boldsymbol{E}+\boldsymbol{A}+\boldsymbol{A}^2)=\boldsymbol{E}$，$(\boldsymbol{E}+\boldsymbol{A})(\boldsymbol{E}-\boldsymbol{A}+\boldsymbol{A}^2)=\boldsymbol{E}$，从而可得 $\boldsymbol{E}-\boldsymbol{A}$，$\boldsymbol{E}+\boldsymbol{A}$ 均可逆.

3.【答】 B.

【解析】 ①若 $\boldsymbol{Ax}=\boldsymbol{0}$ 的解均是 $\boldsymbol{Bx}=\boldsymbol{0}$ 的解，说明其解空间满足 $N(\boldsymbol{A})\subseteq N(\boldsymbol{B})$，从而解空间的维数满足 $\dim N(\boldsymbol{A})\leqslant\dim N(\boldsymbol{B})$，即 $n-\operatorname{rank}\boldsymbol{A}\leqslant n-\operatorname{rank}\boldsymbol{B}$，从而有 $\operatorname{rank}\boldsymbol{A}\geqslant\operatorname{rank}\boldsymbol{B}$.

② 即使 $\operatorname{rank}\boldsymbol{A}\geqslant\operatorname{rank}\boldsymbol{B}$，$\boldsymbol{Ax}=\boldsymbol{0}$ 的解也不一定都是 $\boldsymbol{Bx}=\boldsymbol{0}$ 的解. 例如 $\boldsymbol{A}=\begin{bmatrix}1&0&-1\\0&1&-1\end{bmatrix}$，$\boldsymbol{B}=\begin{bmatrix}1&1&0\\0&0&1\end{bmatrix}$.

③ 由①的分析可知，若 $\boldsymbol{Ax}=\boldsymbol{0}$ 与 $\boldsymbol{Bx}=\boldsymbol{0}$ 同解，则有 $\operatorname{rank}\boldsymbol{A}=\operatorname{rank}\boldsymbol{B}$.

④ 类似于②的分析，可知即使 $\operatorname{rank}\boldsymbol{A}=\operatorname{rank}\boldsymbol{B}$，$\boldsymbol{Ax}=\boldsymbol{0}$ 与 $\boldsymbol{Bx}=\boldsymbol{0}$ 也不一定同解.

4.【答】 C.

【解析】 由题意可知 $\boldsymbol{B}=\boldsymbol{P}(1,2)\boldsymbol{A}$，于是有 $\boldsymbol{B}^{-1}=[\boldsymbol{P}(1,2)\boldsymbol{A}]^{-1}=\boldsymbol{A}^{-1}\boldsymbol{P}(1,2)^{-1}=\boldsymbol{A}^{-1}\boldsymbol{P}(1,2)$，

即 $\dfrac{\boldsymbol{B}^*}{|\boldsymbol{B}|}=\dfrac{\boldsymbol{A}^*}{|\boldsymbol{A}|}\boldsymbol{P}(1,2)$，又由 $\boldsymbol{B}=\boldsymbol{P}(1,2)\boldsymbol{A}$ 可知 $|\boldsymbol{B}|=|\boldsymbol{P}(1,2)\boldsymbol{A}|=-|\boldsymbol{A}|$，从而 $-\boldsymbol{B}^*=\boldsymbol{A}^*\boldsymbol{P}(1,2)$.

5.【答】 B.

【解析】 由 $\boldsymbol{\xi}_1$，$\boldsymbol{\xi}_2$ 是 $\boldsymbol{Ax}=\boldsymbol{0}$ 的基础解系，可知 $\boldsymbol{Ax}=\boldsymbol{0}$ 的解空间的维数为 2. 由 $\boldsymbol{\eta}_1$，$\boldsymbol{\eta}_2$ 是 $\boldsymbol{Ax}=\boldsymbol{b}$ 的两个不同解，可知 $\dfrac{\boldsymbol{\eta}_1+\boldsymbol{\eta}_2}{2}$，$\dfrac{\boldsymbol{\eta}_1-\boldsymbol{\eta}_2}{2}$ 分别是 $\boldsymbol{Ax}=\boldsymbol{b}$，$\boldsymbol{Ax}=\boldsymbol{0}$ 的一个解向量.

(A)选项，由于 $\dfrac{\boldsymbol{\eta}_1-\boldsymbol{\eta}_2}{2}$ 不是 $\boldsymbol{Ax}=\boldsymbol{b}$ 的一个解向量，从而 $k_1\boldsymbol{\xi}_1+k_2(\boldsymbol{\xi}_1+\boldsymbol{\xi}_2)+\dfrac{\boldsymbol{\eta}_1-\boldsymbol{\eta}_2}{2}$

不能成为 $\boldsymbol{Ax}=\boldsymbol{b}$ 的通解.

(B)选项，由$\boldsymbol{\xi}_1$，$\boldsymbol{\xi}_2$ 是 $\boldsymbol{Ax}=\boldsymbol{0}$ 的基础解系，可知$\boldsymbol{\xi}_1$，$\boldsymbol{\xi}_2$ 线性无关，$\boldsymbol{\xi}_1$，$\boldsymbol{\xi}_1-\boldsymbol{\xi}_2$ 也线性无关并且也能成为 $\boldsymbol{Ax}=\boldsymbol{0}$ 的基础解系. 又由于$\frac{\boldsymbol{\eta}_1+\boldsymbol{\eta}_2}{2}$是 $\boldsymbol{Ax}=\boldsymbol{b}$ 的一个解向量，从而 $k_1\boldsymbol{\xi}_1+k_2(\boldsymbol{\xi}_1-\boldsymbol{\xi}_2)+\frac{\boldsymbol{\eta}_1+\boldsymbol{\eta}_2}{2}$是 $\boldsymbol{Ax}=\boldsymbol{b}$ 的通解.

(C)选项，由于$\frac{\boldsymbol{\eta}_1-\boldsymbol{\eta}_2}{2}$不是 $\boldsymbol{Ax}=\boldsymbol{b}$ 的一个解向量，从而 $k_1\boldsymbol{\xi}_1+k_2(\boldsymbol{\eta}_1+\boldsymbol{\eta}_2)+\frac{\boldsymbol{\eta}_1-\boldsymbol{\eta}_2}{2}$ 不能成为 $\boldsymbol{Ax}=\boldsymbol{b}$ 的通解.

(D)选项，虽然 $\boldsymbol{\eta}_1-\boldsymbol{\eta}_2$ 是 $\boldsymbol{Ax}=\boldsymbol{0}$ 的一个解向量，但是$\boldsymbol{\xi}_1$，$\boldsymbol{\eta}_1-\boldsymbol{\eta}_2$ 有可能线性相关，从而$\boldsymbol{\xi}_1$，$\boldsymbol{\eta}_1-\boldsymbol{\eta}_2$ 不一定能成为 $\boldsymbol{Ax}=\boldsymbol{0}$ 的基础解系，从而 $k_1\boldsymbol{\xi}_1+k_2(\boldsymbol{\eta}_1-\boldsymbol{\eta}_2)+\frac{\boldsymbol{\eta}_1+\boldsymbol{\eta}_2}{2}$不一定能成为 $\boldsymbol{Ax}=\boldsymbol{b}$ 的通解.

6.【答】 C.

【解析】 由 $\mathrm{rank}(3\boldsymbol{E}-\boldsymbol{A})=2$，可知齐次线性方程组$(3\boldsymbol{E}-\boldsymbol{A})\boldsymbol{x}=\boldsymbol{0}$ 必有非零解，且解空间的维数为 $4-\mathrm{rank}(3\boldsymbol{E}-\boldsymbol{A})=2$，从而 $\lambda=3$ 是 4 阶方阵 $\boldsymbol{A}$ 的特征值，且其几何重数为2. 又由于特征值的几何重数不大于代数重数，从而特征值 $\lambda=3$ 的代数重数 k 满足 $2\leqslant k\leqslant 4$.

二、填空题

1.【答】 $\begin{bmatrix}0&0&0\\0&0&0\\0&0&0\end{bmatrix}$.

【解析】 可计算得 $\boldsymbol{A}-2\boldsymbol{E}=\begin{bmatrix}-1&0&1\\0&0&0\\1&0&-1\end{bmatrix}$，$\boldsymbol{A}^n-2\boldsymbol{A}^{n-1}=(\boldsymbol{A}-2\boldsymbol{E})\boldsymbol{A}^{n-1}=(\boldsymbol{A}-2\boldsymbol{E})\boldsymbol{A}\boldsymbol{A}^{n-2}$，$(\boldsymbol{A}-2\boldsymbol{E})\boldsymbol{A}=\begin{bmatrix}-1&0&1\\0&0&0\\1&0&-1\end{bmatrix}\begin{bmatrix}1&0&1\\0&2&0\\1&0&1\end{bmatrix}=\begin{bmatrix}0&0&0\\0&0&0\\0&0&0\end{bmatrix}$，故 $\boldsymbol{A}^n-2\boldsymbol{A}^{n-1}=\begin{bmatrix}0&0&0\\0&0&0\\0&0&0\end{bmatrix}$.

2.【答】 $\begin{bmatrix}0&8&-4\\0&-20&12\\2&0&0\end{bmatrix}$.

【解析】 先对关系式进行变形

$$\left(\frac{1}{2}\boldsymbol{A}^*\right)^{-1}=2(\boldsymbol{A}^*)^{-1}=2(|\boldsymbol{A}|\boldsymbol{A}^{-1})^{-1}=2\frac{1}{|\boldsymbol{A}|}\boldsymbol{A},$$

再由条件可得

$$|\boldsymbol{A}^{-1}|=\begin{vmatrix}0&0&2\\3&1&0\\5&2&0\end{vmatrix}=2,\ |\boldsymbol{A}|=\frac{1}{2},\ \boldsymbol{A}=\begin{bmatrix}0&0&2\\3&1&0\\5&2&0\end{bmatrix}^{-1}=\begin{bmatrix}0&2&-1\\0&-5&3\\\frac{1}{2}&0&0\end{bmatrix},$$

从而

$$\left(\frac{1}{2}\boldsymbol{A}^*\right)^{-1}=\begin{bmatrix}0&8&-4\\0&-20&12\\2&0&0\end{bmatrix}.$$

3.【答】 40.

【解析】 $|\boldsymbol{A}+\boldsymbol{B}|=|[\boldsymbol{\alpha}_1+\beta\quad 2\boldsymbol{\alpha}_2\quad 2\boldsymbol{\alpha}_3\quad 2\boldsymbol{\alpha}_4]|=8|[\boldsymbol{\alpha}_1+\beta\quad \boldsymbol{\alpha}_2\quad \boldsymbol{\alpha}_3\quad \boldsymbol{\alpha}_4]|=8(|[\boldsymbol{\alpha}_1\quad \boldsymbol{\alpha}_2\quad \boldsymbol{\alpha}_3\quad \boldsymbol{\alpha}_4]|+|[\beta\quad \boldsymbol{\alpha}_2\quad \boldsymbol{\alpha}_3\quad \boldsymbol{\alpha}_4]|)=40$.

4.【答】 $(1,0,0)^{\mathrm{T}}$.

【解析】 由 $\boldsymbol{A}$ 是 3 阶正交矩阵且 $a_{11}=1$，可知 $\boldsymbol{A}=\begin{bmatrix}1&0&0\\0&a_{22}&a_{23}\\0&a_{32}&a_{33}\end{bmatrix}$，于是可以得出方程组 $\boldsymbol{Ax}=\boldsymbol{b}$ 可表示为 $\begin{bmatrix}1&0&0\\0&a_{22}&a_{23}\\0&a_{32}&a_{33}\end{bmatrix}\begin{bmatrix}x_1\\x_2\\x_3\end{bmatrix}=\begin{bmatrix}1\\0\\0\end{bmatrix}$，设 $\boldsymbol{A}=[\boldsymbol{\alpha}_1\quad \boldsymbol{\alpha}_2\quad \boldsymbol{\alpha}_3]$，显然 $\boldsymbol{\alpha}_1+0\boldsymbol{\alpha}_2+0\boldsymbol{\alpha}_3=\boldsymbol{b}$，于是 $\begin{bmatrix}1\\0\\0\end{bmatrix}$ 是该方程组的一个解向量，又由于 $\boldsymbol{A}$ 是正交矩阵，故 $\operatorname{rank}\boldsymbol{A}=3$，$\operatorname{rank}[\boldsymbol{A}\quad \boldsymbol{b}]=3$，方程组的解是唯一的.

5.【答】 $<\frac{1}{n}$.

【解析】 由 $\boldsymbol{A}$ 的特征值为 $\frac{1}{n},\frac{2}{n},\cdots,1$，可知 $\boldsymbol{A}-\lambda\boldsymbol{E}$ 的特征值为 $\frac{1}{n}-\lambda,\frac{2}{n}-\lambda,\cdots,1-\lambda$. 而 $\boldsymbol{A}-\lambda\boldsymbol{E}$ 正定的充分必要条件是其特征值全大于零，从而有 $\lambda<\frac{1}{n}$.

6.【答】 $\frac{1}{2}n(n-1)$.

【解析】 在线性空间 $\boldsymbol{V}$ 中取向量 $\begin{bmatrix}0&1&\cdots&0\\-1&0&\cdots&0\\\vdots&\vdots&&\vdots\\0&0&\cdots&0\end{bmatrix},\begin{bmatrix}0&0&\cdots&1\\0&0&\cdots&0\\\vdots&\vdots&&\vdots\\-1&0&\cdots&0\end{bmatrix},\cdots,$ $\begin{bmatrix}0&\cdots&0&0\\\vdots&&\vdots&\vdots\\0&\cdots&0&1\\0&\cdots&-1&0\end{bmatrix}$，可以得出这些向量既是线性无关的，也可以线性表示 $\boldsymbol{V}$ 中的任一

个向量，因此这些向量为 $\boldsymbol{V}$ 的基，$\boldsymbol{V}$ 的维数等于$\frac{1}{2}n(n-1)$.

三、计算与证明题

1.【解】 利用行列式的性质可得

$$|\boldsymbol{A}|\xlongequal[i=1,2,\cdots,n-1]{r_i-r_{i+1}}\begin{vmatrix}1-x & 1 & 1 & \cdots & 1 & 1\\ 0 & 1-x & 1 & \cdots & 1 & 1\\ 0 & 0 & 1-x & \cdots & 1 & 1\\ \vdots & \vdots & \vdots & & \vdots & \vdots\\ 0 & 0 & 0 & \cdots & 1-x & 1\\ x & x & x & \cdots & x & 1\end{vmatrix}$$

$$\xlongequal[i=n,n-1,\cdots,3,2]{c_i-c_{i-1}}\begin{vmatrix}1-x & x & 0 & \cdots & 0 & 0\\ 0 & 1-x & x & \cdots & 0 & 0\\ 0 & 0 & 1-x & \cdots & 0 & 0\\ \vdots & \vdots & \vdots & & \vdots & \vdots\\ 0 & 0 & 0 & \cdots & 1-x & x\\ x & 0 & 0 & \cdots & 0 & 1-x\end{vmatrix}$$

$$\xlongequal{\text{按第一列展开}}(1-x)\begin{vmatrix}1-x & x & 0 & \cdots & 0\\ 0 & 1-x & x & \cdots & 0\\ 0 & 0 & 1-x & \cdots & 0\\ \vdots & \vdots & \vdots & & \vdots\\ 0 & 0 & 0 & \cdots & 1-x\end{vmatrix}+(-1)^{n+1}x\begin{vmatrix}x & 0 & 0 & \cdots & 0\\ 1-x & x & 0 & \cdots & 0\\ 0 & 1-x & x & \cdots & 0\\ \vdots & \vdots & \vdots & & \vdots\\ 0 & 0 & 0 & \cdots & x\end{vmatrix}$$

$=(1-x)^n+(-1)^{n+1}x^n$.

2.【解】 由 $\boldsymbol{A}^*\boldsymbol{X}=\boldsymbol{A}^{-1}+2\boldsymbol{X}$ 得

$$\boldsymbol{A}\boldsymbol{A}^*\boldsymbol{X}=\boldsymbol{E}+2\boldsymbol{A}\boldsymbol{X},$$

即

$$(|\boldsymbol{A}|\boldsymbol{E}-2\boldsymbol{A})\boldsymbol{X}=\boldsymbol{E},$$

从而

$$\boldsymbol{X}=(|\boldsymbol{A}|\boldsymbol{E}-2\boldsymbol{A})^{-1}.$$

而 $|\boldsymbol{A}|=4$，故

$$|\boldsymbol{A}|\boldsymbol{E}-2\boldsymbol{A}=2\begin{bmatrix}1 & -1 & 1\\ 1 & 1 & -1\\ -1 & 1 & 1\end{bmatrix},$$

于是

$$\boldsymbol{X}=\frac{1}{2}\begin{bmatrix}1 & -1 & 1\\ 1 & 1 & -1\\ -1 & 1 & 1\end{bmatrix}^{-1}=\frac{1}{4}\begin{bmatrix}1 & 1 & 0\\ 0 & 1 & 1\\ 1 & 0 & 1\end{bmatrix}.$$

3.【解】 因为 $k_1\boldsymbol{\alpha}_1+k_2\boldsymbol{\alpha}_2+k_3\boldsymbol{\alpha}_3$ 是方程组（Ⅰ）的通解，$l_1\boldsymbol{\beta}_1+l_2\boldsymbol{\beta}_2$ 是方程组（Ⅱ）的通解，所以求方程组（Ⅰ）和（Ⅱ）的公共解即是令

$$k_1\boldsymbol{\alpha}_1+k_2\boldsymbol{\alpha}_2+k_3\boldsymbol{\alpha}_3=l_1\boldsymbol{\beta}_1+l_2\boldsymbol{\beta}_2,$$

得

$$\begin{cases} k_1+3k_2+2k_3-l_1-l_2=0, \\ 2k_1-k_2+3k_3-4l_1+3l_2=0, \\ 5k_1+k_2+4k_3-7l_1+4l_2=0, \\ 7k_1+7k_2+20k_3-l_1-2l_2=0. \end{cases}$$

对该方程组的系数矩阵做初等行变换化为最简行阶梯形

$$[\boldsymbol{\alpha}_1\ \boldsymbol{\alpha}_2\ \boldsymbol{\alpha}_3\ -\boldsymbol{\beta}_1\ -\boldsymbol{\beta}_2]=\begin{bmatrix} 1 & 3 & 2 & -1 & -1 \\ 2 & -1 & 3 & -4 & 3 \\ 5 & 1 & 4 & -7 & 4 \\ 7 & 7 & 20 & -1 & -2 \end{bmatrix}\to\begin{bmatrix} 1 & 0 & 0 & 0 & \frac{3}{14} \\ 0 & 1 & 0 & 0 & -\frac{4}{7} \\ 0 & 0 & 1 & 0 & 0 \\ 0 & 0 & 0 & 1 & -\frac{1}{2} \end{bmatrix},$$

得到通解 $k_1=-\frac{3}{14}t$, $k_2=\frac{4}{7}t$, $k_3=0$, $l_1=\frac{1}{2}t$, $l_2=t$, t 为任意数.

于是方程组(Ⅰ)和(Ⅱ)的公共解为$\frac{1}{2}t\boldsymbol{\beta}_1+t\boldsymbol{\beta}_2=\frac{t}{2}\begin{bmatrix} 3 \\ -2 \\ -1 \\ 5 \end{bmatrix}$, t 为任意数.

4.【证】 因 $\lambda_1\neq\lambda_2$, 故 $\boldsymbol{p}_1$, $\boldsymbol{p}_2$ 线性无关. 反证法:若 $\boldsymbol{p}_1+\boldsymbol{p}_2$ 是 $\boldsymbol{A}$ 的对应于特征值 λ 的特征向量, 则

$$\boldsymbol{A}(\boldsymbol{p}_1+\boldsymbol{p}_2)=\lambda(\boldsymbol{p}_1+\boldsymbol{p}_2).$$

因 $\boldsymbol{A}\boldsymbol{p}_1=\lambda_1\boldsymbol{p}_1$, $\boldsymbol{A}\boldsymbol{p}_2=\lambda_2\boldsymbol{p}_2$, 故

$$\boldsymbol{A}(\boldsymbol{p}_1+\boldsymbol{p}_2)=\lambda_1\boldsymbol{p}_1+\lambda_2\boldsymbol{p}_2.$$

于是 $\lambda_1\boldsymbol{p}_1+\lambda_2\boldsymbol{p}_2=\lambda\boldsymbol{p}_1+\lambda\boldsymbol{p}_2$, 即

$$(\lambda-\lambda_1)\boldsymbol{p}_1+(\lambda-\lambda_2)\boldsymbol{p}_2=\boldsymbol{0}.$$

由 $\boldsymbol{p}_1$, $\boldsymbol{p}_2$ 线性无关可知 $\lambda-\lambda_1=\lambda-\lambda_2=0$, 即 $\lambda_1=\lambda_2$, 与题意矛盾. 这说明 $\lambda_1\neq\lambda_2$ 时, $\boldsymbol{p}_1+\boldsymbol{p}_2$ 必不是 $\boldsymbol{A}$ 的特征向量.

5.【解】 做初等行变换, 得

$$[\boldsymbol{\alpha}_1\ \boldsymbol{\alpha}_2\ \boldsymbol{\alpha}_3\ \boldsymbol{\beta}_1\ \boldsymbol{\beta}_2\ \boldsymbol{\beta}_3]=\begin{bmatrix} 1 & 1 & 1 & 1 & 2 & 1 \\ 0 & 1 & -1 & 0 & 1 & 2 \\ 2 & 3 & a & a+1 & 2a & -2 \end{bmatrix}$$

$$\to\begin{bmatrix} 1 & 0 & 2 & 1 & 1 & -1 \\ 0 & 1 & -1 & 0 & 1 & 2 \\ 0 & 0 & a-1 & a-1 & 2a-5 & -6 \end{bmatrix}.$$

(1) 当 $a\neq1$ 时, $\operatorname{rank}[\boldsymbol{\alpha}_1\ \boldsymbol{\alpha}_2\ \boldsymbol{\alpha}_3]=\operatorname{rank}[\boldsymbol{\alpha}_1\ \boldsymbol{\alpha}_2\ \boldsymbol{\alpha}_3\ \boldsymbol{\beta}_1\ \boldsymbol{\beta}_2\ \boldsymbol{\beta}_3]=3$, 所以, 向量组 $\boldsymbol{\beta}_1$, $\boldsymbol{\beta}_2$, $\boldsymbol{\beta}_3$ 可由向量组 $\boldsymbol{\alpha}_1$, $\boldsymbol{\alpha}_2$, $\boldsymbol{\alpha}_3$ 线性表示.

由 $a\neq1$ 即知

$$\begin{vmatrix} 1 & 1 & -1 \\ 0 & 1 & 2 \\ a-1 & 2a-5 & -6 \end{vmatrix} = -a+1 \neq 0,$$

故 $\operatorname{rank}[\boldsymbol{\beta}_1\ \boldsymbol{\beta}_2\ \boldsymbol{\beta}_3]=3$，因此向量组 $\boldsymbol{\alpha}_1$，$\boldsymbol{\alpha}_2$，$\boldsymbol{\alpha}_3$ 可由向量组 $\boldsymbol{\beta}_1$，$\boldsymbol{\beta}_2$，$\boldsymbol{\beta}_3$ 线性表示. 从而向量组 $\boldsymbol{\alpha}_1$，$\boldsymbol{\alpha}_2$，$\boldsymbol{\alpha}_3$ 与向量组 $\boldsymbol{\beta}_1$，$\boldsymbol{\beta}_2$，$\boldsymbol{\beta}_3$ 等价.

(2) 当 $a=1$ 时，

$$[\boldsymbol{\alpha}_1\ \boldsymbol{\alpha}_2\ \boldsymbol{\alpha}_3\ \boldsymbol{\beta}_1\ \boldsymbol{\beta}_2\ \boldsymbol{\beta}_3] \to \begin{bmatrix} 1 & 0 & 2 & 1 & 1 & -1 \\ 0 & 1 & -1 & 0 & 1 & 2 \\ 0 & 0 & 0 & 0 & -3 & -6 \end{bmatrix},$$

即 $\operatorname{rank}[\boldsymbol{\alpha}_1\ \boldsymbol{\alpha}_2\ \boldsymbol{\alpha}_3] < \operatorname{rank}[\boldsymbol{\alpha}_1\ \boldsymbol{\alpha}_2\ \boldsymbol{\alpha}_3\ \boldsymbol{\beta}_2]$，故向量 $\boldsymbol{\beta}_2$ 不能由向量组 $\boldsymbol{\alpha}_1$，$\boldsymbol{\alpha}_2$，$\boldsymbol{\alpha}_3$ 线性表示，从而向量组 $\boldsymbol{\alpha}_1$，$\boldsymbol{\alpha}_2$，$\boldsymbol{\alpha}_3$ 与向量组 $\boldsymbol{\beta}_1$，$\boldsymbol{\beta}_2$，$\boldsymbol{\beta}_3$ 不等价.

6.【解】 二次型的矩阵为

$$\boldsymbol{A} = \begin{bmatrix} a & 4 & -2 \\ 4 & a & 2 \\ -2 & 2 & 6 \end{bmatrix},$$

而 $\boldsymbol{A}$ 的特征值为 7，7，-2，所以 $a+a+6=7+7-2=12$，即 $a=3$.

当 $\lambda_1=7$ 时，解方程组 $(7\boldsymbol{E}-\boldsymbol{A})\boldsymbol{x}=\boldsymbol{0}$ 得基础解系

$$\boldsymbol{\xi}_1 = \begin{bmatrix} 1 \\ 1 \\ 0 \end{bmatrix},\ \boldsymbol{\xi}_2 = \begin{bmatrix} -1 \\ 0 \\ 2 \end{bmatrix},$$

将 $\boldsymbol{\xi}_1$，$\boldsymbol{\xi}_2$ 正交化、单位化，得 $\boldsymbol{q}_1 = \dfrac{1}{\sqrt{2}}\begin{bmatrix} 1 \\ 1 \\ 0 \end{bmatrix}$，$\boldsymbol{q}_2 = \dfrac{1}{3\sqrt{2}}\begin{bmatrix} -1 \\ 1 \\ 4 \end{bmatrix}$.

当 $\lambda_2=-2$ 时，解方程组 $(-2\boldsymbol{E}-\boldsymbol{A})\boldsymbol{x}=\boldsymbol{0}$ 得基础解系

$$\boldsymbol{\xi}_3 = \begin{bmatrix} 2 \\ -2 \\ 1 \end{bmatrix}，单位化，得\ \boldsymbol{q}_3 = \frac{1}{3}\begin{bmatrix} 2 \\ -2 \\ 1 \end{bmatrix}.$$

令 $\boldsymbol{Q} = [\boldsymbol{q}_1\ \boldsymbol{q}_2\ \boldsymbol{q}_3] = \begin{bmatrix} \dfrac{1}{\sqrt{2}} & -\dfrac{1}{3\sqrt{2}} & \dfrac{2}{3} \\ \dfrac{1}{\sqrt{2}} & \dfrac{1}{3\sqrt{2}} & -\dfrac{2}{3} \\ 0 & \dfrac{4}{3\sqrt{2}} & \dfrac{1}{3} \end{bmatrix}$，得所用的正交变换 $\boldsymbol{x}=\boldsymbol{Q}\boldsymbol{y}$.

2011—2012 学年秋季学期(B)卷解析

一、单选题

1.【答】 A.

【解析】 由题意可知

$$\begin{bmatrix}1&1&0\\0&1&0\\0&0&1\end{bmatrix}\boldsymbol{A}=\boldsymbol{B},\ \boldsymbol{B}\begin{bmatrix}1&-1&0\\0&1&0\\0&0&1\end{bmatrix}=\boldsymbol{C}.$$

于是有

$$\begin{bmatrix}1&1&0\\0&1&0\\0&0&1\end{bmatrix}\boldsymbol{A}\begin{bmatrix}1&-1&0\\0&1&0\\0&0&1\end{bmatrix}=\boldsymbol{C}.$$

可见

$$\boldsymbol{P}=\begin{bmatrix}1&-1&0\\0&1&0\\0&0&1\end{bmatrix}.$$

2.【答】 D.

【解析】 对任意方阵 $\boldsymbol{A}$ 及其伴随矩阵 $\boldsymbol{A}^*$，满足 $\boldsymbol{A}^*\boldsymbol{A}=|\boldsymbol{A}|\boldsymbol{E}$. 分块矩阵 $\begin{bmatrix}\boldsymbol{A}&\boldsymbol{O}\\\boldsymbol{O}&\boldsymbol{B}\end{bmatrix}$ 的行列式等于 $\begin{vmatrix}\boldsymbol{A}&\boldsymbol{O}\\\boldsymbol{O}&\boldsymbol{B}\end{vmatrix}=|\boldsymbol{A}||\boldsymbol{B}|$，可见 $\begin{bmatrix}\boldsymbol{A}&\boldsymbol{O}\\\boldsymbol{O}&\boldsymbol{B}\end{bmatrix}^*\begin{bmatrix}\boldsymbol{A}&\boldsymbol{O}\\\boldsymbol{O}&\boldsymbol{B}\end{bmatrix}=|\boldsymbol{A}||\boldsymbol{B}|\begin{bmatrix}\boldsymbol{E}&\boldsymbol{O}\\\boldsymbol{O}&\boldsymbol{E}\end{bmatrix}$，对候选项进行验算可知只有(D)选项符合条件.

3.【答】 B.

【解析】 由 $\boldsymbol{A}^2\boldsymbol{B}-\boldsymbol{A}-\boldsymbol{B}=\boldsymbol{E}$，可知 $(\boldsymbol{A}^2-\boldsymbol{E})\boldsymbol{B}=\boldsymbol{A}+\boldsymbol{E}$，$(\boldsymbol{A}+\boldsymbol{E})(\boldsymbol{A}-\boldsymbol{E})\boldsymbol{B}=\boldsymbol{A}+\boldsymbol{E}$. 由于 $\boldsymbol{A}+\boldsymbol{E}=\begin{bmatrix}2&0&1\\0&3&0\\-2&0&2\end{bmatrix}$，可见 $\boldsymbol{A}+\boldsymbol{E}$ 可逆，$(\boldsymbol{A}-\boldsymbol{E})\boldsymbol{B}=\boldsymbol{E}$，$|\boldsymbol{A}-\boldsymbol{E}||\boldsymbol{B}|=1$. 由 $\boldsymbol{A}-\boldsymbol{E}=\begin{bmatrix}0&0&1\\0&1&0\\-2&0&0\end{bmatrix}$，可知 $|\boldsymbol{A}-\boldsymbol{E}|=2$，$|\boldsymbol{B}|=\dfrac{1}{2}$.

4.【答】 C.

【解析】 由于 $\boldsymbol{A}$ 是 n 阶矩阵，$\operatorname{rank}\begin{bmatrix}\boldsymbol{A}&\boldsymbol{b}\\\boldsymbol{b}^{\mathrm{T}}&\boldsymbol{0}\end{bmatrix}=\operatorname{rank}\boldsymbol{A}$，而且 $\operatorname{rank}\boldsymbol{A}\leqslant n$，可知

$\mathrm{rank}\begin{bmatrix}\boldsymbol{A} & \boldsymbol{b}\\ \boldsymbol{b}^{\mathrm{T}} & \boldsymbol{0}\end{bmatrix}\leqslant n$，从而齐次线性方程组$\begin{bmatrix}\boldsymbol{A} & \boldsymbol{b}\\ \boldsymbol{b}^{\mathrm{T}} & \boldsymbol{0}\end{bmatrix}\begin{bmatrix}\boldsymbol{x}\\ \boldsymbol{y}\end{bmatrix}=\boldsymbol{0}$有非零解.

5.【答】 D.

【解析】 由向量组$\boldsymbol{\alpha}_1,\boldsymbol{\alpha}_2,\cdots,\boldsymbol{\alpha}_m$线性无关，可知向量组$\boldsymbol{\alpha}_1,\boldsymbol{\alpha}_2,\cdots,\boldsymbol{\alpha}_m$的秩等于$m$，矩阵$[\boldsymbol{\alpha}_1\ \ \boldsymbol{\alpha}_2\ \ \cdots\ \ \boldsymbol{\alpha}_m]$的秩等于$m$. 向量组$\boldsymbol{\beta}_1,\boldsymbol{\beta}_2,\cdots,\boldsymbol{\beta}_m$线性无关的充要条件是向量组$\boldsymbol{\beta}_1,\boldsymbol{\beta}_2,\cdots,\boldsymbol{\beta}_m$的秩等于$m$，矩阵$[\boldsymbol{\beta}_1\ \ \boldsymbol{\beta}_2\ \ \cdots\ \ \boldsymbol{\beta}_m]$的秩等于$m$.

(A)(B)(C)选项，可以通过下述反例来理解其不能成为充分必要条件. 例如，

$$\boldsymbol{\alpha}_1=\begin{bmatrix}1\\0\\0\\0\end{bmatrix},\ \boldsymbol{\alpha}_2=\begin{bmatrix}0\\1\\0\\0\end{bmatrix};\boldsymbol{\beta}_1=\begin{bmatrix}0\\0\\1\\0\end{bmatrix},\ \boldsymbol{\beta}_2=\begin{bmatrix}0\\0\\0\\1\end{bmatrix}.$$

6.【答】 C.

【解析】 由题意，可知$\boldsymbol{A}\boldsymbol{p}_1=\lambda_1\boldsymbol{p}_1$，$\boldsymbol{A}\boldsymbol{p}_2=\lambda_2\boldsymbol{p}_2$，于是可推出$\boldsymbol{A}^2\boldsymbol{p}_1=\boldsymbol{A}(\lambda_1\boldsymbol{p}_1)=\lambda_1\boldsymbol{A}\boldsymbol{p}_1=\lambda_1^2\boldsymbol{p}_1,\boldsymbol{A}^2\boldsymbol{p}_2=\lambda_2^2\boldsymbol{p}_2$. 又由$\lambda_1=-\lambda_2\neq 0$，可得$\lambda_1^2=\lambda_2^2$，$\boldsymbol{A}^2(\boldsymbol{p}_1+\boldsymbol{p}_2)=\lambda_1^2(\boldsymbol{p}_1+\boldsymbol{p}_2)$. 从而可知$\boldsymbol{p}_1+\boldsymbol{p}_2$是$\boldsymbol{A}^2$的特征向量.

对于(A)选项，可以用反证法进行证明. 若$\boldsymbol{p}_1+\boldsymbol{p}_2$是$\boldsymbol{A}$对应于某个特征值$\lambda$的特征向量，则$\boldsymbol{A}(\boldsymbol{p}_1+\boldsymbol{p}_2)=\lambda(\boldsymbol{p}_1+\boldsymbol{p}_2)$，$\boldsymbol{A}\boldsymbol{p}_1+\boldsymbol{A}\boldsymbol{p}_2=\lambda\boldsymbol{p}_1+\lambda\boldsymbol{p}_2$，$\lambda_1\boldsymbol{p}_1+\lambda_2\boldsymbol{p}_2=\lambda\boldsymbol{p}_1+\lambda\boldsymbol{p}_2$，$(\lambda_1-\lambda)\boldsymbol{p}_1+(\lambda_2-\lambda)\boldsymbol{p}_2=0$，由于$\boldsymbol{p}_1,\boldsymbol{p}_2$是$\boldsymbol{A}$对应于不同特征值的特征向量，从而它们线性无关，$\lambda_1-\lambda=0$，$\lambda_2-\lambda=0$，$\lambda_1=\lambda=\lambda_2$，这与已知矛盾. 类似可证(B)选项不正确.

二、填空题

1.【答】 $\begin{bmatrix}1 & n & 0 & 0\\0 & 1 & 0 & 0\\0 & 0 & 0 & 0\\0 & 0 & 0 & 0\end{bmatrix}$.

【解析】 $\boldsymbol{A}^n=\begin{bmatrix}\boldsymbol{B}^n & \boldsymbol{O}\\ \boldsymbol{O} & \boldsymbol{C}^n\end{bmatrix}$，由$\boldsymbol{B}^2=\begin{bmatrix}1 & 1\\0 & 1\end{bmatrix}\begin{bmatrix}1 & 1\\0 & 1\end{bmatrix}=\begin{bmatrix}1 & 2\\0 & 1\end{bmatrix}$，$\boldsymbol{B}^3=\boldsymbol{B}^2\boldsymbol{B}=\begin{bmatrix}1 & 3\\0 & 1\end{bmatrix}$，可类似推出$\boldsymbol{B}^n=\begin{bmatrix}1 & n\\0 & 1\end{bmatrix}$，另外$\boldsymbol{C}^2=\begin{bmatrix}0 & 0\\0 & 0\end{bmatrix}$，$\boldsymbol{C}^n=\begin{bmatrix}0 & 0\\0 & 0\end{bmatrix}$，可知$\boldsymbol{A}^n=\begin{bmatrix}1 & n & 0 & 0\\0 & 1 & 0 & 0\\0 & 0 & 0 & 0\\0 & 0 & 0 & 0\end{bmatrix}$.

2.【答】 $\dfrac{1}{2}\begin{bmatrix}2 & 0 & 0\\-1 & 1 & 0\\0 & 0 & 2\end{bmatrix}$.

【解析】 $\boldsymbol{A}-2\boldsymbol{E}=\begin{bmatrix}1 & 0 & 0\\1 & 2 & 0\\0 & 0 & 1\end{bmatrix}$，$(\boldsymbol{A}-2\boldsymbol{E})^{-1}=\dfrac{1}{2}\begin{bmatrix}2 & 0 & 0\\-1 & 1 & 0\\0 & 0 & 2\end{bmatrix}$.

3.【答】 0.

【解析】 由于一个行列式中某个元素的余子式、代数余子式只与该元素所处的位置有关，而与该元素本身的取值无关，从而可以构造新的行列式

$$M_{21}+M_{22}-M_{23}+M_{24}=-A_{21}+A_{22}+A_{23}+A_{24}=\begin{vmatrix}4&5&3&1\\-1&1&1&1\\0&-8&0&0\\-2&-2&2&2\end{vmatrix}$$

$$=-(-8)\times\begin{vmatrix}4&3&1\\-1&1&1\\-2&2&2\end{vmatrix}=0.$$

4.【答】 $n-1$.

【解析】 设 $\boldsymbol{A}$ 的 n 个特征值为 $\lambda_1,\lambda_2,\cdots,\lambda_n$，于是 $|\boldsymbol{A}|=\lambda_1\lambda_2\cdots\lambda_n$. 由条件可知 $\lambda_1,\lambda_2,\cdots,\lambda_n$ 互不相等，且 $|\boldsymbol{A}|=0$，从而 A 的 n 个特征值 $\lambda_1,\lambda_2,\cdots,\lambda_n$ 中恰有一个等于零，其他的 $n-1$ 个特征值都不等于零. 又由于 $\boldsymbol{A}$ 的 n 个特征值互不相等，从而可相似于对角矩阵 $\begin{bmatrix}\lambda_1&0&\cdots&0\\0&\lambda_2&\cdots&0\\\vdots&\vdots&&\vdots\\0&0&\cdots&\lambda_n\end{bmatrix}$，从而 $\boldsymbol{A}$ 的秩等于 $n-1$.

5.【答】 $-\dfrac{\sqrt{10}}{2}<t<\dfrac{\sqrt{10}}{2}$.

【解析】 由 $\boldsymbol{A}$ 为正定矩阵，可知 $\boldsymbol{A}$ 的顺序主子式全大于零，即

$$|1|=1>0,\quad\begin{vmatrix}1&t\\t&3\end{vmatrix}=3-t^2>0,\quad|\boldsymbol{A}|=\begin{vmatrix}1&t&0\\t&3&1\\0&1&2\end{vmatrix}=5-2t^2>0,$$

得 $-\sqrt{3}<t<\sqrt{3}$，$-\dfrac{\sqrt{10}}{2}<t<\dfrac{\sqrt{10}}{2}$，从而 t 的取值范围是 $-\dfrac{\sqrt{10}}{2}<t<\dfrac{\sqrt{10}}{2}$.

6.【答】 $\dfrac{1}{5}(1,1,1)^{\mathrm{T}}$.

【解析】 设 $x_1\boldsymbol{\alpha}_1+x_2\boldsymbol{\alpha}_2+x_3\boldsymbol{\alpha}_3=\boldsymbol{\alpha}$，对 $[\boldsymbol{\alpha}_1\ \boldsymbol{\alpha}_2\ \boldsymbol{\alpha}_3\ \boldsymbol{\alpha}]$ 进行初等行变换

$$[\boldsymbol{\alpha}_1\ \boldsymbol{\alpha}_2\ \boldsymbol{\alpha}_3\ \boldsymbol{\alpha}]=\begin{bmatrix}1&2&2&1\\2&1&2&1\\2&2&1&1\end{bmatrix}\to\begin{bmatrix}1&0&0&\frac{1}{5}\\0&1&0&\frac{1}{5}\\0&0&1&\frac{1}{5}\end{bmatrix},$$

可见 $\boldsymbol{\alpha}$ 在基 $\boldsymbol{\alpha}_1,\boldsymbol{\alpha}_2,\boldsymbol{\alpha}_3$ 下的坐标为 $\dfrac{1}{5}(1,1,1)^{\mathrm{T}}$.

三、计算与证明题

1.【解】 利用行列式的性质可得

$$|\boldsymbol{A}|=\frac{1}{2}\cdot\frac{1}{3}\cdot\frac{1}{4}\cdot\frac{1}{5}\begin{vmatrix}2&3&4&5\\2^2&3^2&4^2&5^2\\2^3&3^3&4^3&5^3\\120&120&120&120\end{vmatrix}=\begin{vmatrix}2&3&4&5\\2^2&3^2&4^2&5^2\\2^3&3^3&4^3&5^3\\1&1&1&1\end{vmatrix}=-\begin{vmatrix}1&1&1&1\\2&3&4&5\\2^2&3^2&4^2&5^2\\2^3&3^3&4^3&5^3\end{vmatrix}$$

$$=-(3-2)(4-3)(4-2)(5-4)(5-3)(5-2)=-12.$$

2.【解】 矩阵方程 $\boldsymbol{AXA}+\boldsymbol{BXB}=\boldsymbol{AXB}+\boldsymbol{BXA}+\boldsymbol{E}$ 可变形为

$$(\boldsymbol{A}-\boldsymbol{B})\boldsymbol{X}(\boldsymbol{A}-\boldsymbol{B})=\boldsymbol{E},$$

从而

$$\boldsymbol{X}=[(\boldsymbol{A}-\boldsymbol{B})^{-1}]^2.$$

因为

$$[\boldsymbol{A}-\boldsymbol{B}\quad \boldsymbol{E}]=\begin{bmatrix}1&-1&-1&1&0&0\\0&1&-1&0&1&0\\0&0&1&0&0&1\end{bmatrix}\to\begin{bmatrix}1&0&0&1&1&2\\0&1&0&0&1&1\\0&0&1&0&0&1\end{bmatrix},$$

所以

$$(\boldsymbol{A}-\boldsymbol{B})^{-1}=\begin{bmatrix}1&1&2\\0&1&1\\0&0&1\end{bmatrix},$$

于是

$$\boldsymbol{X}=\begin{bmatrix}1&1&2\\0&1&1\\0&0&1\end{bmatrix}\begin{bmatrix}1&1&2\\0&1&1\\0&0&1\end{bmatrix}=\begin{bmatrix}1&2&5\\0&1&2\\0&0&1\end{bmatrix}.$$

3.【证】 设$\boldsymbol{A}$有 n 个两两正交的特征向量 $\boldsymbol{\alpha}_1, \boldsymbol{\alpha}_2, \cdots, \boldsymbol{\alpha}_n$, 对应的特征值为 $\lambda_1, \lambda_2, \cdots, \lambda_n$, 令

$$\boldsymbol{\beta}_i=\frac{\boldsymbol{\alpha}_i}{\|\boldsymbol{\alpha}_i\|},\ i=1,2,\cdots,n,$$

则 $\boldsymbol{P}=[\boldsymbol{\beta}_1\ \ \boldsymbol{\beta}_2\ \ \cdots\ \ \boldsymbol{\beta}_n]$ 为一个正交矩阵，且 $\boldsymbol{\beta}_1, \boldsymbol{\beta}_2, \cdots, \boldsymbol{\beta}_n$ 依次为特征值 $\lambda_1, \lambda_2, \cdots, \lambda_n$ 对应的特征向量.

于是

$$\boldsymbol{P}^{-1}\boldsymbol{AP}=\mathrm{diag}(\lambda_1,\lambda_2,\cdots,\lambda_n)=\boldsymbol{\Lambda},$$

即

$$\boldsymbol{A}=\boldsymbol{P\Lambda P}^{-1}=\boldsymbol{P\Lambda P}^{\mathrm{T}},$$

所以

$$\boldsymbol{A}^{\mathrm{T}}=(\boldsymbol{P\Lambda P}^{\mathrm{T}})^{\mathrm{T}}=\boldsymbol{P\Lambda P}^{\mathrm{T}}=\boldsymbol{A}.$$

4.【解】 令 $x_1\boldsymbol{\alpha}_1+x_2\boldsymbol{\alpha}_2+x_3\boldsymbol{\alpha}_3=\boldsymbol{\beta}$. 对矩阵$[\boldsymbol{\alpha}_1\ \ \boldsymbol{\alpha}_2\ \ \boldsymbol{\alpha}_3\ \ \boldsymbol{\beta}]$进行初等行变换，得

$$[\boldsymbol{\alpha}_1\ \ \boldsymbol{\alpha}_2\ \ \boldsymbol{\alpha}_3\ \ \boldsymbol{\beta}]=\begin{bmatrix}1&2&0&3\\4&7&1&10\\0&1&-1&b\\2&3&a&4\end{bmatrix}\to\begin{bmatrix}1&2&0&3\\0&-1&1&-2\\0&0&a-1&0\\0&0&0&b-2\end{bmatrix}.$$

(1)当 $b\neq 2$ 时，$\operatorname{rank}[\boldsymbol{\alpha}_1\ \ \boldsymbol{\alpha}_2\ \ \boldsymbol{\alpha}_3]<\operatorname{rank}[\boldsymbol{\alpha}_1\ \ \boldsymbol{\alpha}_2\ \ \boldsymbol{\alpha}_3\ \ \boldsymbol{\beta}]$，$\boldsymbol{\beta}$ 不能由 $\boldsymbol{\alpha}_1$，$\boldsymbol{\alpha}_2$，$\boldsymbol{\alpha}_3$ 线性表示.

(2)当 $b=2$，$a\neq 1$ 时，$\operatorname{rank}[\boldsymbol{\alpha}_1\ \ \boldsymbol{\alpha}_2\ \ \boldsymbol{\alpha}_3]=\operatorname{rank}[\boldsymbol{\alpha}_1\ \ \boldsymbol{\alpha}_2\ \ \boldsymbol{\alpha}_3\ \ \boldsymbol{\beta}]=3$，此时

$$[\boldsymbol{\alpha}_1\ \ \boldsymbol{\alpha}_2\ \ \boldsymbol{\alpha}_3\ \ \boldsymbol{\beta}]\to\begin{bmatrix}1&2&0&3\\0&-1&1&-2\\0&0&a-1&0\\0&0&0&0\end{bmatrix}\to\begin{bmatrix}1&0&0&-1\\0&1&0&2\\0&0&1&0\\0&0&0&0\end{bmatrix},$$

得唯一的表达式 $\boldsymbol{\beta}=-\boldsymbol{\alpha}_1+2\boldsymbol{\alpha}_2$.

(3)当 $b=2$，$a=1$ 时，$\operatorname{rank}[\boldsymbol{\alpha}_1\ \ \boldsymbol{\alpha}_2\ \ \boldsymbol{\alpha}_3]=\operatorname{rank}[\boldsymbol{\alpha}_1\ \ \boldsymbol{\alpha}_2\ \ \boldsymbol{\alpha}_3\ \ \boldsymbol{\beta}]=2<3$，此时

$$[\boldsymbol{\alpha}_1\ \ \boldsymbol{\alpha}_2\ \ \boldsymbol{\alpha}_3\ \ \boldsymbol{\beta}]\to\begin{bmatrix}1&2&0&3\\0&-1&1&-2\\0&0&0&0\\0&0&0&0\end{bmatrix}\to\begin{bmatrix}1&0&2&-1\\0&1&-1&2\\0&0&0&0\\0&0&0&0\end{bmatrix},$$

得同解方程组

$$\begin{cases}x_1=-2x_3-1,\\x_2=x_3+2,\end{cases}$$

解得

$$\begin{bmatrix}x_1\\x_2\\x_3\end{bmatrix}=\begin{bmatrix}-2c-1\\c+2\\c\end{bmatrix},$$

从而得表达式

$$\boldsymbol{\beta}=(-2c-1)\boldsymbol{\alpha}_1+(c+2)\boldsymbol{\alpha}_2+c\boldsymbol{\alpha}_3,$$

其中 c 可取任意数.

5.【解】 (1) 设 $\boldsymbol{A}$ 的另一个特征值为 λ_3，则由 $\boldsymbol{A}$ 的秩为 2 可知

$$\lambda_1\lambda_2\lambda_3=|\boldsymbol{A}|=0,$$

从而 $\lambda_3=0$.

因 $\lambda_1=\lambda_2=6$ 是 $\boldsymbol{A}$ 的二重特征值，故其对应的线性无关的特征向量有两个，即 $\boldsymbol{\alpha}_1=(1,1,0)^{\mathrm{T}}$，$\boldsymbol{\alpha}_2=(2,1,1)^{\mathrm{T}}$. 于是 $\lambda_3=0$ 对应的特征向量 $\boldsymbol{\alpha}=(x_1,x_2,x_3)^{\mathrm{T}}$ 与 $\boldsymbol{\alpha}_1$，$\boldsymbol{\alpha}_2$ 正交，即

$$\begin{cases}x_1+x_2=0,\\2x_1+x_2+x_3=0,\end{cases}$$

得基础解系 $\boldsymbol{\alpha}=(-1,1,1)^{\mathrm{T}}$，所以 $\lambda_3=0$ 对应的全部特征向量为 $k\boldsymbol{\alpha}$，k 为任意非零常数.

(2)令 $\boldsymbol{P}=[\boldsymbol{\alpha}_1\ \ \boldsymbol{\alpha}_2\ \ \boldsymbol{\alpha}]$，则

$$\boldsymbol{P}^{-1}\boldsymbol{AP}=\operatorname{diag}(6,6,0),$$

于是

$$A=P\begin{bmatrix}6&&\\&6&\\&&0\end{bmatrix}P^{-1}=\begin{bmatrix}1&2&-1\\1&1&1\\0&1&1\end{bmatrix}\begin{bmatrix}6&&\\&6&\\&&0\end{bmatrix}\frac{1}{3}\begin{bmatrix}0&3&-3\\1&-1&2\\-1&1&1\end{bmatrix}=\begin{bmatrix}4&2&2\\2&4&-2\\2&-2&4\end{bmatrix}.$$

6.【证】 (1) 由 $A^2+3A=4E$ 可知$(A+4E)(A-E)=O$，从而

$$\operatorname{rank}(A+4E)+\operatorname{rank}(A-E)\leqslant n;$$

又

$$\begin{aligned}\operatorname{rank}(A+4E)+\operatorname{rank}(A-E)&=\operatorname{rank}(A+4E)+\operatorname{rank}(-A+E)\\&\geqslant\operatorname{rank}(A+4E-A+E)=\operatorname{rank}5E=n,\end{aligned}$$

因此 $\operatorname{rank}(A+4E)+\operatorname{rank}(A-E)=n.$

(2)设 λ 为 A 的任一特征值，则由 $A^2+3A=4E$ 可知 $\lambda^2+3\lambda-4=0$，解得 $\lambda_1=-4$，$\lambda_2=1$，从而 A 的特征值为 -4 或 1.

因为特征值 -4 和 1 的几何重数分别为 $n-\operatorname{rank}(A+4E)$ 和 $n-\operatorname{rank}(A-E)$，由(1)知

$$n-\operatorname{rank}(A+4E)+n-\operatorname{rank}(A-E)=n,$$

从而 A 有 n 个线性无关的特征向量，所以 A 可相似对角化.

(3)由 $A^2+3A=4E$ 知

$$O=A^2+3A-4E=(A+2E)(A+E)-6E,$$

所以

$$(A+2E)^{-1}=\frac{1}{6}(A+E).$$

2012—2013 学年秋季学期(A)卷解析

一、单选题

1.【答】 A.

【解析】 由 4 阶方阵 $\boldsymbol{B}$ 的秩是 4，可知 $\boldsymbol{B}$ 为可逆矩阵，从而矩阵 $\boldsymbol{BAB}$ 的秩等于 $\boldsymbol{A}$ 的秩，即 1.

2.【答】 B.

【解析】 由 $\boldsymbol{A}$ 为 $m\times n$ 矩阵，$\boldsymbol{B}$ 为 $n\times m$ 矩阵，可知 $\boldsymbol{AB}$ 为 $m\times m$ 矩阵. 当 $n<m$ 时，$\operatorname{rank}(\boldsymbol{AB})\leqslant\operatorname{rank}\boldsymbol{A}\leqslant\min\{m,n\}=n<m$，可见齐次线性方程组 $\boldsymbol{ABx}=\boldsymbol{0}$ 的系数矩阵 $\boldsymbol{AB}$ 的秩小于未知量的个数，从而该方程组必有非零解.

3.【答】 B.

【解析】 n 阶方阵 $\boldsymbol{A}$ 与对角矩阵相似的充要条件是 $\boldsymbol{A}$ 有 n 个线性无关的特征向量，或者 $\boldsymbol{A}$ 的每个特征值的几何重数等于代数重数. $\boldsymbol{A}$ 有 n 个不同的特征值表明 $\boldsymbol{A}$ 的每个特征值的代数重数均为 1，从而可知这些特征值的几何重数也都为 1，因此 $\boldsymbol{A}$ 必可相似对角化. 但是，n 阶方阵 $\boldsymbol{A}$ 与对角矩阵并不能推出 $\boldsymbol{A}$ 一定有 n 个不同的特征值，例如 $\begin{bmatrix}3&1&1\\1&3&1\\1&1&3\end{bmatrix}$可相似于对角矩阵$\begin{bmatrix}5&0&0\\0&2&0\\0&0&2\end{bmatrix}$，其特征值为 5，2，2.

4.【答】 A.

【解析】 $1+2+3+\cdots+n^2=\dfrac{(1+n^2)n^2}{2}$，由条件可知行列式中每行每列元素之和均等于$\dfrac{(1+n^2)n}{2}$. 又由 n 为奇数，可知 $1+n^2$ 为偶数，$\dfrac{1+n^2}{2}$为整数，$\dfrac{(1+n^2)n}{2}$能被 n 整除.

设 n 阶行列式为 $|a_{ij}|$，先将行列式的第 2，3，…，n 列的 1 倍加到第 1 列，再将行列式的第 2，3，…，n 行的 1 倍加到第 1 行，得

$$\begin{vmatrix}a_{11}&a_{12}&\cdots&a_{1n}\\a_{21}&a_{22}&\cdots&a_{2n}\\\vdots&\vdots&&\vdots\\a_{n1}&a_{n2}&\cdots&a_{nn}\end{vmatrix}=\begin{vmatrix}\dfrac{(1+n^2)n}{2}&a_{12}&\cdots&a_{1n}\\\dfrac{(1+n^2)n}{2}&a_{22}&\cdots&a_{2n}\\\vdots&\vdots&&\vdots\\\dfrac{(1+n^2)n}{2}&a_{n2}&\cdots&a_{nn}\end{vmatrix}=\frac{(1+n^2)n}{2}\begin{vmatrix}1&a_{12}&\cdots&a_{1n}\\1&a_{22}&\cdots&a_{2n}\\\vdots&\vdots&&\vdots\\1&a_{n2}&\cdots&a_{nn}\end{vmatrix}$$

$$=\frac{(1+n^2)n}{2}\begin{vmatrix} n & \frac{(1+n^2)n}{2} & \cdots & \frac{(1+n^2)n}{2} \\ 1 & a_{22} & \cdots & a_{2n} \\ \vdots & \vdots & & \vdots \\ 1 & a_{n2} & \cdots & a_{nn} \end{vmatrix} = \frac{(1+n^2)n^2}{2}\begin{vmatrix} 1 & \frac{1+n^2}{2} & \cdots & \frac{1+n^2}{2} \\ 1 & a_{22} & \cdots & a_{2n} \\ \vdots & \vdots & & \vdots \\ 1 & a_{n2} & \cdots & a_{nn} \end{vmatrix}.$$

因此，行列式的值一定可被正整数 n^2 整除.

5.【答】 C.

【解析】 设3阶实对称矩阵 $\boldsymbol{A}$ 对应于特征值1的特征向量为 $\boldsymbol{\xi}=(x_1, x_2, x_3)^{\mathrm{T}}$，根据实对称矩阵的特征向量的性质可知 $<\boldsymbol{\xi}, \boldsymbol{\eta}_1>=0$，即 $x_1+x_2-x_3=0$，求出 $\boldsymbol{A}$ 对应于特征值1的两个线性无关的特征向量为 $\boldsymbol{\xi}_1=(-1, 1, 0)^{\mathrm{T}}$，$\boldsymbol{\xi}_2=(1, 0, 1)^{\mathrm{T}}$.

令 $\boldsymbol{P}=\begin{bmatrix} 1 & -1 & 1 \\ 1 & 1 & 0 \\ -1 & 0 & 1 \end{bmatrix}$，于是 $\boldsymbol{P}^{-1}\boldsymbol{AP}=\begin{bmatrix} -2 & 0 & 0 \\ 0 & 1 & 0 \\ 0 & 0 & 1 \end{bmatrix}$，从而

$$\boldsymbol{A}=\boldsymbol{P}\begin{bmatrix} -2 & 0 & 0 \\ 0 & 1 & 0 \\ 0 & 0 & 1 \end{bmatrix}\boldsymbol{P}^{-1}=\begin{bmatrix} 0 & -1 & 1 \\ -1 & 0 & 1 \\ 1 & 1 & 0 \end{bmatrix}.$$

6.【答】 D.

【解析】 因为 $\boldsymbol{A}$ 与 $\boldsymbol{B}$ 相似，$\boldsymbol{A}$ 的全部特征值为1，2，3，4，从而 $\boldsymbol{B}$ 的全部特征值为1，2，3，4，$\boldsymbol{B}^{-1}$的全部特征值为1，$\frac{1}{2}$，$\frac{1}{3}$，$\frac{1}{4}$，$\boldsymbol{B}^{-1}-\boldsymbol{E}$ 的全部特征值为0，$-\frac{1}{2}$，$-\frac{2}{3}$，$-\frac{3}{4}$，$|\boldsymbol{B}^{-1}-\boldsymbol{E}|=0\times(-\frac{1}{2})\times(-\frac{2}{3})\times(-\frac{3}{4})=0$.

二、填空题

1.【答】 2^{12}.

【解析】 利用分块矩阵的运算性质和行列式的性质可得 $|\boldsymbol{A}+\boldsymbol{B}|=|[2\boldsymbol{\alpha}_1\ 2\boldsymbol{\alpha}_2\ 2\boldsymbol{\alpha}_3\ \boldsymbol{\alpha}+\boldsymbol{\beta}]|=8|[\boldsymbol{\alpha}_1\ \boldsymbol{\alpha}_2\ \boldsymbol{\alpha}_3\ \boldsymbol{\alpha}+\boldsymbol{\beta}]|=8(|[\boldsymbol{\alpha}_1\ \boldsymbol{\alpha}_2\ \boldsymbol{\alpha}_3\ \boldsymbol{\alpha}]|+|[\boldsymbol{\alpha}_1\ \boldsymbol{\alpha}_2\ \boldsymbol{\alpha}_3\ \boldsymbol{\beta}]|)=16$，另外，对任意方阵 $\boldsymbol{A}$ 及其伴随矩阵 $\boldsymbol{A}^*$，有 $|\boldsymbol{A}^*|=|\boldsymbol{A}|^{n-1}$，从而可得 $|(\boldsymbol{A}+\boldsymbol{B})^*|=|\boldsymbol{A}+\boldsymbol{B}|^3=2^{12}$.

2.【答】 $\frac{4}{3}$.

【解析】 由3阶方阵 $\boldsymbol{A}$ 的特征值是1，2，3，可知 $|\boldsymbol{A}|=6$，$|\boldsymbol{A}^{-1}|=\frac{1}{6}$，$|2\boldsymbol{A}^{-1}|=2^3|\boldsymbol{A}^{-1}|=\frac{4}{3}$.

3.【答】 1.

【解析】 由秩的不等式可知 $\mathrm{rank}\boldsymbol{A}^2\leqslant\mathrm{rank}\boldsymbol{A}\leqslant\mathrm{rank}\boldsymbol{P}=1$，又由矩阵乘法的结合律可知 $\boldsymbol{A}^2=(\boldsymbol{PQ})(\boldsymbol{PQ})=\boldsymbol{P}(\boldsymbol{QP})\boldsymbol{Q}=2\boldsymbol{PQ}\neq\boldsymbol{O}$，从而 $\mathrm{rank}\boldsymbol{A}^2\geqslant1$. 可见 $\mathrm{rank}\boldsymbol{A}^2=1$.

4.【答】 -30.

【解析】 由特征多项式

$$|\lambda \boldsymbol{E}-\boldsymbol{A}|=\begin{vmatrix}\lambda+1 & -2 & -2\\ -2 & \lambda+1 & 2\\ -2 & 2 & \lambda+1\end{vmatrix}=\begin{vmatrix}\lambda-1 & -2 & -2\\ 0 & \lambda+1 & 2\\ \lambda-1 & 2 & \lambda+1\end{vmatrix}$$

$$=\begin{vmatrix}\lambda-1 & -2 & -2\\ 0 & \lambda+1 & 2\\ 0 & 4 & \lambda+3\end{vmatrix}=(\lambda+5)(\lambda-1)^2,$$

可知 $\boldsymbol{A}$ 的三个特征值为 $\lambda_1=-5$, $\lambda_2=\lambda_3=1$, 从而算得 $\boldsymbol{E}+2\boldsymbol{A}-\boldsymbol{A}^2$ 的三个特征值为 -34, 2, 2, 从而 $\boldsymbol{E}+2\boldsymbol{A}-\boldsymbol{A}^2$ 的三个特征值之和为 -30.

5.【答】 $2y_1^2-y_2^2-y_3^2$.

【解析】 二次型的对称矩阵为 $\boldsymbol{A}=\begin{bmatrix}0 & 1 & 1\\ 1 & 0 & 1\\ 1 & 1 & 0\end{bmatrix}$, 由特征多项式

$$|\lambda \boldsymbol{E}-\boldsymbol{A}|=\begin{vmatrix}\lambda & -1 & -1\\ -1 & \lambda & -1\\ -1 & -1 & \lambda\end{vmatrix}=\begin{vmatrix}\lambda-2 & -1 & -1\\ \lambda-2 & \lambda & -1\\ \lambda-2 & -1 & \lambda\end{vmatrix}=\begin{vmatrix}\lambda-2 & -1 & -1\\ 0 & \lambda+1 & 0\\ 0 & 0 & \lambda+1\end{vmatrix}=(\lambda-2)(\lambda+1)^2,$$

可知 $\boldsymbol{A}$ 的三个特征值为 $\lambda_1=2$, $\lambda_2=\lambda_3=-1$, 从而可得二次型在正交变换下的标准形为 $2y_1^2-y_2^2-y_3^2$.

6.【答】 s 为奇数.

【解析】 由题意可知

$$[\boldsymbol{\beta}_1\ \boldsymbol{\beta}_2\cdots\ \boldsymbol{\beta}_s]=[\boldsymbol{\alpha}_1\ \boldsymbol{\alpha}_2\cdots\ \boldsymbol{\alpha}_s]\begin{bmatrix}1 & 0 & 0 & \cdots & 1\\ 1 & 1 & 0 & \cdots & 0\\ 0 & 1 & 1 & \cdots & 0\\ \vdots & \vdots & \vdots & & \vdots\\ 0 & 0 & 0 & \cdots & 1\end{bmatrix}.$$

设 $\boldsymbol{A}=[\boldsymbol{\alpha}_1\ \boldsymbol{\alpha}_2\cdots\ \boldsymbol{\alpha}_s]$, $\boldsymbol{B}=[\boldsymbol{\beta}_1\ \boldsymbol{\beta}_2\cdots\ \boldsymbol{\beta}_s]$, 以及 $\boldsymbol{C}=\begin{bmatrix}1 & 0 & 0 & \cdots & 1\\ 1 & 1 & 0 & \cdots & 0\\ 0 & 1 & 1 & \cdots & 0\\ \vdots & \vdots & \vdots & & \vdots\\ 0 & 0 & 0 & \cdots & 1\end{bmatrix}$, 则 $\boldsymbol{B}=\boldsymbol{AC}$. $\boldsymbol{C}$ 的行列式为

$$\begin{vmatrix}1 & 0 & 0 & \cdots & 1\\ 1 & 1 & 0 & \cdots & 0\\ 0 & 1 & 1 & \cdots & 0\\ \vdots & \vdots & \vdots & & \vdots\\ 0 & 0 & 0 & \cdots & 1\end{vmatrix}=1+(-1)^{2+1}\begin{vmatrix}0 & 0 & 0 & \cdots & 1\\ 1 & 1 & 0 & \cdots & 0\\ 0 & 1 & 1 & \cdots & 0\\ \vdots & \vdots & \vdots & & \vdots\\ 0 & 0 & 0 & \cdots & 1\end{vmatrix},$$

$$=1+(-1)(-1)^{1+s-1}\begin{vmatrix}1&1&0&\cdots&0&0\\0&1&1&\cdots&0&0\\0&0&1&\cdots&0&0\\\vdots&\vdots&\vdots&&\vdots&\vdots\\0&0&0&\cdots&1&1\\0&0&0&\cdots&0&1\end{vmatrix}=1+(-1)^{1+s}.$$

因此，s 为奇数$\Leftrightarrow|\boldsymbol{C}|\neq 0\Leftrightarrow\boldsymbol{C}$ 为可逆矩阵

$$\Leftrightarrow \text{rank }\boldsymbol{B}=\text{rank }\boldsymbol{A}=s\Leftrightarrow\boldsymbol{\beta}_1,\boldsymbol{\beta}_2,\cdots,\boldsymbol{\beta}_s \text{ 线性无关}.$$

三、计算与证明题

1.【解】 先将各行减去第一行，再将第 $i(1\leqslant i\leqslant n)$ 列的$\dfrac{a_1}{a_i}$倍加到第一列，得

$$\text{原式}=\begin{vmatrix}1+a_1&1&\cdots&1\\-a_1&a_2&\cdots&0\\\vdots&\vdots&&\vdots\\-a_1&0&\cdots&a_n\end{vmatrix}$$

$$=\begin{vmatrix}1+a_1+\sum\limits_{i=2}^{n}\dfrac{a_1}{a_i}&1&\cdots&1\\0&a_2&\cdots&0\\\vdots&\vdots&&\vdots\\0&0&\cdots&a_n\end{vmatrix}$$

$$=a_1a_2\cdots a_n\left(1+\sum_{i=1}^{n}\frac{1}{a_i}\right).$$

2.【解】 因为$|\boldsymbol{A}-\boldsymbol{E}|=\begin{vmatrix}0&0&1\\0&1&0\\-1&0&0\end{vmatrix}=1$，故 $\boldsymbol{A}-\boldsymbol{E}$ 可逆.

由已知得到$(\boldsymbol{A}-\boldsymbol{E})\boldsymbol{B}=(\boldsymbol{A}-\boldsymbol{E})(\boldsymbol{A}+\boldsymbol{E})$，则

$$\boldsymbol{B}=\boldsymbol{A}+\boldsymbol{E}=\begin{bmatrix}2&0&1\\0&3&0\\-1&0&2\end{bmatrix}.$$

3.【解】 对增广矩阵进行初等行变换

$$\widetilde{\boldsymbol{A}}=\begin{bmatrix}1&0&1&k\\4&1&2&k+2\\6&1&4&2k+3\end{bmatrix}\to\begin{bmatrix}1&0&1&k\\0&1&-2&-3k+2\\0&0&0&-k+1\end{bmatrix}.$$

(1) 当 $k\neq 1$ 时，$\text{rank}\boldsymbol{A}=2$，$\text{rank}\widetilde{\boldsymbol{A}}=3$，方程组无解.

(2) 当 $k=1$ 时，$\text{rank}\boldsymbol{A}=\text{rank}\widetilde{\boldsymbol{A}}=2$，方程组有无穷多解，原方程组化为

$\begin{cases}x_1=-x_3+1,\\x_2=2x_3-1,\end{cases}$ 故方程组的通解为$\begin{cases}x_1=-c+1,\\x_2=2c-1,\quad c\in\mathbf{R}.\\x_3=c,\end{cases}$

4.【解】 因为 $\boldsymbol{A}\sim\boldsymbol{B}$，故 $\boldsymbol{A}$，$\boldsymbol{B}$ 有相同的特征值，$\boldsymbol{A}$，$\boldsymbol{B}$ 的迹相等，$|\boldsymbol{A}|=|\boldsymbol{B}|$，即

$$\begin{cases}2+x=1+y,\\-2y=-2,\end{cases}\text{故}\begin{cases}x=0,\\y=1.\end{cases}$$

$\boldsymbol{A}$ 对应于特征值 2，1，-1 的标准正交特征向量分别为

$$\boldsymbol{\xi}_1=\begin{bmatrix}1\\0\\0\end{bmatrix},\ \boldsymbol{\xi}_2=\begin{bmatrix}0\\1/\sqrt{2}\\1/\sqrt{2}\end{bmatrix},\ \boldsymbol{\xi}_3=\begin{bmatrix}0\\1/\sqrt{2}\\-1/\sqrt{2}\end{bmatrix}.$$

记 $\boldsymbol{Q}=[\boldsymbol{\xi}_1\ \boldsymbol{\xi}_2\ \boldsymbol{\xi}_3]=\begin{bmatrix}1&0&0\\0&1/\sqrt{2}&1/\sqrt{2}\\0&1/\sqrt{2}&-1/\sqrt{2}\end{bmatrix}$，$\boldsymbol{\Lambda}=\begin{bmatrix}2&0&0\\0&1&0\\0&0&-1\end{bmatrix}$.

因此，$\boldsymbol{A}^{100}=\boldsymbol{Q}\boldsymbol{\Lambda}^{100}\boldsymbol{Q}^{\mathrm{T}}=$

$$\begin{bmatrix}1&0&0\\0&1/\sqrt{2}&1/\sqrt{2}\\0&1/\sqrt{2}&-1/\sqrt{2}\end{bmatrix}\begin{bmatrix}2^{100}&0&0\\0&1^{100}&0\\0&0&(-1)^{100}\end{bmatrix}\begin{bmatrix}1&0&0\\0&1/\sqrt{2}&1/\sqrt{2}\\0&1/\sqrt{2}&-1/\sqrt{2}\end{bmatrix}=\begin{bmatrix}2^{100}&0&0\\0&1&0\\0&0&1\end{bmatrix}.$$

注：该题也可在求出 x 的值后，用如下思路求 $\boldsymbol{A}^{100}$.

令 $\boldsymbol{A}=\begin{bmatrix}\boldsymbol{C}&\boldsymbol{O}\\\boldsymbol{O}&\boldsymbol{D}\end{bmatrix}$，其中 $\boldsymbol{C}=[2]$，$\boldsymbol{D}=\begin{bmatrix}0&1\\1&0\end{bmatrix}$，则

$$\boldsymbol{A}^{100}=\begin{bmatrix}\boldsymbol{C}&\boldsymbol{O}\\\boldsymbol{O}&\boldsymbol{D}\end{bmatrix}^{100}=\begin{bmatrix}\boldsymbol{C}^{100}&\boldsymbol{O}\\\boldsymbol{O}&\boldsymbol{D}^{100}\end{bmatrix}=\begin{bmatrix}2^{100}&&\\&1&\\&&1\end{bmatrix}.$$

5.【证】 (1)设正交变换 $\boldsymbol{x}=\boldsymbol{C}\boldsymbol{y}$ 把二次型 $\boldsymbol{x}^{\mathrm{T}}\boldsymbol{A}\boldsymbol{x}$ 化为标准形 $\lambda_1y_1^2+\lambda_2y_2^2+\cdots+\lambda_ny_n^2$，其中 λ_1，λ_2，…，λ_n 为 $\boldsymbol{A}$ 的特征值($\lambda_1\leqslant\lambda_2\leqslant\cdots\leqslant\lambda_n$). 则

$$\begin{aligned}\boldsymbol{x}^{\mathrm{T}}\boldsymbol{A}\boldsymbol{x}&=\lambda_1y_1^2+\lambda_2y_2^2+\cdots+\lambda_ny_n^2\leqslant\lambda_n(y_1^2+y_2^2+\cdots+y_n^2)\\&=\lambda_n(x_1^2+x_2^2+\cdots+x_n^2)=\lambda_n\boldsymbol{x}^{\mathrm{T}}\boldsymbol{x}\\\boldsymbol{x}^{\mathrm{T}}\boldsymbol{A}\boldsymbol{x}&=\lambda_1y_1^2+\lambda_2y_2^2+\cdots+\lambda_ny_n^2\geqslant\lambda_1(y_1^2+y_2^2+\cdots+y_n^2)\\&=\lambda_1(x_1^2+x_2^2+\cdots+x_n^2)=\lambda_1\boldsymbol{x}^{\mathrm{T}}\boldsymbol{x}\end{aligned}$$

(2)**方法一** 因为 $\boldsymbol{A}$ 为实对称阵，所以存在可逆矩阵 $\boldsymbol{P}$，使

$$\boldsymbol{P}^{\mathrm{T}}\boldsymbol{A}\boldsymbol{P}=\boldsymbol{D}=\mathrm{diag}(\lambda_1,\ \cdots,\ \lambda_i,\ \cdots,\ \lambda_n)$$

其中 λ_1，λ_2，…，λ_n 为 $\boldsymbol{A}$ 的特征值($\lambda_1\leqslant\lambda_2\leqslant\cdots\leqslant\lambda_n$)，由 $|\boldsymbol{A}|=\lambda_1\lambda_2\cdots\lambda_n<0$，可知$\lambda_1<0$.

取 $\boldsymbol{x}_0=\boldsymbol{P}\begin{bmatrix}1\\0\\0\\\vdots\\0\end{bmatrix}$，则有

$$\boldsymbol{x}_0^{\mathrm{T}}\boldsymbol{A}\boldsymbol{x}_0 = (1,0,0,\cdots,0)\boldsymbol{P}^{\mathrm{T}}\boldsymbol{A}\boldsymbol{P}\begin{bmatrix}1\\0\\0\\\vdots\\0\end{bmatrix}$$

$$=(1,0,0,\cdots,0)\begin{bmatrix}\lambda_1 & & & & \\ & \ddots & & & \\ & & \lambda_k & & \\ & & & \ddots & \\ & & & & \lambda_n\end{bmatrix}\begin{bmatrix}1\\0\\0\\\vdots\\0\end{bmatrix}=\lambda_1<0.$$

方法二(反证法)

若$\forall \boldsymbol{x}\neq\boldsymbol{0}$，都有$\boldsymbol{x}^{\mathrm{T}}\boldsymbol{A}\boldsymbol{x}\geqslant 0$，由$\boldsymbol{A}$为实对称阵，则$\boldsymbol{A}$为半正定矩阵，故$|\boldsymbol{A}|\geqslant 0$，与$|\boldsymbol{A}|<0$矛盾.

6.【证】 (1)设$\boldsymbol{\xi}=k_1\boldsymbol{\alpha}_1+k_2\boldsymbol{\alpha}_2$，且$\boldsymbol{\xi}=l_1\boldsymbol{\beta}_1+l_2\boldsymbol{\beta}_2$，从而

$$k_1\boldsymbol{\alpha}_1+k_2\boldsymbol{\alpha}_2=l_1\boldsymbol{\beta}_1+l_2\boldsymbol{\beta}_2,$$

即

$$[\boldsymbol{\alpha}_1\quad \boldsymbol{\alpha}_2\ -\boldsymbol{\beta}_1\ -\boldsymbol{\beta}_2]\begin{bmatrix}k_1\\k_2\\l_1\\l_2\end{bmatrix}=\boldsymbol{0},$$

由于$\operatorname{rank}[\boldsymbol{\alpha}_1\quad \boldsymbol{\alpha}_2\ -\boldsymbol{\beta}_1\ -\boldsymbol{\beta}_2]\leqslant 3<4$，则方程组有非零解，因此存在非零向量$\boldsymbol{\xi}$，使得$\boldsymbol{\xi}$既可由$\boldsymbol{\alpha}_1$，$\boldsymbol{\alpha}_2$线性表示，又可由$\boldsymbol{\beta}_1$，$\boldsymbol{\beta}_2$线性表示.

(2)当$\boldsymbol{\alpha}_1=\begin{bmatrix}1\\3\\4\end{bmatrix}$，$\boldsymbol{\alpha}_2=\begin{bmatrix}2\\5\\5\end{bmatrix}$，$\boldsymbol{\beta}_1=\begin{bmatrix}2\\3\\-1\end{bmatrix}$，$\boldsymbol{\beta}_2=\begin{bmatrix}-3\\-4\\3\end{bmatrix}$时，对方程组的系数矩阵进行初等变换，化为行最简形，得

$$[\boldsymbol{\alpha}_1\quad \boldsymbol{\alpha}_2\ -\boldsymbol{\beta}_1\ -\boldsymbol{\beta}_2]=\begin{bmatrix}1&2&-2&3\\3&5&-3&4\\4&5&1&-3\end{bmatrix}\to\begin{bmatrix}1&0&4&-7\\0&1&-3&5\\0&0&0&0\end{bmatrix}$$

则该方程组的通解为

$$\begin{cases}k_1=-4l_1+7l_2,\\k_2=3l_1-5l_2,\\l_1=l_1,\\l_2=l_2,\end{cases}\Rightarrow\begin{bmatrix}k_1\\k_2\\l_1\\l_2\end{bmatrix}=l_1\begin{bmatrix}-4\\3\\1\\0\end{bmatrix}+l_2\begin{bmatrix}7\\-5\\0\\1\end{bmatrix},$$

故所有既可由$\boldsymbol{\alpha}_1$，$\boldsymbol{\alpha}_2$线性表示，又可由$\boldsymbol{\beta}_1$，$\boldsymbol{\beta}_2$线性表示的向量为

$$\boldsymbol{\xi}=l_1\begin{bmatrix}2\\3\\-1\end{bmatrix}+l_2\begin{bmatrix}-3\\-4\\3\end{bmatrix}，其中\ l_1,\ l_2\ 为任意常数.$$

2012—2013学年秋季学期(B)卷解析

一、单选题

1.【答】 D.

【解析】 由 $\boldsymbol{A}^{-1}=\dfrac{\boldsymbol{A}^*}{|\boldsymbol{A}|}$，可知 $|2\boldsymbol{A}^{-1}-3\boldsymbol{A}^*|=\left|2\dfrac{\boldsymbol{A}^*}{|\boldsymbol{A}|}-3\boldsymbol{A}^*\right|=|-2\boldsymbol{A}^*|=-8|\boldsymbol{A}^*|$.
再由 $|\boldsymbol{A}^*|=|\boldsymbol{A}|^{n-1}=4$，可知 $|2\boldsymbol{A}^{-1}-3\boldsymbol{A}^*|=-32$.

2.【答】 B.

【解析】 令矩阵 $\boldsymbol{A}=[\boldsymbol{\alpha}_1^{\mathrm{T}}\ \boldsymbol{\alpha}_2^{\mathrm{T}}\ \boldsymbol{\alpha}_3^{\mathrm{T}}\ \boldsymbol{\alpha}_4^{\mathrm{T}}]$，对其进行初等变换得

$$\begin{bmatrix}1&2&3&4\\2&3&4&5\\3&4&5&6\\4&5&6&7\end{bmatrix}\rightarrow\begin{bmatrix}1&2&3&4\\1&1&1&1\\1&1&1&1\\1&1&1&1\end{bmatrix}\rightarrow\begin{bmatrix}1&2&3&4\\1&1&1&1\\0&0&0&0\\0&0&0&0\end{bmatrix},$$

可见 $\boldsymbol{\alpha}_1$，$\boldsymbol{\alpha}_2$，$\boldsymbol{\alpha}_3$，$\boldsymbol{\alpha}_4$ 的秩等于2.

3.【答】 C.

【解析】 由已知可得 $\boldsymbol{A}^{\mathrm{T}}\boldsymbol{A}=\begin{bmatrix}-a&b\\b&a\end{bmatrix}\begin{bmatrix}-a&b\\b&a\end{bmatrix}=\begin{bmatrix}a^2+b^2&0\\0&a^2+b^2\end{bmatrix}=\begin{bmatrix}1&0\\0&1\end{bmatrix}$，类似有 $\boldsymbol{A}\boldsymbol{A}^{\mathrm{T}}=\begin{bmatrix}1&0\\0&1\end{bmatrix}$，因此 $\boldsymbol{A}$ 为正交矩阵.

4.【答】 D.

【解析】 设范德蒙行列式 $D=\begin{vmatrix}1&1&1&1\\a_1&a_2&a_3&a_4\\a_1^2&a_2^2&a_3^2&a_4^2\\a_1^3&a_2^3&a_3^3&a_4^3\end{vmatrix}$，由条件和 $D=(a_2-a_1)(a_3-a_1)$
$(a_4-a_1)(a_3-a_2)(a_4-a_2)(a_4-a_3)\neq0$，知 $\begin{bmatrix}1&1&1&1\\a_1&a_2&a_3&a_4\\a_1^2&a_2^2&a_3^2&a_4^2\\a_1^3&a_2^3&a_3^3&a_4^3\end{bmatrix}$ 的行向量组线性无关，从而 $\begin{bmatrix}a_1^2&a_2^2&a_3^2&a_4^2\\a_1&a_2&a_3&a_4\\1&1&1&1\end{bmatrix}$ 的行向量组线性无关，$\operatorname{rank}\boldsymbol{A}=3$.

(A)选项，若 $\boldsymbol{BA}=\boldsymbol{0}$，则 $\operatorname{rank}\boldsymbol{B}+\operatorname{rank}\boldsymbol{A}\leqslant3$，从而 $\operatorname{rank}\boldsymbol{B}=0$.

(B)选项，(方法1)若 $\boldsymbol{AB}=\boldsymbol{0}$，则 rank $\boldsymbol{A}$ + rank $\boldsymbol{B}\leqslant 4$，从而可以构造出满足条件 rank $\boldsymbol{B}=1$ 的 $\boldsymbol{B}$ 使得 $\boldsymbol{AB}=\boldsymbol{0}$. (方法2)由 rank $\boldsymbol{A}=3$ 条件可知齐次线性方程组 $\boldsymbol{Ax}=\boldsymbol{0}$ 存在非零解，从而存在 $\boldsymbol{B}_{4\times s}\neq\boldsymbol{0}$，使得 $\boldsymbol{AB}=\boldsymbol{0}$.

(C)选项，由条件可知 $\boldsymbol{AA}^{\mathrm{T}}$ 为3阶方阵，另外还有 rank $\boldsymbol{AA}^{\mathrm{T}}$ = rank $\boldsymbol{A}=3$. 若 $\boldsymbol{BAA}^{\mathrm{T}}=0$，则 rank $\boldsymbol{B}$ + rank $\boldsymbol{AA}^{\mathrm{T}}\leqslant 3$，从而 rank $\boldsymbol{B}=0$.

(D)选项，由条件可知 $\boldsymbol{A}^{\mathrm{T}}\boldsymbol{A}$ 为4阶方阵，另外还有 rank $\boldsymbol{A}^{\mathrm{T}}\boldsymbol{A}$ = rank $\boldsymbol{A}=3$. 因此齐次线性方程组 $(\boldsymbol{A}^{\mathrm{T}}\boldsymbol{A})\boldsymbol{x}=\boldsymbol{0}$ 存在非零解，从而存在 $\boldsymbol{B}_{4\times s}\neq\boldsymbol{0}$，使得 $\boldsymbol{A}^{\mathrm{T}}\boldsymbol{AB}=\boldsymbol{0}$.

5.【答】 A.

【解析】 由已知可得 $[1\ 1+x\ x+x^2]=[1\ x\ x^2]\begin{bmatrix}1&1&0\\0&1&1\\0&0&1\end{bmatrix}=[1\ x\ x^2]\boldsymbol{C}$，可见 T 在基 $\{1,\ 1+x,\ x+x^2\}$ 下的矩阵为 $\boldsymbol{C}^{-1}\boldsymbol{AC}=\begin{bmatrix}-1&1&-1\\0&-1&2\\0&0&-1\end{bmatrix}$.

6.【答】 D.

【解析】 对任意方阵 $\boldsymbol{A}$ 及其伴随矩阵 $\boldsymbol{A}^*$，满足 $\boldsymbol{A}^*\boldsymbol{A}=|\boldsymbol{A}|\boldsymbol{E}$. 由 Laplace 定理可知 $\begin{vmatrix}\boldsymbol{O}&\boldsymbol{A}\\\boldsymbol{B}&\boldsymbol{O}\end{vmatrix}=(-1)^{mn}|\boldsymbol{A}||\boldsymbol{B}|$，可见

$$\begin{bmatrix}\boldsymbol{O}&\boldsymbol{A}\\\boldsymbol{B}&\boldsymbol{O}\end{bmatrix}^*\begin{bmatrix}\boldsymbol{O}&\boldsymbol{A}\\\boldsymbol{B}&\boldsymbol{O}\end{bmatrix}=(-1)^{mn}|\boldsymbol{A}||\boldsymbol{B}|\begin{bmatrix}\boldsymbol{E}&\boldsymbol{0}\\\boldsymbol{0}&\boldsymbol{E}\end{bmatrix},$$

对选项进行验算可知只有(D)选项符合题意.

二、填空题

1.【答】 1.

【解析】 利用行列式的性质，可得 $\begin{vmatrix}x-1&y-1&z-1\\4&1&3\\1&1&1\end{vmatrix}=\begin{vmatrix}x&y&z\\4&1&3\\1&1&1\end{vmatrix}=\begin{vmatrix}x&y&z\\3&0&2\\1&1&1\end{vmatrix}=1$.

2.【答】 2.

【解析】 由于4阶方阵 $\boldsymbol{A}$ 的秩等于2，因此 $\boldsymbol{A}$ 中任意一个3阶子式都等于零，从而行列式 $|\boldsymbol{A}|$ 中每个元素的代数余子式都等于零，从而可知伴随矩阵 $\boldsymbol{A}^*$ 为零矩阵，因此 $\boldsymbol{A}+\boldsymbol{A}^*=\boldsymbol{A}$，rank$(\boldsymbol{A}+\boldsymbol{A}^*)$ = rank $\boldsymbol{A}=2$.

3.【答】 $\begin{bmatrix}1-n&n&n\\n&1-n&-n\\-2n&2n&1+2n\end{bmatrix}$.

【解析】 由已知可得

$$\boldsymbol{\alpha}^{\mathrm{T}}\boldsymbol{\beta}=\begin{bmatrix}-1&1&1\\1&-1&-1\\-2&2&2\end{bmatrix},\ (\boldsymbol{\alpha}^{\mathrm{T}}\boldsymbol{\beta})(\boldsymbol{\alpha}^{\mathrm{T}}\boldsymbol{\beta})=\boldsymbol{\alpha}^{\mathrm{T}}(\boldsymbol{\beta}\boldsymbol{\alpha}^{\mathrm{T}})\boldsymbol{\beta}=\begin{bmatrix}0&0&0\\0&0&0\\0&0&0\end{bmatrix}.$$

又由

$\boldsymbol{A}^n=(\boldsymbol{E}+\boldsymbol{\alpha}^{\mathrm{T}}\boldsymbol{\beta})^n=\boldsymbol{E}^n+\mathrm{C}_n^1\boldsymbol{\alpha}^{\mathrm{T}}\boldsymbol{\beta}+\mathrm{C}_n^2(\boldsymbol{\alpha}^{\mathrm{T}}\boldsymbol{\beta})^2+\cdots+\mathrm{C}_n^n(\boldsymbol{\alpha}^{\mathrm{T}}\boldsymbol{\beta})^n$,

可知

$$\boldsymbol{A}^n=\boldsymbol{E}+n\begin{bmatrix}-1&1&1\\1&-1&-1\\-2&2&2\end{bmatrix}=\begin{bmatrix}1-n&n&n\\n&1-n&-n\\-2n&2n&1+2n\end{bmatrix}.$$

4.【答】 4.

【解析】 设 $k_1\boldsymbol{\alpha}_1+k_2\boldsymbol{\alpha}_2+k_3\boldsymbol{\alpha}_3+k_4\boldsymbol{\alpha}_4=\boldsymbol{0}$，由已知可得

$\langle\boldsymbol{\alpha}_1,\ k_1\boldsymbol{\alpha}_1+k_2\boldsymbol{\alpha}_2+k_3\boldsymbol{\alpha}_3+k_4\boldsymbol{\alpha}_4\rangle=k_1\langle\boldsymbol{\alpha}_1,\boldsymbol{\alpha}_1\rangle+k_2\langle\boldsymbol{\alpha}_1,\boldsymbol{\alpha}_2\rangle+k_3\langle\boldsymbol{\alpha}_1,\boldsymbol{\alpha}_3\rangle+k_4\langle\boldsymbol{\alpha}_1,\boldsymbol{\alpha}_4\rangle$
$=k_1\langle\boldsymbol{\alpha}_1,\boldsymbol{\alpha}_1\rangle+k_2\langle\boldsymbol{\alpha}_1,\boldsymbol{\alpha}_2\rangle=0$,

类似可得 $\langle\boldsymbol{\alpha}_2,\ k_1\boldsymbol{\alpha}_1+k_2\boldsymbol{\alpha}_2+k_3\boldsymbol{\alpha}_3+k_4\boldsymbol{\alpha}_4\rangle=k_1\langle\boldsymbol{\alpha}_2,\boldsymbol{\alpha}_1\rangle+k_2\langle\boldsymbol{\alpha}_2,\boldsymbol{\alpha}_2\rangle=0$. 即

$$\begin{bmatrix}\boldsymbol{\alpha}_1^{\mathrm{T}}\boldsymbol{\alpha}_1&\boldsymbol{\alpha}_1^{\mathrm{T}}\boldsymbol{\alpha}_2\\\boldsymbol{\alpha}_2^{\mathrm{T}}\boldsymbol{\alpha}_1&\boldsymbol{\alpha}_2^{\mathrm{T}}\boldsymbol{\alpha}_2\end{bmatrix}\begin{bmatrix}k_1\\k_2\end{bmatrix}=\begin{bmatrix}0\\0\end{bmatrix},$$

而 $\begin{bmatrix}\boldsymbol{\alpha}_1^{\mathrm{T}}\boldsymbol{\alpha}_1&\boldsymbol{\alpha}_1^{\mathrm{T}}\boldsymbol{\alpha}_2\\\boldsymbol{\alpha}_2^{\mathrm{T}}\boldsymbol{\alpha}_1&\boldsymbol{\alpha}_2^{\mathrm{T}}\boldsymbol{\alpha}_2\end{bmatrix}=\begin{bmatrix}\boldsymbol{\alpha}_1^{\mathrm{T}}\\\boldsymbol{\alpha}_2^{\mathrm{T}}\end{bmatrix}[\boldsymbol{\alpha}_1\ \ \boldsymbol{\alpha}_2]$，$\boldsymbol{\alpha}_1$ 与 $\boldsymbol{\alpha}_2$ 线性无关，则 $[\boldsymbol{\alpha}_1\ \ \boldsymbol{\alpha}_2]$ 的秩等于 2，$\begin{bmatrix}\boldsymbol{\alpha}_1^{\mathrm{T}}\boldsymbol{\alpha}_1&\boldsymbol{\alpha}_1^{\mathrm{T}}\boldsymbol{\alpha}_2\\\boldsymbol{\alpha}_2^{\mathrm{T}}\boldsymbol{\alpha}_1&\boldsymbol{\alpha}_2^{\mathrm{T}}\boldsymbol{\alpha}_2\end{bmatrix}$ 的秩等于 2，$k_1=0$，$k_2=0$.

因此有 $k_3\boldsymbol{\alpha}_3+k_4\boldsymbol{\alpha}_4=0$. 因 $\boldsymbol{\alpha}_3$，$\boldsymbol{\alpha}_4$ 线性无关，故 $k_3=0$，$k_4=0$.

从而 $\boldsymbol{\alpha}_1$，$\boldsymbol{\alpha}_2$，$\boldsymbol{\alpha}_3$，$\boldsymbol{\alpha}_4$ 线性无关，$\mathrm{rank}[\boldsymbol{\alpha}_1\ \boldsymbol{\alpha}_2\ \boldsymbol{\alpha}_3\ \boldsymbol{\alpha}_4]=4$.

5.【答】 $-\dfrac{1}{2}<t<1$.

【解析】 二次型的对称矩阵为 $\boldsymbol{A}=\begin{bmatrix}1&t&t&0\\t&1&t&0\\t&t&1&0\\0&0&0&9\end{bmatrix}$，由二次型为正定，可知 $\boldsymbol{A}$ 的顺序主子式全大于零，即 $|1|=1>0$，$\begin{vmatrix}1&t\\t&1\end{vmatrix}=1-t^2>0$，$\begin{vmatrix}1&t&t\\t&1&t\\t&t&1\end{vmatrix}=(1+2t)(1-t)^2>0$，

$|A|=9(1+2t)(1-t)^2>0$，从而 t 的取值范围为 $-\dfrac{1}{2}<t<1$.

6.【答】 0.

【解析】 由矩阵 $\boldsymbol{A}$ 的特征值为 1，-1，2，可知 $\boldsymbol{B}=\boldsymbol{A}^3-2\boldsymbol{A}^2+\boldsymbol{A}$ 的特征值为 0，-4，2，因此 $|\boldsymbol{B}|=0$.

三、计算与证明题

1.【解】

$$D_n=\begin{vmatrix}1&2&3&\cdots&n\\-1&0&3&\cdots&n\\-1&-2&0&\cdots&n\\\vdots&\vdots&\vdots&&\vdots\\-1&-2&-3&\cdots&0\end{vmatrix}=\begin{vmatrix}1&2&3&\cdots&n\\0&2&6&\cdots&2n\\0&0&3&\cdots&2n\\\vdots&\vdots&\vdots&&\vdots\\0&0&0&\cdots&n\end{vmatrix}=n!.$$

2.【证】

(1)因为$\boldsymbol{A}^2=(\boldsymbol{E}-\boldsymbol{\alpha\alpha}^{\mathrm{T}})(\boldsymbol{E}-\boldsymbol{\alpha\alpha}^{\mathrm{T}})=\boldsymbol{E}-2\boldsymbol{\alpha\alpha}^{\mathrm{T}}+(\boldsymbol{\alpha}^{\mathrm{T}}\boldsymbol{\alpha})\boldsymbol{\alpha\alpha}^{\mathrm{T}}$,

$$\boldsymbol{A}^2=\boldsymbol{A}\Leftrightarrow(\boldsymbol{\alpha}^{\mathrm{T}}\boldsymbol{\alpha}-1)\boldsymbol{\alpha\alpha}^{\mathrm{T}}=0\Leftrightarrow\boldsymbol{\alpha}^{\mathrm{T}}\boldsymbol{\alpha}=1.$$

(2)若$\boldsymbol{\alpha}^{\mathrm{T}}\boldsymbol{\alpha}=1$,则$\boldsymbol{A}(\boldsymbol{E}-\boldsymbol{A})=\boldsymbol{O}$,从而$\boldsymbol{A}(\boldsymbol{\alpha\alpha}^{\mathrm{T}})=\boldsymbol{O}$,$\mathrm{rank}\boldsymbol{A}+\mathrm{rank}(\boldsymbol{\alpha\alpha}^{\mathrm{T}})\leqslant n$,因为$\boldsymbol{\alpha}$是$n$维非零列向量,故$\mathrm{rank}(\boldsymbol{\alpha\alpha}^{\mathrm{T}})\geqslant 1$,即$\mathrm{rank}\boldsymbol{A}<n$,所以$|\boldsymbol{A}|=0$.

3.【证】 因为

$$[\boldsymbol{\beta}_1\ \ \boldsymbol{\beta}_2\ \ \cdots\ \ \boldsymbol{\beta}_n]=[\boldsymbol{\alpha}_1\ \ \boldsymbol{\alpha}_2\ \ \boldsymbol{\alpha}_3\ \ \cdots\ \ \boldsymbol{\alpha}_n]\begin{bmatrix}0&1&\cdots&1\\1&0&\cdots&1\\\vdots&\vdots&&\vdots\\1&1&\cdots&0\end{bmatrix},$$

而$\begin{vmatrix}0&1&\cdots&1\\1&0&\cdots&1\\\vdots&\vdots&&\vdots\\1&1&\cdots&0\end{vmatrix}=(-1)^{n-1}(n-1)\neq 0$,因此向量组$\boldsymbol{\alpha}_1,\boldsymbol{\alpha}_2,\cdots,\boldsymbol{\alpha}_n$与向量组$\boldsymbol{\beta}_1,\boldsymbol{\beta}_2,\cdots,\boldsymbol{\beta}_n$等价,从而有相同的秩。

4.【解】 方程组的系数矩阵为

$$\boldsymbol{A}=\begin{bmatrix}1&1&k\\-1&k&1\\1&-1&2\end{bmatrix},$$

则

$$|\boldsymbol{A}|=\begin{vmatrix}1&1&k\\-1&k&1\\1&-1&2\end{vmatrix}=0\Rightarrow k=-1\text{ 或 }k=4.$$

当$k\neq -1$,$k\neq 4$时,方程组有唯一解;

当$k=-1$时,

$$[\boldsymbol{A}\ \ \boldsymbol{b}]=\begin{bmatrix}1&1&-1&4\\-1&-1&1&1\\1&-1&2&-4\end{bmatrix}\to\begin{bmatrix}1&1&-1&4\\0&-2&3&-8\\0&0&0&3\end{bmatrix},$$

由于$\mathrm{rank}\boldsymbol{A}=2\neq\mathrm{rank}[\boldsymbol{A}\ \ \boldsymbol{b}]=3$,方程组无解;

当$k=4$时,

$$[\boldsymbol{A}\quad \boldsymbol{b}]=\begin{bmatrix}1&1&4&4\\-1&4&1&16\\1&-1&2&-4\end{bmatrix}\rightarrow\begin{bmatrix}1&0&3&0\\0&1&1&4\\0&0&0&0\end{bmatrix},$$

由于 $\mathrm{rank}\boldsymbol{A}=\mathrm{rank}[\boldsymbol{A}\quad \boldsymbol{b}]=2$，方程组有无穷多解，其通解为

$$\boldsymbol{x}=k\begin{bmatrix}-3\\-1\\1\end{bmatrix}+\begin{bmatrix}0\\4\\0\end{bmatrix}(k\text{ 为任意常数}).$$

5.【解】 (1)令从基 $\boldsymbol{\alpha}_1,\boldsymbol{\alpha}_2,\boldsymbol{\alpha}_3$ 到基 $\boldsymbol{\beta}_1,\boldsymbol{\beta}_2,\boldsymbol{\beta}_3$ 的过渡矩阵为 $\boldsymbol{P}$，即

$$[\boldsymbol{\beta}_1\ \boldsymbol{\beta}_2\ \boldsymbol{\beta}_3]=[\boldsymbol{\alpha}_1\ \boldsymbol{\alpha}_2\ \boldsymbol{\alpha}_3]\boldsymbol{P}.$$

对$[\boldsymbol{\alpha}_1\ \boldsymbol{\alpha}_2\ \boldsymbol{\alpha}_3\ \boldsymbol{\beta}_1\ \boldsymbol{\beta}_2\ \boldsymbol{\beta}_3]$进行初等行变换，得

$$\begin{bmatrix}1&2&1&0&-1&1\\0&1&1&1&1&2\\-1&1&1&1&0&1\end{bmatrix}\rightarrow\begin{bmatrix}1&0&0&0&1&1\\0&1&0&-1&-3&-2\\0&0&1&2&4&4\end{bmatrix}.$$

从而

$$\boldsymbol{P}=\begin{bmatrix}0&1&1\\-1&-3&-2\\2&4&4\end{bmatrix}.$$

(2)因为 $\boldsymbol{\alpha}=3\boldsymbol{\alpha}_1+2\boldsymbol{\alpha}_2+\boldsymbol{\alpha}_3=[\boldsymbol{\alpha}_1\ \boldsymbol{\alpha}_2\ \boldsymbol{\alpha}_3]\begin{bmatrix}3\\2\\1\end{bmatrix}=[\boldsymbol{\beta}_1\ \boldsymbol{\beta}_2\ \boldsymbol{\beta}_3]\boldsymbol{P}^{-1}\begin{bmatrix}3\\2\\1\end{bmatrix}$，所以向量 $\boldsymbol{\alpha}=3\boldsymbol{\alpha}_1+2\boldsymbol{\alpha}_2+\boldsymbol{\alpha}_3$ 在基 $\boldsymbol{\beta}_1,\boldsymbol{\beta}_2,\boldsymbol{\beta}_3$ 下的坐标为

$$\boldsymbol{P}^{-1}\begin{bmatrix}3\\2\\1\end{bmatrix}=\frac{1}{2}\begin{bmatrix}-11\\-5\\11\end{bmatrix}.$$

6.【解】 设 $\boldsymbol{A}$ 的三个特征值分别为 $\lambda_1,\lambda_2,\lambda_3$，则 $\lambda_1=\lambda_2=2$，且

$$\lambda_1+\lambda_2+\lambda_3=1+4+5,$$

故 $\lambda_3=6$.

又已知 $\boldsymbol{A}$ 有三个线性无关的特征向量，则特征值 2 的几何重数为 2，即

$$\mathrm{rank}(2\boldsymbol{E}-\boldsymbol{A})=\mathrm{rank}\begin{bmatrix}1&1&-1\\-x&-2&-y\\3&3&-3\end{bmatrix}=1,$$

从而$\frac{1}{-x}=\frac{1}{-2}=\frac{-1}{-y}\Rightarrow x=2,\ y=-2$.

当 $\lambda_1=\lambda_2=2$ 时，方程组$(2\boldsymbol{E}-\boldsymbol{A})\boldsymbol{x}=\boldsymbol{0}$ 的基础解系为 $\boldsymbol{\alpha}_1=\begin{bmatrix}-1\\1\\0\end{bmatrix},\ \boldsymbol{\alpha}_2=\begin{bmatrix}1\\0\\1\end{bmatrix}$.

当 $\lambda_3=6$ 时，方程组$(6\boldsymbol{E}-\boldsymbol{A})\boldsymbol{x}=\boldsymbol{0}$ 的基础解系为 $\boldsymbol{\alpha}_3=\begin{bmatrix}1\\-2\\3\end{bmatrix}$.

令 $\boldsymbol{P}=\begin{bmatrix}-1 & 1 & 1\\ 1 & 0 & -2\\ 0 & 1 & 3\end{bmatrix}$, 从而可知 $\boldsymbol{P}^{-1}\boldsymbol{A}\boldsymbol{P}=\boldsymbol{\Lambda}=\begin{bmatrix}2 & & \\ & 2 & \\ & & 6\end{bmatrix}$.

2013—2014 学年秋季学期(A)卷解析

一、单选题

1.【答】 B.

【解析】 将行列式按第 3 行展开，得

$$\det[a_{ij}]=a_{31}A_{31}+a_{32}A_{32}+a_{33}A_{33}+a_{34}A_{34}.$$

因为 A_{32}，A_{33}，A_{34}中不含 a_{31}，而 3 阶行列式 A_{31}的完全展开式中含 6 个乘积项，故 B 选项正确.

2.【答】 A.

【解析】 对 $\boldsymbol{B}$ 进行列分块 $\boldsymbol{B}=[\boldsymbol{\beta}_1\cdots\boldsymbol{\beta}_j\cdots\boldsymbol{\beta}_n]$，由已知条件有 $\boldsymbol{\beta}_j=\boldsymbol{0}$，$\boldsymbol{A\beta}_j=\boldsymbol{0}$，$\boldsymbol{AB}=\boldsymbol{A}[\boldsymbol{\beta}_1\cdots\boldsymbol{\beta}_j\cdots\boldsymbol{\beta}_n]=[\boldsymbol{A\beta}_1\cdots\boldsymbol{A\beta}_j\cdots\boldsymbol{A\beta}_n]$，因而 $\boldsymbol{AB}$ 的第 j 列元素全等于零.

3.【答】 A.

【解析】 由于 $\boldsymbol{\alpha}_1+2\boldsymbol{\alpha}_3-3\boldsymbol{\alpha}_5=\boldsymbol{0}$，$\boldsymbol{\alpha}_2=2\boldsymbol{\alpha}_4$ 且 $\boldsymbol{\alpha}_1$,$\boldsymbol{\alpha}_2$，$\boldsymbol{\alpha}_3$，$\boldsymbol{\alpha}_4$，$\boldsymbol{\alpha}_5$ 的秩为 3，可见 $\boldsymbol{\alpha}_1$，$\boldsymbol{\alpha}_3$，$\boldsymbol{\alpha}_5$ 不是 $\boldsymbol{\alpha}_1$，$\boldsymbol{\alpha}_2$，$\boldsymbol{\alpha}_3$，$\boldsymbol{\alpha}_4$，$\boldsymbol{\alpha}_5$ 的极大线性无关组，$\boldsymbol{\alpha}_2$，$\boldsymbol{\alpha}_4$ 不能同时出现在 $\boldsymbol{\alpha}_1$，$\boldsymbol{\alpha}_2$，$\boldsymbol{\alpha}_3$，$\boldsymbol{\alpha}_4$，$\boldsymbol{\alpha}_5$ 的极大线性无关组中，因此该向量组的一个极大线性无关组可以取 $\boldsymbol{\alpha}_1$，$\boldsymbol{\alpha}_2$，$\boldsymbol{\alpha}_5$，或者 $\boldsymbol{\alpha}_1$，$\boldsymbol{\alpha}_4$，$\boldsymbol{\alpha}_5$，或者 $\boldsymbol{\alpha}_2$，$\boldsymbol{\alpha}_3$，$\boldsymbol{\alpha}_5$，或者 $\boldsymbol{\alpha}_3$，$\boldsymbol{\alpha}_4$，$\boldsymbol{\alpha}_5$，或者 $\boldsymbol{\alpha}_1$，$\boldsymbol{\alpha}_2$，$\boldsymbol{\alpha}_3$，或者 $\boldsymbol{\alpha}_1$，$\boldsymbol{\alpha}_3$，$\boldsymbol{\alpha}_4$.

4.【答】 D.

【解析】 n 阶方阵 $\boldsymbol{A}$，$\boldsymbol{B}$ 等价的充要条件是存在 n 阶可逆矩阵 $\boldsymbol{P}$，$\boldsymbol{Q}$，使得 $\boldsymbol{PAQ}=\boldsymbol{B}$. $\boldsymbol{A}$，$\boldsymbol{B}$ 相似的充要条件是存在 n 阶可逆矩阵 $\boldsymbol{P}$ 使得 $\boldsymbol{P}^{-1}\boldsymbol{AP}=\boldsymbol{B}$. $\boldsymbol{A}$，$\boldsymbol{B}$ 的行向量组等价的充要条件是存在 n 阶可逆矩阵 $\boldsymbol{P}$ 使得 $\boldsymbol{PA}=\boldsymbol{B}$. 由此可见，若 $\boldsymbol{A}$ 与 $\boldsymbol{B}$ 相似，则 $\boldsymbol{A}$ 与 $\boldsymbol{B}$ 等价;若 $\boldsymbol{A}$ 与 $\boldsymbol{B}$ 的行向量组等价，则 $\boldsymbol{A}$ 与 $\boldsymbol{B}$ 等价.

5.【答】 C.

【解析】 若 $\boldsymbol{A}\sim\boldsymbol{B}$，$\boldsymbol{C}\sim\boldsymbol{D}$，则存在 n 阶可逆矩阵 $\boldsymbol{P}$，$\boldsymbol{Q}$，使得 $\boldsymbol{P}^{-1}\boldsymbol{AP}=\boldsymbol{B}$，$\boldsymbol{Q}^{-1}\boldsymbol{CQ}=\boldsymbol{D}$. 从而有 $\boldsymbol{P}^{-1}\boldsymbol{APP}^{-1}\boldsymbol{AP}=\boldsymbol{BB}$，即 $\boldsymbol{P}^{-1}\boldsymbol{A}^2\boldsymbol{P}=\boldsymbol{B}^2$.

6.【答】 B.

【解析】 由 $\boldsymbol{A}$ 为反对称矩阵，可知 $\boldsymbol{A}^{\mathrm{T}}=-\boldsymbol{A}$，则

$$\begin{aligned}\boldsymbol{B}^{\mathrm{T}}\boldsymbol{B}&=[(\boldsymbol{E}+\boldsymbol{A})^{-1}]^{\mathrm{T}}(\boldsymbol{E}-\boldsymbol{A})^{\mathrm{T}}(\boldsymbol{E}-\boldsymbol{A})(\boldsymbol{E}+\boldsymbol{A})^{-1}=[(\boldsymbol{E}+\boldsymbol{A})^{\mathrm{T}}]^{-1}(\boldsymbol{E}+\boldsymbol{A})(\boldsymbol{E}-\boldsymbol{A})(\boldsymbol{E}+\boldsymbol{A})^{-1}\\&=(\boldsymbol{E}-\boldsymbol{A})^{-1}(\boldsymbol{E}^2-\boldsymbol{A}^2)(\boldsymbol{E}+\boldsymbol{A})^{-1}=(\boldsymbol{E}-\boldsymbol{A})^{-1}(\boldsymbol{E}-\boldsymbol{A})(\boldsymbol{E}+\boldsymbol{A})(\boldsymbol{E}+\boldsymbol{A})^{-1}=\boldsymbol{E},\end{aligned}$$

可见 $\boldsymbol{B}$ 为正交矩阵.

二、填空题

1.【答】 -14.

【解析】 由余子式的定义可知 $M_{12}=\begin{vmatrix}1&0\\-1&2\end{vmatrix}=2$，$M_{21}=\begin{vmatrix}2&-3\\3&2\end{vmatrix}=13$，$M_{32}=\begin{vmatrix}-1&-3\\1&0\end{vmatrix}=3$，因此 $M_{12}+A_{21}-M_{32}=2+(-1)^3\times 13-3=-14$.

2.【答】 $\begin{bmatrix}\boldsymbol{B}^{-1}&-\boldsymbol{B}^{-1}\boldsymbol{C}\boldsymbol{D}^{-1}\\\boldsymbol{O}&\boldsymbol{D}^{-1}\end{bmatrix}$.

【解析】 设$\begin{bmatrix}\boldsymbol{B}&\boldsymbol{C}\\\boldsymbol{O}&\boldsymbol{D}\end{bmatrix}^{-1}=\begin{bmatrix}\boldsymbol{X}_{11}&\boldsymbol{X}_{12}\\\boldsymbol{X}_{21}&\boldsymbol{X}_{22}\end{bmatrix}$，则有$\begin{bmatrix}\boldsymbol{B}&\boldsymbol{C}\\\boldsymbol{O}&\boldsymbol{D}\end{bmatrix}\begin{bmatrix}\boldsymbol{X}_{11}&\boldsymbol{X}_{12}\\\boldsymbol{X}_{21}&\boldsymbol{X}_{22}\end{bmatrix}=\boldsymbol{E}$，即满足

$$\begin{bmatrix}\boldsymbol{B}\boldsymbol{X}_{11}+\boldsymbol{C}\boldsymbol{X}_{21}&\boldsymbol{B}\boldsymbol{X}_{12}+\boldsymbol{C}\boldsymbol{X}_{22}\\\boldsymbol{D}\boldsymbol{X}_{21}&\boldsymbol{D}\boldsymbol{X}_{22}\end{bmatrix}=\begin{bmatrix}\boldsymbol{E}_1&\boldsymbol{O}\\\boldsymbol{O}&\boldsymbol{E}_2\end{bmatrix}.$$

即$\begin{cases}\boldsymbol{B}\boldsymbol{X}_{11}+\boldsymbol{C}\boldsymbol{X}_{21}=\boldsymbol{E}_1,\\\boldsymbol{B}\boldsymbol{X}_{12}+\boldsymbol{C}\boldsymbol{X}_{22}=\boldsymbol{O},\\\boldsymbol{D}\boldsymbol{X}_{21}=\boldsymbol{O},\\\boldsymbol{D}\boldsymbol{X}_{22}=\boldsymbol{E}_2.\end{cases}$求得$\begin{cases}\boldsymbol{X}_{11}=\boldsymbol{B}^{-1},\\\boldsymbol{X}_{12}=-\boldsymbol{B}^{-1}\boldsymbol{C}\boldsymbol{D}^{-1},\\\boldsymbol{X}_{21}=\boldsymbol{O},\\\boldsymbol{X}_{22}=\boldsymbol{D}^{-1}.\end{cases}$

于是$\begin{bmatrix}\boldsymbol{B}&\boldsymbol{C}\\\boldsymbol{O}&\boldsymbol{D}\end{bmatrix}^{-1}=\begin{bmatrix}\boldsymbol{B}^{-1}&-\boldsymbol{B}^{-1}\boldsymbol{C}\boldsymbol{D}^{-1}\\\boldsymbol{O}&\boldsymbol{D}^{-1}\end{bmatrix}$.

3.【答】 $\begin{bmatrix}2^n&n2^{n-1}&0&0\\0&2^n&0&0\\0&0&-3^{n-1}&2\cdot 3^{n-1}\\0&0&-2\cdot 3^{n-1}&4\cdot 3^{n-1}\end{bmatrix}$.

【解析】 设 $\boldsymbol{A}=\begin{bmatrix}\boldsymbol{B}&\boldsymbol{O}\\\boldsymbol{O}&\boldsymbol{C}\end{bmatrix}$，其中 $\boldsymbol{B}=\begin{bmatrix}2&1\\0&2\end{bmatrix}=2\boldsymbol{E}+\begin{bmatrix}0&1\\0&0\end{bmatrix}$，$\boldsymbol{C}=\begin{bmatrix}-1&2\\-2&4\end{bmatrix}=\begin{bmatrix}1\\2\end{bmatrix}[-1\quad 2]$.

先求 $\boldsymbol{B}^n$. 当 $k=2, 3, \cdots, n$ 时，$\begin{bmatrix}0&1\\0&0\end{bmatrix}^k=\begin{bmatrix}0&0\\0&0\end{bmatrix}$. 因此

$$\begin{aligned}\left(2\boldsymbol{E}+\begin{bmatrix}0&1\\0&0\end{bmatrix}\right)^n&=(2\boldsymbol{E})^n+\mathrm{C}_n^1(2\boldsymbol{E})^{n-1}\begin{bmatrix}0&1\\0&0\end{bmatrix}+\mathrm{C}_n^2(2\boldsymbol{E})^{n-2}\begin{bmatrix}0&1\\0&0\end{bmatrix}^2+\cdots+\mathrm{C}_n^n\begin{bmatrix}0&1\\0&0\end{bmatrix}^n\\&=(2\boldsymbol{E})^n+n2^{n-1}\begin{bmatrix}0&1\\0&0\end{bmatrix}=\begin{bmatrix}2^n&n2^{n-1}\\0&2^n\end{bmatrix}.\end{aligned}$$

再求 $\boldsymbol{C}^n$.

$$\begin{aligned}\boldsymbol{C}^n&=\left(\begin{bmatrix}1\\2\end{bmatrix}[-1\quad 2]\right)\left(\begin{bmatrix}1\\2\end{bmatrix}[-1\quad 2]\right)\cdots\left(\begin{bmatrix}1\\2\end{bmatrix}[-1\quad 2]\right)\\&=\begin{bmatrix}1\\2\end{bmatrix}\left([-1\quad 2]\begin{bmatrix}1\\2\end{bmatrix}\right)\left([-1\quad 2]\begin{bmatrix}1\\2\end{bmatrix}\right)\cdots\left([-1\quad 2]\begin{bmatrix}1\\2\end{bmatrix}\right)[-1\quad 2]\\&=3^{n-1}\begin{bmatrix}1\\2\end{bmatrix}[-1\quad 2]=3^{n-1}\begin{bmatrix}-1&2\\-2&4\end{bmatrix}.\end{aligned}$$

于是 $A^n=\begin{bmatrix} B^n & O \\ O & C^n \end{bmatrix}=\begin{bmatrix} 2^n & n2^{n-1} & 0 & 0 \\ 0 & 2^n & 0 & 0 \\ 0 & 0 & -3^{n-1} & 2\cdot 3^{n-1} \\ 0 & 0 & -2\cdot 3^{n-1} & 4\cdot 3^{n-1} \end{bmatrix}$.

4.【答】 2.

【解析】 可从向量空间 $\boldsymbol{V}=\{(2a,2b,3b,3a)\mid a,b\in\mathbf{R}\}$ 中取出两个向量 $(2,0,0,3)$，$(0,2,3,0)$，可证该向量组能成为向量空间 $\boldsymbol{V}$ 的基，可见 $\boldsymbol{V}$ 的维数是 2.

5.【答】 2.

【解析】 由于矩阵 $2\boldsymbol{E}-\boldsymbol{A}=\begin{bmatrix} 4 & -1 & -1 \\ 0 & 0 & 0 \\ 4 & -1 & -1 \end{bmatrix}$ 的秩等于 1，则 $(2\boldsymbol{E}-\boldsymbol{A})\boldsymbol{x}=\boldsymbol{0}$ 的解空间的维数等于 2，从而特征值 2 的几何重数是 2.

6.【答】 3.

【解析】 二次型的对称矩阵为 $\boldsymbol{A}=\begin{bmatrix} 0 & 1 & -1 \\ 1 & 0 & 1 \\ -1 & 1 & 0 \end{bmatrix}$，对 $\boldsymbol{A}$ 进行初等变换

$$\begin{bmatrix} 0 & 1 & -1 \\ 1 & 0 & 1 \\ -1 & 1 & 0 \end{bmatrix}\to\begin{bmatrix} 0 & 1 & -1 \\ 1 & 0 & 1 \\ 0 & 1 & 1 \end{bmatrix}\to\begin{bmatrix} 0 & 1 & -1 \\ 1 & 0 & 1 \\ 0 & 0 & 2 \end{bmatrix}\to\begin{bmatrix} 1 & 0 & 1 \\ 0 & 1 & -1 \\ 0 & 0 & 2 \end{bmatrix},$$

由于 $\operatorname{rank}\boldsymbol{A}=3$，则二次型 $f(x_1,x_2,x_3)$ 的秩为 3.

三、计算与证明题

1.【证】 把 D_n 按照第一行展开，然后再按照第一列展开得

$$D_n=D_{n-1}+D_{n-2}\,(n\geqslant 3),$$

令 $\alpha+\beta=1$，$\alpha\beta=-1$，求得 $\alpha=\dfrac{1+\sqrt5}{2}$，$\beta=\dfrac{1-\sqrt5}{2}$.

故 $D_n=(\alpha+\beta)D_{n-1}-\alpha\beta D_{n-2}$，递推得到 $D_n-\alpha D_{n-1}=\beta^n$，$D_n-\beta D_{n-1}=\alpha^n$，消去 D_{n-1} 得结论.

2.【解】

$$[\boldsymbol{A}\quad \boldsymbol{E}]=\begin{bmatrix} 1 & 1 & 1 & \cdots & 1 & 1 & 1 & 0 & 0 & \cdots & 0 & 0 \\ 1 & 0 & 1 & \cdots & 1 & 1 & 0 & 1 & 0 & \cdots & 0 & 0 \\ 1 & 1 & 0 & \cdots & 1 & 1 & 0 & 0 & 1 & \cdots & 0 & 0 \\ \vdots & \vdots & \vdots & & \vdots & \vdots & \vdots & \vdots & \vdots & & \vdots & \vdots \\ 1 & 1 & 1 & \cdots & 0 & 1 & 0 & 0 & 0 & \cdots & 1 & 0 \\ 1 & 1 & 1 & \cdots & 1 & 0 & 0 & 0 & 0 & \cdots & 0 & 1 \end{bmatrix}$$

$$\to\begin{bmatrix}1&1&1&\cdots&1&1&1&0&0&\cdots&0&0\\0&-1&0&\cdots&0&0&-1&1&0&\cdots&0&0\\0&0&-1&\cdots&0&0&-1&0&1&\cdots&0&0\\\vdots&\vdots&\vdots&&\vdots&\vdots&\vdots&\vdots&\vdots&&\vdots&\vdots\\0&0&0&\cdots&-1&0&-1&0&0&\cdots&1&0\\0&0&0&\cdots&0&-1&-1&0&0&\cdots&0&1\end{bmatrix}$$

$$\to\begin{bmatrix}1&0&0&\cdots&0&0&2-n&1&1&\cdots&1&1\\0&1&0&\cdots&0&0&1&-1&0&\cdots&0&0\\0&0&1&\cdots&0&0&1&0&-1&\cdots&0&0\\\vdots&\vdots&\vdots&&\vdots&\vdots&\vdots&\vdots&\vdots&&\vdots&\vdots\\0&0&0&\cdots&1&0&1&0&0&\cdots&-1&0\\0&0&0&\cdots&0&1&1&0&0&\cdots&0&-1\end{bmatrix}$$

则 $$\boldsymbol{A}^{-1}=\begin{bmatrix}2-n&1&1&\cdots&1&1\\1&-1&0&\cdots&0&0\\1&0&-1&\cdots&0&0\\\vdots&\vdots&\vdots&&\vdots&\vdots\\1&0&0&\cdots&-1&0\\1&0&0&\cdots&0&-1\end{bmatrix}.$$

3.【解】 对此方程组的增广矩阵进行初等行变换，得

$$[\boldsymbol{A}\quad\boldsymbol{b}]=\begin{bmatrix}2&3&1&4\\3&8&-2&13\\4&-1&9&-6\\1&-2&4&-5\end{bmatrix}\to\begin{bmatrix}1&-2&4&-5\\0&7&-7&14\\0&14&-14&28\\0&7&-7&14\end{bmatrix}$$

$$\to\begin{bmatrix}1&-2&4&-5\\0&1&-1&2\\0&0&0&0\\0&0&0&0\end{bmatrix}\to\begin{bmatrix}1&0&2&-1\\0&1&-1&2\\0&0&0&0\\0&0&0&0\end{bmatrix}.$$

原方程组等价于

$$\begin{cases}x_1+2x_3=-1,\\x_2-x_3=2.\end{cases}$$

此方程组对应的导出组的基础解系和一个特解为

$$\boldsymbol{\xi}=\begin{bmatrix}-2\\1\\1\end{bmatrix},\ \boldsymbol{\eta}_0=\begin{bmatrix}-1\\2\\0\end{bmatrix}.$$

方程组的通解为 $\boldsymbol{X}=k\boldsymbol{\xi}+\boldsymbol{\eta}_0$，$k\in\mathbf{R}$.

4.【解】 由于 $|\boldsymbol{B}^{-1}|=\frac{1}{3}$，则 $|\boldsymbol{B}|=3$，且 $\boldsymbol{A}$ 相似于 $\boldsymbol{B}$，则两矩阵的第 3 特征值为 λ_3

$=-3$;$\boldsymbol{A}-3\boldsymbol{E}$ 的特征值为 -4, -2, -6, $\left|-(\boldsymbol{A}-3\boldsymbol{E})^{-1}\right|=\frac{1}{48}$, 且

$$\boldsymbol{B}^*+\left(-\frac{1}{4}\boldsymbol{B}\right)^{-1}=|\boldsymbol{B}|\boldsymbol{B}^{-1}-4\boldsymbol{B}^{-1}=-\boldsymbol{B}^{-1},$$

从而 $\left|\boldsymbol{B}^*+\left(-\frac{1}{4}\boldsymbol{B}\right)^{-1}\right|=\left|-\boldsymbol{B}^{-1}\right|=-\frac{1}{3}$, 因此

$$\begin{vmatrix} -(\boldsymbol{A}-3\boldsymbol{E})^{-1} & \boldsymbol{O} \\ \boldsymbol{O} & \boldsymbol{B}^*+\left(-\frac{1}{4}\boldsymbol{B}\right)^{-1} \end{vmatrix}=-\frac{1}{144}.$$

5.【解】 $f=\boldsymbol{x}^{\mathrm{T}}\boldsymbol{A}\boldsymbol{x}$, $g=\boldsymbol{y}^{\mathrm{T}}\boldsymbol{B}\boldsymbol{y}$, 其中

$$\boldsymbol{A}=\begin{bmatrix} 2 & 4 & -2 \\ 4 & 9 & -5 \\ -2 & -5 & 3 \end{bmatrix}, \boldsymbol{B}=\begin{bmatrix} 2 & -2 & -2 \\ -2 & 3 & 4 \\ -2 & 4 & 6 \end{bmatrix}.$$

将 $\boldsymbol{A}$, $\boldsymbol{B}$ 分别作合同变换如下:

$$\begin{bmatrix} \boldsymbol{A} \\ \boldsymbol{E} \end{bmatrix}=\begin{bmatrix} 2 & 4 & -2 \\ 4 & 9 & -5 \\ -2 & -5 & 3 \\ 1 & 0 & 0 \\ 0 & 1 & 0 \\ 0 & 0 & 1 \end{bmatrix}\to\begin{bmatrix} 2 & 0 & 0 \\ 0 & 1 & -1 \\ 0 & -1 & 1 \\ 1 & -2 & 1 \\ 0 & 1 & 0 \\ 0 & 0 & 1 \end{bmatrix}\to\begin{bmatrix} 2 & 0 & 0 \\ 0 & 1 & 0 \\ 0 & 0 & 0 \\ 1 & -2 & -1 \\ 0 & 1 & 1 \\ 0 & 0 & 1 \end{bmatrix},$$

在可逆线性变换 $\boldsymbol{x}=\boldsymbol{C}_1\boldsymbol{z}$ 下, $f=2z_1^2+z_2^2$, 其中 $\boldsymbol{C}_1=\begin{bmatrix} 1 & -2 & -1 \\ 0 & 1 & 1 \\ 0 & 0 & 1 \end{bmatrix}$.

$$\begin{bmatrix} \boldsymbol{B} \\ \boldsymbol{E} \end{bmatrix}=\begin{bmatrix} 2 & -2 & -2 \\ -2 & 3 & 4 \\ -2 & 4 & 6 \\ 1 & 0 & 0 \\ 0 & 1 & 0 \\ 0 & 0 & 1 \end{bmatrix}\to\begin{bmatrix} 2 & 0 & 0 \\ 0 & 1 & 2 \\ 0 & 2 & 4 \\ 1 & 1 & 1 \\ 0 & 1 & 0 \\ 0 & 0 & 1 \end{bmatrix}\to\begin{bmatrix} 2 & 0 & 0 \\ 0 & 1 & 0 \\ 0 & 0 & 0 \\ 1 & 1 & -1 \\ 0 & 1 & -2 \\ 0 & 0 & 1 \end{bmatrix}$$

在可逆线性变换 $\boldsymbol{y}=\boldsymbol{C}_2\boldsymbol{z}$ 下 $g=2z_1^2+z_2^2$, 其中 $\boldsymbol{C}_2=\begin{bmatrix} 1 & 1 & -1 \\ 0 & 1 & -2 \\ 0 & 0 & 1 \end{bmatrix}$.

由 $\boldsymbol{z}=\boldsymbol{C}_2^{-1}\boldsymbol{y}$ 得 $\boldsymbol{x}=\boldsymbol{C}_1\boldsymbol{z}=C_1C_2^{-1}y$.

令 $\boldsymbol{P}=\boldsymbol{C}_1\boldsymbol{C}_2^{-1}=\begin{bmatrix} 1 & -2 & -1 \\ 0 & 1 & 1 \\ 0 & 0 & 1 \end{bmatrix}\begin{bmatrix} 1 & 1 & -1 \\ 0 & 1 & -2 \\ 0 & 0 & 1 \end{bmatrix}^{-1}=\begin{bmatrix} 1 & -3 & -6 \\ 0 & 1 & 3 \\ 0 & 0 & 1 \end{bmatrix}$,

在可逆线性变换 $\boldsymbol{x}=\boldsymbol{P}\boldsymbol{y}$ 下, $f=g=2z_1^2+z_2^2$.

6.【证】 先证必要性. 由 $\boldsymbol{A}^2=\boldsymbol{E}$ 有 $(\boldsymbol{E}-\boldsymbol{A})(\boldsymbol{E}+\boldsymbol{A})=\boldsymbol{O}$, 故

$$\operatorname{rank}(\boldsymbol{E}-\boldsymbol{A})+\operatorname{rank}(\boldsymbol{E}+\boldsymbol{A})\leqslant n.$$

另一方面

$$n=\operatorname{rank}(2\boldsymbol{E})=\operatorname{rank}(\boldsymbol{E}-\boldsymbol{A}+\boldsymbol{E}+\boldsymbol{A})\leqslant\operatorname{rank}(\boldsymbol{E}-\boldsymbol{A})+\operatorname{rank}(\boldsymbol{E}+\boldsymbol{A}).$$

故 $\operatorname{rank}(\boldsymbol{E}-\boldsymbol{A})+\operatorname{rank}(\boldsymbol{E}+\boldsymbol{A})=n$.

再证充分性. 如果 $\operatorname{rank}(\boldsymbol{E}-\boldsymbol{A})+\operatorname{rank}(\boldsymbol{E}+\boldsymbol{A})=n$，下面证明 $\boldsymbol{A}^2=\boldsymbol{E}$.

设 $\operatorname{rank}(\boldsymbol{E}-\boldsymbol{A})=s$，$\operatorname{rank}(\boldsymbol{E}+\boldsymbol{A})=t$，$s+t=n$.

若 $s=0$ 或 $t=0$，可得 $\boldsymbol{A}=\boldsymbol{E}$ 或 $\boldsymbol{A}=-\boldsymbol{E}$，因此 $\boldsymbol{A}^2=\boldsymbol{E}$.

下设 $s\neq0$ 且 $t\neq0$. 记 $\boldsymbol{V}_1=\{\boldsymbol{x}\mid(\boldsymbol{E}-\boldsymbol{A})\boldsymbol{x}=\boldsymbol{0}\}$，$\boldsymbol{V}_{-1}=\{\boldsymbol{x}\mid(\boldsymbol{E}+\boldsymbol{A})\boldsymbol{x}=\boldsymbol{0}\}$.

$\dim\boldsymbol{V}_1=n-s$，且 $\boldsymbol{x}\in\boldsymbol{V}_1$ 有 $\boldsymbol{A}\boldsymbol{x}=\boldsymbol{x}$，$\boldsymbol{A}$ 有特征值 1，且 $\boldsymbol{V}_1$ 是其特征子空间.

$\dim\boldsymbol{V}_{-1}=n-t$，且 $\boldsymbol{x}\in\boldsymbol{V}_{-1}$ 有 $\boldsymbol{A}\boldsymbol{x}=-\boldsymbol{x}$，$\boldsymbol{A}$ 有特征值 -1，且 $\boldsymbol{V}_{-1}$ 是其特征子空间.

由于 $\dim\boldsymbol{V}_1+\dim\boldsymbol{V}_{-1}=n-s+n-t=n$，因此 $\boldsymbol{A}$ 只有特征值 1 和 -1，且 $\boldsymbol{A}$ 可对角化，

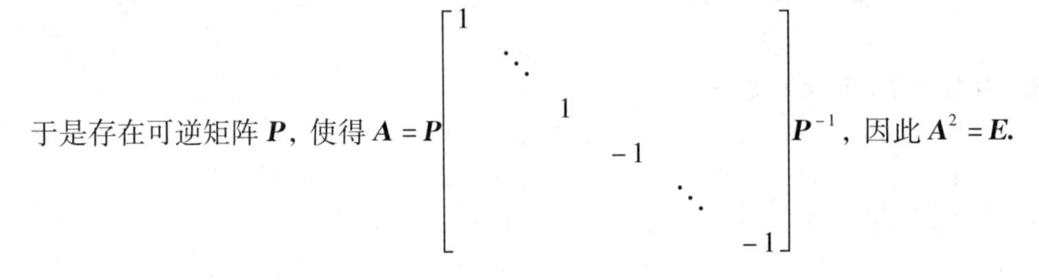

于是存在可逆矩阵 $\boldsymbol{P}$，使得 $\boldsymbol{A}=\boldsymbol{P}\begin{bmatrix}1&&&&&\\&\ddots&&&&\\&&1&&&\\&&&-1&&\\&&&&\ddots&\\&&&&&-1\end{bmatrix}\boldsymbol{P}^{-1}$，因此 $\boldsymbol{A}^2=\boldsymbol{E}$.

2013—2014 学年秋季学期(B)卷解析

一、单选题

1.【答】 B.

【解析】 由已知可得 $\boldsymbol{A}$ 的特征值是 1，2，3，4，从而 $|\boldsymbol{A}|=1\times2\times3\times4=24$.

2.【答】 D.

【解析】 由矩阵的加法、矩阵的乘法的定义，可知 $\boldsymbol{A}+\boldsymbol{B}$ 为 $m\times n$ 矩阵，$\boldsymbol{A}+\boldsymbol{B}$ 乘以 $\boldsymbol{C}$ 有意义，并且 $(\boldsymbol{A}+\boldsymbol{B})\boldsymbol{C}=\boldsymbol{AC}+\boldsymbol{BC}$. 因 $\boldsymbol{C}$ 的列数与 $\boldsymbol{A}+\boldsymbol{B}$ 的行数不相等，从而 $\boldsymbol{C}$ 乘以 $\boldsymbol{A}+\boldsymbol{B}$ 无意义，类似可证 $\boldsymbol{A}^{\mathrm{T}}+\boldsymbol{B}^{\mathrm{T}}$ 乘以 $\boldsymbol{C}$、$\boldsymbol{C}^{\mathrm{T}}$ 乘以 $\boldsymbol{A}+\boldsymbol{B}$ 均无意义.

3.【答】 C.

【解析】 由 $\mathrm{rank}\boldsymbol{A}^*=1$ 可知 $\mathrm{rank}\,\boldsymbol{A}=2$，于是 $|\boldsymbol{A}|=(a+2b)(a-b)^2=0$. 又当 $a=b$ 时，$\mathrm{rank}\,\boldsymbol{A}=1$，不合题意；当 $a\neq b$ 且 $a+2b=0$ 时，$\mathrm{rank}\,\boldsymbol{A}=2$. 可见必有 $a\neq b$ 且 $a+2b=0$.

4.【答】 D.

【解析】 设 $\begin{bmatrix}\boldsymbol{A} & \boldsymbol{O}\\ \boldsymbol{C} & \boldsymbol{B}\end{bmatrix}^{-1}=\begin{bmatrix}\boldsymbol{X}_{11} & \boldsymbol{X}_{12}\\ \boldsymbol{X}_{21} & \boldsymbol{X}_{22}\end{bmatrix}$，则有 $\begin{bmatrix}\boldsymbol{A} & \boldsymbol{O}\\ \boldsymbol{C} & \boldsymbol{B}\end{bmatrix}\begin{bmatrix}\boldsymbol{X}_{11} & \boldsymbol{X}_{12}\\ \boldsymbol{X}_{21} & \boldsymbol{X}_{22}\end{bmatrix}=\boldsymbol{E}$，即满足

$$\begin{bmatrix}\boldsymbol{AX}_{11} & \boldsymbol{AX}_{12}\\ \boldsymbol{CX}_{11}+\boldsymbol{BX}_{21} & \boldsymbol{CX}_{12}+\boldsymbol{BX}_{22}\end{bmatrix}=\begin{bmatrix}\boldsymbol{E}_1 & \boldsymbol{O}\\ \boldsymbol{O} & \boldsymbol{E}_2\end{bmatrix}.$$

即 $\begin{cases}\boldsymbol{AX}_{11}=\boldsymbol{E}_1,\\ \boldsymbol{AX}_{12}=\boldsymbol{O},\\ \boldsymbol{CX}_{11}+\boldsymbol{BX}_{21}=\boldsymbol{O},\\ \boldsymbol{CX}_{12}+\boldsymbol{BX}_{22}=\boldsymbol{E}_2.\end{cases}$ 求得 $\begin{cases}\boldsymbol{X}_{11}=\boldsymbol{A}^{-1},\\ \boldsymbol{X}_{12}=\boldsymbol{O},\\ \boldsymbol{X}_{21}=-\boldsymbol{B}^{-1}\boldsymbol{CA}^{-1},\\ \boldsymbol{X}_{22}=\boldsymbol{B}^{-1}.\end{cases}$

于是 $\begin{bmatrix}\boldsymbol{A} & \boldsymbol{O}\\ \boldsymbol{C} & \boldsymbol{B}\end{bmatrix}^{-1}=\begin{bmatrix}\boldsymbol{A}^{-1} & \boldsymbol{O}\\ -\boldsymbol{B}^{-1}\boldsymbol{CA}^{-1} & \boldsymbol{B}^{-1}\end{bmatrix}$.

5.【答】 A.

【解析】 (A)选项，当 $\boldsymbol{A}_{m\times n}\boldsymbol{x}=\boldsymbol{b}$ 有唯一解时，系数矩阵的秩与增广矩阵的秩满足关系式 $\mathrm{rank}\,[\boldsymbol{A}\ \boldsymbol{b}]=\mathrm{rank}\,\boldsymbol{A}=n$，因此导出方程组 $\boldsymbol{Ax}=\boldsymbol{0}$ 只有零解.

(B)选项，$\boldsymbol{A}_{m\times n}\boldsymbol{x}=\boldsymbol{b}$ 有解的充要条件是 $\mathrm{rank}\,[\boldsymbol{A}\ \boldsymbol{b}]=\mathrm{rank}\,\boldsymbol{A}$，而 $\boldsymbol{Ax}=\boldsymbol{0}$ 是不会出现无解情况的.

(C)选项，当 $\boldsymbol{A}_{m\times n}\boldsymbol{x}=\boldsymbol{b}$ 有非零解时，可能会出现该方程组有无穷多解，也可能有唯一解. 当 $\boldsymbol{A}_{m\times n}\boldsymbol{x}=\boldsymbol{b}$ 有无穷多解时，$\boldsymbol{Ax}=\boldsymbol{0}$ 也有无穷多解；当 $\boldsymbol{A}_{m\times n}\boldsymbol{x}=\boldsymbol{b}$ 有唯一解时，$\boldsymbol{Ax}=\boldsymbol{0}$ 也有唯一解并且该唯一解就是零解.

(D)当 $\boldsymbol{Ax}=0$ 有非零解时，$\mathrm{rank}\,\boldsymbol{A}<n$，但是 $\mathrm{rank}\,[\boldsymbol{A}\ \boldsymbol{b}]$ 与 $\mathrm{rank}\,\boldsymbol{A}$ 不一定相等，从而

$\boldsymbol{A}_{m\times n}\boldsymbol{x}=\boldsymbol{b}$ 可能有无穷多解，也可能无解.

6.【答】 A.

【解析】 由 $\boldsymbol{\alpha}_1$, $\boldsymbol{\alpha}_2$, $\boldsymbol{\alpha}_3$ 线性无关，$\boldsymbol{\beta}_1$ 可由 $\boldsymbol{\alpha}_1$, $\boldsymbol{\alpha}_2$, $\boldsymbol{\alpha}_3$ 线性表示，可知 $\boldsymbol{\alpha}_1$, $\boldsymbol{\alpha}_2$, $\boldsymbol{\alpha}_3$, $\boldsymbol{\beta}_1$ 线性相关. 由 $\boldsymbol{\alpha}_1$, $\boldsymbol{\alpha}_2$, $\boldsymbol{\alpha}_3$ 线性无关，$\boldsymbol{\beta}_2$ 不能由 $\boldsymbol{\alpha}_1$, $\boldsymbol{\alpha}_2$, $\boldsymbol{\alpha}_3$ 线性表示，可知 $\boldsymbol{\alpha}_1$, $\boldsymbol{\alpha}_2$, $\boldsymbol{\alpha}_3$, $\boldsymbol{\beta}_2$ 线性无关，并且对于任意常数 k，$k\boldsymbol{\beta}_1+\boldsymbol{\beta}_2$ 也不能由 $\boldsymbol{\alpha}_1$, $\boldsymbol{\alpha}_2$, $\boldsymbol{\alpha}_3$ 线性表示，从而 $\boldsymbol{\alpha}_1$, $\boldsymbol{\alpha}_2$, $\boldsymbol{\alpha}_3$, $k\boldsymbol{\beta}_1+\boldsymbol{\beta}_2$ 线性无关.

当 $k=0$ 时，$\boldsymbol{\alpha}_1$, $\boldsymbol{\alpha}_2$, $\boldsymbol{\alpha}_3$, $\boldsymbol{\beta}_1+k\boldsymbol{\beta}_2$ 线性相关；当 $k\neq 0$ 时，$\boldsymbol{\alpha}_1$, $\boldsymbol{\alpha}_2$, $\boldsymbol{\alpha}_3$, $\boldsymbol{\beta}_1+k\boldsymbol{\beta}_2$ 线性无关. 故 C、D 选项不对.

二、填空题

1.【答】 12.

【解析】 由范德蒙行列式的计算公式可知

$$|\boldsymbol{A}|=\begin{vmatrix}1&1&1&1\\1&2&3&4\\1&4&9&16\\1&8&27&64\end{vmatrix}=(2-1)(3-1)(4-1)(3-2)(4-2)(4-3)=12.$$

2.【答】 $\begin{bmatrix}\frac{1}{2}&1&\frac{3}{2}\\0&1&\frac{3}{2}\\0&0&\frac{1}{2}\end{bmatrix}$.

【解析】 由 $\boldsymbol{A}^{-1}=\dfrac{\boldsymbol{A}^*}{|\boldsymbol{A}|}$，$|\boldsymbol{A}|=2$，可知 $\boldsymbol{A}^*=|\boldsymbol{A}|\boldsymbol{A}^{-1}$，$(\boldsymbol{A}^*)^{-1}=(|\boldsymbol{A}|\boldsymbol{A}^{-1})^{-1}=\dfrac{1}{|\boldsymbol{A}|}\boldsymbol{A}=\dfrac{1}{2}\boldsymbol{A}$.

3.【答】 2.

【解析】 由 $\boldsymbol{A}^{\mathrm{T}}\boldsymbol{B}=\begin{bmatrix}a_1\\a_2\\a_3\end{bmatrix}(b_1,b_2,b_3)=\begin{bmatrix}a_1b_1&a_1b_2&a_1b_3\\a_2b_1&a_2b_2&a_2b_3\\a_3b_1&a_3b_2&a_3b_3\end{bmatrix}$，可知

$$a_1b_1=2,\ a_2b_2=-1,\ a_3b_3=1,$$

从而

$$\boldsymbol{A}\boldsymbol{B}^{\mathrm{T}}=(a_1,a_2,a_3)\begin{bmatrix}b_1\\b_2\\b_3\end{bmatrix}=a_1b_1+a_2b_2+a_3b_3=2.$$

4.【答】 $a^2>24$.

【解析】 因 $\begin{bmatrix}1&0\\0&-1\end{bmatrix}$ 的正负惯性指数均为 1，$\begin{bmatrix}6&a\\a&4\end{bmatrix}$ 与 $\begin{bmatrix}1&0\\0&-1\end{bmatrix}$ 合同，可见实对称

矩阵$\begin{bmatrix}6&a\\a&4\end{bmatrix}$的两个特征值为一正一负，于是$\begin{vmatrix}6&a\\a&4\end{vmatrix}=24-a^2<0$，即 $a^2>24$.

5.【答】 $ab=2$.

【解析】 令 $\boldsymbol{A}=[\alpha_1\ \alpha_2\ \alpha_3]=\begin{bmatrix}a&0&1\\0&6&-2\\4&0&2b\end{bmatrix}$. 由已知可得矩阵 $\boldsymbol{A}$ 的秩小于 3，则 $|\boldsymbol{A}|=0$. 又由$\begin{vmatrix}a&0&1\\0&6&-2\\4&0&2b\end{vmatrix}=6\begin{vmatrix}a&1\\4&2b\end{vmatrix}=6(2ab-4)$，可知 $ab=2$.

6.【答】 $\begin{bmatrix}1&-2&2\\1&0&\frac{1}{2}\\1&4&-1\end{bmatrix}$.

【解析】 由已知可得$[\boldsymbol{\xi}_1\ 2\boldsymbol{\xi}_2\ \boldsymbol{\xi}_3]=[\boldsymbol{\xi}_1\ \boldsymbol{\xi}_2\ \boldsymbol{\xi}_3]\begin{bmatrix}1&0&0\\0&2&0\\0&0&1\end{bmatrix}=[\boldsymbol{\xi}_1\ \boldsymbol{\xi}_2\ \boldsymbol{\xi}_3]\boldsymbol{C}$，可见 T 在基 $\boldsymbol{\xi}_1$，$2\boldsymbol{\xi}_2$，$\boldsymbol{\xi}_3$ 下的矩阵为 $\boldsymbol{C}^{-1}\boldsymbol{AC}=\begin{bmatrix}1&-2&2\\1&0&\frac{1}{2}\\1&4&-1\end{bmatrix}$.

三、计算与证明题

1.【解】

$$D_n=\begin{vmatrix}0&1&1&\cdots&1\\1&0&1&\cdots&1\\1&1&0&\cdots&1\\\vdots&\vdots&\vdots&&\vdots\\1&1&1&\cdots&0\end{vmatrix}=(n-1)\begin{vmatrix}1&1&1&\cdots&1\\1&0&1&\cdots&1\\1&1&0&\cdots&1\\\vdots&\vdots&\vdots&&\vdots\\1&1&1&\cdots&0\end{vmatrix}$$

$$=(n-1)\begin{vmatrix}1&1&1&\cdots&1\\0&-1&0&\cdots&0\\0&0&-1&\cdots&0\\\vdots&\vdots&\vdots&&\vdots\\0&0&0&\cdots&-1\end{vmatrix}=(n-1)(-1)^{n-1}.$$

2.【证】 $|\lambda\boldsymbol{E}-\boldsymbol{A}|=(\lambda-2)^2(\lambda+1)$.

$\boldsymbol{A}$ 的特征值为 $\lambda_1=\lambda_2=2$，$\lambda_3=-1$，$\boldsymbol{A}$ 相似于对角矩阵的充分必要条件是 2 对应的几何重数是 2，即 $\operatorname{rank}(2\boldsymbol{E}-\boldsymbol{A})=1$.

$$2\boldsymbol{E}-\boldsymbol{A}=\begin{bmatrix}0&0&0\\-a&0&0\\-b&-c&3\end{bmatrix},\ \operatorname{rank}(2\boldsymbol{E}-\boldsymbol{A})=1\Leftrightarrow a=0.$$

3.【解】 已知方程组有两个解，且 $\boldsymbol{\alpha}_1 \neq \boldsymbol{\alpha}_2$，故方程组有无穷多解. 其导出组 $\boldsymbol{Ax}=\mathbf{0}$ 的解空间 $\dim N(\boldsymbol{A})=3-\operatorname{rank}\boldsymbol{A}\geqslant 1$，即 $\operatorname{rank}\boldsymbol{A}\leqslant 2$.

又系数矩阵 $\boldsymbol{A}$ 的前两行不成比例，从而 $\operatorname{rank}\boldsymbol{A}\geqslant 2$，故 $\operatorname{rank}\boldsymbol{A}=2$，从而 $\boldsymbol{Ax}=\mathbf{0}$ 的解空间是一维的，于是原方程组的解可以由前两个方程给出，即原方程组与

$$\begin{cases} x_1 - x_2 + 2x_3 = -1, \\ 3x_1 + x_2 + 4x_3 = 1 \end{cases}$$

同解，而

$$\begin{bmatrix} 1 & -1 & 2 & -1 \\ 3 & 1 & 4 & 1 \end{bmatrix} \to \begin{bmatrix} 1 & 0 & \frac{3}{2} & 0 \\ 0 & 1 & -\frac{1}{2} & 1 \end{bmatrix},$$

则所求方程组的通解为

$$\boldsymbol{x}=k\begin{bmatrix} -3 \\ 1 \\ 2 \end{bmatrix}+\begin{bmatrix} 0 \\ 1 \\ 0 \end{bmatrix}(k \text{ 为任意常数}).$$

4.【解】

$$[\boldsymbol{\alpha}_1\ \boldsymbol{\alpha}_2\ \boldsymbol{\alpha}_3\ \boldsymbol{\alpha}_4]=\begin{bmatrix} 1 & -1 & 5 & -1 \\ 1 & 1 & -2 & 3 \\ 3 & -1 & 8 & 1 \\ 1 & 3 & -9 & 7 \end{bmatrix} \to \begin{bmatrix} 1 & -1 & 5 & -1 \\ 0 & 2 & -7 & 4 \\ 0 & 2 & -7 & 4 \\ 0 & 4 & -14 & 8 \end{bmatrix}$$

$$\to \begin{bmatrix} 1 & -1 & 5 & -1 \\ 0 & 2 & -7 & 4 \\ 0 & 0 & 0 & 0 \\ 0 & 0 & 0 & 0 \end{bmatrix} \to \begin{bmatrix} 1 & 0 & \frac{3}{2} & 1 \\ 0 & 1 & -\frac{7}{2} & 2 \\ 0 & 0 & 0 & 0 \\ 0 & 0 & 0 & 0 \end{bmatrix}.$$

向量组 $\boldsymbol{\alpha}_1, \boldsymbol{\alpha}_2, \boldsymbol{\alpha}_3, \boldsymbol{\alpha}_4$ 线性相关，$\boldsymbol{\alpha}_1, \boldsymbol{\alpha}_2$ 为极大线性无关组，

$$\boldsymbol{\alpha}_3=\frac{3}{2}\boldsymbol{\alpha}_1-\frac{7}{2}\boldsymbol{\alpha}_2,\ \boldsymbol{\alpha}_4=\boldsymbol{\alpha}_1+2\boldsymbol{\alpha}_2.$$

5.【证】 充分性:因为 $\boldsymbol{A}^2=\boldsymbol{A}$，$\boldsymbol{B}^2=\boldsymbol{B}$，$\boldsymbol{AB}=\boldsymbol{BA}=\boldsymbol{O}$，所以

$$(\boldsymbol{A}+\boldsymbol{B})^2=\boldsymbol{A}^2+\boldsymbol{B}^2+\boldsymbol{AB}+\boldsymbol{BA}=\boldsymbol{A}+\boldsymbol{B}.$$

必要性:因为

$$\boldsymbol{A}^2=\boldsymbol{A},\ \boldsymbol{B}^2=\boldsymbol{B},\ (\boldsymbol{A}+\boldsymbol{B})^2=\boldsymbol{A}^2+\boldsymbol{B}^2+\boldsymbol{AB}+\boldsymbol{BA}=\boldsymbol{A}+\boldsymbol{B}+\boldsymbol{AB}+\boldsymbol{BA}=\boldsymbol{A}+\boldsymbol{B},$$

所以 $\boldsymbol{AB}+\boldsymbol{BA}=\boldsymbol{O}$，即 $\boldsymbol{AB}=-\boldsymbol{BA}$.

又 $\boldsymbol{AB}=\boldsymbol{A}^2\boldsymbol{B}=\boldsymbol{A}(\boldsymbol{AB})=\boldsymbol{A}(-\boldsymbol{BA})=-(\boldsymbol{AB})\boldsymbol{A}=-(-\boldsymbol{BA})\boldsymbol{A}=\boldsymbol{BA}^2=\boldsymbol{BA}$，

从而 $\boldsymbol{AB}=\boldsymbol{BA}=\boldsymbol{O}$.

6.【解】 f 经正交变换化为 $f=9y_3^2$，故 $\boldsymbol{A}$ 的特征值为

$\lambda_1=\lambda_2=0$，$\lambda_3=9$.

因此$\begin{vmatrix} 1 & -2 & 2 \\ -2 & 4 & a \\ 2 & a & 4 \end{vmatrix}=0$，解之$a=-4$. $\boldsymbol{A}=\begin{bmatrix} 1 & -2 & 2 \\ -2 & 4 & -4 \\ 2 & -4 & 4 \end{bmatrix}$.

对于$\lambda_1=\lambda_2=0$有

$$0\boldsymbol{E}-\boldsymbol{A}=\begin{bmatrix} -1 & 2 & -2 \\ 2 & -4 & 4 \\ -2 & 4 & -4 \end{bmatrix}\to\begin{bmatrix} 1 & -2 & 2 \\ 0 & 0 & 0 \\ 0 & 0 & 0 \end{bmatrix},$$

可得$\boldsymbol{A}$的两个正交的特征向量为

$$\boldsymbol{\xi}_1=\begin{bmatrix} 2 \\ 2 \\ 1 \end{bmatrix}, \quad \boldsymbol{\xi}_2=\begin{bmatrix} -2 \\ 1 \\ 2 \end{bmatrix}.$$

对于$\lambda_3=9$，可得$\boldsymbol{A}$的特征向量为$\boldsymbol{\xi}_3=\begin{bmatrix} 1 \\ -2 \\ 2 \end{bmatrix}$，将特征向量单位化得

$$\boldsymbol{P}_1=\frac{1}{3}\begin{bmatrix} 2 \\ 2 \\ 1 \end{bmatrix}, \quad \boldsymbol{P}_2=\frac{1}{3}\begin{bmatrix} -2 \\ 1 \\ 2 \end{bmatrix}, \quad \boldsymbol{P}_3=\frac{1}{3}\begin{bmatrix} 1 \\ -2 \\ 2 \end{bmatrix}.$$

令$\boldsymbol{P}=[\boldsymbol{P}_1 \quad \boldsymbol{P}_2 \quad \boldsymbol{P}_3]=\frac{1}{3}\begin{bmatrix} 2 & -2 & 1 \\ 2 & 1 & -2 \\ 1 & 2 & 2 \end{bmatrix}$，则$\boldsymbol{P}$为正交矩阵，所求正交变换$\boldsymbol{x}=\boldsymbol{P}\boldsymbol{y}$为

$$\boldsymbol{x}=\frac{1}{3}\begin{bmatrix} 2 & -2 & 1 \\ 2 & 1 & -2 \\ 1 & 2 & 2 \end{bmatrix}\boldsymbol{y}.$$

2014—2015 学年秋季学期(A)卷解析

一、单选题

1.【答】 C.

【解析】 由 $ABC=E$，可知 A，BC 互为逆矩阵，从而有 $BCA=E$. 因矩阵的乘法一般不满足交换律，因此(A)(B)(D)选项不一定正确.

2.【答】 B.

【解析】 由题意可知 $[\boldsymbol{\beta}_1\ \boldsymbol{\beta}_2]=[\boldsymbol{\alpha}_1\ \boldsymbol{\alpha}_2]\begin{bmatrix}-5 & 3\\ -2 & 1\end{bmatrix}$，从而 $\boldsymbol{\beta}_1$，$\boldsymbol{\beta}_2$ 到 $\boldsymbol{\alpha}_1$，$\boldsymbol{\alpha}_2$ 的过渡矩阵是 $\begin{bmatrix}-5 & 3\\ -2 & 1\end{bmatrix}^{-1}$，即 $\begin{bmatrix}1 & -3\\ 2 & -5\end{bmatrix}$.

3.【答】 B.

【解析】 令 $A=[\boldsymbol{\alpha}_1\ \boldsymbol{\alpha}_2\ \boldsymbol{\alpha}_3\ \boldsymbol{\beta}]=\begin{bmatrix}1 & 2 & 0 & 3\\ 0 & -1 & 1 & -2\\ 0 & 1 & -1 & b\\ 0 & -1 & a & -2\end{bmatrix}$，对其进行初等行变换

$$\begin{bmatrix}1 & 2 & 0 & 3\\ 0 & -1 & 1 & -2\\ 0 & 1 & -1 & b\\ 0 & -1 & a & -2\end{bmatrix}\to\begin{bmatrix}1 & 2 & 0 & 3\\ 0 & -1 & 1 & -2\\ 0 & 0 & 0 & b-2\\ 0 & 0 & a-1 & 0\end{bmatrix}\to\begin{bmatrix}1 & 2 & 0 & 3\\ 0 & -1 & 1 & -2\\ 0 & 0 & a-1 & 0\\ 0 & 0 & 0 & b-2\end{bmatrix}\triangleq[\boldsymbol{\gamma}_1\ \boldsymbol{\gamma}_2\ \boldsymbol{\gamma}_3\ \boldsymbol{\gamma}_4],$$

因 $\boldsymbol{\beta}$ 不能由 $\boldsymbol{\alpha}_1,\boldsymbol{\alpha}_2,\boldsymbol{\alpha}_3$ 线性表示，故 $\boldsymbol{\gamma}_4$ 不能由 $\boldsymbol{\gamma}_1,\boldsymbol{\gamma}_2,\boldsymbol{\gamma}_3$ 线性表示，从而 $b-2\neq 0$.

4.【答】 A.

【解析】 由 $A^2-A=2E$，可知 A 的特征值 λ 必满足关系式 $\lambda^2-\lambda=2$，从而 A 的特征值为 2 或 -1. 又由 A 的行列式等于 A 的特征值之积，以及 $|A|=-4$，可见 A 的特征值为 $\lambda_1=\lambda_2=2$，$\lambda_3=-1$. 因此 A^{-1} 的特征值为 $\frac{1}{2}$，$\frac{1}{2}$，-1. 又由 $A^*=|A|A^{-1}$，可知 A^* 的特征值为 -2，-2，4.

5.【答】 D.

【解析】 因正定矩阵的主对角元均为正数，故选项(B)、(C)均不正确. 再由“实对称矩阵为正定矩阵的充要条件是其顺序主子式全大于零”，可知在 $\begin{bmatrix}6 & 2 & 0\\ 2 & 9 & 0\\ 0 & 0 & 5\end{bmatrix}$ 中，顺序主

子式 $|6|=6$，$\begin{vmatrix}6&2\\2&9\end{vmatrix}=50$，$\begin{vmatrix}6&2&0\\2&9&0\\0&0&5\end{vmatrix}=250$ 全大于零，从而该方阵正定.

6.【答】 C.

【解析】 由 $\boldsymbol{\xi}_1$，$\boldsymbol{\xi}_2$ 为齐次线性方程组 $\boldsymbol{Ax}=\boldsymbol{0}$ 的基础解系，可得 $\boldsymbol{A\xi}_1=\boldsymbol{0}$，$\boldsymbol{A\xi}_2=\boldsymbol{0}$，从而 $2\boldsymbol{\alpha}_1=\boldsymbol{\alpha}_3$，$\boldsymbol{\alpha}_1=-\boldsymbol{\alpha}_4$，故 $\boldsymbol{\alpha}_1$，$\boldsymbol{\alpha}_3$，$\boldsymbol{\alpha}_4$ 为相互成比例关系的向量，又因 $\boldsymbol{A}$ 的秩等于 2，因此 $\boldsymbol{\alpha}_2$ 与 $\boldsymbol{\alpha}_1$，$\boldsymbol{\alpha}_3$，$\boldsymbol{\alpha}_4$ 中任意一个向量都是线性无关的. 由 $\boldsymbol{A\xi}_1=\boldsymbol{0}$，$\boldsymbol{A\xi}_2=\boldsymbol{0}$ 可知 $\boldsymbol{\xi}_1$，$\boldsymbol{\xi}_2$ 是 $\boldsymbol{A}$ 对应于特征值 0 的两个线性无关的特征向量. 又因 $\boldsymbol{\eta}$ 是 $\boldsymbol{A}$ 的属于特征值 2 的特征向量，从而 $\boldsymbol{\alpha}_1$，$\boldsymbol{\alpha}_2$，$\boldsymbol{\eta}$ 线性无关. 可见(A)(B)(D)选项都正确. 而(C)选项不一定正确，例如当 $\boldsymbol{A}=\begin{bmatrix}1&0&2&-1\\0&2&0&0\\0&0&0&0\\0&0&0&0\end{bmatrix}$ 时，$\boldsymbol{A}$ 的对应于特征值 2 的一个特征向量为 $\eta=\begin{bmatrix}0\\1\\0\\0\end{bmatrix}$，而 $\boldsymbol{\alpha}_1$，$\boldsymbol{\alpha}_2$，$\boldsymbol{\eta}$ 线性相关.

二、填空题

1.【答】 $\frac{5}{3}$.

【解析】 由 $|3\boldsymbol{A}|=3^3|\boldsymbol{A}|=27$ 可知 $|\boldsymbol{A}|=1$，又由 $|\boldsymbol{A}|=\begin{vmatrix}1&k&-2\\1&2&0\\1&1&-3\end{vmatrix}=-(-3k+4)$，可知 $k=\frac{5}{3}$.

2.【答】 $\begin{bmatrix}0&0&-1\\2&-1&2\\-1&1&-1\end{bmatrix}$.

【解析】 由

$$[\boldsymbol{A}\ \boldsymbol{E}]=\begin{bmatrix}1&1&1&1&0&0\\0&1&2&0&1&0\\-1&0&0&0&0&1\end{bmatrix}\to\begin{bmatrix}1&1&1&1&0&0\\0&1&2&0&1&0\\0&1&1&1&0&1\end{bmatrix}\to\begin{bmatrix}1&1&1&1&0&0\\0&0&1&-1&1&-1\\0&1&1&1&0&1\end{bmatrix}$$

$$\to\begin{bmatrix}1&0&0&0&0&-1\\0&0&1&-1&1&-1\\0&1&0&2&-1&2\end{bmatrix}\to\begin{bmatrix}1&0&0&0&0&-1\\0&1&0&2&-1&2\\0&0&1&-1&1&-1\end{bmatrix},$$

可知 $\begin{bmatrix}1&1&1\\0&1&2\\-1&0&0\end{bmatrix}^{-1}=\begin{bmatrix}0&0&-1\\2&-1&2\\-1&1&-1\end{bmatrix}$.

3.【答】 -10.

【解析】 由 $\boldsymbol{A}$ 的正负惯性指数均为 1，可知 $\lambda_1=0$ 是 $\boldsymbol{A}$ 的一个特征值，且 $\boldsymbol{A}$ 的另外

两个特征值为一正一负. 又由 $|\boldsymbol{E}+\boldsymbol{A}|=|\boldsymbol{E}-\boldsymbol{A}|=0$, 可知 $\boldsymbol{A}$ 的另外两个特征值为 $\lambda_2=1$, $\lambda_3=-1$. 从而 $2\boldsymbol{E}+3\boldsymbol{A}$ 的特征值为 2, 5, −1, 因此 $|2E+3A|=2\times5\times(-1)=-10$.

4.【答】 8.

【解析】 二次型对应的矩阵为 $\boldsymbol{A}=\begin{bmatrix}a&0&0\\0&3&b\\0&b&3\end{bmatrix}$, 由题意可知 $\boldsymbol{A}$ 的三个特征值为 1, 2, 5, 因此方阵的迹为 $a+3+3=1+2+5$, 从而 $a=2$;方阵的行列式为

$$|\boldsymbol{A}|=\begin{vmatrix}a&0&0\\0&3&b\\0&b&3\end{vmatrix}=a(9-b^2)=1\times2\times5=10,$$

从而 $b^2=4$, $ab^2=8$.

5.【答】 $-\frac{1}{8}$.

【解析】 由 $|\boldsymbol{B}^*|=|\boldsymbol{B}|^{n-1}$, $|\boldsymbol{B}|=\begin{vmatrix}\boldsymbol{A}_1&\boldsymbol{O}\\\boldsymbol{O}&\boldsymbol{A}_2^{-1}\end{vmatrix}=|\boldsymbol{A}_1||\boldsymbol{A}_2^{-1}|$, $|\boldsymbol{A}_2^{-1}|=\frac{1}{|\boldsymbol{A}_2|}$, $|\boldsymbol{A}_1|=\left|\frac{1}{2}\begin{bmatrix}1&-2\\-3&2\end{bmatrix}\right|=-1$, $|\boldsymbol{A}_2|=2$, 可知 $|\boldsymbol{B}^*|=-\frac{1}{8}$.

6.【答】 3.

【解析】 令 $\boldsymbol{A}=[\boldsymbol{\alpha}_1\ \boldsymbol{\alpha}_2\ \boldsymbol{\alpha}_3]=\begin{bmatrix}3&3&1\\2&0&-2\\0&\lambda&4\\1&0&-1\end{bmatrix}$, 对其进行初等变换

$$\begin{bmatrix}3&3&1\\2&0&-2\\0&\lambda&4\\1&0&-1\end{bmatrix}\to\begin{bmatrix}1&0&-1\\0&3&4\\0&\lambda&4\\0&0&0\end{bmatrix}\to\begin{bmatrix}1&0&-1\\0&3&4\\0&\lambda-3&0\\0&0&0\end{bmatrix},$$

因 $\boldsymbol{\alpha}_1$, $\boldsymbol{\alpha}_2$, $\boldsymbol{\alpha}_3$ 线性相关, 故上述矩阵的秩小于 3, 从而 $\lambda-3=0$.

三、计算与证明题

1.【解】

$$D_n=\begin{vmatrix}1&0&0&\cdots&0\\1&1+x_1&1+x_1^2&\cdots&1+x_1^n\\1&1+x_2&1+x_2^2&\cdots&1+x_2^n\\\vdots&\vdots&\vdots&&\vdots\\1&1+x_n&1+x_n^2&\cdots&1+x_n^n\end{vmatrix}$$

$$
= \begin{vmatrix} 1 & -1 & -1 & \cdots & -1 \\ 1 & x_1 & x_1^2 & \cdots & x_1^n \\ 1 & x_2 & x_2^2 & \cdots & x_2^n \\ \vdots & \vdots & \vdots & & \vdots \\ 1 & x_n & x_n^2 & \cdots & x_n^n \end{vmatrix}
$$

$$
= \begin{vmatrix} 2 & 0 & 0 & \cdots & 0 \\ 1 & x_1 & x_1^2 & \cdots & x_1^n \\ 1 & x_2 & x_2^2 & \cdots & x_2^n \\ \vdots & \vdots & \vdots & & \vdots \\ 1 & x_n & x_n^2 & \cdots & x_n^n \end{vmatrix} - \begin{vmatrix} 1 & 1 & 1 & \cdots & 1 \\ 1 & x_1 & x_1^2 & \cdots & x_1^n \\ 1 & x_2 & x_2^2 & \cdots & x_2^n \\ \vdots & \vdots & \vdots & & \vdots \\ 1 & x_n & x_n^2 & \cdots & x_n^n \end{vmatrix}
$$

$$
= 2\prod_{i=1}^{n} x_i \prod_{1 \leqslant i < j \leqslant n} (x_j - x_i) - \prod_{i=1}^{n} (x_i - 1) \prod_{1 \leqslant i < j \leqslant n} (x_j - x_i)
$$

$$
= \left[2\prod_{i=1}^{n} x_i - \prod_{i=1}^{n} (x_i - 1)\right] \prod_{1 \leqslant i < j \leqslant n} (x_j - x_i).
$$

2.【解】 对此方程组的增广矩阵进行初等行变换

$$
[\boldsymbol{A}\ \boldsymbol{b}] = \begin{bmatrix} 2 & 1 & -1 & 1 & 1 \\ 3 & -3 & 1 & -3 & 4 \\ 1 & 4 & -3 & 5 & -2 \end{bmatrix} \to \begin{bmatrix} 1 & 4 & -3 & 5 & -2 \\ 0 & -7 & 5 & -9 & 5 \\ 0 & -15 & 10 & -18 & 10 \end{bmatrix}
$$

$$
\to \begin{bmatrix} 1 & 4 & -3 & 5 & -2 \\ 0 & -7 & 5 & -9 & 5 \\ 0 & -1 & 0 & 0 & 0 \end{bmatrix} \to \begin{bmatrix} 1 & 0 & -3 & 5 & -2 \\ 0 & 1 & 0 & 0 & 0 \\ 0 & 0 & 5 & -9 & 5 \end{bmatrix}.
$$

原方程组等价于

$$
\begin{cases} x_1 - 3x_3 + 5x_4 = -2, \\ x_2 = 0, \\ 5x_3 - 9x_4 = 5. \end{cases}
$$

此方程组的一个特解和对应导出组的基础解系分别为

$$
\boldsymbol{\eta}_0 = \begin{bmatrix} 1 \\ 0 \\ 1 \\ 0 \end{bmatrix},\ \boldsymbol{\xi} = \begin{bmatrix} 2 \\ 0 \\ 9 \\ 5 \end{bmatrix},
$$

故通解为 $\boldsymbol{x} = k\boldsymbol{\xi} + \boldsymbol{\eta}_0$, $k \in \mathbf{R}$.

3.【证】 因为 $\boldsymbol{A}$ 为正定矩阵，所以对任意的 n 维非零列向量 $\boldsymbol{x}$，有 $\boldsymbol{x}^{\mathrm{T}}\boldsymbol{A}\boldsymbol{x} > 0$.

设存在 m 个常数 $k_1, k_2, \cdots, k_m$，使 $k_1\boldsymbol{\alpha}_1 + k_2\boldsymbol{\alpha}_2 + \cdots + k_m\boldsymbol{\alpha}_m = \boldsymbol{0}$. 先在等式两边左乘以 $\boldsymbol{A}$，得

$$
k_1\boldsymbol{A}\boldsymbol{\alpha}_1 + k_2\boldsymbol{A}\boldsymbol{\alpha}_2 + \cdots + k_m\boldsymbol{A}\boldsymbol{\alpha}_m = \boldsymbol{0},
$$

再在两边左乘以 $\boldsymbol{\alpha}_i^{\mathrm{T}}(i = 1, 2, \cdots, m)$，由题设 $\boldsymbol{\alpha}_i^{\mathrm{T}}\boldsymbol{A}\boldsymbol{\alpha}_j = 0(i \neq j)$ 可得 $k_i\boldsymbol{\alpha}_i^{\mathrm{T}}\boldsymbol{A}\boldsymbol{\alpha}_i = 0$.

由于 $\boldsymbol{\alpha}_i^{\mathrm{T}}\boldsymbol{A}\boldsymbol{\alpha}_i > 0$，则 $k_i = 0$ $(i = 1, 2, \cdots, m)$，故 $\boldsymbol{\alpha}_1, \boldsymbol{\alpha}_2, \cdots, \boldsymbol{\alpha}_m$ 线性无关.

4.【解】 由 $\boldsymbol{AX}+\boldsymbol{E}=\boldsymbol{A}^2+\boldsymbol{X}$，有

$$(\boldsymbol{A}-\boldsymbol{E})\boldsymbol{X}=\boldsymbol{A}^2-\boldsymbol{E}=(\boldsymbol{A}-\boldsymbol{E})(\boldsymbol{A}+\boldsymbol{E}),$$

因 $|\boldsymbol{A}-\boldsymbol{E}|=\begin{vmatrix}0&0&0\\0&1&0\\1&6&0\end{vmatrix}=0$，从而 $\boldsymbol{A}-\boldsymbol{E}$ 不可逆，但 $\boldsymbol{A}+\boldsymbol{E}$ 可逆，则 $\operatorname{rank}(\boldsymbol{A}-\boldsymbol{E})=\operatorname{rank}(\boldsymbol{A}^2-\boldsymbol{E})$，从而矩阵方程有解，

$$[\boldsymbol{A}-\boldsymbol{E}\quad \boldsymbol{A}^2-\boldsymbol{E}]=\begin{bmatrix}0&0&0&0&0&0\\0&1&0&0&3&0\\1&6&0&2&18&0\end{bmatrix}\to\begin{bmatrix}0&0&0&0&0&0\\0&1&0&0&3&0\\1&0&0&2&0&0\end{bmatrix},$$

因此齐次方程组 $(\boldsymbol{A}-\boldsymbol{E})\boldsymbol{x}=\boldsymbol{0}$ 的解 $\boldsymbol{x}=k\begin{bmatrix}0\\0\\1\end{bmatrix}$（$k$ 为任意常数），则矩阵方程的解为

$$\boldsymbol{X}=\begin{bmatrix}2&0&0\\0&3&0\\k_1&k_2&k_3\end{bmatrix}(k_1,k_2,k_3\text{ 为任意常数}).$$

5.【解】 (1) 当 $k\neq2$ 时，$\operatorname{rank}\boldsymbol{B}=2$，由 $\boldsymbol{AB}=\boldsymbol{O}$，$\alpha_1\neq\boldsymbol{0}$ 知，$\operatorname{rank}\boldsymbol{A}=1$，所求极大线性无关组为 $\boldsymbol{\alpha}_1$. 由题设，

$$\begin{cases}\boldsymbol{\alpha}_1-\boldsymbol{\alpha}_2+k\boldsymbol{\alpha}_3=\boldsymbol{0},\\2\boldsymbol{\alpha}_1-2\boldsymbol{\alpha}_2+4\boldsymbol{\alpha}_3=\boldsymbol{0},\end{cases}\Rightarrow(4-2k)\boldsymbol{\alpha}_3=\boldsymbol{0},$$

而 $k\neq2$，故 $\boldsymbol{\alpha}_3=\boldsymbol{0}$，$\boldsymbol{\alpha}_2=\boldsymbol{\alpha}_1$.

(2) 当 $k=2$ 时，$\operatorname{rank}\boldsymbol{B}=1$，由 $\boldsymbol{AB}=\boldsymbol{O}$，$\boldsymbol{\alpha}_1\neq\boldsymbol{0}$ 知，$1\leqslant r(\boldsymbol{A})\leqslant2$，所以 $\boldsymbol{\alpha}_1-\boldsymbol{\alpha}_2+2\boldsymbol{\alpha}_3=\boldsymbol{0}$.

若 $\operatorname{rank}\boldsymbol{A}=1$，则所求极大线性无关组为 $\boldsymbol{\alpha}_1$，且有 $\boldsymbol{\alpha}_2=c\boldsymbol{\alpha}_1$，$\boldsymbol{\alpha}_3=\frac{1}{2}(c-1)\boldsymbol{\alpha}_1$，其中 c 为任意常数.

若 $\operatorname{rank}\boldsymbol{A}=2$，则必有 $\boldsymbol{\alpha}_2\neq\boldsymbol{0}$，$\boldsymbol{\alpha}_1$，$\boldsymbol{\alpha}_2$ 线性无关，否则由 $\boldsymbol{\alpha}_1-\boldsymbol{\alpha}_2+2\boldsymbol{\alpha}_3=\boldsymbol{0}$ 可得出与 $\operatorname{rank}\boldsymbol{A}=2$ 矛盾的结论，从而所求的一个极大线性无关组为 $\boldsymbol{\alpha}_1$，$\boldsymbol{\alpha}_2$，且 $\boldsymbol{\alpha}_3=-\frac{1}{2}(\boldsymbol{\alpha}_1-\boldsymbol{\alpha}_2)$.

6.【解】 由条件知 $\boldsymbol{A}$ 的特征值 λ 为 2，-1，-1，则 $|\boldsymbol{A}|=2$. 因为 $\boldsymbol{A}^*$ 的特征值为 $\frac{|\boldsymbol{A}|}{\lambda}$，所以 $\boldsymbol{A}^*$ 的特征值 λ' 为 1，-2，-2. 已知 $\boldsymbol{\alpha}$ 是 $\boldsymbol{A}^*$ 关于 $\lambda'=1$ 的特征向量，从而 $\boldsymbol{\alpha}$ 是 $\boldsymbol{A}$ 关于 $\lambda=2$ 的特征向量.

由 $\left(\frac{1}{2}\boldsymbol{A}\right)^*=\left(\frac{1}{2}\right)^2|\boldsymbol{A}|\boldsymbol{A}^{-1}=\frac{1}{2}\boldsymbol{A}^{-1}$，得

$$2\boldsymbol{ABA}^{-1}=2\boldsymbol{AB}+4\boldsymbol{E}\Rightarrow\boldsymbol{B}=2(\boldsymbol{E}-\boldsymbol{A})^{-1},$$

则 $\boldsymbol{B}$ 的特征值为 -2，1，1，且 $\boldsymbol{B\alpha}=-2\boldsymbol{\alpha}$. 设 $\boldsymbol{B}$ 关于 $\lambda=1$ 的特征向量为 $\boldsymbol{\beta}=(x_1,x_2,x_3)^{\mathrm{T}}$，又易知 $\boldsymbol{B}$ 是实对称矩阵，$\boldsymbol{\alpha}$ 与 $\boldsymbol{\beta}$ 要正交，故 $x_1+x_2-x_3=0$，解出 $\boldsymbol{\beta}_1=(1,-1,0)^{\mathrm{T}}$，$\boldsymbol{\beta}_2=(1,0,1)^{\mathrm{T}}$.

令 $\boldsymbol{P}=[\boldsymbol{\alpha}\ \boldsymbol{\beta}_1\ \boldsymbol{\beta}_2]=\begin{bmatrix}1&1&1\\1&-1&0\\-1&0&1\end{bmatrix}$, 则 $\boldsymbol{P}^{-1}\boldsymbol{BP}=\boldsymbol{\Lambda}=\begin{bmatrix}-2&&\\&1&\\&&1\end{bmatrix}$,

$$\boldsymbol{B}=\boldsymbol{P\Lambda P}^{-1}=\frac{1}{3}\begin{bmatrix}1&1&1\\1&-1&0\\-1&0&1\end{bmatrix}\begin{bmatrix}-2&&\\&1&\\&&1\end{bmatrix}\begin{bmatrix}1&1&-1\\1&-2&-1\\1&1&2\end{bmatrix}=\begin{bmatrix}0&-1&1\\-1&0&1\\1&1&0\end{bmatrix},$$

故 $\boldsymbol{x}^{\mathrm{T}}\boldsymbol{Bx}=-2x_1x_2+2x_1x_3+2x_2x_3$.

2014—2015 学年秋季学期(B)卷解析

一、单选题

1.【答】 B.

【解析】 n 阶方阵 $\boldsymbol{A}$ 对应的齐次线性方程组 $\boldsymbol{Ax}=\boldsymbol{0}$ 只有零解的充要条件是 $\operatorname{rank}\boldsymbol{A}=n$，即 $|\boldsymbol{A}|\neq 0$.

2.【答】 A.

【解析】 由 n 阶方阵 $\boldsymbol{A}$，$\boldsymbol{B}$ 满足 $\boldsymbol{AB}=\boldsymbol{O}$，可知 $\operatorname{rank}\boldsymbol{A}+\operatorname{rank}\boldsymbol{B}\leqslant n$，$|\boldsymbol{AB}|=|\boldsymbol{A}||\boldsymbol{B}|=0$，从而 $|\boldsymbol{A}|=0$ 或者 $|\boldsymbol{B}|=0$.

3.【答】 B.

【解析】 由 $\operatorname{rank}\boldsymbol{A}=3<n$，可知 $\boldsymbol{A}$ 的行向量组的秩等于 3，即 $\boldsymbol{A}$ 的行向量组中一定可以找到 3 个向量是线性无关的，这些线性无关的向量必然是非零行向量.

4.【答】 A.

【解析】 因 $\boldsymbol{A}=[\boldsymbol{\alpha}_1\ \ \boldsymbol{\alpha}_2\ \ \boldsymbol{\alpha}_3\ \ \boldsymbol{\alpha}_4]$ 经初等行变换化为矩阵 $\begin{bmatrix}1&1&1&3\\0&1&1&2\\0&0&1&1\end{bmatrix}=[\boldsymbol{\beta}_1\ \ \boldsymbol{\beta}_2\ \ \boldsymbol{\beta}_3\ \ \boldsymbol{\beta}_4]$，且有关系式 $\boldsymbol{\beta}_1+\boldsymbol{\beta}_2+\boldsymbol{\beta}_3=\boldsymbol{\beta}_4$，由“对矩阵进行初等行变换不改变矩阵的列向量组的线性相关性和线性组合关系”，可知 $\boldsymbol{\alpha}_1+\boldsymbol{\alpha}_2+\boldsymbol{\alpha}_3=\boldsymbol{\alpha}_4$.

5.【答】 D.

【解析】 由 $\boldsymbol{A}^2+\boldsymbol{A}=\boldsymbol{O}$，可知 $\boldsymbol{A}$ 的特征值 λ 必满足关系式 $\lambda^2+\lambda=0$，从而 $\boldsymbol{A}$ 的特征值为 0 或 -1. 又由 $\boldsymbol{A}$ 为实对称矩阵，可知 $\boldsymbol{A}$ 可相似于对角矩阵 $\begin{bmatrix}\lambda_1&&&\\&\lambda_2&&\\&&\lambda_3&\\&&&\lambda_4\end{bmatrix}$.
再由 $\operatorname{rank}\boldsymbol{A}=3$，可知 $\boldsymbol{A}$ 的特征值为 $\lambda_1=\lambda_2=\lambda_3=-1$，$\lambda_4=0$. 因此 $\boldsymbol{A}$ 相似的对角矩阵为 $\begin{bmatrix}-1&&&\\&-1&&\\&&-1&\\&&&0\end{bmatrix}$.

6.【答】 C.

【解析】 由矩阵秩的不等式 $\operatorname{rank}\boldsymbol{AB}\leqslant\min\{\operatorname{rank}\boldsymbol{A},\operatorname{rank}\boldsymbol{B}\}$，以及 $\operatorname{rank}\begin{bmatrix}\boldsymbol{E}_r&\boldsymbol{O}\\\boldsymbol{O}&\boldsymbol{O}\end{bmatrix}=r$

可知 $\operatorname{rank}\left(\begin{bmatrix} \boldsymbol{E}_r & \boldsymbol{O} \\ \boldsymbol{O} & \boldsymbol{O} \end{bmatrix}\boldsymbol{A}\right) \leqslant \min\{r, \operatorname{rank}\boldsymbol{A}\}$.

二、填空题

1.【答】 1.

【解析】 由 $\boldsymbol{A}=[a_{ij}]$ 为正交矩阵，可知 $\boldsymbol{A}^{\mathrm{T}}\boldsymbol{A}=\boldsymbol{A}\boldsymbol{A}^{\mathrm{T}}=\boldsymbol{E}$, $\boldsymbol{A}^{-1}=\boldsymbol{A}^{\mathrm{T}}$, $|\boldsymbol{A}|=\pm 1$. 又由 $\boldsymbol{A}^*\boldsymbol{A}=\boldsymbol{A}\boldsymbol{A}^*=|\boldsymbol{A}|\boldsymbol{E}$, 可知 $\boldsymbol{A}^{-1}=\dfrac{\boldsymbol{A}^*}{|\boldsymbol{A}|}$. 再由可逆矩阵的唯一性，可知 $\boldsymbol{A}^{\mathrm{T}}=\dfrac{\boldsymbol{A}^*}{|\boldsymbol{A}|}$, $\boldsymbol{A}^*=|\boldsymbol{A}|\boldsymbol{A}^{\mathrm{T}}$, $(\boldsymbol{A}^*)^{\mathrm{T}}\boldsymbol{A}^*=(|\boldsymbol{A}|\boldsymbol{A}^{\mathrm{T}})^{\mathrm{T}}|\boldsymbol{A}|\boldsymbol{A}^{\mathrm{T}}=|\boldsymbol{A}|^2\boldsymbol{A}\boldsymbol{A}^{\mathrm{T}}=\boldsymbol{A}\boldsymbol{A}^{\mathrm{T}}=\boldsymbol{E}$. 而 $A_{11}^2+A_{12}^2+A_{13}^2$ 为 $(\boldsymbol{A}^*)^{\mathrm{T}}\boldsymbol{A}^*$ 中第一行第一列处的元素，因此 $A_{11}^2+A_{12}^2+A_{13}^2=1$.

2.【答】 3.

【解析】 先将行列式 $|\boldsymbol{C}|$ 中第 1 列的 2 倍加到第 3 列，再将第 3 列的 $-\dfrac{2}{3}$ 倍加到第 1 列，最后利用行列式的性质，可得

$$\begin{aligned}|\boldsymbol{C}| &= |[2\boldsymbol{\alpha}_1-\boldsymbol{\alpha}_3 \quad \boldsymbol{\alpha}_2 \quad 2\boldsymbol{\alpha}_3-\boldsymbol{\alpha}_1]| = |[2\boldsymbol{\alpha}_1-\boldsymbol{\alpha}_3 \quad \boldsymbol{\alpha}_2 \quad 3\boldsymbol{\alpha}_1]| \\ &= |[-\boldsymbol{\alpha}_3 \ \boldsymbol{\alpha}_2 \ 3\boldsymbol{\alpha}_1]| = 3|[\boldsymbol{\alpha}_1 \ \boldsymbol{\alpha}_2 \ \boldsymbol{\alpha}_3]| = 3.\end{aligned}$$

3.【答】 $\begin{bmatrix} 1 & 1 \\ 2 & 1 \end{bmatrix}$.

【解析】 由

$$[\boldsymbol{A}\ \boldsymbol{E}]=\begin{bmatrix} -1 & 1 & 1 & 0 \\ 2 & -1 & 0 & 1 \end{bmatrix}\to\begin{bmatrix} -1 & 1 & 1 & 0 \\ 0 & 1 & 2 & 1 \end{bmatrix}\to$$
$$\begin{bmatrix} -1 & 0 & -1 & -1 \\ 0 & 1 & 2 & 1 \end{bmatrix}\to\begin{bmatrix} 1 & 0 & 1 & 1 \\ 0 & 1 & 2 & 1 \end{bmatrix},$$

可知 $\begin{bmatrix} -1 & 1 \\ 2 & -1 \end{bmatrix}^{-1}=\begin{bmatrix} 1 & 1 \\ 2 & 1 \end{bmatrix}$.

4.【答】 3.

【解析】 由 $(\boldsymbol{\alpha}\boldsymbol{\alpha}^{\mathrm{T}})(\boldsymbol{\alpha}\boldsymbol{\alpha}^{\mathrm{T}})=\boldsymbol{\alpha}(\boldsymbol{\alpha}^{\mathrm{T}}\boldsymbol{\alpha})\boldsymbol{\alpha}^{\mathrm{T}}=(\boldsymbol{\alpha}^{\mathrm{T}}\boldsymbol{\alpha})\boldsymbol{\alpha}\boldsymbol{\alpha}^{\mathrm{T}}$ 以及

$$\begin{bmatrix} 1 & -1 & 1 \\ -1 & 1 & -1 \\ 1 & -1 & 1 \end{bmatrix}\begin{bmatrix} 1 & -1 & 1 \\ -1 & 1 & -1 \\ 1 & -1 & 1 \end{bmatrix}=\begin{bmatrix} 3 & -3 & 3 \\ -3 & 3 & -3 \\ 3 & -3 & 3 \end{bmatrix}=3\begin{bmatrix} 1 & -1 & 1 \\ -1 & 1 & -1 \\ 1 & -1 & 1 \end{bmatrix},$$

可知 $\boldsymbol{\alpha}^{\mathrm{T}}\boldsymbol{\alpha}=3$.

5.【答】 $\lambda_2=2\lambda_1$.

【解析】 由条件可得 $\boldsymbol{\alpha}_1$, $\boldsymbol{\alpha}_2$ 线性无关, $\boldsymbol{A}(-2\boldsymbol{\alpha}_1-2\boldsymbol{\alpha}_2)=-2\lambda_1\boldsymbol{\alpha}_1-2\lambda_2\boldsymbol{\alpha}_2$. 因此 $\boldsymbol{\alpha}_1+2\boldsymbol{\alpha}_2$, $\boldsymbol{A}(-2\boldsymbol{\alpha}_1-2\boldsymbol{\alpha}_2)$ 线性相关的充要条件是 $\boldsymbol{\alpha}_1+2\boldsymbol{\alpha}_2$, $-2\lambda_1\boldsymbol{\alpha}_1-2\lambda_2\boldsymbol{\alpha}_2$ 线性相关. 考虑 $\boldsymbol{\alpha}_1$, $\boldsymbol{\alpha}_2$ 生成的向量空间 $\boldsymbol{V}$, $\boldsymbol{\alpha}_1$, $\boldsymbol{\alpha}_2$ 能成为 $\boldsymbol{V}$ 的一组基, $\boldsymbol{V}$ 中一组向量 $\boldsymbol{\beta}_1$, $\boldsymbol{\beta}_2$ 的线性相关性的讨论等价于这些向量在上述基下的坐标的线性相关性的讨论. $\boldsymbol{\alpha}_1+2\boldsymbol{\alpha}_2$, $-2\lambda_1\boldsymbol{\alpha}_1-2\lambda_2\boldsymbol{\alpha}_2$ 在 $\boldsymbol{\alpha}_1$, $\boldsymbol{\alpha}_2$ 下的坐标分别为 $\begin{bmatrix} 1 \\ 2 \end{bmatrix}$, $\begin{bmatrix} -2\lambda_1 \\ -2\lambda_2 \end{bmatrix}$. 而 $\begin{bmatrix} 1 \\ 2 \end{bmatrix}$, $\begin{bmatrix} -2\lambda_1 \\ -2\lambda_2 \end{bmatrix}$ 线性相关的充要条件是

$\begin{vmatrix} 1 & -2\lambda_1 \\ 2 & -2\lambda_2 \end{vmatrix} = -2\lambda_2 + 4\lambda_1 = 0$，因此 $\boldsymbol{\alpha}_1 + 2\boldsymbol{\alpha}_2$，$\boldsymbol{A}(-2\boldsymbol{\alpha}_1 - 2\boldsymbol{\alpha}_2)$线性相关的充要条件是 $\lambda_2 = 2\lambda_1$.

6.【答】 0.

【解析】 由 $\boldsymbol{A}$ 的特征值分别为 1，3，−1，可知 $|\boldsymbol{A}| = -3$. 由 $\boldsymbol{A}^* = |\boldsymbol{A}|\boldsymbol{A}^{-1}$，可知 $\boldsymbol{A}^* = -3\boldsymbol{A}^{-1}$，从而 $\boldsymbol{A}^{-1} + \frac{1}{3}\boldsymbol{A}^*$ 等于零矩阵，其特征值全为0，从而 $\boldsymbol{A}^{-1} + \frac{1}{3}\boldsymbol{A}^*$ 的三个特征值之和为0.

三、计算与证明题

1.【解】

$$D_n = \begin{vmatrix} 1 & -b_1 & -b_2 & \cdots & -b_n \\ 0 & 1+a_1+b_1 & a_1+b_2 & \cdots & a_1+b_n \\ 0 & a_2+b_1 & 1+a_2+b_2 & \cdots & a_2+b_n \\ \vdots & \vdots & \vdots & & \vdots \\ 0 & a_n+b_1 & a_n+b_2 & \cdots & 1+a_n+b_n \end{vmatrix}$$

$$= \begin{vmatrix} 1 & -b_1 & -b_2 & \cdots & -b_n \\ 1 & 1+a_1 & a_1 & \cdots & a_1 \\ 1 & a_2 & 1+a_2 & \cdots & a_2 \\ \vdots & \vdots & \vdots & & \vdots \\ 1 & a_n & a_n & \cdots & 1+a_n \end{vmatrix}$$

$$= \begin{vmatrix} 1 & 0 & 0 & 0 & \cdots & 0 \\ 0 & 1 & -b_1 & -b_2 & \cdots & -b_n \\ -a_1 & 1 & 1+a_1 & a_1 & \cdots & a_1 \\ -a_2 & 1 & a_2 & 1+a_2 & \cdots & a_2 \\ \vdots & \vdots & \vdots & \vdots & & \vdots \\ -a_n & 1 & a_n & a_n & \cdots & 1+a_n \end{vmatrix}$$

$$= \begin{vmatrix} 1 & 0 & 1 & 1 & \cdots & 1 \\ 0 & 1 & -b_1 & -b_2 & \cdots & -b_n \\ -a_1 & 1 & 1 & 0 & \cdots & 0 \\ -a_2 & 1 & 0 & 1 & \cdots & 0 \\ \vdots & \vdots & \vdots & \vdots & & \vdots \\ -a_n & 1 & 0 & 0 & \cdots & 1 \end{vmatrix}$$

$$
= \begin{vmatrix} 1+\sum_{k=1}^{n} a_k & -n & 0 & 0 & \cdots & 0 \\ -\sum_{k=1}^{n} a_k b_k & 1+\sum_{k=1}^{n} b_k & 0 & 0 & \cdots & 0 \\ -a_1 & 1 & 1 & 0 & \cdots & 0 \\ -a_2 & 1 & 0 & 1 & \cdots & 0 \\ \vdots & \vdots & \vdots & \vdots & & \vdots \\ -a_n & 1 & 0 & 0 & \cdots & 1 \end{vmatrix}
$$

$$
= (1+\sum_{k=1}^{n} a_k)(1+\sum_{k=1}^{n} b_k) - n\sum_{k=1}^{n} a_k b_k.
$$

2.【解】 因为 $\boldsymbol{A}$ 可逆，由 $\boldsymbol{ABA}=-2\boldsymbol{E}+\boldsymbol{AB}$ 知，

$$
\boldsymbol{BA}=-2\boldsymbol{A}^{-1}+\boldsymbol{B},
$$

$$
\boldsymbol{B}(\boldsymbol{E}-\boldsymbol{A})=2\boldsymbol{A}^{-1},
$$

则

$$
\boldsymbol{B}=2[(\boldsymbol{E}-\boldsymbol{A})\boldsymbol{A}]^{-1}.
$$

又已知 $\boldsymbol{A}=\begin{bmatrix} 2 & 2 & 0 \\ 2 & 1 & 1 \\ -1 & 1 & 1 \end{bmatrix}$，故

$$
\boldsymbol{B}=-\frac{1}{3}\begin{bmatrix} 2 & -2 & -2 \\ -1 & 2 & 0 \\ -1 & 2 & 6 \end{bmatrix}.
$$

3.【解】

$$
[\boldsymbol{\alpha}_1\ \ \boldsymbol{\alpha}_2\ \ \boldsymbol{\alpha}_3\ \ \boldsymbol{\alpha}_4\ \ \boldsymbol{\alpha}_5]=\begin{bmatrix} 1 & 1 & 2 & 2 & 1 \\ 0 & 2 & 1 & 5 & -1 \\ 2 & 0 & 3 & -1 & 3 \\ 1 & 1 & 0 & 4 & -1 \end{bmatrix} \to \begin{bmatrix} 1 & 1 & 2 & 2 & 1 \\ 0 & 2 & 1 & 5 & -1 \\ 0 & 0 & -2 & 2 & -2 \\ 0 & 0 & 0 & 0 & 0 \end{bmatrix},
$$

则所求向量组的秩为 3，$\boldsymbol{\alpha}_1$，$\boldsymbol{\alpha}_2$，$\boldsymbol{\alpha}_3$ 是一个极大线性无关组.

4.【解】 由 $\boldsymbol{A}^2+\boldsymbol{A}-2\boldsymbol{E}=\boldsymbol{O}$ 知 $(\boldsymbol{A}-\boldsymbol{E})(\boldsymbol{A}+2\boldsymbol{E})=\boldsymbol{O}$，从而 $\boldsymbol{A}$ 的特征值 $\lambda=1$、1、-2.

当 $\lambda=-2$ 时，对应的特征向量 $\boldsymbol{\alpha}=(1,0,-1)^{\mathrm{T}}$，

所以

$$
\boldsymbol{A}^n=\begin{bmatrix} 0 & 1 & 1 \\ 1 & 0 & 0 \\ 0 & 1 & -1 \end{bmatrix}\begin{bmatrix} 1 & 0 & 0 \\ 0 & 1 & 0 \\ 0 & 0 & (-2)^n \end{bmatrix}\begin{bmatrix} 0 & 1 & 1 \\ 1 & 0 & 0 \\ 0 & 1 & -1 \end{bmatrix}^{-1}
$$

$$
=\frac{1}{2}\begin{bmatrix} 0 & 1 & 1 \\ 1 & 0 & 0 \\ 0 & 1 & -1 \end{bmatrix}\begin{bmatrix} 1 & 0 & 0 \\ 0 & 1 & 0 \\ 0 & 0 & (-2)^n \end{bmatrix}\begin{bmatrix} 0 & 2 & 0 \\ 1 & 0 & 1 \\ 1 & 0 & -1 \end{bmatrix}
$$

$$=\frac{1}{2}\begin{bmatrix}1+(-2)^n & 0 & 1-(-2)^n\\ 0 & 2 & 0\\ 1-(-2)^n & 0 & 1+(-2)^n\end{bmatrix}$$

5.【解】 由已知有 $\boldsymbol{\eta}_2-\boldsymbol{\eta}_1=\begin{bmatrix}1\\2\\-1\\2\end{bmatrix}$, $\boldsymbol{\eta}_3-\boldsymbol{\eta}_1=\begin{bmatrix}3\\6\\-3\\9\end{bmatrix}$是相应的齐次方程组的两个线性无关解，所以系数矩阵的秩≤2，(因为 $4-\operatorname{rank}\boldsymbol{A}\geqslant 2$).

又系数矩阵

$$\begin{bmatrix}a_1 & 2 & a_3 & a_4\\ 4 & b_2 & 3 & b_4\\ 3 & c_2 & 5 & c_4\end{bmatrix}$$

有 2 阶子式 $\begin{vmatrix}4 & 3\\ 3 & 5\end{vmatrix}\neq 0$，所以，系数矩阵的秩≥2，于是系数矩阵的秩为 2.

故齐次方程组的基础解系包含 2 个向量，即 $\boldsymbol{\eta}_2-\boldsymbol{\eta}_1$，$\boldsymbol{\eta}_3-\boldsymbol{\eta}_1$ 是齐次方程组的基础解系. 因此，该方程组的通解为

$$k_1(\boldsymbol{\eta}_2-\boldsymbol{\eta}_1)+k_2(\boldsymbol{\eta}_3-\boldsymbol{\eta}_1)+\boldsymbol{\eta}_1 \qquad (k_1,\ k_2\in\mathbf{R}).$$

6.【解】

(1) $\boldsymbol{P}^{\mathrm{T}}\boldsymbol{D}\boldsymbol{P}=\begin{bmatrix}\boldsymbol{E}_m & -\boldsymbol{A}^{-1}\boldsymbol{C}\\ \boldsymbol{O} & \boldsymbol{E}_n\end{bmatrix}^{\mathrm{T}}\begin{bmatrix}\boldsymbol{A} & \boldsymbol{C}\\ \boldsymbol{C}^{\mathrm{T}} & B\end{bmatrix}\begin{bmatrix}\boldsymbol{E}_m & -\boldsymbol{A}^{-1}\boldsymbol{C}\\ \boldsymbol{O} & \boldsymbol{E}_n\end{bmatrix}=\begin{bmatrix}\boldsymbol{A} & \boldsymbol{O}\\ \boldsymbol{O} & \boldsymbol{B}-\boldsymbol{C}^{\mathrm{T}}\boldsymbol{A}^{-1}\boldsymbol{C}\end{bmatrix}$.

(2)因为 $\boldsymbol{D}$ 为正定矩阵，$\boldsymbol{P}$ 是实可逆矩阵，所以 $\boldsymbol{P}^{\mathrm{T}}\boldsymbol{D}\boldsymbol{P}$ 正定.

用特征值法:$\boldsymbol{P}^{\mathrm{T}}\boldsymbol{D}\boldsymbol{P}$ 正定，它的特征值都大于 0. 又显然 $\boldsymbol{P}^{\mathrm{T}}\boldsymbol{D}\boldsymbol{P}$ 的特征多项式等于 $\boldsymbol{A}$ 的特征多项式和 $\boldsymbol{B}-\boldsymbol{C}^{\mathrm{T}}\boldsymbol{A}^{-1}\boldsymbol{C}$ 的特征多项式的乘积，从而 $\boldsymbol{B}-\boldsymbol{C}^{\mathrm{T}}\boldsymbol{A}^{-1}\boldsymbol{C}$ 的特征值也是 $\boldsymbol{P}^{\mathrm{T}}\boldsymbol{D}\boldsymbol{P}$ 的特征值，都大于 0，于是矩阵 $\boldsymbol{B}-\boldsymbol{C}^{\mathrm{T}}\boldsymbol{A}^{-1}\boldsymbol{C}$ 正定.

2015—2016 学年秋季学期(A)卷解析

一、单选题

1.【答】 B.

【解析】 利用行列式的性质“行列式与其转置行列式相等”“$|\boldsymbol{AB}| = |\boldsymbol{A}||\boldsymbol{B}|$”，可知选项(A)(C)(D)均正确，而选项(B)可举反例：$\boldsymbol{A} = \begin{bmatrix} 1 & 0 \\ 0 & 0 \end{bmatrix}$，$\boldsymbol{B} = \begin{bmatrix} 0 & 0 \\ 0 & 1 \end{bmatrix}$.

2.【答】 A.

【解析】 由 $\text{rank}(\boldsymbol{A}) = r < n$，可知 $\boldsymbol{A}$ 的行向量组的秩也等于 r，从而 $\boldsymbol{A}$ 的行向量组中至少有 r 个行向量是线性无关的，而任意 $r+1$ 个行向量是线性相关的.

3.【答】 C.

【解析】 由 $\boldsymbol{AB} = \boldsymbol{O}$，可知 $\text{rank}(\boldsymbol{A}) + \text{rank}(\boldsymbol{B}) \leqslant 3$. 又由 $\boldsymbol{B}$ 是非零矩阵，可知 $\text{rank}(\boldsymbol{B}) \geqslant 1$. 当 $t = -2$ 时，$\text{rank}(\boldsymbol{A}) = 2$，从而 $\text{rank}(\boldsymbol{B}) = 1$；当 $t = -1$ 时，$\text{rank}(\boldsymbol{A}) = 2$，从而 $\text{rank}(\boldsymbol{B}) = 1$；当 $t \neq 0$ 时，$\text{rank}(\boldsymbol{A}) = 2$，从而 $\text{rank}(\boldsymbol{B}) = 1$；当 $t = 0$ 时，$\text{rank}(\boldsymbol{A}) = 1$，此时 $\boldsymbol{B}$ 的秩可能为 1 或 2.

4.【答】 B.

【解析】 当 n 阶实对称矩阵 $\boldsymbol{A}$ 为正定矩阵时，其正惯性指数必为 n，负惯性指数必为 0. 对一个实对称矩阵 $\boldsymbol{A}$，当负惯性指数为 0 时，正惯性指数可能为 n，也可能小于 n，从而“负惯性指数为 0”是“$\boldsymbol{A}$ 为正定矩阵”的必要条件，不是充分条件.

5.【答】 D.

【解析】 由 $\boldsymbol{\varepsilon}_1 = \boldsymbol{e}_1 + 5\boldsymbol{e}_2$，$\boldsymbol{\varepsilon}_2 = \boldsymbol{e}_2$，可知 $[\boldsymbol{\varepsilon}_1\ \boldsymbol{\varepsilon}_2] = [\boldsymbol{e}_1\ \boldsymbol{e}_2]\begin{bmatrix} 1 & 0 \\ 5 & 1 \end{bmatrix}$，从而 $[\boldsymbol{e}_1\ \boldsymbol{e}_2] = [\boldsymbol{\varepsilon}_1\ \boldsymbol{\varepsilon}_2]\begin{bmatrix} 1 & 0 \\ 5 & 1 \end{bmatrix}^{-1} = [\boldsymbol{\varepsilon}_1\ \boldsymbol{\varepsilon}_2]\begin{bmatrix} 1 & 0 \\ -5 & 1 \end{bmatrix}$，故由基 $\boldsymbol{\varepsilon}_1$，$\boldsymbol{\varepsilon}_2$ 到基 $\boldsymbol{e}_1$，$\boldsymbol{e}_2$ 的过渡矩阵是 $\begin{bmatrix} 1 & 0 \\ -5 & 1 \end{bmatrix}$.

6.【答】 D.

【解析】 由已知可得 $|\boldsymbol{A}| = -9$，且 $\boldsymbol{A}$ 为可逆矩阵. 设 λ 是 $\boldsymbol{A}$ 的特征值，ξ 为 $\boldsymbol{A}$ 对应于 λ 的特征向量，即 $\boldsymbol{A}\boldsymbol{\xi} = \lambda\boldsymbol{\xi}$，则有 $\lambda \neq 0$，$\boldsymbol{A}^{-1}\boldsymbol{\xi} = \dfrac{1}{\lambda}\boldsymbol{\xi}$，$(-\boldsymbol{A} + 3\boldsymbol{A}^{-1})\boldsymbol{\xi} = (-\lambda + \dfrac{3}{\lambda})\boldsymbol{\xi}$，从而可得 $-\boldsymbol{A} + 3\boldsymbol{A}^{-1}$ 的特征值为 $-1 + \dfrac{3}{1}$，$3 + \dfrac{3}{-3}$，$-3 + \dfrac{3}{3}$，即 2，2，-2.

二、填空题

1.【答】 9.

【解析】 $|\boldsymbol{B}|=\left|\begin{bmatrix}-\boldsymbol{\alpha}_2\\3\boldsymbol{\alpha}_1-\boldsymbol{\alpha}_2\end{bmatrix}\right|=\left|\begin{bmatrix}-\boldsymbol{\alpha}_2\\3\boldsymbol{\alpha}_1\end{bmatrix}\right|=3\left|\begin{bmatrix}-\boldsymbol{\alpha}_2\\\boldsymbol{\alpha}_1\end{bmatrix}\right|=3\left|\begin{bmatrix}\boldsymbol{\alpha}_1\\\boldsymbol{\alpha}_2\end{bmatrix}\right|=3|\boldsymbol{A}|=9.$

2.【答】 -1.

【解析】 令 $\boldsymbol{A}=\begin{bmatrix}a & -a-2 & 6\\-1 & a & -3\end{bmatrix}$，对其进行初等行变换

$$\boldsymbol{A}\to\begin{bmatrix}-1 & a & -3\\a & -a-2 & 6\end{bmatrix}\to\begin{bmatrix}-1 & a & -3\\0 & a^2-a-2 & 6-3a\end{bmatrix}\to\begin{bmatrix}-1 & a & -3\\0 & (a-2)(a+1) & -3(a-2)\end{bmatrix}$$

当 $a=2$ 时，$\boldsymbol{A}$ 可继续化为 $\begin{bmatrix}-1 & a & -3\\0 & 0 & 0\end{bmatrix}$，此时 $(6,\ -3)^{\mathrm{T}}$ 可由向量组 $(a,\ -1)^{\mathrm{T}}$，$(-a-2,\ a)^{\mathrm{T}}$ 线性表示.

当 $a\neq2$ 时，$\boldsymbol{A}$ 可继续化为 $\begin{bmatrix}-1 & a & -3\\0 & a+1 & -3\end{bmatrix}$，从而可得 $(6,\ -3)^{\mathrm{T}}$ 不能由向量组 $(a,\ -1)^{\mathrm{T}}$，$(-a-2,\ a)^{\mathrm{T}}$ 线性表示的充要条件为 $a=-1$.

3.【答】 2.

【解析】 由可逆矩阵的定义可知 $\begin{bmatrix}1 & x\\2 & 3\end{bmatrix}\begin{bmatrix}-3 & 2\\2 & -1\end{bmatrix}=\begin{bmatrix}1 & 0\\0 & 1\end{bmatrix}$，从而可求得 $x=2$.

4.【答】 $a^2<6$.

【解析】 实对称矩阵 $\begin{bmatrix}3 & a\\a & 2\end{bmatrix}$ 是正定矩阵，当且仅当其顺序主子式全大于零，即 $|3|=3>0$，$\begin{vmatrix}3 & a\\a & 2\end{vmatrix}=6-a^2>0$，从而 $a^2<6$.

5.【答】 $x\neq3$.

【解析】 由 $\boldsymbol{e}_1$，$\boldsymbol{e}_2$ 是 $\mathbf{R}^2$ 的基以及 $\boldsymbol{e}_2x-3\boldsymbol{e}_1=[\boldsymbol{e}_2\ \boldsymbol{e}_1]\begin{bmatrix}x\\-3\end{bmatrix}$，$\boldsymbol{e}_2-\boldsymbol{e}_1=[\boldsymbol{e}_2\ \boldsymbol{e}_1]\begin{bmatrix}1\\-1\end{bmatrix}$，可知当 $\boldsymbol{e}_2x-3\boldsymbol{e}_1$，$\boldsymbol{e}_2-\boldsymbol{e}_1$ 也是 $\mathbf{R}^2$ 的基时，必有向量组 $\begin{bmatrix}x\\-3\end{bmatrix}$，$\begin{bmatrix}1\\-1\end{bmatrix}$ 线性无关，从而 $x\neq3$.

6.【答】 $0,\ \dfrac{2}{3}$.

【解析】 设 λ 是 $\boldsymbol{A}$ 的特征值，$\boldsymbol{\xi}$ 为 $\boldsymbol{A}$ 对应于 λ 的特征向量，即 $\boldsymbol{A\xi}=\lambda\boldsymbol{\xi}$. 由已知关系式 $3\boldsymbol{A}^2-2\boldsymbol{A}=\boldsymbol{O}$，可依次得 $(3\boldsymbol{A}^2-2\boldsymbol{A})\boldsymbol{\xi}=\boldsymbol{O}\xi$，$3\boldsymbol{A}^2\boldsymbol{\xi}-2\boldsymbol{A\xi}=0$，$(3\lambda^2-2\lambda)\boldsymbol{\xi}=0$，又由 $\boldsymbol{\xi}\neq\boldsymbol{0}$ 可知 $3\lambda^2-2\lambda=0$，从而 $\lambda=0$ 或者 $\lambda=\dfrac{2}{3}$.

三、计算与证明题

1.【解】 对相应的行列式反复作初等行变换和列变换. 首先，把第 i 行乘 (-1) 加到第 $i+1$ 行 $(i=n-1,\ n-2,\ \cdots,\ 1)$；然后，把第 1 列乘 (-1) 分别加到第 i 列 $(i=2,\ 3,\ \cdots,\ n)$；最后，把第 i 列乘 $\dfrac{1}{n}$ 加到第 1 列 $(i=2,\ 3,\ \cdots,\ n)$，则

$$\Delta_n = \begin{vmatrix} a & a+b & a+2b & \cdots & a+(n-2)b & a+(n-1)b \\ a+b & a+2b & a+3b & \cdots & a+(n-1)b & a \\ a+2b & a+3b & a+4b & \cdots & a & a+b \\ a+3b & a+4b & a+5b & \cdots & a+b & a+2b \\ \vdots & \vdots & \vdots & & \vdots & \vdots \\ a+(n-1)b & a & a+b & \cdots & a+(n-3)b & a+(n-2)b \end{vmatrix}$$

$$= \begin{vmatrix} a & a+b & a+2b & \cdots & a+(n-2)b & a+(n-1)b \\ b & b & b & \cdots & b & (1-n)b \\ b & b & b & \cdots & (1-n)b & b \\ b & b & b & \cdots & b & b \\ \vdots & \vdots & \vdots & & \vdots & \vdots \\ b & (1-n)b & b & \cdots & b & b \end{vmatrix}$$

$$= \begin{vmatrix} a & b & 2b & \cdots & (n-2)b & (n-1)b \\ b & 0 & 0 & \cdots & 0 & -nb \\ b & 0 & 0 & \cdots & -nb & 0 \\ b & 0 & 0 & \cdots & 0 & 0 \\ \vdots & \vdots & \vdots & & \vdots & \vdots \\ b & -nb & 0 & \cdots & 0 & 0 \end{vmatrix}$$

$$= \begin{vmatrix} a + \frac{1}{n}\sum_{i=1}^{n-1} ib & b & 2b & \cdots & (n-2)b & (n-1)b \\ 0 & 0 & 0 & \cdots & 0 & -nb \\ 0 & 0 & 0 & \cdots & -nb & 0 \\ 0 & 0 & 0 & \cdots & 0 & 0 \\ \vdots & \vdots & \vdots & & \vdots & \vdots \\ 0 & -nb & 0 & \cdots & 0 & 0 \end{vmatrix}$$

$$= \left[a + \frac{1}{n}\frac{n(n-1)}{2}b\right] \begin{vmatrix} 0 & 0 & \cdots & 0 & -nb \\ 0 & 0 & \cdots & -nb & 0 \\ \vdots & \vdots & & \vdots & \vdots \\ 0 & -nb & \cdots & 0 & 0 \\ -nb & 0 & \cdots & 0 & 0 \end{vmatrix}$$

$$= \left(a + \frac{n-1}{2}b\right)(-1)^{\frac{(n-1)(n-2)}{2}}(-nb)^{n-1}$$

$$= (-1)^{\frac{n(n-1)}{2}}\left(a + \frac{n-1}{2}b\right)(nb)^{n-1}.$$

2.【解】 (1)记 $D_n = |\boldsymbol{A}|$，按第一列(或第一行)展开，得到 $D_n = 2aD_{n-1} - a^2 D_{n-2}$，从而

$$D_n - aD_{n-1} = a(D_{n-1} - aD_{n-2}) = \cdots = a^{n-2}(D_2 - aD_1) = a^n.$$

变形得到 $\frac{D_n}{a^n} = \frac{D_{n-1}}{a^{n-1}} + 1 = \cdots = \frac{D_1}{a} + (n-1) = n+1$，于是 $|\boldsymbol{A}| = D_n = (n+1)a^n$.

(2)当 $a\neq 0$ 时，$|\boldsymbol{A}|\neq 0$，方程组有唯一解. 此时，把 D_n 的第 2 列换成常数列，再按此列展开求得行列式为 $-a^2D_{n-2}$，从而

$$x_2=\frac{-a^2D_{n-2}}{D_n}=\frac{-a^2(n-1)a^{n-2}}{(n+1)a^n}=\frac{1-n}{1+n}.$$

(3)当 $a=0$ 时，系数矩阵和增广矩阵的秩均为 $n-1$，方程组有无穷多解，通解为

$$\boldsymbol{x}=k\begin{bmatrix}1\\0\\0\\\vdots\\0\end{bmatrix}+\begin{bmatrix}0\\1\\0\\\vdots\\0\end{bmatrix}，其中 k 为任意常数.$$

3.【证】 设 $\boldsymbol{\alpha}_{i_1}, \boldsymbol{\alpha}_{i_2}, \cdots, \boldsymbol{\alpha}_{i_t}$ 是 $\boldsymbol{\alpha}_1, \boldsymbol{\alpha}_2, \cdots, \boldsymbol{\alpha}_r$ 的一个极大线性无关向量组，由假设知它也是向量组 $\boldsymbol{\alpha}_1, \boldsymbol{\alpha}_2, \cdots, \boldsymbol{\alpha}_r, \boldsymbol{\beta}_1, \boldsymbol{\beta}_2, \cdots, \boldsymbol{\beta}_s$ 的一个极大线性无关组. 所以每一个 $\boldsymbol{\beta}_i$ $(i=1, 2, \cdots, s)$ 都可由 $\boldsymbol{\alpha}_{i_1}, \boldsymbol{\alpha}_{i_2}, \cdots, \boldsymbol{\alpha}_{i_t}$ 线性表示，从而向量组 $\boldsymbol{\beta}_1, \boldsymbol{\beta}_2, \cdots, \boldsymbol{\beta}_s$ 可由 $\boldsymbol{\alpha}_1, \boldsymbol{\alpha}_2, \cdots, \boldsymbol{\alpha}_r$ 线性表示.

4.【解】 由 $|\boldsymbol{M}|=\begin{vmatrix}\boldsymbol{O}&\boldsymbol{A}\\\boldsymbol{B}&\boldsymbol{C}\end{vmatrix}=\begin{vmatrix}\boldsymbol{A}&\boldsymbol{O}\\\boldsymbol{C}&\boldsymbol{B}\end{vmatrix}=|\boldsymbol{A}||\boldsymbol{B}|\neq 0$，可知 $\boldsymbol{M}$ 为可逆矩阵. 设 $\boldsymbol{M}^{-1}=\begin{bmatrix}\boldsymbol{X}_1&\boldsymbol{X}_2\\\boldsymbol{X}_3&\boldsymbol{X}_4\end{bmatrix}$，则有 $\boldsymbol{M}\boldsymbol{M}^{-1}=\boldsymbol{E}_{4\times 4}$，即

$$\begin{bmatrix}\boldsymbol{O}&\boldsymbol{A}\\\boldsymbol{B}&\boldsymbol{C}\end{bmatrix}\begin{bmatrix}\boldsymbol{X}_1&\boldsymbol{X}_2\\\boldsymbol{X}_3&\boldsymbol{X}_4\end{bmatrix}=\begin{bmatrix}\boldsymbol{A}\boldsymbol{X}_3&\boldsymbol{A}\boldsymbol{X}_4\\\boldsymbol{B}\boldsymbol{X}_1+\boldsymbol{C}\boldsymbol{X}_3&\boldsymbol{B}\boldsymbol{X}_2+\boldsymbol{C}\boldsymbol{X}_4\end{bmatrix}=\begin{bmatrix}\boldsymbol{E}_{2\times 2}&\boldsymbol{O}\\\boldsymbol{O}&\boldsymbol{E}_{2\times 2}\end{bmatrix}.$$

从而有 $\begin{cases}\boldsymbol{A}\boldsymbol{X}_3=\boldsymbol{E}_{2\times 2},\\\boldsymbol{A}\boldsymbol{X}_4=\boldsymbol{O},\\\boldsymbol{B}\boldsymbol{X}_1+\boldsymbol{C}\boldsymbol{X}_3=\boldsymbol{O},\\\boldsymbol{B}\boldsymbol{X}_2+\boldsymbol{C}\boldsymbol{X}_4=\boldsymbol{E}_{2\times 2},\end{cases}$ 求得 $\begin{cases}\boldsymbol{X}_3=\boldsymbol{A}^{-1},\\\boldsymbol{X}_4=\boldsymbol{O},\\\boldsymbol{X}_1=-\boldsymbol{B}^{-1}\boldsymbol{C}\boldsymbol{A}^{-1},\\\boldsymbol{X}_2=\boldsymbol{B}^{-1},\end{cases}$ 因此

$$\boldsymbol{M}^{-1}=\begin{bmatrix}-\boldsymbol{B}^{-1}\boldsymbol{C}\boldsymbol{A}^{-1}&\boldsymbol{B}^{-1}\\\boldsymbol{A}^{-1}&\boldsymbol{O}\end{bmatrix}.$$

再由 $\boldsymbol{M}^{-1}=\dfrac{\boldsymbol{M}^*}{|\boldsymbol{M}|}$，可知

$$\boldsymbol{M}^*=|\boldsymbol{M}|\boldsymbol{M}^{-1}=|\boldsymbol{A}||\boldsymbol{B}|\begin{bmatrix}-\boldsymbol{B}^{-1}\boldsymbol{C}\boldsymbol{A}^{-1}&\boldsymbol{B}^{-1}\\\boldsymbol{A}^{-1}&\boldsymbol{O}\end{bmatrix}=\begin{bmatrix}-\boldsymbol{B}^*\boldsymbol{C}\boldsymbol{A}^*&|\boldsymbol{A}|\boldsymbol{B}^*\\|\boldsymbol{B}|\boldsymbol{A}^*&\boldsymbol{O}\end{bmatrix}.$$

5.【解】 (1)设有实数 k_1, k_2, k_3 使得

$$k_1\boldsymbol{\alpha}_1+k_2\boldsymbol{\alpha}_2+k_3\boldsymbol{\alpha}_3=\boldsymbol{0},\ (*)$$

用 $\boldsymbol{A}$ 左乘$(*)$式两边，再利用已知条件，得到

$k_1(-2)\boldsymbol{\alpha}_1+k_2(-3)\boldsymbol{\alpha}_2+k_3(2\boldsymbol{\alpha}_1+3\boldsymbol{\alpha}_2-2\boldsymbol{\alpha}_3)=(-2k_1+2k_3)\boldsymbol{\alpha}_1+(-3k_2+3k_3)\boldsymbol{\alpha}_2-2k_3\boldsymbol{\alpha}_3=\boldsymbol{0}.$

与$(*)$式联立，消去 $\boldsymbol{\alpha}_3$，得到$(2k_3)\boldsymbol{\alpha}_1+(-k_2+3k_3)\boldsymbol{\alpha}_2=\boldsymbol{0}$.

由于 $\boldsymbol{\alpha}_1, \boldsymbol{\alpha}_2$ 对应于 $\boldsymbol{A}$ 的不同特征值，从而 $\boldsymbol{\alpha}_1, \boldsymbol{\alpha}_2$ 线性无关，于是可推出 $k_3=0$. 代

入(＊)式得 $k_1\boldsymbol{\alpha}_1+k_2\boldsymbol{\alpha}_2=\mathbf{0}$，由 $\boldsymbol{\alpha}_1$，$\boldsymbol{\alpha}_2$ 线性无关可得 $k_1=k_2=0$. 故 $\boldsymbol{\alpha}_1$，$\boldsymbol{\alpha}_2$，$\boldsymbol{\alpha}_3$ 线性无关.

(2)由条件得

$$\boldsymbol{AP}=[\boldsymbol{A\alpha}_1\ \boldsymbol{A\alpha}_2\ \boldsymbol{A\alpha}_3]=[\boldsymbol{\alpha}_1\ \boldsymbol{\alpha}_2\ \boldsymbol{\alpha}_3]\begin{bmatrix}-2&0&2\\0&-3&3\\0&0&-2\end{bmatrix}=\boldsymbol{P}\begin{bmatrix}-2&0&2\\0&-3&3\\0&0&-2\end{bmatrix},$$

再由(1)知 $\boldsymbol{P}$ 为可逆矩阵，于是得到

$$\boldsymbol{P}^{-1}\boldsymbol{AP}=\begin{bmatrix}-2&0&2\\0&-3&3\\0&0&-2\end{bmatrix}.$$

6.【证】 (1)利用待定矩阵(元素)的方法，可以求出所有与 $\boldsymbol{J}_3$ 可交换的矩阵必有如下形式：$\begin{bmatrix}a&0&0\\b&a&0\\c&b&a\end{bmatrix}$，其中 a，b，c 为任意的数.

(2)设 $\boldsymbol{A}$ 与 $\boldsymbol{J}_n$ 可交换，分别把 $\boldsymbol{A}=[a_{ij}]_{n\times n}$ 和 $\boldsymbol{J}_n$ 写成如下分块矩阵形式

$$\boldsymbol{A}=\begin{bmatrix}a_{11}&\boldsymbol{\alpha}^{\mathrm{T}}\\\boldsymbol{\beta}&\boldsymbol{A}_{n-1}\end{bmatrix},\ \boldsymbol{J}_n=\begin{bmatrix}0&\mathbf{0}^{\mathrm{T}}\\e_1&\boldsymbol{J}_{n-1}\end{bmatrix},$$

其中 $\boldsymbol{\alpha}=(a_{12},\cdots,a_{1n})^{\mathrm{T}}$，$\boldsymbol{\beta}=(a_{21},\cdots,a_{n1})^{\mathrm{T}}$，$\boldsymbol{e}_1=(1,0,\cdots,0)^{\mathrm{T}}$ 为 $n-1$ 维列向量，$\boldsymbol{A}_{n-1}$，$\boldsymbol{J}_{n-1}$ 为 $n-1$ 阶方阵. 下面对 n 用数学归纳法. 由 $\boldsymbol{AJ}_n=\boldsymbol{J}_n\boldsymbol{A}$ 可得

$$\begin{bmatrix}a_{12}&\boldsymbol{\alpha}^{\mathrm{T}}\boldsymbol{J}_{n-1}\\\boldsymbol{A}_{n-1}e_1&\boldsymbol{A}_{n-1}\boldsymbol{J}_{n-1}\end{bmatrix}=\begin{bmatrix}0&\mathbf{0}^{\mathrm{T}}\\a_{11}e_1+\boldsymbol{J}_{n-1}\boldsymbol{\beta}&e_1\boldsymbol{\alpha}^{\mathrm{T}}+\boldsymbol{J}_{n-1}\boldsymbol{A}_{n-1}\end{bmatrix}.$$

从而 $a_{12}=0$，$\boldsymbol{\alpha}^{\mathrm{T}}\boldsymbol{J}_{n-1}=(a_{13},\cdots,a_{1n},0)=\mathbf{0}^{\mathrm{T}}$，$\boldsymbol{A}_{n-1}\boldsymbol{J}_{n-1}=\boldsymbol{e}_1\boldsymbol{\alpha}^{\mathrm{T}}+\boldsymbol{J}_{n-1}\boldsymbol{A}_{n-1}$，进一步得出 $\boldsymbol{\alpha}=\mathbf{0}$，$\boldsymbol{A}_{n-1}\boldsymbol{J}_{n-1}=\boldsymbol{J}_{n-1}\boldsymbol{A}_{n-1}$.

由归纳假设知 $\boldsymbol{A}_{n-1}$ 为下三角矩阵，又 $\boldsymbol{\alpha}=\mathbf{0}$，从而 $\boldsymbol{A}$ 是下三角矩阵.

(3)易知 $\mathrm{com}(\boldsymbol{J}_n)$ 非空，且关于矩阵的加法与数乘封闭，故它是 $\mathbf{R}^{n\times n}$ 的一个线性子空间. 经计算可知 $\mathrm{com}(\boldsymbol{J}_n)$ 的矩阵具有一般形式 $\begin{bmatrix}d_1&0&0&&\\d_2&d_1&0&&\\d_3&d_2&d_1&&\\&\ddots&\ddots&\ddots&\\d_n&&d_3&d_2&d_1\end{bmatrix}$，其中 d_1，d_2，$\cdots$，d_n 为任意数. 从而有 $\dim\mathrm{com}(\boldsymbol{J}_n)=n$.

2015—2016 学年秋季学期(B)卷解析

一、单选题

1.【答】 C.

【解析】 齐次线性方程组 $\boldsymbol{A}_{n\times n}\boldsymbol{x}=\boldsymbol{0}$ 有非零解的充要条件是 $\operatorname{rank}\boldsymbol{A}<n$，或者行列式 $|\boldsymbol{A}|=0$，或者 $\boldsymbol{A}$ 的行向量组线性相关.

2.【答】 C.

【解析】 由向量组的秩的定义可知，当 $\boldsymbol{\alpha}_1, \boldsymbol{\alpha}_2, \cdots, \boldsymbol{\alpha}_r$ 线性无关时，$\boldsymbol{\alpha}_1, \boldsymbol{\alpha}_2, \cdots, \boldsymbol{\alpha}_r$ 的极大线性无关组为 $\boldsymbol{\alpha}_1, \boldsymbol{\alpha}_2, \cdots, \boldsymbol{\alpha}_r$，从而 $\boldsymbol{\alpha}_1, \boldsymbol{\alpha}_2, \cdots, \boldsymbol{\alpha}_r$ 的秩为 r；反之，当 $\boldsymbol{\alpha}_1, \boldsymbol{\alpha}_2, \cdots, \boldsymbol{\alpha}_r$ 的秩为 r 时，$\boldsymbol{\alpha}_1, \boldsymbol{\alpha}_2, \cdots, \boldsymbol{\alpha}_r$ 线性无关. 因此 C 选项正确.

由向量组线性无关的性质可知，若 $\boldsymbol{\alpha}_1, \boldsymbol{\alpha}_2, \cdots, \boldsymbol{\alpha}_r$ 线性无关，则 $\boldsymbol{\alpha}_1, \boldsymbol{\alpha}_2, \cdots, \boldsymbol{\alpha}_r$ 中任意 $r-1$ 个向量都线性无关；但是"$\boldsymbol{\alpha}_1, \boldsymbol{\alpha}_2, \cdots, \boldsymbol{\alpha}_r$ 中任意 $r-1$ 个向量都线性无关"并不能推出 $\boldsymbol{\alpha}_1, \boldsymbol{\alpha}_2, \cdots, \boldsymbol{\alpha}_r$ 线性无关，例如当 $\boldsymbol{\alpha}_1=\begin{bmatrix}1\\1\\0\end{bmatrix}$，$\boldsymbol{\alpha}_2=\begin{bmatrix}0\\1\\1\end{bmatrix}$，$\boldsymbol{\alpha}_3=\begin{bmatrix}1\\0\\-1\end{bmatrix}$时，$\boldsymbol{\alpha}_1, \boldsymbol{\alpha}_2, \boldsymbol{\alpha}_3$ 中任意 2 个向量都线性无关，但是 $\boldsymbol{\alpha}_1, \boldsymbol{\alpha}_2, \boldsymbol{\alpha}_3$ 线性相关. 因此 A 选项不正确. 类似可说明 B 选项不正确.

由向量组线性无关的定义可知，$\boldsymbol{\alpha}_1, \boldsymbol{\alpha}_2, \cdots, \boldsymbol{\alpha}_r$ 线性无关的充要条件是对任何不全为零的数 $k_1, k_2, \cdots, k_r$，有 $k_1\boldsymbol{\alpha}_1+k_2\boldsymbol{\alpha}_2+\cdots+k_r\boldsymbol{\alpha}_r\neq\boldsymbol{0}$，而"对任何全不为零的数 $k_1, k_2, \cdots, k_r$，有 $k_1\boldsymbol{\alpha}_1+k_2\boldsymbol{\alpha}_2+\cdots+k_r\boldsymbol{\alpha}_r\neq\boldsymbol{0}$"并不能推出 $\boldsymbol{\alpha}_1, \boldsymbol{\alpha}_2, \cdots, \boldsymbol{\alpha}_r$ 线性无关，例如当 $\boldsymbol{\alpha}_1=\begin{bmatrix}1\\0\\0\end{bmatrix}$，$\boldsymbol{\alpha}_2=\begin{bmatrix}0\\1\\0\end{bmatrix}$，$\boldsymbol{\alpha}_3=\begin{bmatrix}0\\0\\0\end{bmatrix}$时，对任何全不为零的数 k_1, k_2, k_3，有 $k_1\boldsymbol{\alpha}_1+k_2\boldsymbol{\alpha}_2+k_3\boldsymbol{\alpha}_3=\begin{bmatrix}k_1\\k_2\\0\end{bmatrix}\neq\boldsymbol{0}$，但是 $\boldsymbol{\alpha}_1=\begin{bmatrix}1\\0\\0\end{bmatrix}$，$\boldsymbol{\alpha}_2=\begin{bmatrix}0\\1\\0\end{bmatrix}$，$\boldsymbol{\alpha}_3=\begin{bmatrix}0\\0\\0\end{bmatrix}$线性相关. 因此 D 选项不正确.

3.【答】 A.

【解析】 由初等变换与初等矩阵之间的联系，可知 $\boldsymbol{B}=\begin{bmatrix}1&0&2\\0&1&0\\0&0&1\end{bmatrix}\boldsymbol{A}$，$\boldsymbol{C}=\boldsymbol{B}\begin{bmatrix}1&0&0\\0&1&0\\2&0&1\end{bmatrix}$，从而有 $\boldsymbol{C}=\boldsymbol{PAP}^{\mathrm{T}}$.

4.【答】 B.

【解析】 设与$(-3, -1, 0)^T$，$(-2, -2, -2)^T$ 都正交的向量为 $\boldsymbol{x}=(x_1, x_2, x_3)^T$，则 $\boldsymbol{x}$ 满足齐次线性方程组

$$\begin{cases}-3x_1-x_2=0,\\ -2x_1-2x_2-2x_3=0.\end{cases}$$

对方程组的系数矩阵进行初等行变换

$$\begin{bmatrix}-3&-1&0\\-2&-2&-2\end{bmatrix}\to\begin{bmatrix}-3&-1&0\\1&1&1\end{bmatrix}\to\begin{bmatrix}0&1&\frac{3}{2}\\1&0&-\frac{1}{2}\end{bmatrix}\to\begin{bmatrix}1&0&-\frac{1}{2}\\0&1&\frac{3}{2}\end{bmatrix},$$

得出方程组的通解为 $\boldsymbol{x}=k\left(\frac{1}{2}, -\frac{3}{2}, 1\right)^T$，$k\in\mathbf{R}$. 从而与$(-3, -1, 0)^T$，$(-2, -2, -2)^T$ 都正交的一个向量可取为$(1, -3, 2)^T$.

5.【答】 B.

【解析】 记 $\boldsymbol{\gamma}_1=\boldsymbol{e}_2-2\boldsymbol{e}_1$，$\boldsymbol{\gamma}_2=-2\boldsymbol{e}_1$，则$[\boldsymbol{\gamma}_1\ \boldsymbol{\gamma}_2]=[\boldsymbol{e}_1\ \boldsymbol{e}_2]\begin{bmatrix}-2&-2\\1&0\end{bmatrix}$，又由条件可知$[\boldsymbol{\varepsilon}_1\ \boldsymbol{\varepsilon}_2]=[\boldsymbol{e}_1\ \boldsymbol{e}_2]\begin{bmatrix}1&-2\\-2&2\end{bmatrix}$. 从而有

$$[\boldsymbol{\varepsilon}_1\ \boldsymbol{\varepsilon}_2]=[\boldsymbol{\gamma}_1\ \boldsymbol{\gamma}_2]\begin{bmatrix}-2&-2\\1&0\end{bmatrix}^{-1}\begin{bmatrix}1&-2\\-2&2\end{bmatrix}=[\boldsymbol{\gamma}_1\ \boldsymbol{\gamma}_2]\begin{bmatrix}-2&2\\\frac{3}{2}&-1\end{bmatrix},$$

即由基 $\boldsymbol{e}_2-2\boldsymbol{e}_1$，$-2\boldsymbol{e}_1$ 到基 $\boldsymbol{\varepsilon}_1$，$\boldsymbol{\varepsilon}_2$ 的过渡矩阵是$\begin{bmatrix}-2&2\\\frac{3}{2}&-1\end{bmatrix}$.

6.【答】 C.

【解析】 由已知可得 $|\boldsymbol{A}|=-6$. 由 $\boldsymbol{A}^{-1}=\frac{\boldsymbol{A}^*}{|\boldsymbol{A}|}$，可知 $\boldsymbol{A}^*=|\boldsymbol{A}|\boldsymbol{A}^{-1}=-6\boldsymbol{A}^{-1}$，从而 $-2\boldsymbol{A}^{-1}-\frac{1}{3}\boldsymbol{A}^*=\boldsymbol{O}$，于是 $-2\boldsymbol{A}^{-1}-\frac{1}{3}\boldsymbol{A}^*$ 的特征值为0，0，0.

二、填空题

1.【答】 $-11\times6^{n-1}$.

【解析】 由矩阵的运算规律和行列式的性质可知

$$\begin{aligned}|5\boldsymbol{A}+\boldsymbol{B}|&=|[6\boldsymbol{\alpha}_1\cdots6\boldsymbol{\alpha}_{n-1}\ 5\boldsymbol{\beta}+\boldsymbol{\gamma}]|=6^{n-1}|[\boldsymbol{\alpha}_1\cdots\boldsymbol{\alpha}_{n-1}\ 5\boldsymbol{\beta}+\boldsymbol{\gamma}]|\\&=6^{n-1}(|[\boldsymbol{\alpha}_1\cdots\boldsymbol{\alpha}_{n-1}\ 5\boldsymbol{\beta}]|+|[\boldsymbol{\alpha}_1\cdots\boldsymbol{\alpha}_{n-1}\ \boldsymbol{\gamma}]|)\\&=6^{n-1}(5|[\boldsymbol{\alpha}_1\cdots\boldsymbol{\alpha}_{n-1}\ \boldsymbol{\beta}]|+|[\boldsymbol{\alpha}_1\cdots\boldsymbol{\alpha}_{n-1}\ \boldsymbol{\gamma}]|)\\&=6^{n-1}(5|\boldsymbol{A}|+|\boldsymbol{B}|)\\&=-11\times6^{n-1}.\end{aligned}$$

2.【答】 $\lambda_2=2\lambda_1$.

【解析】 先由条件可知$\boldsymbol{A}\boldsymbol{\alpha}_1=\lambda_1\boldsymbol{\alpha}_1$，$\boldsymbol{A}\boldsymbol{\alpha}_2=\lambda_2\boldsymbol{\alpha}_2$. 再由$\boldsymbol{\alpha}_1-2\boldsymbol{\alpha}_2=[\boldsymbol{\alpha}_1\ \boldsymbol{\alpha}_2]\begin{bmatrix}1\\-2\end{bmatrix}$以及$\boldsymbol{A}(2\boldsymbol{\alpha}_2-2\boldsymbol{\alpha}_1)=-2\lambda_1\boldsymbol{\alpha}_1+2\lambda_2\boldsymbol{\alpha}_2=[\boldsymbol{\alpha}_1\ \boldsymbol{\alpha}_2]\begin{bmatrix}-2\lambda_1\\2\lambda_2\end{bmatrix}$，可知$\boldsymbol{\alpha}_1-2\boldsymbol{\alpha}_2$，$\boldsymbol{A}(2\boldsymbol{\alpha}_2-2\boldsymbol{\alpha}_1)$线性相关的充分必要条件是$\begin{vmatrix}1&-2\lambda_1\\-2&2\lambda_2\end{vmatrix}=0$，即$\lambda_2=2\lambda_1$.

3.【答】 $\begin{bmatrix}3&3\\3&\frac{3}{2}\end{bmatrix}$.

【解析】 由条件可知$|\boldsymbol{A}|=-2$. 对已知关系式$3\boldsymbol{ABA}^*-2\boldsymbol{BA}^*-3\boldsymbol{E}=\boldsymbol{O}$进行变形依次得

$3\boldsymbol{ABA}^*\boldsymbol{A}-2\boldsymbol{BA}^*\boldsymbol{A}-3\boldsymbol{EA}=\boldsymbol{OA}$,

$3|\boldsymbol{A}|\boldsymbol{AB}-2|\boldsymbol{A}|\boldsymbol{B}-3\boldsymbol{A}=\boldsymbol{O}$,

$-6\boldsymbol{AB}+4\boldsymbol{B}-3\boldsymbol{A}=\boldsymbol{O}$,

$(-3\boldsymbol{A}+2\boldsymbol{E})2\boldsymbol{B}=3\boldsymbol{A}$.

再由$-3\boldsymbol{A}+2\boldsymbol{E}=\begin{bmatrix}5&-6\\-6&8\end{bmatrix}$，可知$(-3\boldsymbol{A}+2\boldsymbol{E})^{-1}=\frac{1}{4}\begin{bmatrix}8&6\\6&5\end{bmatrix}$，从而

$2\boldsymbol{B}=(-3\boldsymbol{A}+2\boldsymbol{E})^{-1}3\boldsymbol{A}=\frac{3}{4}\begin{bmatrix}4&4\\4&2\end{bmatrix}$.

4.【答】 $a^2>18$.

【解析】 由$\begin{bmatrix}4&0\\0&-1\end{bmatrix}$的特征值为4，$-1$，可知$\begin{bmatrix}6&a\\a&3\end{bmatrix}$的正负惯性指数均为1，从而$\begin{bmatrix}6&a\\a&3\end{bmatrix}$的两个特征值$\lambda_1$，$\lambda_2$必为一正一负，因此$\begin{vmatrix}6&a\\a&3\end{vmatrix}=18-a^2=\lambda_1\lambda_2<0$，于是参数$a$满足条件$a^2>18$.

5.【答】 $(12,\ -12)^{\mathrm{T}}$.

【解析】 由条件可知$\boldsymbol{\alpha}_2$在$\boldsymbol{e}_1$，$\boldsymbol{e}_2$下的坐标为$\begin{bmatrix}-5&-1\\2&0\end{bmatrix}\begin{bmatrix}3\\-3\end{bmatrix}=\begin{bmatrix}-12\\6\end{bmatrix}$，又由$\boldsymbol{\alpha}_1$在$\boldsymbol{e}_1$，$\boldsymbol{e}_2$下的坐标为$\begin{bmatrix}0\\-3\end{bmatrix}$，可知$2\boldsymbol{\alpha}_1-\boldsymbol{\alpha}_2$在$\boldsymbol{e}_1$，$\boldsymbol{e}_2$下的坐标为$2\begin{bmatrix}0\\-3\end{bmatrix}-\begin{bmatrix}-12\\6\end{bmatrix}=\begin{bmatrix}12\\-12\end{bmatrix}$.

6.【答】 3.

【解析】 易知$\begin{bmatrix}-3&a-3\\0&-3\end{bmatrix}$的特征值为$\lambda_1=\lambda_2=-3$，从而$\boldsymbol{A}$可相似于对角矩阵的充分必要条件是特征值$\lambda_1=\lambda_2=-3$的几何重数为2，即齐次线性方程组$(-3\boldsymbol{E}-\boldsymbol{A})\boldsymbol{x}=\boldsymbol{0}$的解空间的维数为2，从而该方程组的系数矩阵$-3\boldsymbol{E}-\boldsymbol{A}=\begin{bmatrix}0&3-a\\0&0\end{bmatrix}$的秩为0，即$a=3$.

三、计算与证明题

1.【解】 将 $\boldsymbol{\Delta}_n$ 按第一行展开，得 $\boldsymbol{\Delta}_n=(a+b)\boldsymbol{\Delta}_{n-1}-(ab)\boldsymbol{\Delta}_{n-2}$，整理得

$$\boldsymbol{\Delta}_n-a\boldsymbol{\Delta}_{n-1}=b(\boldsymbol{\Delta}_{n-1}-a\boldsymbol{\Delta}_{n-2})=\cdots=b^{n-2}(\boldsymbol{\Delta}_2-a\boldsymbol{\Delta}_1)=b^n.$$

由行列式中元素 a，b 的对称性，同理可得 $\boldsymbol{\Delta}_n-b\boldsymbol{\Delta}_{n-1}=a^n$.

联立上述两个等式，解方程即得 $\boldsymbol{\Delta}_n=(a^{n+1}-b^{n+1})/(a-b)$.

2.【解】 (1)设 $\boldsymbol{\xi}_1,\boldsymbol{\xi}_2,\boldsymbol{\xi}_3$ 是该线性方程组的 3 个线性无关的解，则 $\boldsymbol{\xi}_1-\boldsymbol{\xi}_3,\boldsymbol{\xi}_2-\boldsymbol{\xi}_3$ 是导出方程组的 2 个线性无关的解，因此 $4-\operatorname{rank}\mathbf{A}\geqslant 2$，故 $\operatorname{rank}\mathbf{A}\leqslant 2$. 另一方面，$\mathbf{A}$ 有一个 2 阶子式不等于零，从而 $\operatorname{rank}\mathbf{A}\geqslant 2$. 于是 $\operatorname{rank}\mathbf{A}=2$.

(2)对方程组的增广矩阵 $[\mathbf{A}\ \boldsymbol{b}]$ 进行初等行变换

$$\begin{bmatrix}0&-1&-2&-3&11\\-3&-1&3&1&-10\\3&2&-1&2&-2b\\-3&-1&3&1&-3a\end{bmatrix}\to\begin{bmatrix}0&-1&-2&-3&11\\-3&-1&3&1&-10\\0&1&2&3&-10-2b\\0&0&0&0&10-3a\end{bmatrix}$$

$$\to\begin{bmatrix}0&-1&-2&-3&11\\-3&0&5&4&-21\\0&0&0&0&1-2b\\0&0&0&0&10-3a\end{bmatrix}.$$

原方程组有解的充分必要条件是 $\operatorname{rank}[\mathbf{A}\ \boldsymbol{b}]=\operatorname{rank}\mathbf{A}$，从而 $1-2b=0$，$10-3a=0$，即 $a=\dfrac{10}{3}$，$b=\dfrac{1}{2}$时，方程组有解，且方程组的通解为

$$\begin{bmatrix}x_1\\x_2\\x_3\\x_4\end{bmatrix}=k\begin{bmatrix}\frac{5}{3}\\-2\\1\\0\end{bmatrix}+l\begin{bmatrix}\frac{4}{3}\\-3\\0\\1\end{bmatrix}+\begin{bmatrix}7\\-11\\0\\0\end{bmatrix},\ \text{其中}\ k,\ l\in\mathbf{R}.$$

3.【证】 (1)设 $\boldsymbol{\gamma}$ 是 $\boldsymbol{Ax}=\boldsymbol{b}$ 的一个解，则 $\boldsymbol{\gamma}-\boldsymbol{\gamma}_0=\boldsymbol{\gamma}-\boldsymbol{\eta}_0$ 是导出方程组 $\boldsymbol{Ax}=\boldsymbol{0}$ 的一个解，从而有 t 个数 $l_1,l_2,\cdots,l_t$ 使得 $\boldsymbol{\gamma}-\boldsymbol{\gamma}_0=\boldsymbol{\gamma}-\boldsymbol{\eta}_0=\sum\limits_{i=1}^{t}l_i\boldsymbol{\eta}_i$，因此

$$\boldsymbol{\gamma}=\boldsymbol{\eta}_0+\sum_{i=1}^{t}l_i\boldsymbol{\eta}_i=(1-\sum_{i=1}^{t}l_i)\boldsymbol{\eta}_0+\sum_{i=1}^{t}l_i(\boldsymbol{\eta}_0+\boldsymbol{\eta}_i)=\sum_{i=0}^{t}k_i\boldsymbol{\gamma}_i,$$

其中 $k_0=1-\sum\limits_{i=1}^{t}l_i$，$k_i=l_i(i=1,2,\cdots,t)$. 显然有 $\sum\limits_{i=0}^{t}k_i=1$.

4.【解】 (1)由 Laplace 定理可知 $\begin{vmatrix}\boldsymbol{A}&\boldsymbol{B}\\\boldsymbol{C}&\boldsymbol{O}\end{vmatrix}=(-1)^{(1+2+\cdots+n)+(n+1+n+2+\cdots+2n)}|\boldsymbol{B}||\boldsymbol{C}|\neq 0$，可知 $\boldsymbol{M}$ 为可逆矩阵. 设 $\boldsymbol{M}^{-1}=\begin{bmatrix}\boldsymbol{X}_1&\boldsymbol{X}_2\\\boldsymbol{X}_3&\boldsymbol{X}_4\end{bmatrix}$，则有 $\boldsymbol{MM}^{-1}=\boldsymbol{E}_{2n\times 2n}$，即

$$\begin{bmatrix}\boldsymbol{A}&\boldsymbol{B}\\\boldsymbol{C}&\boldsymbol{O}\end{bmatrix}\begin{bmatrix}\boldsymbol{X}_1&\boldsymbol{X}_2\\\boldsymbol{X}_3&\boldsymbol{X}_4\end{bmatrix}=\begin{bmatrix}\boldsymbol{AX}_1+\boldsymbol{BX}_3&\boldsymbol{AX}_2+\boldsymbol{BX}_4\\\boldsymbol{CX}_1&\boldsymbol{CX}_2\end{bmatrix}=\begin{bmatrix}\boldsymbol{E}_{n\times n}&\boldsymbol{O}\\\boldsymbol{O}&\boldsymbol{E}_{n\times n}\end{bmatrix},$$

从而有$\begin{cases}AX_1+BX_3=E_{n\times n},\\ AX_2+BX_4=O,\\ CX_1=O,\\ CX_2=E_{n\times n},\end{cases}$ 求得$\begin{cases}X_3=B^{-1},\\ X_4=-B^{-1}AC^{-1},\\ X_1=O,\\ X_2=C^{-1},\end{cases}$ 因此

$$M^{-1}=\begin{bmatrix}O & C^{-1}\\ B^{-1} & -B^{-1}AC^{-1}\end{bmatrix}.$$

(2)由 $B^{-1}=\begin{bmatrix}-4 & 1\\ 3 & -1\end{bmatrix}$, $C^{-1}=\frac{1}{2}\begin{bmatrix}0 & 1\\ -2 & 2\end{bmatrix}$, 可得

$-B^{-1}AC^{-1}=-\begin{bmatrix}-4 & 1\\ 3 & -1\end{bmatrix}\begin{bmatrix}-1 & 5\\ 0 & 1\end{bmatrix}\frac{1}{2}\begin{bmatrix}0 & 1\\ -2 & 2\end{bmatrix}=-\begin{bmatrix}4 & -19\\ -3 & 14\end{bmatrix}\frac{1}{2}\begin{bmatrix}0 & 1\\ -2 & 2\end{bmatrix}=$
$\begin{bmatrix}-19 & 17\\ 14 & -\frac{25}{2}\end{bmatrix}$, 于是 $M^{-1}=\begin{bmatrix}0 & 0 & 0 & \frac{1}{2}\\ 0 & 0 & -1 & 1\\ -4 & 1 & -19 & 17\\ 3 & -1 & 14 & -\frac{25}{2}\end{bmatrix}$.

5.【解】 A 的特征多项式为

$\begin{vmatrix}\lambda+2 & -3 & -a\\ -3 & \lambda+2 & -3\\ 1 & -1 & \lambda\end{vmatrix}=\begin{vmatrix}\lambda-1 & -3 & -a\\ \lambda-1 & \lambda+2 & -3\\ 0 & -1 & \lambda\end{vmatrix}=\begin{vmatrix}\lambda-1 & -3 & -a\\ 0 & \lambda+5 & a-3\\ 0 & -1 & \lambda\end{vmatrix}=(\lambda-1)(\lambda^2+5\lambda+a-3)$.

若 $\lambda=1$ 是 A 的二重特征值, 则有 $a+3=0$, 解得 $a=-3$.

当 $a=-3$ 时, A 的特征值为 1, 1, -6, 矩阵 $E-A=\begin{bmatrix}3 & -3 & 3\\ -3 & 3 & -3\\ 1 & -1 & 1\end{bmatrix}$的秩为 1, 故二重特征值 $\lambda=1$ 对应的线性无关的特征向量有两个, A 能相似于对角矩阵.

若 $\lambda=1$ 不是 A 的二重特征值, 则 $\lambda^2+5\lambda+a-3$ 是完全平方式, 从而 $-\frac{25}{4}+a-3=0$, 解得 $a=\frac{37}{4}$.

当 $a=\frac{37}{4}$时, A 的特征值为 1, $-\frac{5}{2}$, $-\frac{5}{2}$, 矩阵 $-\frac{5}{2}E-A=\begin{bmatrix}-\frac{1}{2} & -3 & -\frac{37}{4}\\ -3 & -\frac{1}{2} & -3\\ 1 & -1 & -\frac{5}{2}\end{bmatrix}$的秩为 2, 故二重特征值 $\lambda=-\frac{5}{2}$对应的线性无关的特征向量只有一个, 所以 A 不能相似于对角矩阵.

6.【证】 (1)由题意知 rank $\boldsymbol{B}=2$. 在行列式 $|\boldsymbol{A}|=\begin{vmatrix}3 & 1 & 2\\ 2 & a & 1\\ 1 & -1 & 2\end{vmatrix}$ 中,参数 a 的代数余子式不等于零,故 rank $\boldsymbol{A}\geqslant 2$. 由矩阵秩的不等式可知

$$\operatorname{rank}(\boldsymbol{AB})\geqslant \operatorname{rank}\boldsymbol{A}+\operatorname{rank}\boldsymbol{B}-3\geqslant 1.$$

(2)若 rank$(\boldsymbol{AB})=1$, 则必有 rank $\boldsymbol{A}=2$. 由于 $\begin{vmatrix}3 & 1 & 2\\ 2 & a & 1\\ 1 & -1 & 2\end{vmatrix}=4(a-1)$, 可知 $a=1$. 此时 $\boldsymbol{A}=\begin{bmatrix}3 & 1 & 2\\ 2 & 1 & 1\\ 1 & -1 & 2\end{bmatrix}$, $(-1,1,1)^{\mathrm{T}}$ 为齐次线性方程组 $\boldsymbol{Ax}=\boldsymbol{0}$ 的一个基础解系. 为了使 rank$(\boldsymbol{AB})=1$ 成立且 $\boldsymbol{B}$ 是一个列满秩矩阵, $\boldsymbol{B}$ 的两个列向量可分别取为 $(-1,1,1)^{\mathrm{T}}$, $(1,0,0)^{\mathrm{T}}$, 从而 $\boldsymbol{B}$ 可取为 $\begin{bmatrix}-1 & 1\\ 1 & 0\\ 1 & 0\end{bmatrix}$.

(3)当 $a=1$ 时, rank $\boldsymbol{A}=2$, 若要使 rank$(\boldsymbol{AB})=2$, $\boldsymbol{B}$ 的两个列向量必然都不是齐次线性方程组 $\boldsymbol{Ax}=\boldsymbol{0}$ 的非零解, 此时 $\boldsymbol{B}$ 可取 $\begin{bmatrix}0 & 1\\ 1 & 0\\ 0 & 0\end{bmatrix}$.

2016—2017 学年秋季学期(A)卷解析

一、单选题

1.【答】 B.

【解析】 利用行列式的定义可知$\begin{vmatrix} d_1 & & & \\ & d_2 & & \\ & & \ddots & \\ & & & d_n \end{vmatrix} = d_1 d_2 \cdots d_n$，$\begin{vmatrix} & & & d_1 \\ & & d_2 & \\ & \iddots & & \\ d_n & & & \end{vmatrix} =$ $(-1)^{\tau[n\ n-1 \cdots 2\ 1]} d_1 d_2 \cdots d_n = (-1)^{\frac{n(n-1)}{2}} d_1 d_2 \cdots d_n$，可见当 $n = 4k$ 或 $n = 4k+1$ 时，上述两个行列式的值相等.

2.【答】 C.

【解析】 由$\boldsymbol{\beta}_1 = \boldsymbol{\alpha}_1 + \boldsymbol{\alpha}_2$，$\boldsymbol{\beta}_2 = -2\boldsymbol{\alpha}_1 + \boldsymbol{\alpha}_2$，可知$[\boldsymbol{\beta}_1\ \boldsymbol{\beta}_2] = [\boldsymbol{\alpha}_1\ \boldsymbol{\alpha}_2]\begin{bmatrix} 1 & -2 \\ 1 & 1 \end{bmatrix}$，从而$[\boldsymbol{\alpha}_1\ \boldsymbol{\alpha}_2] = [\boldsymbol{\beta}_1\ \boldsymbol{\beta}_2]\begin{bmatrix} 1 & -2 \\ 1 & 1 \end{bmatrix}^{-1} = [\boldsymbol{\beta}_1\ \boldsymbol{\beta}_2]\left(\frac{1}{3}\begin{bmatrix} 1 & 2 \\ -1 & 1 \end{bmatrix}\right)$，由基$\boldsymbol{\beta}_1$，$\boldsymbol{\beta}_2$ 到基$\boldsymbol{\alpha}_1$，$\boldsymbol{\alpha}_2$ 的过渡矩阵是$\frac{1}{3}\begin{bmatrix} 1 & 2 \\ -1 & 1 \end{bmatrix}$.

3.【答】 A.

【解析】 由$|\lambda \boldsymbol{E} - \boldsymbol{A}| = (\lambda - 1)^2(\lambda - 2)$，可知$\boldsymbol{A}$的特征值为$\lambda_1 = \lambda_2 = 1$，$\lambda_3 = 2$. 又由$\boldsymbol{A}$可相似于对角矩阵，可知二重特征值$\lambda_1 = \lambda_2 = 1$ 的几何重数也为 2，从而齐次线性方程组$(\boldsymbol{E} - \boldsymbol{A})\boldsymbol{x} = \boldsymbol{0}$ 的解空间的维数为 2，则 $\operatorname{rank}(\boldsymbol{E} - \boldsymbol{A}) = 1$. 又由$\boldsymbol{E} - \boldsymbol{A} = \begin{bmatrix} 0 & -2 & -a \\ 0 & -1 & -1 \\ 0 & 0 & 0 \end{bmatrix}$，可知 $a = 2$.

4.【答】 A.

【解析】 由$\boldsymbol{A}$的特征值为 1，-2，3，可知$|\boldsymbol{A}| = -6$ 以及$\boldsymbol{A}^{-1}$的特征值为 1，$-\frac{1}{2}$，$\frac{1}{3}$. 又由$\boldsymbol{A}^{-1} = \frac{\boldsymbol{A}^*}{|\boldsymbol{A}|}$，可知$\boldsymbol{A}^* = |\boldsymbol{A}|\boldsymbol{A}^{-1}$以及$\boldsymbol{A}^*$的特征值为$\lambda_1 = -6$，$\lambda_2 = 3$，$\lambda_3 = -2$. 又"矩阵$\boldsymbol{A}^*$的特征值之和等于其主对角线上元素之和"，可得 $A_{11} + A_{22} + A_{33} = -5$.

5.【答】 D.

【解析】 由三个平面相交于一直线，可知线性方程组$\begin{cases} x + y + z = 1, \\ y + z = b, \\ x + ay + 2z = 2 \end{cases}$有无穷多解，

对该方程组的增广矩阵进行初等行变换

$$\widetilde{\boldsymbol{A}}=[\boldsymbol{A}\ \boldsymbol{b}]=\begin{bmatrix}1&1&1&1\\0&1&1&b\\1&a&2&2\end{bmatrix}\to\begin{bmatrix}1&1&1&1\\0&1&1&b\\0&a-1&1&1\end{bmatrix}\to\begin{bmatrix}1&1&1&1\\0&1&1&b\\0&0&2-a&1+b-ab\end{bmatrix},$$

可知 $\mathrm{rank}\,\widetilde{\boldsymbol{A}}=\mathrm{rank}\,[\boldsymbol{A}\ \boldsymbol{b}]=2$，$a=2$，$1+b-ab=1-b=0$，$b=1$.

6.【答】 A.

【解析】 令 $\boldsymbol{A}=[\boldsymbol{\alpha}_1\ \boldsymbol{\alpha}_2\ \boldsymbol{\alpha}_3\ \boldsymbol{\beta}]=\begin{bmatrix}1&2&0&3\\2&3&1&5\\0&1&-1&k\end{bmatrix}$，对其进行初等行变换

$$\boldsymbol{A}\to\begin{bmatrix}1&2&0&3\\0&-1&1&-1\\0&1&-1&k\end{bmatrix}\to\begin{bmatrix}1&2&0&3\\0&-1&1&-1\\0&0&0&-1+k\end{bmatrix}=[\boldsymbol{\gamma}_1\ \boldsymbol{\gamma}_2\ \boldsymbol{\gamma}_3\ \boldsymbol{\gamma}_4],$$

由此可知，$\boldsymbol{\beta}$ 不能由向量 $\boldsymbol{\alpha}_1$，$\boldsymbol{\alpha}_2$，$\boldsymbol{\alpha}_3$ 线性表示，当且仅当 $\boldsymbol{\gamma}_4$ 不能由向量 $\boldsymbol{\gamma}_1$，$\boldsymbol{\gamma}_2$，$\boldsymbol{\gamma}_3$ 线性表示，当且仅当 $-1+k\neq 0$. 因此 $k=2$ 是 $\boldsymbol{\beta}$ 不能由向量 $\boldsymbol{\alpha}_1$，$\boldsymbol{\alpha}_2$，$\boldsymbol{\alpha}_3$ 线性表示的充分条件，但不是必要条件.

二、填空题

1.【答】 72.

【解析】 由 $|\boldsymbol{A}^{-1}|=\dfrac{1}{3}$，可知 $|\boldsymbol{A}|=3$. 由 $\boldsymbol{A}^{-1}=\dfrac{\boldsymbol{A}^*}{|\boldsymbol{A}|}$，可知 $\boldsymbol{A}^*=|\boldsymbol{A}|\boldsymbol{A}^{-1}=3\boldsymbol{A}^{-1}$. 从而 $|2\boldsymbol{A}^*|=8|\boldsymbol{A}^*|=8|3\boldsymbol{A}^{-1}|=8\times 3^3|\boldsymbol{A}^{-1}|=72$.

2.【答】 -1 或 2.

【解析】 若 $\boldsymbol{Ax}=\boldsymbol{0}$ 存在非零解，则 $|\boldsymbol{A}|=0$，又由

$$|\boldsymbol{A}|=\begin{vmatrix}1&1&1\\-1&2&a\\1&4&a^2\end{vmatrix}=\begin{vmatrix}1&1&1\\-1&2&a\\(-1)^2&2^2&a^2\end{vmatrix}=3(a+1)(a-2)=0,$$

可知 $a=-1$ 或 2.

3.【答】 16.

【解析】 由 $\boldsymbol{A}$ 不可逆，可知数字 0 必是 $\boldsymbol{A}$ 的特征值. 由方程组 $(\boldsymbol{A}-3\boldsymbol{E})\boldsymbol{x}=\boldsymbol{0}$ 的基础解系由两个线性无关的解向量组成，可知 3 也是 $\boldsymbol{A}$ 的特征值，且其几何重数为 2，从而可得 $\boldsymbol{A}$ 的三个特征值为 0，3，3，$\boldsymbol{A}+\boldsymbol{E}$ 的三个特征值为 1，4，4，于是 $|\boldsymbol{A}+\boldsymbol{E}|=16$.

4.【答】 1.

【解析】 由 $\boldsymbol{B}$ 与 $\boldsymbol{A}$ 相似，可知 $\boldsymbol{B}+\boldsymbol{E}$ 与 $\boldsymbol{A}+\boldsymbol{E}$ 相似，$\mathrm{rank}(\boldsymbol{A}+\boldsymbol{E})=\mathrm{rank}(\boldsymbol{B}+\boldsymbol{E})$. 再由 $\boldsymbol{A}+\boldsymbol{E}=\begin{bmatrix}1&1&0\\1&1&0\\0&0&0\end{bmatrix}$，可得 $\mathrm{rank}(\boldsymbol{A}+\boldsymbol{E})=1$.

5.【答】 -8.

【解析】 由内积的性质可知

$<\boldsymbol{\alpha}+\boldsymbol{\beta}, \boldsymbol{\alpha}-\boldsymbol{\beta}> = <\boldsymbol{\alpha}, \boldsymbol{\alpha}-\boldsymbol{\beta}> + <\boldsymbol{\beta}, \boldsymbol{\alpha}-\boldsymbol{\beta}> = <\boldsymbol{\alpha}, \boldsymbol{\alpha}> - <\boldsymbol{\beta}, \boldsymbol{\beta}> = -8.$

6.【答】 $3y_1^2+3y_2^2-2y_3^2$.

【解析】 设 λ 是 $\boldsymbol{A}$ 的特征值，$\boldsymbol{\xi}$ 为 $\boldsymbol{A}$ 对应于 λ 的特征向量，即 $\boldsymbol{A\xi}=\lambda\boldsymbol{\xi}$. 由已知关系式 $\boldsymbol{A}^2-\boldsymbol{A}=6\boldsymbol{E}$，可依次得 $(\boldsymbol{A}^2-\boldsymbol{A})\boldsymbol{\xi}=6\boldsymbol{E\xi}$，$\boldsymbol{A}^2\boldsymbol{\xi}-\boldsymbol{A\xi}=6\boldsymbol{\xi}$，$\lambda^2\boldsymbol{\xi}-\lambda\boldsymbol{\xi}=6\boldsymbol{\xi}$，又由 $\boldsymbol{\xi}\neq\boldsymbol{0}$ 可知 $\lambda^2-\lambda=6$，从而 $\lambda=3$ 或 $\lambda=-2$. 又由二次型 $f(x_1, x_2, x_3)=\boldsymbol{x}^{\mathrm{T}}\boldsymbol{Ax}$ 的负惯性指数为 1，可知 -2 是 $\boldsymbol{A}$ 的一重特征值，3 是 $\boldsymbol{A}$ 的二重特征值，二次型 $f(x_1, x_2, x_3)=\boldsymbol{x}^{\mathrm{T}}\boldsymbol{Ax}$ 在正交变换 $\boldsymbol{x}=\boldsymbol{Qy}$ 下的标准形为 $3y_1^2+3y_2^2-2y_3^2$.

三、计算与证明题

1.【解】 将 D_n 中的第 2 至 n 行分别加到第 1 行，得

$$D_n=\begin{vmatrix} \frac{n(n+1)}{2}+a & \frac{n(n+1)}{2}+a & \cdots & \frac{n(n+1)}{2}+a & \frac{n(n+1)}{2}+a \\ 2 & 2+a & \cdots & 2 & 2 \\ \vdots & \vdots & & \vdots & \vdots \\ n-1 & n-1 & \cdots & n-1+a & n-1 \\ n & n & \cdots & n & n+a \end{vmatrix}$$

$$=\left[\frac{n(n+1)}{2}+a\right]\begin{vmatrix} 1 & 1 & \cdots & 1 & 1 \\ 2 & 2+a & \cdots & 2 & 2 \\ \vdots & \vdots & & \vdots & \vdots \\ n-1 & n-1 & \cdots & n-1+a & n-1 \\ n & n & \cdots & n & n+a \end{vmatrix}$$

上述行列式第 1 行分别乘 $-i$ 加至第 i 行 $(i=2, 3, \cdots, n)$，得

$$D_n=\left[\frac{n(n+1)}{2}+a\right]\begin{vmatrix} 1 & 1 & \cdots & 1 & 1 \\ 0 & a & \cdots & 0 & 0 \\ \vdots & \vdots & & \vdots & \vdots \\ 0 & 0 & \cdots & a & 0 \\ 0 & 0 & \cdots & 0 & a \end{vmatrix}=\left[\frac{n(n+1)}{2}+a\right]a^{n-1}.$$

2.【解】 (1) 由 $\boldsymbol{A}^2-3\boldsymbol{AB}=\boldsymbol{E}$，可知 $\boldsymbol{A}(\boldsymbol{A}-3\boldsymbol{B})=\boldsymbol{E}$，$\boldsymbol{A}^{-1}=\boldsymbol{A}-3\boldsymbol{B}$，从而 $\boldsymbol{A}(\boldsymbol{A}-3\boldsymbol{B})=\boldsymbol{E}=(\boldsymbol{A}-3\boldsymbol{B})\boldsymbol{A}$，由此得 $\boldsymbol{AB}=\boldsymbol{BA}$.

(2) 由 (1) 得 $\boldsymbol{AB}-2\boldsymbol{BA}+5\boldsymbol{A}=-\boldsymbol{AB}+5\boldsymbol{A}=\boldsymbol{A}(-\boldsymbol{B}+5\boldsymbol{E})$. 由于 $\boldsymbol{A}$ 可逆，且

$$-\boldsymbol{B}+5\boldsymbol{E}=\begin{bmatrix} 4 & -2 & 0 \\ 0 & 2 & -a \\ 0 & 0 & 0 \end{bmatrix},\ \mathrm{rank}(-\boldsymbol{B}+5\boldsymbol{E})=2，从而$$

$\mathrm{rank}(\boldsymbol{AB}-2\boldsymbol{BA}+5\boldsymbol{A})=\mathrm{rank}(-\boldsymbol{B}+5\boldsymbol{E})=2.$

3.【解】 (1) 由已知条件可知

$$\boldsymbol{A}[\boldsymbol{\alpha}_1\ \boldsymbol{\alpha}_2\ \boldsymbol{\alpha}_3]=[\boldsymbol{A\alpha}_1\ \boldsymbol{A\alpha}_2\ \boldsymbol{A\alpha}_3]=[\boldsymbol{\alpha}_1\ \boldsymbol{\alpha}_2\ \boldsymbol{\alpha}_3]\begin{bmatrix} 1 & 0 & 2 \\ 2 & 1 & 0 \\ 0 & 2 & 1 \end{bmatrix}.$$

又由 $\begin{vmatrix} 1 & 0 & 2 \\ 2 & 1 & 0 \\ 0 & 2 & 1 \end{vmatrix} = 9 \neq 0$，可知 $\begin{bmatrix} 1 & 0 & 2 \\ 2 & 1 & 0 \\ 0 & 2 & 1 \end{bmatrix}$ 为可逆矩阵，从而向量组 $\boldsymbol{A\alpha}_1$，$\boldsymbol{A\alpha}_2$，$\boldsymbol{A\alpha}_3$ 与 $\boldsymbol{\alpha}_1$，$\boldsymbol{\alpha}_2$，$\boldsymbol{\alpha}_3$ 有相同的线性相关性，从而 $\boldsymbol{A\alpha}_1$，$\boldsymbol{A\alpha}_2$，$\boldsymbol{A\alpha}_3$ 也线性无关.

(2) 记 $\boldsymbol{P} = [\boldsymbol{\alpha}_1\ \boldsymbol{\alpha}_2\ \boldsymbol{\alpha}_3]$，$\boldsymbol{C} = \begin{bmatrix} 1 & 0 & 2 \\ 2 & 1 & 0 \\ 0 & 2 & 1 \end{bmatrix}$. 由于 $\boldsymbol{\alpha}_1$，$\boldsymbol{\alpha}_2$，$\boldsymbol{\alpha}_3$ 线性无关，故 $\boldsymbol{P}$ 为可逆矩阵，且 $\boldsymbol{A} = \boldsymbol{PCP}^{-1}$，从而

$$|\boldsymbol{A} - 2\boldsymbol{E}| = |\boldsymbol{PCP}^{-1} - 2\boldsymbol{E}| = |\boldsymbol{P}|\,|\boldsymbol{C} - 2\boldsymbol{E}|\,|\boldsymbol{P}^{-1}| = |\boldsymbol{C} - 2\boldsymbol{E}| = \begin{vmatrix} -1 & 0 & 2 \\ 2 & -1 & 0 \\ 0 & 2 & -1 \end{vmatrix} = 7.$$

4.【解】 (1) 由齐次线性方程组 $\boldsymbol{Ax} = \boldsymbol{0}$ 有非零解 $\boldsymbol{\alpha}_1 = (1, 1, 0)^{\mathrm{T}}$，可知 $\boldsymbol{\alpha}_1 = (1, 1, 0)^{\mathrm{T}}$ 为 $\boldsymbol{A}$ 对应于特征值 $\lambda_1 = 0$ 的一个特征向量. 设 $\boldsymbol{A}$ 对应于特征值 $\lambda_2 = \lambda_3 = 1$ 的特征向量为 $\boldsymbol{\alpha} = (x_1, x_2, x_3)^{\mathrm{T}}$，由 $\boldsymbol{A}$ 为实对称矩阵，可知 $<\boldsymbol{\alpha}, \boldsymbol{\alpha}_1> = x_1 + x_2 = 0$，求得 $\boldsymbol{A}$ 对应于特征值 $\lambda_2 = \lambda_3 = 1$ 的两个线性无关的特征向量为 $\boldsymbol{\alpha}_2 = (0, 0, 1)^{\mathrm{T}}$，$\boldsymbol{\alpha}_3 = (1, -1, 0)^{\mathrm{T}}$.

(2) 令 $\boldsymbol{P} = [\boldsymbol{\alpha}_1\ \boldsymbol{\alpha}_2\ \boldsymbol{\alpha}_3] = \begin{bmatrix} 1 & 0 & 1 \\ 1 & 0 & -1 \\ 0 & 1 & 0 \end{bmatrix}$，则 $\boldsymbol{P}^{-1} = \dfrac{1}{2}\begin{bmatrix} 1 & 1 & 0 \\ 0 & 0 & 2 \\ 1 & -1 & 0 \end{bmatrix}$ 且 $\boldsymbol{P}^{-1}\boldsymbol{AP} = \begin{bmatrix} 0 & 0 & 0 \\ 0 & 1 & 0 \\ 0 & 0 & 1 \end{bmatrix}$，从而 $\boldsymbol{A} = \boldsymbol{P}\begin{bmatrix} 0 & 0 & 0 \\ 0 & 1 & 0 \\ 0 & 0 & 1 \end{bmatrix}\boldsymbol{P}^{-1} = \dfrac{1}{2}\begin{bmatrix} 1 & -1 & 0 \\ -1 & 1 & 0 \\ 0 & 0 & 2 \end{bmatrix}$.

5.【解】

记 $\boldsymbol{C} = [\boldsymbol{A}\ \boldsymbol{B}] = \begin{bmatrix} 1 & -1 & -1 & 2 & 2 \\ 2 & a & 1 & 1 & a \\ 1 & -1 & -a & a+1 & 2 \end{bmatrix}$，对其进行初等行变换

$$\boldsymbol{C} \to \begin{bmatrix} 1 & -1 & -1 & 2 & 2 \\ 0 & a+2 & 3 & -3 & a-4 \\ 0 & 0 & -a+1 & a-1 & 0 \end{bmatrix} = [\boldsymbol{A}'\ \boldsymbol{B}'].$$

当 $a + 2 \neq 0$ 且 $-a + 1 \neq 0$，即 $a \neq -2$ 且 $a \neq 1$ 时，$\mathrm{rank}\,\boldsymbol{A} = \mathrm{rank}[\boldsymbol{A}\ \boldsymbol{B}] = 3$，$\boldsymbol{AX} = \boldsymbol{B}$ 有唯一解.

当 $a = -2$ 时，

$$\boldsymbol{C} \to \begin{bmatrix} 1 & -1 & -1 & 2 & 2 \\ 0 & 0 & 3 & -3 & -6 \\ 0 & 0 & 3 & -3 & 0 \end{bmatrix} \to \begin{bmatrix} 1 & -1 & -1 & 2 & 2 \\ 0 & 0 & 3 & -3 & -6 \\ 0 & 0 & 0 & 0 & 6 \end{bmatrix}.$$

$\mathrm{rank}\,\boldsymbol{A} = 2$，$\mathrm{rank}[\boldsymbol{A}\ \boldsymbol{B}] = 3$，$\boldsymbol{AX} = \boldsymbol{B}$ 无解.

当 $a = 1$ 时，

$$\boldsymbol{C} \to \begin{bmatrix} 1 & -1 & -1 & 2 & 2 \\ 0 & 3 & 3 & -3 & -3 \\ 0 & 0 & 0 & 0 & 0 \end{bmatrix} \to \begin{bmatrix} 1 & 0 & 0 & 1 & 1 \\ 0 & 1 & 1 & -1 & -1 \\ 0 & 0 & 0 & 0 & 0 \end{bmatrix}.$$

$\text{rank}\,\boldsymbol{A}=\text{rank}[\boldsymbol{A}\ \boldsymbol{B}]=2$，$\boldsymbol{AX}=\boldsymbol{B}$ 有无穷多解，且通解为

$$\boldsymbol{X}=\begin{bmatrix}1 & 1\\ -1-k & -1-l\\ k & l\end{bmatrix}，其中\ k,\ l\in\mathbf{R}.$$

6.【证】 (1)由 $\boldsymbol{\alpha},\boldsymbol{\beta}$ 为三维非零列向量，可知

$\text{rank}\,\boldsymbol{\alpha\beta}^{\text{T}}\leqslant\text{rank}\,\boldsymbol{\alpha}\leqslant1$，$\text{rank}\,\boldsymbol{\beta\alpha}^{\text{T}}\leqslant\text{rank}\,\boldsymbol{\beta}\leqslant1$.

又由矩阵秩的不等式，可知

$\text{rank}\,\boldsymbol{A}=\text{rank}\,(\boldsymbol{\alpha\beta}^{\text{T}}+\boldsymbol{\beta\alpha}^{\text{T}})\leqslant\text{rank}\,\boldsymbol{\alpha\beta}^{\text{T}}+\text{rank}\,\boldsymbol{\beta\alpha}^{\text{T}}\leqslant2$.

因此 $|\boldsymbol{A}|=0$.

(2)由 $\boldsymbol{A}^{\text{T}}=(\boldsymbol{\alpha\beta}^{\text{T}}+\boldsymbol{\beta\alpha}^{\text{T}})^{\text{T}}=(\boldsymbol{\beta}^{\text{T}})^{\text{T}}\boldsymbol{\alpha}^{\text{T}}+(\boldsymbol{\alpha}^{\text{T}})^{\text{T}}\boldsymbol{\beta}^{\text{T}}=\boldsymbol{\beta\alpha}^{\text{T}}+\boldsymbol{\alpha\beta}^{\text{T}}=\boldsymbol{A}$，可知 $\boldsymbol{A}$ 为实对称矩阵，从而 $\boldsymbol{A}$ 可相似于对角矩阵.

由 $\boldsymbol{\alpha},\boldsymbol{\beta}$ 正交，且 $\|\boldsymbol{\alpha}\|=\|\boldsymbol{\beta}\|=\sqrt{k}$，得

$$\boldsymbol{A\alpha}=(\boldsymbol{\alpha\beta}^{\text{T}}+\boldsymbol{\beta\alpha}^{\text{T}})\boldsymbol{\alpha}=\boldsymbol{\alpha\beta}^{\text{T}}\boldsymbol{\alpha}+\boldsymbol{\beta\alpha}^{\text{T}}\boldsymbol{\alpha}=k\boldsymbol{\beta\alpha}^{\text{T}}\boldsymbol{\alpha},$$

$$\boldsymbol{A\beta}=(\boldsymbol{\alpha\beta}^{\text{T}}+\boldsymbol{\beta\alpha}^{\text{T}})\boldsymbol{\beta}=\boldsymbol{\alpha\beta}^{\text{T}}\boldsymbol{\beta}+\boldsymbol{\beta\alpha}^{\text{T}}\boldsymbol{\beta}=k\boldsymbol{\alpha}.$$

从而

$$\boldsymbol{A}(\boldsymbol{\alpha}+\boldsymbol{\beta})=\boldsymbol{A\alpha}+\boldsymbol{A\beta}=k\boldsymbol{\beta}+k\boldsymbol{\alpha}=k(\boldsymbol{\alpha}+\boldsymbol{\beta}),$$

$$\boldsymbol{A}(\boldsymbol{\alpha}-\boldsymbol{\beta})=\boldsymbol{A\alpha}-\boldsymbol{A\beta}=k\boldsymbol{\beta}-k\boldsymbol{\alpha}=-k(\boldsymbol{\alpha}-\boldsymbol{\beta}),$$

即 $\boldsymbol{\alpha}+\boldsymbol{\beta}$ 和 $\boldsymbol{\alpha}-\boldsymbol{\beta}$ 分别是 $\boldsymbol{A}$ 对应于特征值 $\lambda_1=k$ 和 $\lambda_2=-k$ 的特征向量.

由(1)知 $\boldsymbol{A}$ 的第三个特征值为 $\lambda_3=0$，故 $\boldsymbol{A}$ 相似于对角矩阵 $\boldsymbol{\Lambda}=\begin{bmatrix}k & & \\ & -k & \\ & & 0\end{bmatrix}$.

2016—2017学年秋季学期(B)卷解析

一、单选题

1.【答】 C.

【解析】 利用行列式的性质可知

$$\begin{vmatrix} a_1+x & b_1+x & c_1+x \\ a_2+x & b_2+x & c_2+x \\ a_3+x & b_3+x & c_3+x \end{vmatrix} = \begin{vmatrix} a_1+x & b_1+x & c_1+x \\ a_2-a_1 & b_2-b_1 & c_2-c_1 \\ a_3-a_1 & b_3-b_1 & c_3-c_1 \end{vmatrix}$$

$$= \begin{vmatrix} a_1+x & b_1-a_1 & c_1-a_1 \\ a_2-a_1 & b_2-b_1+a_1-a_2 & c_2-c_1+a_1-a_2 \\ a_3-a_1 & b_3-b_1+a_1-a_3 & c_3-c_1+a_1-a_3 \end{vmatrix}$$

再由行列式的定义可知，上述行列式展开后得到一个关于 x 的 1 次多项式或者 0 次多项式(即行列式的值为一个不含 x 的数)，从而函数 $f(x)$ 至多有 1 个零点.

2.【答】 D.

【解析】 设由 $\boldsymbol{\alpha}_1$，$\boldsymbol{\alpha}_2$ 生成的向量空间为 $\mathbf{V}$，由 $\boldsymbol{\alpha}_1$，$\boldsymbol{\alpha}_2$ 线性无关，可知 $\boldsymbol{\alpha}_1$，$\boldsymbol{\alpha}_2$ 是向量空间 $\mathbf{V}$ 的一个基，向量空间 $\mathbf{V}$ 中一组向量 $\boldsymbol{\beta}_1$，$\boldsymbol{\beta}_2$ 的线性相关性的讨论等价于这些向量在上述基下的坐标向量 $\mathbf{X}_1$，$\mathbf{X}_2$ 的线性相关性的讨论.

在(A)选项中，向量 $2\boldsymbol{\alpha}_1+\boldsymbol{\alpha}_2$，$\boldsymbol{\alpha}_2$ 在 $\boldsymbol{\alpha}_1$，$\boldsymbol{\alpha}_2$ 下的坐标向量分别为 $\begin{bmatrix}2\\1\end{bmatrix}$，$\begin{bmatrix}0\\1\end{bmatrix}$，由于 $\begin{bmatrix}2\\1\end{bmatrix}$，$\begin{bmatrix}0\\1\end{bmatrix}$ 线性无关，故 $2\boldsymbol{\alpha}_1+\boldsymbol{\alpha}_2$，$\boldsymbol{\alpha}_2$ 线性无关.

在(B)选项中，向量 $3\boldsymbol{\alpha}_1$，$2\boldsymbol{\alpha}_1-\boldsymbol{\alpha}_2$ 在 $\boldsymbol{\alpha}_1$，$\boldsymbol{\alpha}_2$ 下的坐标向量分别为 $\begin{bmatrix}3\\0\end{bmatrix}$，$\begin{bmatrix}2\\-1\end{bmatrix}$，由于 $\begin{bmatrix}3\\0\end{bmatrix}$，$\begin{bmatrix}2\\-1\end{bmatrix}$ 线性无关，故 $3\boldsymbol{\alpha}_1$，$2\boldsymbol{\alpha}_1-\boldsymbol{\alpha}_2$ 线性无关.

在(C)选项中，向量 $\boldsymbol{\alpha}_1+\boldsymbol{\alpha}_2$，$\boldsymbol{\alpha}_1-\boldsymbol{\alpha}_2$ 在 $\boldsymbol{\alpha}_1$，$\boldsymbol{\alpha}_2$ 下的坐标向量分别为 $\begin{bmatrix}1\\1\end{bmatrix}$，$\begin{bmatrix}1\\-1\end{bmatrix}$，由于 $\begin{bmatrix}1\\1\end{bmatrix}$，$\begin{bmatrix}1\\-1\end{bmatrix}$ 线性无关，故 $\boldsymbol{\alpha}_1+\boldsymbol{\alpha}_2$，$\boldsymbol{\alpha}_1-\boldsymbol{\alpha}_2$ 线性无关.

在(D)选项中，向量 $6\boldsymbol{\alpha}_2-3\boldsymbol{\alpha}_1$，$\boldsymbol{\alpha}_1-2\boldsymbol{\alpha}_2$ 在 $\boldsymbol{\alpha}_1$，$\boldsymbol{\alpha}_2$ 下的坐标向量分别为 $\begin{bmatrix}-3\\6\end{bmatrix}$，$\begin{bmatrix}1\\-2\end{bmatrix}$，由于 $\begin{bmatrix}-3\\6\end{bmatrix}$，$\begin{bmatrix}1\\-2\end{bmatrix}$ 线性相关，故 $6\boldsymbol{\alpha}_2-3\boldsymbol{\alpha}_1$，$\boldsymbol{\alpha}_1-2\boldsymbol{\alpha}_2$ 线性相关.

3.【答】 A.

【解析】 由题意以及“初等变换与初等矩阵之间的联系”可知 $\boldsymbol{B}=\begin{bmatrix}0&1&0\\1&0&0\\0&0&1\end{bmatrix}\boldsymbol{A}$，从而 $|\boldsymbol{B}|=-|\boldsymbol{A}|$，因此 $|-2\boldsymbol{A}\boldsymbol{B}^{-1}|=(-2)^3|\boldsymbol{A}\boldsymbol{B}^{-1}|=-8|\boldsymbol{A}||\boldsymbol{B}^{-1}|=-8|\boldsymbol{A}|\dfrac{1}{|\boldsymbol{B}|}=8.$

4.【答】 B.

【解析】 由题意可知 $\boldsymbol{A}\boldsymbol{x}=\lambda\boldsymbol{x}$，即 $\begin{bmatrix}2&a&0\\0&0&-1\\1&0&0\end{bmatrix}\begin{bmatrix}-2\\2\\b\end{bmatrix}=-\begin{bmatrix}-2\\2\\b\end{bmatrix}$，$\begin{bmatrix}-4+2a\\-b\\-2\end{bmatrix}=-\begin{bmatrix}-2\\2\\b\end{bmatrix}$，从而有 $a=3$，$b=2$.

5.【答】 D.

【解析】 由题意可知 $\operatorname{rank}\boldsymbol{A}=3$，从而 $\boldsymbol{A}^{\mathrm{T}}$ 为 4×3 实矩阵，$\boldsymbol{A}^{\mathrm{T}}\boldsymbol{A}$ 为 4×4 实矩阵，且 $\operatorname{rank}\boldsymbol{A}^{\mathrm{T}}=3$，$\operatorname{rank}(\boldsymbol{A}^{\mathrm{T}}\boldsymbol{A})=3$. 于是方程组 $\boldsymbol{A}^{\mathrm{T}}\boldsymbol{x}=\boldsymbol{0}$ 只有零解，方程组 $\boldsymbol{A}^{\mathrm{T}}\boldsymbol{A}\boldsymbol{x}=0$ 必有无穷多解. 对任意 3 维列向量 $\boldsymbol{b}$，有 $\operatorname{rank}\boldsymbol{A}=\operatorname{rank}[\boldsymbol{A}\quad\boldsymbol{b}]=3$，从而 $\forall\boldsymbol{b}$，$\boldsymbol{A}\boldsymbol{x}=\boldsymbol{b}$ 有唯一解.

6.【答】 C.

【解析】 由 $|\lambda\boldsymbol{E}-\boldsymbol{A}|=\lambda^2(\lambda-1)$ 可知 $\boldsymbol{A}$ 的特征值为 $\lambda_1=\lambda_2=0$，$\lambda_3=1$. $\boldsymbol{A}$ 可相似于对角矩阵当且仅当二重特征值 $\lambda_1=\lambda_2=0$ 的几何重数为 2，即齐次线性方程组 $(0\boldsymbol{E}-\boldsymbol{A})\boldsymbol{x}=\boldsymbol{0}$ 的解空间的维数为 2，$\operatorname{rank}\boldsymbol{A}=1$. 于是 $a=0$ 是矩阵 $\boldsymbol{A}$ 相似于对角矩阵的充分必要条件.

二、填空题

1.【答】 0.

【解析】 由 $\begin{vmatrix}x&1&1\\1&x&1\\1&1&x\end{vmatrix}=\begin{vmatrix}x+2&1&1\\x+2&x&1\\x+2&1&x\end{vmatrix}=\begin{vmatrix}x+2&1&1\\0&x-1&0\\0&0&x-1\end{vmatrix}=(x-1)^2(x+2)$，可知 $\begin{vmatrix}x&1&1\\1&x&1\\1&1&x\end{vmatrix}=0$ 的三个根为 1，1，-2，从而三个根之和为 0.

2.【答】 -2.

【解析】 对 $[\boldsymbol{A}\ \boldsymbol{B}]$ 进行初等行变换

$$\begin{bmatrix}1&1&2&4&-1\\-1&2&1&2&a\\0&1&1&2&-1\end{bmatrix}\to\begin{bmatrix}1&1&2&4&-1\\0&3&3&6&a-1\\0&1&1&2&-1\end{bmatrix}\to\begin{bmatrix}1&1&2&4&-1\\0&3&3&6&a-1\\0&0&0&0&-1-\dfrac{a-1}{3}\end{bmatrix},$$

由矩阵方程 $\boldsymbol{A}\boldsymbol{X}=\boldsymbol{B}$ 有解，可知 $\operatorname{rank}\boldsymbol{A}=\operatorname{rank}[\boldsymbol{A}\ \boldsymbol{B}]=2$，从而 $-1-\dfrac{a-1}{3}=0$，即 $a=-2$.

3.【答】 $\frac{1}{2}$.

【解析】 由条件以及可逆的性质可知

$$C^{-1}=BA^{-1}=\begin{bmatrix}1&1&0\\1&2&2\\0&1&3\end{bmatrix}\begin{bmatrix}0&0&\frac{1}{3}\\0&\frac{1}{2}&0\\1&0&0\end{bmatrix}=\begin{bmatrix}1&\frac{1}{2}&0\\1&1&\frac{2}{3}\\0&\frac{1}{2}&1\end{bmatrix},$$

从而 C^{-1} 中第 3 行第 2 列的元素为$\frac{1}{2}$.

4.【答】 $\begin{bmatrix}\frac{2}{3}&\frac{1}{3}\\\frac{1}{3}&-\frac{1}{3}\end{bmatrix}$.

【解析】 由 $\boldsymbol{\beta}_1=\boldsymbol{\alpha}_1+\boldsymbol{\alpha}_2$, $\boldsymbol{\beta}_2=\boldsymbol{\alpha}_1-2\boldsymbol{\alpha}_2$, 可知$[\boldsymbol{\beta}_1\ \boldsymbol{\beta}_2]=[\boldsymbol{\alpha}_1\ \boldsymbol{\alpha}_2]\begin{bmatrix}1&1\\1&-2\end{bmatrix}$, 从而 $[\boldsymbol{\alpha}_1\ \boldsymbol{\alpha}_2]=[\boldsymbol{\beta}_1\boldsymbol{\beta}_2]\begin{bmatrix}1&1\\1&-2\end{bmatrix}^{-1}=[\boldsymbol{\beta}_1\boldsymbol{\beta}_2]\left(\frac{1}{-3}\begin{bmatrix}-2&-1\\-1&1\end{bmatrix}\right)$, 由基$\boldsymbol{\beta}_1$, $\boldsymbol{\beta}_2$ 到基$\boldsymbol{\alpha}_1$, $\boldsymbol{\alpha}_2$ 的过渡矩阵是$\begin{bmatrix}\frac{2}{3}&\frac{1}{3}\\\frac{1}{3}&-\frac{1}{3}\end{bmatrix}$.

5.【答】 -1.

【解析】 由 $\boldsymbol{\alpha}_1=(a,\ 0,\ 1)^{\mathrm{T}}$ 是方程 $\boldsymbol{Ax}=\boldsymbol{0}$ 的解, 可知 $\boldsymbol{\alpha}_1=(a,\ 0,\ 1)^{\mathrm{T}}$ 是 $\boldsymbol{A}$ 对应于特征值 $\lambda_1=0$ 的一个特征向量. 由 $\boldsymbol{\alpha}_2=(1,\ a,\ 1)^{\mathrm{T}}$ 是方程$(\boldsymbol{A}-\boldsymbol{E})\boldsymbol{x}=\boldsymbol{0}$ 的解, 可知 $\boldsymbol{\alpha}_2=(1,\ a,\ 1)^{\mathrm{T}}$ 是 $\boldsymbol{A}$ 对应于特征值 $\lambda_2=1$ 的一个特征向量. 由 $\boldsymbol{A}$ 为实对称矩阵, 可知 $\boldsymbol{\alpha}_1$, $\boldsymbol{\alpha}_2$ 正交, 从而满足 $a+1=0$, 于是 $a=-1$.

6.【答】 $3y_1^2$.

【解析】 由条件可知$\boldsymbol{A}\begin{bmatrix}1\\1\\1\end{bmatrix}=\begin{bmatrix}3\\3\\3\end{bmatrix}$, 从而知 $\boldsymbol{\alpha}_1=(1,\ 1,\ 1)^{\mathrm{T}}$ 是 $\boldsymbol{A}$ 对应于特征值 $\lambda_1=3$ 的一个特征向量. 设 $\boldsymbol{A}$ 的另外 2 个特征值为 λ_2, λ_3, 从而有

$$\boldsymbol{Q}^{\mathrm{T}}\boldsymbol{AQ}=\begin{bmatrix}3&0&0\\0&\lambda_2&0\\0&0&\lambda_3\end{bmatrix}=\boldsymbol{\Lambda}.$$

又由 $f(x_1,\ x_2,\ x_3)=\boldsymbol{x}^{\mathrm{T}}\boldsymbol{Ax}$ 的秩为 1, 可知对角矩阵 $\boldsymbol{\Lambda}$ 的秩为 1, $\lambda_2=\lambda_3=0$. 于是二次型 $\boldsymbol{x}^{\mathrm{T}}\boldsymbol{Ax}$ 在正交变换 $\boldsymbol{x}=\boldsymbol{Qy}$ 下的标准形为 $3y_1^2$.

三、计算与证明题

1.【解】 按第一行展开得

$$D_n=\begin{vmatrix} a & 0 & \cdots & 0 & a \\ -1 & a & \cdots & 0 & a \\ \vdots & \vdots & & \vdots & \vdots \\ 0 & 0 & \cdots & a & a \\ 0 & 0 & \cdots & -1 & a \end{vmatrix}=aD_{n-1}+a(-1)^{n+1}\begin{vmatrix} -1 & a & \cdots & 0 & 0 \\ 0 & -1 & \cdots & 0 & 0 \\ \vdots & \vdots & & \vdots & \vdots \\ 0 & 0 & \cdots & -1 & a \\ 0 & 0 & \cdots & 0 & -1 \end{vmatrix}$$

$$=aD_{n-1}+a=a(aD_{n-2}+a)+a=\cdots=a^n+a^{n-1}\cdots+a^2+a.$$

2.【解】 令 $\boldsymbol{A}=[\boldsymbol{\alpha}_1\ \boldsymbol{\alpha}_2\ \boldsymbol{\alpha}_3\ \boldsymbol{\alpha}_4]$，对 $\boldsymbol{A}$ 进行初等行变换

$$\begin{bmatrix} 1 & 1 & a & -1 \\ 1 & 0 & 2 & -2 \\ -1 & a & 1 & a^2 \end{bmatrix}\to\begin{bmatrix} 1 & 1 & a & -1 \\ 0 & -1 & 2-a & -1 \\ 0 & a+1 & a+1 & a^2-1 \end{bmatrix}$$

$$\to\begin{bmatrix} 1 & 1 & a & -1 \\ 0 & -1 & 2-a & -1 \\ 0 & 0 & (a+1)(3-a) & (a+1)(a-2) \end{bmatrix}=[\boldsymbol{\beta}_1\ \boldsymbol{\beta}_2\ \boldsymbol{\beta}_3\ \boldsymbol{\beta}_4].$$

若向量组 $\boldsymbol{\alpha}_1$, $\boldsymbol{\alpha}_2$, $\boldsymbol{\alpha}_3$ 和向量组 $\boldsymbol{\alpha}_1$, $\boldsymbol{\alpha}_2$, $\boldsymbol{\alpha}_3$, $\boldsymbol{\alpha}_4$ 不等价，则向量组 $\boldsymbol{\beta}_1$, $\boldsymbol{\beta}_2$, $\boldsymbol{\beta}_3$ 和向量组 $\boldsymbol{\beta}_1$, $\boldsymbol{\beta}_2$, $\boldsymbol{\beta}_3$, $\boldsymbol{\beta}_4$ 不等价，$\mathrm{rank}[\boldsymbol{\beta}_1\ \boldsymbol{\beta}_2\ \boldsymbol{\beta}_3]\neq\mathrm{rank}[\boldsymbol{\beta}_1\ \boldsymbol{\beta}_2\ \boldsymbol{\beta}_3\ \boldsymbol{\beta}_4]$，因此 $a=3$.

3.【解】 (1)由 $\boldsymbol{A}^3=\boldsymbol{O}$ 可知 $|\boldsymbol{A}^3|=|\boldsymbol{O}|$，$|\boldsymbol{A}|^3=0$，$|\boldsymbol{A}|=0$，再由 $|\boldsymbol{A}|=\begin{vmatrix} a & 1 & 0 \\ 1 & a & -1 \\ 0 & 1 & a \end{vmatrix}=a^3$，可知 $a=0$.

(2)由 $\boldsymbol{A}=\begin{bmatrix} 0 & 1 & 0 \\ 1 & 0 & -1 \\ 0 & 1 & 0 \end{bmatrix}$，可知 $\boldsymbol{E}-\boldsymbol{A}^2=\boldsymbol{E}-\begin{bmatrix} 1 & 0 & -1 \\ 0 & 0 & 0 \\ 1 & 0 & -1 \end{bmatrix}=\begin{bmatrix} 0 & 0 & 1 \\ 0 & 1 & 0 \\ -1 & 0 & 2 \end{bmatrix}$，从而

$$(\boldsymbol{E}-\boldsymbol{A}^2)^{-1}=\begin{bmatrix} 0 & 0 & 1 \\ 0 & 1 & 0 \\ -1 & 0 & 2 \end{bmatrix}^{-1}=\begin{bmatrix} 2 & 0 & -1 \\ 0 & 1 & 0 \\ 1 & 0 & 0 \end{bmatrix}.$$

(3)对关系式 $\boldsymbol{X}+\boldsymbol{X}\boldsymbol{A}-\boldsymbol{A}\boldsymbol{X}-\boldsymbol{A}\boldsymbol{X}\boldsymbol{A}=2\boldsymbol{E}$ 进行变形

$$\boldsymbol{X}+\boldsymbol{X}\boldsymbol{A}-(\boldsymbol{A}\boldsymbol{X}+\boldsymbol{A}\boldsymbol{X}\boldsymbol{A})=2\boldsymbol{E},$$

$$\boldsymbol{X}(\boldsymbol{E}+\boldsymbol{A})-\boldsymbol{A}\boldsymbol{X}(\boldsymbol{E}+\boldsymbol{A})=2\boldsymbol{E},$$

$$(\boldsymbol{X}-\boldsymbol{A}\boldsymbol{X})(\boldsymbol{E}+\boldsymbol{A})=2\boldsymbol{E},$$

$$(\boldsymbol{E}-\boldsymbol{A})\boldsymbol{X}(\boldsymbol{E}+\boldsymbol{A})=2\boldsymbol{E}.$$

由 $\boldsymbol{A}=\begin{bmatrix} 0 & 1 & 0 \\ 1 & 0 & -1 \\ 0 & 1 & 0 \end{bmatrix}$，可知 $\boldsymbol{E}-\boldsymbol{A}=\begin{bmatrix} 1 & -1 & 0 \\ -1 & 1 & 1 \\ 0 & -1 & 1 \end{bmatrix}$，$\boldsymbol{E}+\boldsymbol{A}=\begin{bmatrix} 1 & 1 & 0 \\ 1 & 1 & -1 \\ 0 & 1 & 1 \end{bmatrix}$ 均可逆，且

$$(\boldsymbol{E}-\boldsymbol{A})^{-1}=\begin{bmatrix} 2 & 1 & -1 \\ 1 & 1 & -1 \\ 1 & 1 & 0 \end{bmatrix},\ (\boldsymbol{E}+\boldsymbol{A})^{-1}=\begin{bmatrix} 2 & -1 & -1 \\ -1 & 1 & 1 \\ 1 & -1 & 0 \end{bmatrix}.$$

从而

$$\boldsymbol{X}=2(\boldsymbol{E}-\boldsymbol{A})^{-1}(\boldsymbol{E}+\boldsymbol{A})^{-1}=\begin{bmatrix}4&0&-2\\0&2&0\\2&0&0\end{bmatrix}.$$

4.【解】 对增广矩阵$[\boldsymbol{A}\ \boldsymbol{b}]$进行初等行变换

$$\begin{bmatrix}1&1&1&2\\2&3&a&6\\-2&a-2&1&2\end{bmatrix}\to\begin{bmatrix}1&1&1&2\\0&1&a-2&2\\0&a&3&6\end{bmatrix}\to\begin{bmatrix}1&1&1&2\\0&1&a-2&2\\0&0&(3-a)(a+1)&2(3-a)\end{bmatrix}.$$

(1)当 $\operatorname{rank}\boldsymbol{A}\neq\operatorname{rank}[\boldsymbol{A}\ \boldsymbol{b}]$，即 $a=-1$ 时，方程组无解.

(2)当 $\operatorname{rank}\boldsymbol{A}=\operatorname{rank}[\boldsymbol{A}\ \boldsymbol{B}]=2$，即 $a=3$ 时，方程组有无穷多解，此时增广矩阵可进一步化简为

$$[\boldsymbol{A}\ \boldsymbol{b}]\to\begin{bmatrix}1&1&1&2\\0&1&1&2\\0&0&0&0\end{bmatrix}\to\begin{bmatrix}1&0&0&0\\0&1&1&2\\0&0&0&0\end{bmatrix},$$

方程组的通解为 $\boldsymbol{x}=k\begin{bmatrix}0\\-1\\1\end{bmatrix}+\begin{bmatrix}0\\2\\0\end{bmatrix}$，$k\in\mathbf{R}$.

(3)当 $\operatorname{rank}\boldsymbol{A}=\operatorname{rank}[\boldsymbol{A}\ \boldsymbol{B}]=3$，即 $a\neq3$ 且 $a\neq-1$ 时，方程组有唯一解，此时增广矩阵可进一步化简为

$$[\boldsymbol{A}\ \boldsymbol{b}]\to\begin{bmatrix}1&1&1&2\\0&1&a-2&2\\0&0&a+1&2\end{bmatrix}\to\begin{bmatrix}1&0&0&\dfrac{2a-6}{a+1}\\0&1&0&\dfrac{6}{a+1}\\0&0&1&\dfrac{2}{a+1}\end{bmatrix},$$

方程组的唯一解为 $\boldsymbol{x}=\left(\dfrac{2a-6}{a+1},\dfrac{6}{a+1},\dfrac{2}{a+1}\right)^{\mathrm{T}}$.

5.【解】 (1)由 $\boldsymbol{\alpha}_1=(1,0,-2)^{\mathrm{T}}$ 是方程$(\boldsymbol{A}^*-4\boldsymbol{E})\boldsymbol{x}=\boldsymbol{0}$ 的一个解向量，可知$\boldsymbol{A}^*\boldsymbol{\alpha}_1=4\boldsymbol{\alpha}_1$，于是 $\boldsymbol{A}\boldsymbol{A}^*\boldsymbol{\alpha}_1=4\boldsymbol{A}\boldsymbol{\alpha}_1$，$|\boldsymbol{A}|\boldsymbol{\alpha}_1=4\boldsymbol{A}\alpha_1$，$\boldsymbol{A}\boldsymbol{\alpha}_1=-3\boldsymbol{\alpha}_1$，因此 $\lambda_1=-3$ 是 $\boldsymbol{A}$ 的一个特征值，$\boldsymbol{\alpha}_1=(1,0,-2)^{\mathrm{T}}$ 是 $\boldsymbol{A}$ 对应于特征值 $\lambda_1=-3$ 的一个特征向量. 设 $\boldsymbol{A}$ 的另外 2 个特征值为 λ_2，λ_3，根据特征值的性质可知

$$\begin{cases}\lambda_1\lambda_2\lambda_3=-12\\\lambda_1+\lambda_2+\lambda_3=1\end{cases}$$

求出 $\lambda_2=\lambda_3=2$.

设 $\boldsymbol{A}$ 对应于特征值 $\lambda_2=\lambda_3=2$ 的特征向量为 $\boldsymbol{x}=(x_1,x_2,x_3)^{\mathrm{T}}$，则向量组 $\boldsymbol{\alpha}_1$，$\boldsymbol{x}$ 正交，即满足 $x_1-2x_3=0$. 求出 $\boldsymbol{A}$ 对应于特征值 $\lambda_2=\lambda_3=2$ 的特征向量为

$$\boldsymbol{x}=k\begin{bmatrix}2\\0\\1\end{bmatrix}+l\begin{bmatrix}0\\1\\0\end{bmatrix}，其中\ k^2+l^2\neq0.$$

(2)令 $\boldsymbol{P}=\begin{bmatrix}1&2&0\\0&0&1\\-2&1&0\end{bmatrix}$，则有 $\boldsymbol{P}^{-1}\boldsymbol{AP}=\begin{bmatrix}-3&0&0\\0&2&0\\0&0&2\end{bmatrix}$，因此

$$\boldsymbol{A}=\boldsymbol{P}\begin{bmatrix}-3&0&0\\0&2&0\\0&0&2\end{bmatrix}\boldsymbol{P}^{-1}=\begin{bmatrix}1&0&2\\0&2&0\\2&0&-2\end{bmatrix}.$$

6.【证】 (1)取单位向量 $\boldsymbol{e}_1=\begin{bmatrix}1\\0\\0\end{bmatrix}$，$\boldsymbol{e}_2=\begin{bmatrix}0\\1\\0\end{bmatrix}$，$\boldsymbol{e}_3=\begin{bmatrix}0\\0\\1\end{bmatrix}$，由

$$\boldsymbol{AE}=\boldsymbol{A}[\boldsymbol{e}_1\ \boldsymbol{e}_2\ \boldsymbol{e}_3]=[\boldsymbol{Ae}_1\ \boldsymbol{Ae}_2\ \boldsymbol{Ae}_3]=\boldsymbol{O},$$

可知 $\boldsymbol{A}=\boldsymbol{O}$.

(2)由 $\boldsymbol{A}$ 的 3 个特征值 λ_1，λ_2，λ_3 互不相等，可知对应的特征向量 $\boldsymbol{\xi}_1$，$\boldsymbol{\xi}_2$，$\boldsymbol{\xi}_3$ 线性无关，且

$$\boldsymbol{A\xi}_1=\lambda_1\boldsymbol{\xi}_1,\ \boldsymbol{A\xi}_2=\lambda_2\boldsymbol{\xi}_2,\ \boldsymbol{A\xi}_3=\lambda_3\boldsymbol{\xi}_3. \tag{$*$}$$

设 $k_1\boldsymbol{\alpha}+k_2\boldsymbol{A\alpha}+k_3\boldsymbol{A}^2\boldsymbol{\alpha}=0$，下证 $k_1=k_2=k_3=0$.

由(*)式可知

$$\boldsymbol{A\alpha}=\lambda_1\boldsymbol{\xi}_1+\lambda_2\boldsymbol{\xi}_2+\lambda_3\boldsymbol{\xi}_3,\ \boldsymbol{A}^2\boldsymbol{\alpha}=\lambda_1^2\boldsymbol{\xi}_1+\lambda_2^2\boldsymbol{\xi}_2+\lambda_3^2\boldsymbol{\xi}_3.$$

因此

$$\begin{aligned}k_1\boldsymbol{\alpha}+k_2\boldsymbol{A\alpha}+k_3\boldsymbol{A}^2\boldsymbol{\alpha}&=k_1(\boldsymbol{\xi}_1+\boldsymbol{\xi}_2+\boldsymbol{\xi}_3)+k_2(\lambda_1\boldsymbol{\xi}_1+\lambda_2\boldsymbol{\xi}_2+\lambda_3\boldsymbol{\xi}_3)+\\&\quad k_3(\lambda_1^2\boldsymbol{\xi}_1+\lambda_2^2\boldsymbol{\xi}_2+\lambda_3^2\boldsymbol{\xi}_3)\\&=(k_1+k_2\lambda_1+k_3\lambda_1^2)\boldsymbol{\xi}_1+(k_1+k_2\lambda_2+k_3\lambda_2^2)\boldsymbol{\xi}_2+\\&\quad(k_1+k_2\lambda_3+k_3\lambda_3^2)\boldsymbol{\xi}_3.\end{aligned}$$

再由 $\boldsymbol{\xi}_1$，$\boldsymbol{\xi}_2$，$\boldsymbol{\xi}_3$ 线性无关，可知

$$k_1+k_2\lambda_1+k_3\lambda_1^2=0,\ k_1+k_2\lambda_2+k_3\lambda_2^2=0,\ k_1+k_2\lambda_3+k_3\lambda_3^2=0. \tag{$**$}$$

在上述以 k_1，k_2，k_3 为未知量的方程组(* *)中，系数行列式

$$\begin{vmatrix}1&\lambda_1&\lambda_1^2\\1&\lambda_2&\lambda_2^2\\1&\lambda_3&\lambda_3^2\end{vmatrix}=\begin{vmatrix}1&1&1\\\lambda_1&\lambda_2&\lambda_3\\\lambda_1^2&\lambda_2^2&\lambda_3^2\end{vmatrix}=(\lambda_2-\lambda_1)(\lambda_3-\lambda_1)(\lambda_3-\lambda_2)\neq0,$$

从而方程组(* *)只有唯一零解 $k_1=k_2=k_3=0$，于是 $\boldsymbol{\alpha}$，$\boldsymbol{A\alpha}$，$\boldsymbol{A}^2\boldsymbol{\alpha}$ 线性无关.

2017—2018 学年秋季学期(A)卷解析

一、单选题

1.【答】 D.

【解析】 当 $\boldsymbol{A}$ 可逆时，由求逆公式 $\boldsymbol{A}^{-1}=\dfrac{\boldsymbol{A}^*}{|\boldsymbol{A}|}$，可知 $\boldsymbol{A}^*=|\boldsymbol{A}|\boldsymbol{A}^{-1}$，$|\boldsymbol{A}^*|=||\boldsymbol{A}|\boldsymbol{A}^{-1}|=|\boldsymbol{A}|^n|\boldsymbol{A}^{-1}|=|\boldsymbol{A}|^n\dfrac{1}{|\boldsymbol{A}|}=|\boldsymbol{A}|^{n-1}$. 当 $\boldsymbol{A}$ 不可逆时，$\operatorname{rank}\boldsymbol{A}\leqslant n-1$，$\operatorname{rank}\boldsymbol{A}^*\leqslant 1$，$|\boldsymbol{A}|=0$，$|\boldsymbol{A}^*|=0=|\boldsymbol{A}|^{n-1}$. 因此 $||\boldsymbol{A}^*|\boldsymbol{A}|=|\boldsymbol{A}^*|^n|\boldsymbol{A}|=(|\boldsymbol{A}|^{n-1})^n|\boldsymbol{A}|=|\boldsymbol{A}|^{n^2-n+1}$.

2.【答】 C.

【解析】 由 $(1,0,1,0)^{\mathrm{T}}$ 是方程组 $\boldsymbol{Ax}=\boldsymbol{0}$ 的一个解，可知 $\boldsymbol{\alpha}_1+\boldsymbol{\alpha}_3=0$，且 $\operatorname{rank}\boldsymbol{A}\leqslant 3$，从而 $\operatorname{rank}\boldsymbol{A}^*\leqslant 1$. 又由伴随矩阵 $\boldsymbol{A}^*$ 不是零矩阵，可知 $\operatorname{rank}\boldsymbol{A}^*\geqslant 1$，因此 $\operatorname{rank}\boldsymbol{A}^*=1$，$\operatorname{rank}\boldsymbol{A}=3$，$\boldsymbol{\alpha}_1,\boldsymbol{\alpha}_2,\boldsymbol{\alpha}_4$ 线性无关，$\boldsymbol{\alpha}_2,\boldsymbol{\alpha}_3,\boldsymbol{\alpha}_4$ 也线性无关. $\boldsymbol{A}^*\boldsymbol{x}=\boldsymbol{0}$ 的解空间的维数为 3. 又由 $\boldsymbol{A}^*\boldsymbol{A}=|\boldsymbol{A}|\boldsymbol{E}=0\boldsymbol{E}=\boldsymbol{O}$，可知 $\boldsymbol{\alpha}_1,\boldsymbol{\alpha}_2,\boldsymbol{\alpha}_3,\boldsymbol{\alpha}_4$ 都是 $\boldsymbol{A}^*\boldsymbol{x}=\boldsymbol{0}$ 的解向量，并且 $\boldsymbol{\alpha}_2,\boldsymbol{\alpha}_3,\boldsymbol{\alpha}_4$ 能成为 $\boldsymbol{A}^*\boldsymbol{x}=\boldsymbol{0}$ 的一组基. 再由 η 是 $\boldsymbol{A}^*\boldsymbol{x}=\boldsymbol{b}$ 的一个解，可知 $\boldsymbol{A}^*\boldsymbol{x}=\boldsymbol{b}$ 的通解可表达为 $k_1\boldsymbol{\alpha}_2+k_2\boldsymbol{\alpha}_3+k_3\boldsymbol{\alpha}_4+\eta$.

3.【答】 B.

【解析】 设可逆矩阵 $\boldsymbol{A}$ 对应于特征值 $\lambda=3$ 的特征向量为 $\boldsymbol{\xi}$，即 $\boldsymbol{A\xi}=\lambda\boldsymbol{\xi}$，从而有 $\boldsymbol{A}^2\boldsymbol{\xi}=\boldsymbol{A}(\boldsymbol{A\xi})=\boldsymbol{A}(\lambda\boldsymbol{\xi})=\lambda\boldsymbol{A\xi}=\lambda^2\boldsymbol{\xi}$，$(\boldsymbol{A}^2)^{-1}\boldsymbol{A}^2\boldsymbol{\xi}=(\boldsymbol{A}^2)^{-1}\lambda^2\boldsymbol{\xi}$，$(\boldsymbol{A}^2)^{-1}\boldsymbol{\xi}=\dfrac{1}{\lambda^2}\boldsymbol{\xi}$，

$$\left[\left(\frac{1}{4}\boldsymbol{A}^2\right)^{-1}+\boldsymbol{E}\right]\boldsymbol{\xi}=[4(\boldsymbol{A}^2)^{-1}+\boldsymbol{E}]\boldsymbol{\xi}=\left(4\frac{1}{\lambda^2}+1\right)\boldsymbol{\xi}=\frac{13}{9}\boldsymbol{\xi}.$$

4.【答】 A.

【解析】 由题意和 $\boldsymbol{Q}=[\boldsymbol{\alpha}_1\quad \boldsymbol{\alpha}_1+\boldsymbol{\alpha}_2\quad \boldsymbol{\alpha}_3]=[\boldsymbol{\alpha}_1\quad \boldsymbol{\alpha}_2\quad \boldsymbol{\alpha}_3]\begin{bmatrix}1&1&0\\0&1&0\\0&0&1\end{bmatrix}=\boldsymbol{PB}$，可知

$$\boldsymbol{Q}^T\boldsymbol{AQ}=\boldsymbol{B}^T\boldsymbol{P}^{\mathrm{T}}\boldsymbol{APB}=\begin{bmatrix}1&0&0\\1&1&0\\0&0&1\end{bmatrix}\begin{bmatrix}1&0&0\\0&1&0\\0&0&2\end{bmatrix}\begin{bmatrix}1&1&0\\0&1&0\\0&0&1\end{bmatrix}=\begin{bmatrix}1&1&0\\1&2&0\\0&0&2\end{bmatrix}.$$

5.【答】 C.

【解析】 由特征多项式

$$|\lambda\boldsymbol{E}-\boldsymbol{A}|=\begin{vmatrix}\lambda-2&-2&0\\-2&\lambda-5&0\\0&0&\lambda+3\end{vmatrix}=(\lambda+3)(\lambda^2-7\lambda+6)=(\lambda+3)(\lambda-1)(\lambda-6),$$

可知 $\boldsymbol{A}$ 的特征值为 $\lambda_1=-3$，$\lambda_2=1$，$\lambda_3=6$. 而 $\boldsymbol{B}$ 的特征值为 $\lambda_1=-1$，$\lambda_2=2$，$\lambda_3=3$，可见 $\boldsymbol{A}$ 与 $\boldsymbol{B}$ 不相似. 但是由于实对称矩阵 $\boldsymbol{A}$ 与 $\boldsymbol{B}$ 的特征值都是一负两正，从而 $\boldsymbol{A}$ 与 $\boldsymbol{B}$ 合同.

6.【答】 A.

【解析】 由题意可知 $\boldsymbol{\alpha}^{\mathrm{T}}\boldsymbol{\alpha}=4$，$\boldsymbol{\alpha}^{\mathrm{T}}\boldsymbol{\alpha}\boldsymbol{\alpha}=4\boldsymbol{\alpha}$，$\boldsymbol{\alpha}\boldsymbol{\alpha}^{\mathrm{T}}\boldsymbol{\alpha}\boldsymbol{\alpha}^{\mathrm{T}}=4\boldsymbol{\alpha}\boldsymbol{\alpha}^{\mathrm{T}}$，从而有

$$\left(\boldsymbol{E}-\frac{1}{4}\boldsymbol{\alpha}\boldsymbol{\alpha}^{\mathrm{T}}\right)\boldsymbol{\alpha}=\boldsymbol{\alpha}-\frac{1}{4}\boldsymbol{\alpha}\boldsymbol{\alpha}^{\mathrm{T}}\boldsymbol{\alpha}=\boldsymbol{0},$$

即 $\boldsymbol{\alpha}$ 是齐次线性方程组 $\left(\boldsymbol{E}-\frac{1}{4}\boldsymbol{\alpha}\boldsymbol{\alpha}^{\mathrm{T}}\right)\boldsymbol{x}=\boldsymbol{0}$ 的一个非零解，从而 $\operatorname{rank}\left(\boldsymbol{E}-\frac{1}{4}\boldsymbol{\alpha}\boldsymbol{\alpha}^{\mathrm{T}}\right)<n$，$\boldsymbol{E}-\frac{1}{4}\boldsymbol{\alpha}\boldsymbol{\alpha}^{\mathrm{T}}$ 不可逆.

二、填空题

1.【答】 $-4\boldsymbol{A}$.

【解析】 由求逆公式 $\boldsymbol{A}^{-1}=\frac{\boldsymbol{A}^*}{|\boldsymbol{A}|}$，可知 $\boldsymbol{A}^*=|\boldsymbol{A}|\boldsymbol{A}^{-1}$，$(\boldsymbol{A}^*)^{-1}=(|\boldsymbol{A}|\boldsymbol{A}^{-1})^{-1}=\frac{1}{|\boldsymbol{A}|}\boldsymbol{A}$. 又由 $|\boldsymbol{A}|=\begin{vmatrix}1&0&0\\0&\frac{1}{2}&\frac{3}{2}\\0&1&\frac{5}{2}\end{vmatrix}=-\frac{1}{4}$，可知 $(\boldsymbol{A}^*)^{-1}=-4\boldsymbol{A}$.

2.【答】 -8.

【解析】 令 $\boldsymbol{A}=[\boldsymbol{\beta}_2\ \boldsymbol{\beta}_3\ \boldsymbol{\beta}_1]=\begin{bmatrix}1&2&1\\-3&-1&a\\2&1&5\end{bmatrix}$，对其进行初等行变换

$$\boldsymbol{A}\to\begin{bmatrix}1&2&1\\0&5&a+3\\0&-3&3\end{bmatrix}\to\begin{bmatrix}1&2&1\\0&5&a+3\\0&-1&1\end{bmatrix}\to\begin{bmatrix}1&2&1\\0&0&a+8\\0&-1&1\end{bmatrix}=[\boldsymbol{\gamma}_2\ \boldsymbol{\gamma}_3\ \boldsymbol{\gamma}_1],$$

由“对矩阵进行初等行变换，不改变矩阵的列向量组的线性相关性和线性组合关系”，可得 $\boldsymbol{\gamma}_1$ 能由向量组 $\boldsymbol{\gamma}_2$，$\boldsymbol{\gamma}_3$ 线性表示，从而 $a+8=0$，$a=-8$.

3.【答】 2.

【解析】 对 $\begin{bmatrix}1&2&0\\0&-2&-1\\1&0&-1\end{bmatrix}$ 进行初等变换

$$\begin{bmatrix}1&2&0\\0&-2&-1\\1&0&-1\end{bmatrix}\to\begin{bmatrix}1&2&0\\0&-2&-1\\0&-2&-1\end{bmatrix}\to\begin{bmatrix}1&2&0\\0&-2&-1\\0&0&0\end{bmatrix},$$

可知 $\operatorname{rank}\begin{bmatrix}1&2&0\\0&-2&-1\\1&0&-1\end{bmatrix}=2$. 再由“两个同型矩阵等价的充要条件是其秩相等”，可

得 $\operatorname{rank}\begin{bmatrix} k & -1 & -1 \\ -1 & k & -1 \\ -1 & -1 & k \end{bmatrix}=2$. 对$\begin{bmatrix} k & -1 & -1 \\ -1 & k & -1 \\ -1 & -1 & k \end{bmatrix}$进行初等变换

$$\begin{bmatrix} k & -1 & -1 \\ -1 & k & -1 \\ -1 & -1 & k \end{bmatrix} \to \begin{bmatrix} 0 & -1-k & -1+k^2 \\ 0 & k+1 & -1-k \\ -1 & -1 & k \end{bmatrix} \to \begin{bmatrix} 0 & 0 & -2-k+k^2 \\ 0 & k+1 & -1-k \\ -1 & -1 & k \end{bmatrix},$$

可得 $-2-k+k^2=0$，于是 $k=2$ 或 $k=-1$. 但是当 $k=-1$ 时，$\operatorname{rank}\begin{bmatrix} k & -1 & -1 \\ -1 & k & -1 \\ -1 & -1 & k \end{bmatrix}=1$，不合题意；当 $k=2$ 时，$\operatorname{rank}\begin{bmatrix} k & -1 & -1 \\ -1 & k & -1 \\ -1 & -1 & k \end{bmatrix}=2$.

4.【答】 2.

【解析】 利用行列式的性质和矩阵的运算规律可得

$$\begin{aligned} |\boldsymbol{B}-\boldsymbol{A}| &= |[\boldsymbol{\gamma}_4-\boldsymbol{\gamma}_1 \quad \boldsymbol{\gamma}_2 \quad 2\boldsymbol{\gamma}_3]| = 2|[\boldsymbol{\gamma}_4-\boldsymbol{\gamma}_1 \quad \boldsymbol{\gamma}_2 \quad \boldsymbol{\gamma}_3]| = 2(|[\boldsymbol{\gamma}_4 \quad \boldsymbol{\gamma}_2 \quad \boldsymbol{\gamma}_3]| - |[\boldsymbol{\gamma}_1 \quad \boldsymbol{\gamma}_2 \quad \boldsymbol{\gamma}_3]|) \\ &= 2\left(\frac{1}{6}|[\boldsymbol{\gamma}_4 \quad 2\boldsymbol{\gamma}_2 \quad 3\boldsymbol{\gamma}_3]| - |[\boldsymbol{\gamma}_1 \quad \boldsymbol{\gamma}_2 \quad \boldsymbol{\gamma}_3]|\right) = 2\left(\frac{1}{6}|B| - |A|\right) = 2. \end{aligned}$$

5.【答】 $n-1$.

【解析】 因为 n 阶方阵 $\boldsymbol{A}$ 的特征值互不相等，从而 $\boldsymbol{A}$ 可相似于对角矩阵 $\begin{bmatrix} \lambda_1 & 0 & \cdots & 0 \\ 0 & \lambda_2 & \cdots & 0 \\ \vdots & \vdots & & \vdots \\ 0 & 0 & \cdots & \lambda_n \end{bmatrix}=\boldsymbol{B}$，其中 $\lambda_1, \lambda_2, \cdots, \lambda_n$ 为 $\boldsymbol{A}$ 的互不相等的特征值. 又由 $|\boldsymbol{A}|=0$ 以及 $|\boldsymbol{A}|=\lambda_1\lambda_2\cdots\lambda_n$，可知 $\lambda_1, \lambda_2, \cdots, \lambda_n$ 中恰好有一个等于零，从而 $\boldsymbol{B}$ 的秩等于 $n-1$，$\boldsymbol{A}$ 的秩也等于 $n-1$.

6.【答】 2.

【解析】 二次型的对称矩阵为 $\boldsymbol{A}=\begin{bmatrix} a & 1 & -4 \\ 1 & -1 & 1 \\ -4 & 1 & 2 \end{bmatrix}$，由题意可知 $\boldsymbol{A}$ 的三个特征值为 $\lambda_1, \lambda_2, \lambda_3$，其中 $\lambda_3=0$. 又由 $|\boldsymbol{A}|=\lambda_1\lambda_2\lambda_3$ 以及 $|\boldsymbol{A}|=\begin{vmatrix} a & 1 & -4 \\ 1 & -1 & 1 \\ -4 & 1 & 2 \end{vmatrix}=-3a+6$，可知 $a=2$.

三、计算与证明题

1.【解】 将行列式的第 1 行的 $-x$ 倍分别加到第 2, 3, …, n 行，得

$$D_n=\begin{vmatrix}0&1&1&\cdots&1&1\\1&-x&0&\cdots&0&0\\1&0&-x&\cdots&0&0\\\vdots&\vdots&\vdots&&\vdots&\vdots\\1&0&0&\cdots&-x&0\\1&0&0&\cdots&0&-x\end{vmatrix}$$

当 $x=0$ 时，由于 $n>2$，所以 $D_n=0$.

当 $x\neq0$ 时，再将行列式的第 2，3，…，n 列的 $\frac{1}{x}$ 倍均加到第 1 列，得

$$D_n=\begin{vmatrix}\frac{n-1}{x}&1&1&\cdots&1&1\\0&-x&0&\cdots&0&0\\0&0&-x&\cdots&0&0\\\vdots&\vdots&\vdots&&\vdots&\vdots\\0&0&0&\cdots&-x&0\\0&0&0&\cdots&0&-x\end{vmatrix}=\frac{n-1}{x}(-x)^{n-1}=(n-1)(-1)^{n-1}x^{n-2}.$$

2.【解】

对已知关系式 $\boldsymbol{B}^{\mathrm{T}}\boldsymbol{C}(\boldsymbol{E}-\boldsymbol{B}^{-1}\boldsymbol{A})^{\mathrm{T}}=\boldsymbol{E}$ 进行变形

$$(\boldsymbol{B}^{\mathrm{T}})^{-1}\boldsymbol{B}^{\mathrm{T}}\boldsymbol{C}(\boldsymbol{E}-\boldsymbol{B}^{-1}\boldsymbol{A})^{\mathrm{T}}\boldsymbol{B}^{\mathrm{T}}=(\boldsymbol{B}^{\mathrm{T}})^{-1}\boldsymbol{E}\boldsymbol{B}^{\mathrm{T}},$$

$$\boldsymbol{C}(\boldsymbol{E}-\boldsymbol{B}^{-1}\boldsymbol{A})^{\mathrm{T}}\boldsymbol{B}^{\mathrm{T}}=\boldsymbol{E},$$

$$\boldsymbol{C}[\boldsymbol{B}(\boldsymbol{E}-\boldsymbol{B}^{-1}\boldsymbol{A})]^{\mathrm{T}}=\boldsymbol{E},$$

$$\boldsymbol{C}(\boldsymbol{B}-\boldsymbol{A})^{\mathrm{T}}=\boldsymbol{E},$$

$$\boldsymbol{C}=[(\boldsymbol{B}-\boldsymbol{A})^{\mathrm{T}}]^{-1}=[(\boldsymbol{B}-\boldsymbol{A})^{-1}]^{\mathrm{T}},$$

$$\boldsymbol{B}-\boldsymbol{A}=\begin{bmatrix}2&0&0&0\\1&2&0&0\\3&1&2&0\\4&3&1&2\end{bmatrix}-\begin{bmatrix}1&0&0&0\\-1&1&0&0\\0&-1&1&0\\0&0&-1&1\end{bmatrix}=\begin{bmatrix}1&0&0&0\\2&1&0&0\\3&2&1&0\\4&3&2&1\end{bmatrix},$$

$$(\boldsymbol{B}-\boldsymbol{A})^{-1}=\begin{bmatrix}1&0&0&0\\-2&1&0&0\\1&-2&1&0\\0&1&-2&1\end{bmatrix}.$$

因此

$$\boldsymbol{C}=\begin{bmatrix}1&-2&1&0\\0&1&-2&1\\0&0&1&-2\\0&0&0&1\end{bmatrix}.$$

3.【证】 (1)设 $k_1\boldsymbol{\beta}+k_2\boldsymbol{A\beta}+k_3\boldsymbol{A}^2\boldsymbol{\beta}=\boldsymbol{0}$，由于

$$\boldsymbol{A\beta}=\boldsymbol{A}(\boldsymbol{\alpha}_1+2\boldsymbol{\alpha}_2+3\boldsymbol{\alpha}_3)=\lambda_1\boldsymbol{\alpha}_1+2\lambda_2\boldsymbol{\alpha}_2+3\lambda_3\boldsymbol{\alpha}_3,$$

$$A^2\boldsymbol{\beta}=A^2(\boldsymbol{\alpha}_1+2\boldsymbol{\alpha}_2+3\boldsymbol{\alpha}_3)=\lambda_1^2\boldsymbol{\alpha}_1+2\lambda_2^2\boldsymbol{\alpha}_2+3\lambda_3^2\boldsymbol{\alpha}_3,$$

从而有

$$(k_1+\lambda_1k_2+\lambda_1^2k_3)\boldsymbol{\alpha}_1+(2k_1+2\lambda_2k_2+2\lambda_2^2k_3)\boldsymbol{\alpha}_2+(3k_1+3\lambda_3k_2+3\lambda_3^2k_3)\boldsymbol{\alpha}_3=0.$$

由于 $\boldsymbol{\alpha}_1$, $\boldsymbol{\alpha}_2$, $\boldsymbol{\alpha}_3$ 是对应于不同特征值的特征向量，所以 $\boldsymbol{\alpha}_1$, $\boldsymbol{\alpha}_2$, $\boldsymbol{\alpha}_3$ 线性无关，从而

$$k_1+\lambda_1k_2+\lambda_1^2k_3=0,\ 2k_1+2\lambda_2k_2+2\lambda_2^2k_3=0,\ 3k_1+3\lambda_3k_2+3\lambda_3^2k_3=0,$$

即 $\begin{bmatrix}1 & \lambda_1 & \lambda_1^2\\ 2 & 2\lambda_2 & 2\lambda_2^2\\ 3 & 3\lambda_3 & 3\lambda_3^2\end{bmatrix}\begin{bmatrix}k_1\\ k_2\\ k_3\end{bmatrix}=0.$

由于

$$\begin{vmatrix}1 & \lambda_1 & \lambda_1^2\\ 2 & 2\lambda_2 & 2\lambda_2^2\\ 3 & 3\lambda_3 & 3\lambda_3^2\end{vmatrix}=6\begin{vmatrix}1 & 1 & 1\\ \lambda_1 & \lambda_2 & \lambda_3\\ \lambda_1^2 & \lambda_2^2 & \lambda_3^2\end{vmatrix}=6(\lambda_2-\lambda_1)(\lambda_3-\lambda_1)(\lambda_3-\lambda_2)\neq 0,$$

从而 $k_1=0$, $k_2=0$, $k_3=0$，即 $\boldsymbol{\beta}$, $A\boldsymbol{\beta}$, $A^2\boldsymbol{\beta}$ 线性无关.

(2) 由已知 $A^3\boldsymbol{\beta}=3A\boldsymbol{\beta}-2A^2\boldsymbol{\beta}$ 可得

$$A[\boldsymbol{\beta}\quad A\boldsymbol{\beta}\quad A^2\boldsymbol{\beta}]=[A\boldsymbol{\beta}\quad A^2\boldsymbol{\beta}\quad A^3\boldsymbol{\beta}]=[\boldsymbol{\beta}\quad A\boldsymbol{\beta}\quad A^2\boldsymbol{\beta}]\begin{bmatrix}0 & 0 & 0\\ 1 & 0 & 3\\ 0 & 1 & -2\end{bmatrix}.$$

记 $P=[\boldsymbol{\beta}\quad A\boldsymbol{\beta}\quad A^2\boldsymbol{\beta}]$，由(1)可知 P 可逆，从而有 $P^{-1}AP=\begin{bmatrix}0 & 0 & 0\\ 1 & 0 & 3\\ 0 & 1 & -2\end{bmatrix}$,

由 $\left|\lambda E-\begin{bmatrix}0 & 0 & 0\\ 1 & 0 & 3\\ 0 & 1 & -2\end{bmatrix}\right|=\lambda(\lambda+3)(\lambda-1)$，可得 A 的特征值为 0, 1, −3.

4.【解】 设 λ 是 A 的特征值，$\boldsymbol{\xi}$ 是 A 对应于特征值 λ 的一个特征向量，即 $A\boldsymbol{\xi}=\lambda\boldsymbol{\xi}$.

由已知 $A^2-3A-10E=O$ 可得 $(A^2-3A-10E)\boldsymbol{\xi}=O\boldsymbol{\xi}$，$(\lambda^2-3\lambda-10)\boldsymbol{\xi}=\mathbf{0}$，从而 $\lambda^2-3\lambda-10=0$, $\lambda=-2$ 或者 $\lambda=5$.

由 $A^2-3A-10E=O$ 可得 $(A-5E)(A+2E)=O$，从而 $r(A-5E)+r(A+2E)\leqslant n$.

又由 $-A+5E+A+2E=7E$，可知

$n=r(7E)=r(-A+5E+A+2E)\leqslant r(-A+5E)+r(A+2E)=r(A-5E)+r(A+2E)$,

从而 $r(A-5E)+r(A+2E)=n$.

当 −2 是 A 的特征值时，其几何重数为 $(-2E-A)x=\mathbf{0}$ 的解空间的维数，即 $n-r(-2E-A)$.

当 5 是 A 的特征值时，其几何重数为 $(5E-A)x=\mathbf{0}$ 的解空间的维数，即 $n-r(5E-A)$.

可见 A 共有 $n-r(-2E-A)+n-r(5E-A)=n$ 个线性无关的特征向量，所以 A 能相似对角化.

5.【解】 (1) 对方程组(Ⅰ),

$$A=\begin{bmatrix}2&3&-1&0\\1&2&1&-1\\4&7&1&-2\\3&4&-3&1\end{bmatrix}\to\begin{bmatrix}1&0&-5&3\\0&1&3&-2\\0&0&0&0\\0&0&0&0\end{bmatrix},$$

可得一个基础解系为$\boldsymbol{\beta}_1=\begin{bmatrix}5\\-3\\1\\0\end{bmatrix}$，$\boldsymbol{\beta}_2=\begin{bmatrix}-3\\2\\0\\1\end{bmatrix}$.

(2)设$k_1\boldsymbol{\beta}_1+k_2\boldsymbol{\beta}_2=l_1\boldsymbol{\alpha}_1+l_2\boldsymbol{\alpha}_2$. 线性方程组(Ⅰ)与(Ⅱ)有非零公共解，等价于存在不全为0的系数k_1，k_2和l_1，l_2使得上式成立. 考虑以k_1，k_2，l_1，l_2为未知参数的方程组$k_1\boldsymbol{\beta}_1+k_2\boldsymbol{\beta}_2-l_1\boldsymbol{\alpha}_1-l_2\boldsymbol{\alpha}_2=\mathbf{0}$，

$$[\boldsymbol{\beta}_1\ \ \boldsymbol{\beta}_2\ \ -\boldsymbol{\alpha}_1\ \ -\boldsymbol{\alpha}_2]=\begin{bmatrix}5&-3&-2&1\\-3&2&1&-2\\1&0&-a-2&-4\\0&1&-1&-a-8\end{bmatrix}\to\begin{bmatrix}1&0&-1&-4\\0&1&-1&-7\\0&0&-a-1&0\\0&0&0&-a-1\end{bmatrix},$$

可得当$-a-1=0$，即$a=-1$时，方程组$k_1\boldsymbol{\beta}_1+k_2\boldsymbol{\beta}_2-l_1\boldsymbol{\alpha}_1-l_2\boldsymbol{\alpha}_2=0$有非零解，从而线性方程组(Ⅰ)与(Ⅱ)有非零公共解.

由于当$a=-1$时，向量组$-\boldsymbol{\alpha}_1$，$-\boldsymbol{\alpha}_2$可由$\boldsymbol{\beta}_1$，$\boldsymbol{\beta}_2$线性表示，$\boldsymbol{\beta}_1$，$\boldsymbol{\beta}_2$也可由$-\boldsymbol{\alpha}_1$，$-\boldsymbol{\alpha}_2$线性表示，从而线性方程组(Ⅰ)与(Ⅱ)的非零公共解为$k_1\boldsymbol{\beta}_1+k_2\boldsymbol{\beta}_2$，其中$k_1^2+k_2^2\neq0$.

6.【解】 (1)由二次型在正交变换下的标准形为$y_1^2+y_2^2$，可知$\boldsymbol{A}$的特征值为$\lambda_1=\lambda_2=1$，$\lambda_3=0$，且$\boldsymbol{p}_3=\frac{1}{\sqrt{6}}\begin{bmatrix}1\\-2\\1\end{bmatrix}$是$\boldsymbol{A}$对应于特征值0的一个特征向量.

设$\boldsymbol{x}=\begin{bmatrix}x_1\\x_2\\x_3\end{bmatrix}$是$\boldsymbol{A}$对应于$\lambda_1=\lambda_2=1$的特征向量，则有$<x,p_3>=\frac{1}{\sqrt{6}}(x_1-2x_2+x_3)=0$，取该方程组的一个基础解系$\boldsymbol{u}_1=\begin{bmatrix}2\\1\\0\end{bmatrix}$，$\boldsymbol{u}_2=\begin{bmatrix}1\\0\\-1\end{bmatrix}$(或者$\boldsymbol{u}_1=\begin{bmatrix}1\\1\\1\end{bmatrix}$，$\boldsymbol{u}_2=\begin{bmatrix}1\\0\\-1\end{bmatrix}$等).

进行标准正交化得到$\boldsymbol{p}_1=\frac{1}{\sqrt{5}}\begin{bmatrix}2\\1\\0\end{bmatrix}$，$\boldsymbol{p}_2=\frac{1}{\sqrt{30}}\begin{bmatrix}-1\\2\\5\end{bmatrix}$(或者$\boldsymbol{p}_1=\frac{1}{\sqrt{3}}\begin{bmatrix}1\\1\\1\end{bmatrix}$，$\boldsymbol{p}_2=\frac{1}{\sqrt{2}}\begin{bmatrix}1\\0\\-1\end{bmatrix}$等). 令$\boldsymbol{Q}=[\boldsymbol{p}_1\ \ \boldsymbol{p}_2\ \ \boldsymbol{p}_3]$，则有$\boldsymbol{Q}^{\mathrm{T}}\boldsymbol{A}\boldsymbol{Q}=\begin{bmatrix}1&0&0\\0&1&0\\0&0&0\end{bmatrix}$，从而得到

$$
\boldsymbol{A}=\boldsymbol{Q}\begin{bmatrix}1&0&0\\0&1&0\\0&0&0\end{bmatrix}\boldsymbol{Q}^{\mathrm{T}}=\begin{bmatrix}\frac{5}{6}&\frac{1}{3}&-\frac{1}{6}\\\frac{1}{3}&\frac{1}{3}&\frac{1}{3}\\-\frac{1}{6}&\frac{1}{3}&\frac{5}{6}\end{bmatrix}.
$$

(2)显然 $\boldsymbol{A}+\boldsymbol{E}$ 为实对称矩阵. 由(1)的分析知 $\boldsymbol{A}$ 的特征值为 $\lambda_1=\lambda_2=1$, $\lambda_3=0$, 从而 $\boldsymbol{A}+\boldsymbol{E}$ 特征值为 2, 2, 1, 所以 $\boldsymbol{A}+\boldsymbol{E}$ 是正定矩阵.

2017—2018 学年秋季学期(B)卷解析

一、单选题

1.【答】 D.

【解析】 利用初等矩阵与初等变换的联系可知

$$\begin{bmatrix}0&1&0\\1&0&0\\0&0&1\end{bmatrix}\begin{bmatrix}a_{11}&a_{12}&a_{13}\\a_{21}&a_{22}&a_{23}\\a_{31}&a_{32}&a_{33}\end{bmatrix}=\begin{bmatrix}a_{21}&a_{22}&a_{23}\\a_{11}&a_{12}&a_{13}\\a_{31}&a_{32}&a_{33}\end{bmatrix},$$

$$\begin{bmatrix}a_{21}&a_{22}&a_{23}\\a_{11}&a_{12}&a_{13}\\a_{31}&a_{32}&a_{33}\end{bmatrix}\begin{bmatrix}0&0&1\\0&1&0\\1&0&0\end{bmatrix}=\begin{bmatrix}a_{23}&a_{22}&a_{21}\\a_{13}&a_{12}&a_{11}\\a_{33}&a_{32}&a_{31}\end{bmatrix}.$$

若 $\boldsymbol{P}_1^m\boldsymbol{A}\boldsymbol{P}_2^n=\begin{bmatrix}a_{23}&a_{22}&a_{21}\\a_{13}&a_{12}&a_{11}\\a_{33}&a_{32}&a_{31}\end{bmatrix}$，则有 m，n 均为奇数.

2.【答】 B.

【解析】 由方阵 $\boldsymbol{A}$ 及其伴随矩阵 $\boldsymbol{A}^*$ 满足的恒等式 $\boldsymbol{AA}^*=\boldsymbol{A}^*\boldsymbol{A}=|\boldsymbol{A}|\boldsymbol{E}$，可知(A)选项正确.

由 $\boldsymbol{A}^k\boldsymbol{A}^l=\boldsymbol{A}^l\boldsymbol{A}^k=\boldsymbol{A}^{k+l}$，可知(C)选项正确.

由$(\boldsymbol{A}+\boldsymbol{E})(\boldsymbol{A}-\boldsymbol{E})=\boldsymbol{A}^2-\boldsymbol{E}$，$(\boldsymbol{A}-\boldsymbol{E})(\boldsymbol{A}+\boldsymbol{E})=\boldsymbol{A}^2-\boldsymbol{E}$，可知(D)选项正确.

而(B)选项不一定正确. 例如，当 $\boldsymbol{A}=\begin{bmatrix}1&1\\0&0\end{bmatrix}$时，有 $\boldsymbol{AA}^{\mathrm{T}}=\begin{bmatrix}1&1\\0&0\end{bmatrix}\begin{bmatrix}1&0\\1&0\end{bmatrix}=\begin{bmatrix}2&0\\0&0\end{bmatrix}$，

$\boldsymbol{A}^{\mathrm{T}}\boldsymbol{A}=\begin{bmatrix}1&0\\1&0\end{bmatrix}\begin{bmatrix}1&1\\0&0\end{bmatrix}=\begin{bmatrix}1&1\\1&1\end{bmatrix}$，从而 $\boldsymbol{AA}^{\mathrm{T}}\neq\boldsymbol{A}^{\mathrm{T}}\boldsymbol{A}$.

3.【答】 A.

【解析】 因 $n(n\geqslant 4)$阶方阵 $\boldsymbol{A}$ 的秩等于 $n-3$，因此齐次线性方程组 $\boldsymbol{Ax}=\boldsymbol{0}$ 的解空间的维数为 3. 又因 $\boldsymbol{\alpha}_1$，$\boldsymbol{\alpha}_2$，$\boldsymbol{\alpha}_3$ 是 $\boldsymbol{Ax}=\boldsymbol{0}$ 的 3 个线性无关的解向量，因此 $\boldsymbol{\alpha}_1$，$\boldsymbol{\alpha}_2$，$\boldsymbol{\alpha}_3$ 是 $\boldsymbol{Ax}=\boldsymbol{0}$ 的一个基础解系. $\boldsymbol{Ax}=0$ 的解空间中一组向量 $\boldsymbol{\beta}_1$，$\boldsymbol{\beta}_2$，$\boldsymbol{\beta}_3$ 的线性相关性的讨论等价于这些向量在上述基下的坐标向量 $\boldsymbol{X}_1$，$\boldsymbol{X}_2$，$\boldsymbol{X}_3$ 的线性相关性的讨论.

在(A)选项中，向量 $\boldsymbol{\alpha}_1+\boldsymbol{\alpha}_2$，$\boldsymbol{\alpha}_2+\boldsymbol{\alpha}_3$，$\boldsymbol{\alpha}_3+\boldsymbol{\alpha}_1$ 在 $\boldsymbol{\alpha}_1$，$\boldsymbol{\alpha}_2$，$\boldsymbol{\alpha}_3$ 下的坐标向量分别为 $\begin{bmatrix}1\\1\\0\end{bmatrix}$，$\begin{bmatrix}0\\1\\1\end{bmatrix}$，$\begin{bmatrix}1\\0\\1\end{bmatrix}$，由于 $\begin{bmatrix}1&0&1\\1&1&0\\0&1&1\end{bmatrix}$可经初等行变换化简为 $\begin{bmatrix}1&0&1\\0&1&-1\\0&0&2\end{bmatrix}$，故 $\begin{bmatrix}1\\1\\0\end{bmatrix}$，$\begin{bmatrix}0\\1\\1\end{bmatrix}$，

$\begin{bmatrix}1\\0\\1\end{bmatrix}$线性无关，$\boldsymbol{\alpha}_1+\boldsymbol{\alpha}_2$，$\boldsymbol{\alpha}_2+\boldsymbol{\alpha}_3$，$\boldsymbol{\alpha}_3+\boldsymbol{\alpha}_1$ 线性无关，$\boldsymbol{\alpha}_1+\boldsymbol{\alpha}_2$，$\boldsymbol{\alpha}_2+\boldsymbol{\alpha}_3$，$\boldsymbol{\alpha}_3+\boldsymbol{\alpha}_1$ 也能成为 $\boldsymbol{Ax}=\boldsymbol{0}$ 的基础解系.

在(B)选项中，向量 $\boldsymbol{\alpha}_1-\boldsymbol{\alpha}_2$，$\boldsymbol{\alpha}_2-\boldsymbol{\alpha}_3$，$\boldsymbol{\alpha}_3-\boldsymbol{\alpha}_1$ 在 $\boldsymbol{\alpha}_1$，$\boldsymbol{\alpha}_2$，$\boldsymbol{\alpha}_3$ 下的坐标向量分别为 $\begin{bmatrix}1\\-1\\0\end{bmatrix}$，$\begin{bmatrix}0\\1\\-1\end{bmatrix}$，$\begin{bmatrix}-1\\0\\1\end{bmatrix}$，由于$\begin{bmatrix}1&0&-1\\-1&1&0\\0&-1&1\end{bmatrix}$可经初等行变换化简为$\begin{bmatrix}1&0&-1\\0&1&-1\\0&0&0\end{bmatrix}$，故 $\begin{bmatrix}1\\-1\\0\end{bmatrix}$，$\begin{bmatrix}0\\1\\-1\end{bmatrix}$，$\begin{bmatrix}-1\\0\\1\end{bmatrix}$线性相关，$\boldsymbol{\alpha}_1-\boldsymbol{\alpha}_2$，$\boldsymbol{\alpha}_2-\boldsymbol{\alpha}_3$，$\boldsymbol{\alpha}_3-\boldsymbol{\alpha}_1$ 线性相关，$\boldsymbol{\alpha}_1-\boldsymbol{\alpha}_2$，$\boldsymbol{\alpha}_2-\boldsymbol{\alpha}_3$，$\boldsymbol{\alpha}_3-\boldsymbol{\alpha}_1$ 不是 $\boldsymbol{Ax}=\boldsymbol{0}$ 的基础解系. 类似可证(C)(D)选项中的向量也都不是 $\boldsymbol{Ax}=0$ 的基础解系.

4.【答】 B.

【解析】 由 $\boldsymbol{\alpha}_0$ 是 $\boldsymbol{A}$ 对应于特征值 λ_0 的特征向量，可知 $\boldsymbol{A\alpha}_0=\lambda_0\boldsymbol{\alpha}_0$. 从而 $(-2\boldsymbol{A})\boldsymbol{\alpha}_0=(-2\lambda_0)\boldsymbol{\alpha}_0$，$(\boldsymbol{A}+\boldsymbol{E})^2\boldsymbol{\alpha}_0=(\boldsymbol{A}^2+2\boldsymbol{A}+\boldsymbol{E})\boldsymbol{\alpha}_0=(\lambda_0^2+2\lambda_0+1)\boldsymbol{\alpha}_0=(\lambda_0+1)^2\boldsymbol{\alpha}_0$，

可见 $\boldsymbol{\alpha}_0$ 是 $-2\boldsymbol{A}$ 对应于特征值 $-2\lambda_0$ 的特征向量，$\boldsymbol{\alpha}_0$ 也是$(\boldsymbol{A}+\boldsymbol{E})^2$ 对应于特征值 $(\lambda_0+1)^2$ 的特征向量.

对于(D) 选项，可分几种情形进行分析.

(1)当 $\boldsymbol{A}$ 可逆时，由 $\boldsymbol{A}^{-1}\boldsymbol{\alpha}_0=\frac{1}{\lambda_0}\boldsymbol{\alpha}_0$ 可知 $\boldsymbol{\alpha}_0$ 是 $\boldsymbol{A}^{-1}$对应于特征值$\frac{1}{\lambda_0}$的特征向量. 由求逆公式 $\boldsymbol{A}^{-1}=\frac{\boldsymbol{A}^*}{|\boldsymbol{A}|}$，可知 $\boldsymbol{A}^*=|\boldsymbol{A}|\boldsymbol{A}^{-1}$，从而 $\boldsymbol{\alpha}_0$ 是 $\boldsymbol{A}^*$ 对应于特征值$\frac{|\boldsymbol{A}|}{\lambda_0}$的特征向量.

(2)当 $\boldsymbol{A}$ 不可逆时，有 $\operatorname{rank}\boldsymbol{A}<n-1$ 或者 $\operatorname{rank}\boldsymbol{A}=n-1$.

①当 $\operatorname{rank}\boldsymbol{A}<n-1$ 时，$\operatorname{rank}\boldsymbol{A}^*=0$，$\boldsymbol{A}^*$ 是零矩阵，其特征值全为 0，$\boldsymbol{A}$ 的特征向量都是 $\boldsymbol{A}^*$ 的特征向量.

②当 $\operatorname{rank}\boldsymbol{A}=n-1$ 时，$\operatorname{rank}\boldsymbol{A}^*=1$，齐次线性方程组 $\boldsymbol{A}^*\boldsymbol{x}=0$ 的解空间的维数为 $n-1$，$\boldsymbol{Ax}=\boldsymbol{0}$ 的解空间的维数为 1.

(i)当 $\boldsymbol{A}$ 的特征向量 $\boldsymbol{\alpha}_0$ 对应的特征值 $\lambda_0\neq0$ 时，由 $\boldsymbol{A\alpha}_0=\lambda_0\boldsymbol{\alpha}_0$ 可知 $\boldsymbol{\alpha}_0=\frac{1}{\lambda_0}\boldsymbol{A\alpha}_0$，从而

$$\boldsymbol{A}^*\boldsymbol{\alpha}_0=\boldsymbol{A}^*\left(\frac{1}{\lambda_0}\boldsymbol{A\alpha}_0\right)=\frac{1}{\lambda_0}(\boldsymbol{A}^*\boldsymbol{A\alpha}_0)=\frac{1}{\lambda_0}(|\boldsymbol{A}|\boldsymbol{E\alpha}_0)=\frac{1}{\lambda_0}(0\boldsymbol{E\alpha}_0)=0\boldsymbol{\alpha}_0,$$

因此 $\boldsymbol{A}$ 的特征向量 $\boldsymbol{\alpha}_0$ 是 $\boldsymbol{A}^*$ 对应于特征值 0 的特征向量.

(ii) 当 $\boldsymbol{A}$ 的特征向量 $\boldsymbol{\alpha}_0$ 对应的特征值 $\lambda_0=0$ 时，有 $\boldsymbol{A\alpha}_0=\lambda_0\boldsymbol{\alpha}_0=0\boldsymbol{\alpha}_0=\boldsymbol{0}$，即 $\boldsymbol{\alpha}_0$ 为齐次线性方程组 $\boldsymbol{Ax}=\boldsymbol{0}$ 的一个基础解系. 又由 $\operatorname{rank}\boldsymbol{A}^*=1$，可知一定存在 n 维非零列向

量$\boldsymbol{\beta}=\begin{bmatrix}c_1\\c_2\\\vdots\\c_n\end{bmatrix}$，$\boldsymbol{\gamma}=\begin{bmatrix}d_1\\d_2\\\vdots\\d_n\end{bmatrix}$使得$\boldsymbol{A}^*=\boldsymbol{\beta}\boldsymbol{\gamma}^{\mathrm{T}}=\begin{bmatrix}c_1\\c_2\\\vdots\\c_n\end{bmatrix}[d_1\quad d_2\quad\cdots\quad d_n]$.

再由$\boldsymbol{AA}^*=|\boldsymbol{A}|\boldsymbol{E}=0\boldsymbol{E}=\boldsymbol{O}$，可知$\boldsymbol{A}\begin{bmatrix}c_1\\c_2\\\vdots\\c_n\end{bmatrix}[d_1\quad d_2\quad\cdots\quad d_n]=\boldsymbol{O}$，令$\boldsymbol{A}\begin{bmatrix}c_1\\c_2\\\vdots\\c_n\end{bmatrix}=\begin{bmatrix}f_1\\f_2\\\vdots\\f_n\end{bmatrix}$从而$\begin{bmatrix}f_1\\f_2\\\vdots\\f_n\end{bmatrix}[d_1\quad d_2\quad\cdots\quad d_n]=\begin{bmatrix}0&0&\cdots&0\\0&0&\cdots&0\\\vdots&\vdots&&\vdots\\0&0&\cdots&0\end{bmatrix}$，因此可以得出$\begin{bmatrix}f_1\\f_2\\\vdots\\f_n\end{bmatrix}=\begin{bmatrix}0\\0\\\vdots\\0\end{bmatrix}$，$\boldsymbol{A}\begin{bmatrix}c_1\\c_2\\\vdots\\c_n\end{bmatrix}=\begin{bmatrix}0\\0\\\vdots\\0\end{bmatrix}$，这说明$\boldsymbol{\beta}=\begin{bmatrix}c_1\\c_2\\\vdots\\c_n\end{bmatrix}$也能成为齐次线性方程组$\boldsymbol{Ax}=\boldsymbol{0}$的一个基础解系，从而$\boldsymbol{\alpha}_0=l\boldsymbol{\beta}$，其中$l\neq0$. 因此$\boldsymbol{A}^*\boldsymbol{\alpha}_0=\boldsymbol{A}^*l\boldsymbol{\beta}=(\boldsymbol{\beta}\boldsymbol{\gamma}^{\mathrm{T}})l\boldsymbol{\beta}=l(\boldsymbol{\beta}\boldsymbol{\gamma}^{\mathrm{T}})\boldsymbol{\beta}=l\boldsymbol{\beta}(\boldsymbol{\gamma}^{\mathrm{T}}\boldsymbol{\beta})=(\boldsymbol{\gamma}^{\mathrm{T}}\boldsymbol{\beta})l\boldsymbol{\beta}=(\boldsymbol{\gamma}^{\mathrm{T}}\boldsymbol{\beta})\boldsymbol{\alpha}_0$，即$\boldsymbol{A}$的特征向量$\boldsymbol{\alpha}_0$是$\boldsymbol{A}^*$对应于特征值$\boldsymbol{\gamma}^{\mathrm{T}}\boldsymbol{\beta}$的特征向量.

5.【答】 C.

【解析】 由题意可知$\boldsymbol{A}$，$\boldsymbol{B}$，$\boldsymbol{C}$的特征值都为$\lambda_1=\lambda_2=2$，$\lambda_3=1$. 对于特征值$\lambda_1=\lambda_2=2$，由$2\boldsymbol{E}-\boldsymbol{A}=\begin{bmatrix}0&-1&0\\0&0&0\\0&0&-1\end{bmatrix}$，可知rank $(2\boldsymbol{E}-\boldsymbol{A})=2$，$(2\boldsymbol{E}-\boldsymbol{A})\boldsymbol{x}=\boldsymbol{0}$的解空间的维数等于1，$\boldsymbol{A}$的二重特征值的几何重数等于1，因此$\boldsymbol{A}$不能相似对角化. 由$2\boldsymbol{E}-\boldsymbol{B}=\begin{bmatrix}0&0&0\\0&0&-1\\0&0&-1\end{bmatrix}$，可知rank $(2\boldsymbol{E}-\boldsymbol{B})=1$，$(2\boldsymbol{E}-\boldsymbol{B})\boldsymbol{x}=\boldsymbol{0}$的解空间的维数等于2，$\boldsymbol{B}$的二重特征值的几何重数等于2，$\boldsymbol{B}$能相似对角化，且对角矩阵为$\boldsymbol{C}$.

6.【答】 B.

【解析】 二次型的标准形$y_1^2+2y_2^2-3y_3^2$的对称矩阵为$\boldsymbol{B}=\begin{bmatrix}1&0&0\\0&2&0\\0&0&-3\end{bmatrix}=\boldsymbol{P}^{\mathrm{T}}\boldsymbol{AP}$，由

$\boldsymbol{Q}=[\boldsymbol{\beta}_2\,\boldsymbol{\beta}_1\,\boldsymbol{\beta}_3]=[\boldsymbol{\beta}_1\,\boldsymbol{\beta}_2\,\boldsymbol{\beta}_3]\begin{bmatrix}0&1&0\\1&0&0\\0&0&1\end{bmatrix}=\boldsymbol{PC}$，可知

$\boldsymbol{Q}^{\mathrm{T}}\boldsymbol{A}\boldsymbol{Q}=\boldsymbol{C}^{\mathrm{T}}\boldsymbol{P}^{\mathrm{T}}\boldsymbol{A}\boldsymbol{P}\boldsymbol{C}=\boldsymbol{C}^{\mathrm{T}}\boldsymbol{B}\boldsymbol{C}=\begin{bmatrix}2&0&0\\0&1&0\\0&0&-3\end{bmatrix}$，从而 $f(x_1, x_2, x_3)$ 在线性变换 $\boldsymbol{x}=\boldsymbol{Q}\boldsymbol{y}$ 下的标准形为 $2y_1^2+y_2^2-3y_3^2$.

二、填空题

1.【答】 $\begin{bmatrix}-8&8&-4\\4&-2&2\\-4&4&0\end{bmatrix}$.

【解析】 对 $[\boldsymbol{A}\ \boldsymbol{E}]$ 进行初等行变换

$$[\boldsymbol{A}\ \boldsymbol{E}]=\begin{bmatrix}1&2&-1&1&0&0\\1&2&0&0&1&0\\-1&0&2&0&0&1\end{bmatrix}\to\begin{bmatrix}1&2&-1&1&0&0\\0&0&1&-1&1&0\\0&2&1&1&0&1\end{bmatrix}\to\begin{bmatrix}1&2&0&0&1&0\\0&0&1&-1&1&0\\0&2&0&2&-1&1\end{bmatrix}$$

$$\to\begin{bmatrix}1&0&0&-2&2&-1\\0&0&1&-1&1&0\\0&2&0&2&-1&1\end{bmatrix}\to\begin{bmatrix}1&0&0&-2&2&-1\\0&1&0&1&-\frac{1}{2}&\frac{1}{2}\\0&0&1&-1&1&0\end{bmatrix},$$

再由 $\left(\frac{1}{4}\boldsymbol{A}\right)^{-1}=4\boldsymbol{A}^{-1}$，可知 $\left(\frac{1}{4}\boldsymbol{A}\right)^{-1}=\begin{bmatrix}-8&8&-4\\4&-2&2\\-4&4&0\end{bmatrix}$.

2.【答】 $\frac{1}{2}$.

【解析】 令 $\boldsymbol{A}=[\boldsymbol{\beta}_1\ \boldsymbol{\beta}_2\ \boldsymbol{\beta}_3]=\begin{bmatrix}-2&0&-2\\3&1&5\\0&k&1\end{bmatrix}$，对其进行初等变换得

$$\begin{bmatrix}-2&0&-2\\3&1&5\\0&k&1\end{bmatrix}\to\begin{bmatrix}-2&0&0\\3&1&2\\0&k&1\end{bmatrix}\to\begin{bmatrix}-2&0&0\\3&1&0\\0&k&1-2k\end{bmatrix}=\boldsymbol{B},$$

$\boldsymbol{\beta}_1$, $\boldsymbol{\beta}_2$, $\boldsymbol{\beta}_3$ 线性相关的充要条件是 $\boldsymbol{A}$ 的秩小于3，从而 $\boldsymbol{B}$ 的秩小于3，于是 $1-2k=0$，$k=\frac{1}{2}$.

3.【答】 0.

【解析】 设 $\boldsymbol{A}$ 对应于特征值 $\lambda=2$ 的特征向量为 $\boldsymbol{\xi}$，即 $\boldsymbol{A}\boldsymbol{\xi}=\lambda\boldsymbol{\xi}$，则

$$\boldsymbol{B}\boldsymbol{\xi}=(\boldsymbol{A}^2-\boldsymbol{A}-2\boldsymbol{E})\boldsymbol{\xi}=(\lambda^2-\lambda-2)\boldsymbol{\xi}=0\boldsymbol{\xi},$$

从而 $\boldsymbol{B}$ 有一个特征值为0，因此 $|\boldsymbol{B}|=0$.

4.【答】 $\begin{bmatrix}0\\0\\0\end{bmatrix}$.

【解析】 由 $\boldsymbol{A}$ 的行列式 $\begin{vmatrix}1&2&3\\4&5&6\\5&7&10\end{vmatrix}=-3$，可知 $\operatorname{rank}\boldsymbol{A}=3$，从而 $\operatorname{rank}\boldsymbol{A}^*=3$，因此齐次线性方程组 $\boldsymbol{A}^*\boldsymbol{x}=0$ 有唯一零解.

5.【答】 1.

【解析】 由 $\boldsymbol{AB}=\boldsymbol{O}$，可知 $\operatorname{rank}\boldsymbol{A}+\operatorname{rank}\boldsymbol{B}\leqslant 3$. 由 $\boldsymbol{B}$ 是非零矩阵，可知 $\operatorname{rank}\boldsymbol{B}\geqslant 1$. 再由 $\boldsymbol{A}$ 的第 1 列与第 3 列不成比例，可知 $\operatorname{rank}\boldsymbol{A}\geqslant 2$. 因此可得 $\operatorname{rank}\boldsymbol{A}=2$，$\operatorname{rank}\boldsymbol{B}=1$.

6.【答】 -2.

【解析】 二次型的对称矩阵为 $\boldsymbol{A}=\begin{bmatrix}2&1&-3\\1&b&1\\-3&1&2\end{bmatrix}$，对其进行初等变换

$$\begin{bmatrix}2&1&-3\\1&b&1\\-3&1&2\end{bmatrix}\to\begin{bmatrix}-1&2&-1\\1&b&1\\-3&1&2\end{bmatrix}\to\begin{bmatrix}-1&2&-1\\0&b+2&0\\0&-5&5\end{bmatrix}\to\begin{bmatrix}-1&2&-1\\0&-5&5\\0&b+2&0\end{bmatrix},$$

再由二次型的秩为 2，可知 $\boldsymbol{A}$ 的秩为 2，从而 $b+2=0$，$b=-2$.

三、计算与证明题

1.【解】

$$D_n=\begin{vmatrix}a&b&b&\cdots&b&b+0\\c&a&b&\cdots&b&b+0\\c&c&a&\cdots&b&b+0\\\vdots&\vdots&\vdots&&\vdots&\vdots\\c&c&c&\cdots&a&b+0\\c&c&c&\cdots&c&b+a-b\end{vmatrix}$$

$$=\begin{vmatrix}a&b&b&\cdots&b&b\\c&a&b&\cdots&b&b\\c&c&a&\cdots&b&b\\\vdots&\vdots&\vdots&&\vdots&\vdots\\c&c&c&\cdots&a&b\\c&c&c&\cdots&c&b\end{vmatrix}+\begin{vmatrix}a&b&b&\cdots&b&0\\c&a&b&\cdots&b&0\\c&c&a&\cdots&b&0\\\vdots&\vdots&\vdots&&\vdots&\vdots\\c&c&c&\cdots&a&0\\c&c&c&\cdots&c&a-b\end{vmatrix}$$

$$=b\begin{vmatrix}a-c&b-c&b-c&\cdots&b-c&1\\0&a-c&b-c&\cdots&b-c&1\\0&0&a-c&\cdots&b-c&1\\\vdots&&\vdots&&\vdots&\vdots\\0&0&0&\cdots&a-c&1\\0&0&0&\cdots&0&1\end{vmatrix}+(a-b)D_{n-1}$$

$$=b\,(a-c)^{n-1}+(a-b)D_{n-1}.$$

由行列式中元素的对称性可知

$$D_n = c(a-b)^{n-1} + (a-c)D_{n-1},$$

消去中间项 D_{n-1}，可得

$$D_n = \frac{b(a-c)^n - c(a-b)^n}{b-c}.$$

2.【解】 对已知关系式 $ACA+BCB=ACB+BCA+E$ 进行变形

$$(A-B)C(A-B)=E,\ C=[(A-B)^{-1}]^2,$$

$$A-B=\begin{bmatrix}-1&1&1\\0&-1&1\\0&0&-1\end{bmatrix},\ (A-B)^{-1}=\begin{bmatrix}-1&-1&-2\\0&-1&-1\\0&0&-1\end{bmatrix},\ C=\begin{bmatrix}1&2&5\\0&1&2\\0&0&1\end{bmatrix}.$$

3.【解】 对增广矩阵进行初等行变换

$$[A\quad b]=\begin{bmatrix}1&0&1&k\\4&1&2&k+2\\6&1&4&2k+3\\7&1&5&3k+3\end{bmatrix}\to\begin{bmatrix}1&0&1&k\\0&1&-2&-3k+2\\0&0&0&-k+1\\0&0&0&0\end{bmatrix},$$

当 $-k+1\neq0$，即 $k\neq1$ 时，$r(A)\neq r([A\quad b])$，方程组无解.

当 $-k+1=0$，即 $k=1$ 时，方程组有解，此时 $[A\quad b]\to\begin{bmatrix}1&0&1&1\\0&1&-2&-1\\0&0&0&0\\0&0&0&0\end{bmatrix}$，从而方程组的通解为 $\begin{bmatrix}x_1\\x_2\\x_3\end{bmatrix}=k\begin{bmatrix}-1\\2\\1\end{bmatrix}+\begin{bmatrix}1\\-1\\0\end{bmatrix}$.

4.【解】

$$[\alpha_1\ \alpha_2\ \alpha_3\ \beta_1\ \beta_2\ \beta_3]=\begin{bmatrix}1&1&k&1&2&-2\\1&k&1&1&-k&k\\k&1&1&k&-4&k\end{bmatrix}$$

$$\to\begin{bmatrix}1&1&k&1&2&-2\\0&k-1&1-k&0&-k-2&k+2\\0&0&-(k+2)(k-1)&0&-3(k+2)&4k+2\end{bmatrix},\quad(*)$$

$$[\beta_1\ \beta_2\ \beta_3\ \alpha_1\ \alpha_2\ \alpha_3]=\begin{bmatrix}1&2&-2&1&1&k\\1&-k&k&1&k&1\\k&-4&k&k&1&1\end{bmatrix}$$

$$\to\begin{bmatrix}1&2&-2&1&1&k\\0&-k-2&k+2&0&k-1&1-k\\0&0&k-4&0&3-3k&-1+2k-k^2\end{bmatrix},\quad(**)$$

由(*)式可知当 $k\neq1$，-2 时，α_1，α_2，α_3 线性无关，β_1，β_2，β_3 能由 α_1，α_2，α_3 线性表示，不合题意. 从而 $k=1$ 或者 $k=-2$.

由(* *)式可知，当 $k=1$ 时，α_1，α_2，α_3 能由 β_1，β_2，β_3 线性表示，而当 $k=-2$

时，$\boldsymbol{\alpha}_1, \boldsymbol{\alpha}_2, \boldsymbol{\alpha}_3$ 不能由 $\boldsymbol{\beta}_1, \boldsymbol{\beta}_2, \boldsymbol{\beta}_3$ 线性表示. 综上可见 $k=1$.

5.【解】 (1) 由题目条件 $\boldsymbol{A}\begin{bmatrix}1 & 1\\0 & 0\\-1 & 1\end{bmatrix}=\begin{bmatrix}-1 & 1\\0 & 0\\1 & 1\end{bmatrix}$，$\boldsymbol{A}$ 不可逆可知，$\lambda_1=-1$，$\lambda_2=1$，$\lambda_3=0$ 是 $\boldsymbol{A}$ 的特征值. $\boldsymbol{A}$ 对应于特征值 $\lambda_1=-1$ 的特征向量为 $\boldsymbol{\xi}_1=k\begin{bmatrix}1\\0\\-1\end{bmatrix}$，$k\neq0$，对应于特征值 $\lambda_2=1$ 的特征向量为 $\boldsymbol{\xi}_2=k\begin{bmatrix}1\\0\\1\end{bmatrix}$，$k\neq0$.

令 $\boldsymbol{x}=\begin{bmatrix}x_1\\x_2\\x_3\end{bmatrix}$ 是 $\boldsymbol{A}$ 对应于 $\lambda_3=0$ 的特征向量，则有 $<\boldsymbol{x}, \boldsymbol{\xi}_1>=0$，$<\boldsymbol{x}, \boldsymbol{\xi}_2>=0$，即 $\begin{cases}x_1+x_3=0,\\x_1-x_3=0,\end{cases}$ 求得 $\boldsymbol{A}$ 对应于 $\lambda_3=0$ 的特征向量为 $k\begin{bmatrix}0\\1\\0\end{bmatrix}$，$k\neq0$.

(2) 取 $\boldsymbol{p}_1=\begin{bmatrix}1\\0\\-1\end{bmatrix}$，$\boldsymbol{p}_2=\begin{bmatrix}1\\0\\1\end{bmatrix}$，$\boldsymbol{p}_3=\begin{bmatrix}0\\1\\0\end{bmatrix}$. 令 $\boldsymbol{P}=[\boldsymbol{p}_1\ \boldsymbol{p}_2\ \boldsymbol{p}_3]$，则有

$$\boldsymbol{P}^{-1}\boldsymbol{A}\boldsymbol{P}=\begin{bmatrix}-1 & 0 & 0\\0 & 1 & 0\\0 & 0 & 0\end{bmatrix},$$

从而得到 $\boldsymbol{A}=\boldsymbol{P}\begin{bmatrix}-1 & 0 & 0\\0 & 1 & 0\\0 & 0 & 0\end{bmatrix}\boldsymbol{P}^{-1}=\begin{bmatrix}0 & 0 & 1\\0 & 0 & 0\\1 & 0 & 0\end{bmatrix}$.

6.【解】 (1) 记 $f(x_1, x_2, x_3)=\boldsymbol{x}^{\mathrm{T}}\boldsymbol{A}\boldsymbol{x}$，由条件可知 $\boldsymbol{A}=\begin{bmatrix}a & 1 & 1\\1 & a & 1\\1 & 1 & a\end{bmatrix}$.

$$|\lambda\boldsymbol{E}-\boldsymbol{A}|=\begin{vmatrix}\lambda-a & -1 & -1\\-1 & \lambda-a & -1\\-1 & -1 & \lambda-a\end{vmatrix}=(\lambda-a-2)(\lambda-a+1)^2,$$

从而 $\boldsymbol{A}$ 的特征值为 $\lambda_1=a+2$，$\lambda_2=\lambda_3=a-1$，由于正、负惯性指数分别为 1、2，所以 $-2<a<1$.

(2) 当 $a=0$ 时，$\boldsymbol{A}=\begin{bmatrix}0 & 1 & 1\\1 & 0 & 1\\1 & 1 & 0\end{bmatrix}$，由(1)的分析可知 $\boldsymbol{A}$ 的特征值为 $\lambda_1=2$，$\lambda_2=\lambda_3=-1$.

当 $\lambda_1=2$ 时，由方程组 $(2\boldsymbol{E}-\boldsymbol{A})x=0$ 可得一个特征向量 $\boldsymbol{p}_1=\begin{bmatrix}1\\1\\1\end{bmatrix}$.

当 $\lambda_2=\lambda_3=-1$ 时，由方程组 $(-\boldsymbol{E}-\boldsymbol{A})\boldsymbol{x}=0$ 可得两个线性无关的特征向量 $\boldsymbol{p}_2=\begin{bmatrix}1\\0\\-1\end{bmatrix}$，$\boldsymbol{p}_3=\begin{bmatrix}1\\-2\\1\end{bmatrix}$.

令 $\boldsymbol{\varepsilon}_1=\dfrac{1}{\sqrt{3}}\begin{bmatrix}1\\1\\1\end{bmatrix}$，$\boldsymbol{\varepsilon}_2=\dfrac{1}{\sqrt{2}}\begin{bmatrix}1\\0\\-1\end{bmatrix}$，$\boldsymbol{\varepsilon}_3=\dfrac{1}{\sqrt{6}}\begin{bmatrix}1\\-2\\1\end{bmatrix}$，$\boldsymbol{Q}=[\boldsymbol{\varepsilon}_1\ \boldsymbol{\varepsilon}_2\ \boldsymbol{\varepsilon}_3]$，则 $\boldsymbol{Q}$ 为正交矩阵，且通过正交变换 $\boldsymbol{x}=\boldsymbol{Q}\boldsymbol{y}$ 可将原二次型化为标准形 $2y_1^2-y_2^2-y_3^2$.

2018—2019学年秋季学期(A)卷解析

一、单选题

1.【答】 B.

【解析】 由$\boldsymbol{A}$为对称矩阵，$\boldsymbol{B}$为反对称矩阵，可知$\boldsymbol{A}^{\mathrm{T}}=\boldsymbol{A}$，$\boldsymbol{B}^{\mathrm{T}}=-\boldsymbol{B}$. 再由

$$(\boldsymbol{AB}-\boldsymbol{BA})^{\mathrm{T}}=(\boldsymbol{AB})^{\mathrm{T}}-(\boldsymbol{BA})^{\mathrm{T}}=\boldsymbol{B}^{\mathrm{T}}\boldsymbol{A}^{\mathrm{T}}-\boldsymbol{A}^{\mathrm{T}}\boldsymbol{B}^{\mathrm{T}}=-\boldsymbol{BA}+\boldsymbol{AB}=\boldsymbol{AB}-\boldsymbol{BA},$$

$$(\boldsymbol{AB}+\boldsymbol{BA})^{\mathrm{T}}=(\boldsymbol{AB})^{\mathrm{T}}+(\boldsymbol{BA})^{\mathrm{T}}=\boldsymbol{B}^{\mathrm{T}}\boldsymbol{A}^{\mathrm{T}}+\boldsymbol{A}^{\mathrm{T}}\boldsymbol{B}^{\mathrm{T}}=-\boldsymbol{BA}-\boldsymbol{AB}=-(\boldsymbol{AB}+\boldsymbol{BA}),$$

$$(\boldsymbol{BAB})^{\mathrm{T}}=\boldsymbol{B}^{\mathrm{T}}\boldsymbol{A}^{\mathrm{T}}\boldsymbol{B}^{\mathrm{T}}=\boldsymbol{BAB},$$

$$[(\boldsymbol{AB})^2]^{\mathrm{T}}=(\boldsymbol{ABAB})^{\mathrm{T}}=\boldsymbol{B}^{\mathrm{T}}\boldsymbol{A}^{\mathrm{T}}\boldsymbol{B}^{\mathrm{T}}\boldsymbol{A}^{\mathrm{T}}=\boldsymbol{BABA}=(\boldsymbol{BA})^2,$$

可知$\boldsymbol{AB}+\boldsymbol{BA}$为反对称矩阵，$\boldsymbol{AB}-\boldsymbol{BA}$和$\boldsymbol{BAB}$均为对称矩阵.

2.【答】 C.

【解析】 由$\boldsymbol{A}$与$\boldsymbol{B}$相似，可知存在可逆矩阵$\boldsymbol{P}$使得$\boldsymbol{P}^{-1}\boldsymbol{AP}=\boldsymbol{B}$. 从而由

$(\boldsymbol{P}^{-1}\boldsymbol{AP})^{\mathrm{T}}=\boldsymbol{B}^{\mathrm{T}}$，$\boldsymbol{P}^{\mathrm{T}}\boldsymbol{A}^{\mathrm{T}}(\boldsymbol{P}^{-1})^{\mathrm{T}}=\boldsymbol{B}^{\mathrm{T}}$，$\boldsymbol{P}^{\mathrm{T}}\boldsymbol{A}^{\mathrm{T}}(\boldsymbol{P}^{\mathrm{T}})^{-1}=\boldsymbol{B}^{\mathrm{T}}$，$[(\boldsymbol{P}^{\mathrm{T}})^{-1}]^{-1}\boldsymbol{A}^{\mathrm{T}}(\boldsymbol{P}^{\mathrm{T}})^{-1}=\boldsymbol{B}^{\mathrm{T}}$，

可知$\boldsymbol{A}^{\mathrm{T}}$与$\boldsymbol{B}^{\mathrm{T}}$相似.

由$(\boldsymbol{P}^{-1}\boldsymbol{AP})^{-1}=\boldsymbol{B}^{-1}$，$\boldsymbol{P}^{-1}\boldsymbol{A}^{-1}\boldsymbol{P}=\boldsymbol{B}^{-1}$，可知$\boldsymbol{A}^{-1}$与$\boldsymbol{B}^{-1}$相似.

由上述的关系式$\boldsymbol{P}^{-1}\boldsymbol{AP}=\boldsymbol{B}$和$\boldsymbol{P}^{-1}\boldsymbol{A}^{-1}\boldsymbol{P}=\boldsymbol{B}^{-1}$，可知$\boldsymbol{P}^{-1}(\boldsymbol{A}+\boldsymbol{A}^{-1})\boldsymbol{P}=\boldsymbol{A}+\boldsymbol{B}$，从而$\boldsymbol{A}+\boldsymbol{A}^{-1}$与$\boldsymbol{B}+\boldsymbol{B}^{-1}$相似.

可以举例说明$\boldsymbol{A}+\boldsymbol{A}^{\mathrm{T}}$与$\boldsymbol{B}+\boldsymbol{B}^{\mathrm{T}}$不一定相似. 例如，$\boldsymbol{A}=\begin{bmatrix}1&0&0\\0&1&1\\0&0&2\end{bmatrix}$相似于对角矩阵$\boldsymbol{B}=\begin{bmatrix}1&0&0\\0&1&0\\0&0&2\end{bmatrix}$，$\boldsymbol{A}^{\mathrm{T}}=\begin{bmatrix}1&0&0\\0&1&0\\0&1&2\end{bmatrix}$相似于对角矩阵$\boldsymbol{B}^{\mathrm{T}}=\begin{bmatrix}1&0&0\\0&1&0\\0&0&2\end{bmatrix}$，但是$\boldsymbol{A}+\boldsymbol{A}^{\mathrm{T}}=\begin{bmatrix}2&0&0\\0&2&1\\0&1&4\end{bmatrix}$与$\boldsymbol{B}+\boldsymbol{B}^{\mathrm{T}}=\begin{bmatrix}2&0&0\\0&2&0\\0&0&4\end{bmatrix}$不相似.

3.【答】 C.

【解析】 令$\boldsymbol{A}=[\boldsymbol{\alpha}_1\ \boldsymbol{\alpha}_2\ \boldsymbol{\alpha}_3\ \boldsymbol{\alpha}_4]=\begin{bmatrix}0&0&1&-1\\0&1&-1&1\\c_1&c_2&c_3&c_4\end{bmatrix}$，对其进行初等行变换

$$\begin{bmatrix}0&0&1&-1\\0&1&-1&1\\c_1&c_2&c_3&c_4\end{bmatrix}\to\begin{bmatrix}0&0&1&-1\\0&1&0&0\\c_1&c_2&c_3&c_4\end{bmatrix}\to\begin{bmatrix}0&0&1&-1\\0&1&0&0\\c_1&c_2&c_3+c_4&0\end{bmatrix}=[\boldsymbol{\gamma}_1\ \boldsymbol{\gamma}_2\ \boldsymbol{\gamma}_3\ \boldsymbol{\gamma}_4],$$

可知，向量组$\boldsymbol{\gamma}_1,\boldsymbol{\gamma}_3,\boldsymbol{\gamma}_4$线性相关；当$c_1\neq0$时，向量组$\boldsymbol{\gamma}_1,\boldsymbol{\gamma}_2,\boldsymbol{\gamma}_3$和$\boldsymbol{\gamma}_1,\boldsymbol{\gamma}_2,\boldsymbol{\gamma}_4$均线性无关；当$c_3+c_4\neq0$时，向量组$\boldsymbol{\gamma}_2,\boldsymbol{\gamma}_3,\boldsymbol{\gamma}_4$均线性无关. 再由"对矩阵进行初等行变换

不改变矩阵的列向量组的线性相关性和线性组合关系”，可知当 c_1，c_2，c_3，c_4 任意取值时，α_1，α_3，α_4 线性相关.

4.【答】 A.

【解析】 一方面，显然有 $\operatorname{rank}[\boldsymbol{A}\ \boldsymbol{AB}]\geqslant\operatorname{rank}\boldsymbol{A}$. 另一方面，由 $[\boldsymbol{A}\ \boldsymbol{AB}]=\boldsymbol{A}[\boldsymbol{E}\ \boldsymbol{B}]$，知 $\operatorname{rank}\boldsymbol{A}[\boldsymbol{E}\ \boldsymbol{B}]\leqslant\operatorname{rank}\boldsymbol{A}$，从而有 $\operatorname{rank}[\boldsymbol{A}\ \boldsymbol{AB}]=\operatorname{rank}\boldsymbol{A}$.

(B)选项，存在 $\operatorname{rank}[\boldsymbol{A}\ \boldsymbol{BA}]>\operatorname{rank}\boldsymbol{A}$ 的情形. 例如，当 $\boldsymbol{A}=\begin{bmatrix}1&0\\0&0\end{bmatrix}$，$\boldsymbol{B}=\begin{bmatrix}1&0\\1&0\end{bmatrix}$ 时，

$\operatorname{rank}\boldsymbol{A}=1$，$\operatorname{rank}[\boldsymbol{A}\ \boldsymbol{BA}]=\operatorname{rank}\begin{bmatrix}1&0&1&0\\0&0&1&0\end{bmatrix}=2$.

(C)选项，存在 $\operatorname{rank}[\boldsymbol{A}\ \boldsymbol{B}]>\max\{\operatorname{rank}\boldsymbol{A},\ \operatorname{rank}\boldsymbol{B}\}$ 的情形.

例如，当 $\boldsymbol{A}=\begin{bmatrix}1&0\\0&0\end{bmatrix}$，$\boldsymbol{B}=\begin{bmatrix}0&0\\1&0\end{bmatrix}$ 时，$\operatorname{rank}[\boldsymbol{A}\ \boldsymbol{B}]=\operatorname{rank}\begin{bmatrix}1&0&0&0\\0&0&1&0\end{bmatrix}=2$，$\operatorname{rank}\boldsymbol{A}=1$，$\operatorname{rank}\boldsymbol{B}=1$.

(D)选项，$\operatorname{rank}[\boldsymbol{A}\ \boldsymbol{B}]$ 与 $\operatorname{rank}[\boldsymbol{A}^{\mathrm{T}}\ \boldsymbol{B}^{\mathrm{T}}]$ 其实没有必然大小关系.

例如，当 $\boldsymbol{A}=\begin{bmatrix}1&0\\0&0\end{bmatrix}$，$\boldsymbol{B}=\begin{bmatrix}0&1\\0&0\end{bmatrix}$ 时，$\operatorname{rank}[\boldsymbol{A}\ \boldsymbol{B}]=\operatorname{rank}\begin{bmatrix}1&0&0&1\\0&0&0&0\end{bmatrix}=1$，

$\operatorname{rank}[\boldsymbol{A}^{\mathrm{T}}\ \boldsymbol{B}^{\mathrm{T}}]=\operatorname{rank}\begin{bmatrix}1&0&0&0\\0&0&1&0\end{bmatrix}=2$，因此 $\operatorname{rank}[\boldsymbol{A}\ \boldsymbol{B}]<\operatorname{rank}[\boldsymbol{A}^{\mathrm{T}}\ \boldsymbol{B}^{\mathrm{T}}]$.

当 $\boldsymbol{A}=\begin{bmatrix}1&0\\0&0\end{bmatrix}$，$\boldsymbol{B}=\begin{bmatrix}0&0\\1&0\end{bmatrix}$ 时，$\operatorname{rank}[\boldsymbol{A}\ \boldsymbol{B}]=\operatorname{rank}\begin{bmatrix}1&0&0&0\\0&0&1&0\end{bmatrix}=2$，

$\operatorname{rank}[\boldsymbol{A}^{\mathrm{T}}\ \boldsymbol{B}^{\mathrm{T}}]=\operatorname{rank}\begin{bmatrix}1&0&0&1\\0&0&0&0\end{bmatrix}=1$，因此 $\operatorname{rank}[\boldsymbol{A}\ \boldsymbol{B}]>\operatorname{rank}[\boldsymbol{A}^{\mathrm{T}}\ \boldsymbol{B}^{\mathrm{T}}]$.

5.【答】 D.

【解析】 由题意可知 $\boldsymbol{B}=\boldsymbol{AP}(2,\ 1(2))$，于是有

$$\boldsymbol{B}^{-1}=[\boldsymbol{AP}(2,\ 1(2))]^{-1}=\boldsymbol{P}(2,\ 1(2))^{-1}\boldsymbol{A}^{-1}=\boldsymbol{P}(2,\ 1(-2))\boldsymbol{A}^{-1},$$

即 $\dfrac{\boldsymbol{B}^*}{|\boldsymbol{B}|}=\boldsymbol{P}(2,\ 1(-2))\dfrac{\boldsymbol{A}^*}{|\boldsymbol{A}|}$，又由 $\boldsymbol{B}=\boldsymbol{AP}(2,\ 1(-2))$ 可知 $|\boldsymbol{B}|=|\boldsymbol{AP}(2,1(-2))|=|\boldsymbol{A}|$，从而 $\boldsymbol{B}^*=\boldsymbol{P}(2,\ 1(-2))\boldsymbol{A}^*$，即 $\boldsymbol{A}^*$ 的第二行加上第一行的 (-2) 倍便可得到 $\boldsymbol{B}^*$.

6.【答】 D.

【解析】 设 $\boldsymbol{A}=\begin{bmatrix}1&2&3\\2&3&5\\1&1&a\end{bmatrix}$，$\boldsymbol{B}=\begin{bmatrix}1&b&c\\2&b^2&c+1\end{bmatrix}$.

(方法一)记 $\boldsymbol{A}=\begin{bmatrix}\alpha_1\\\alpha_2\\\alpha_3\end{bmatrix}$，$\boldsymbol{B}=\begin{bmatrix}\beta_1\\\beta_2\end{bmatrix}$，$\boldsymbol{x}=\begin{bmatrix}x_1\\x_2\\x_3\end{bmatrix}$，则方程组(Ⅰ)(Ⅱ)中的方程也可表示为 $\alpha_1\boldsymbol{x}=0$，$\alpha_2\boldsymbol{x}=0$，$\alpha_3\boldsymbol{x}=0$；$\beta_1\boldsymbol{x}=0$，$\beta_2\boldsymbol{x}=0$.

设方程组(Ⅰ)与(Ⅱ)的解空间分别为 $\boldsymbol{V}_1$，$\boldsymbol{V}_2$. 由(Ⅰ)与(Ⅱ)同解，可知 $\boldsymbol{V}_1=\boldsymbol{V}_2$ 且向量组 $\boldsymbol{\alpha}_1^{\mathrm{T}}$，$\boldsymbol{\alpha}_2^{\mathrm{T}}$，$\boldsymbol{\alpha}_3^{\mathrm{T}}$ 和 $\boldsymbol{\beta}_1^{\mathrm{T}}$，$\boldsymbol{\beta}_2^{\mathrm{T}}$ 都与向量空间 $\boldsymbol{V}_1$ 中的向量正交，从而 $\boldsymbol{\alpha}_1^{\mathrm{T}}$，$\boldsymbol{\alpha}_2^{\mathrm{T}}$，$\boldsymbol{\alpha}_3^{\mathrm{T}}$ 与 $\boldsymbol{\beta}_1^{\mathrm{T}}$，$\boldsymbol{\beta}_2^{\mathrm{T}}$ 等价，从而它们的秩相等，记为 r.

显然 $\boldsymbol{\beta}_1^{\mathrm{T}}$，$\boldsymbol{\beta}_2^{\mathrm{T}}$ 的秩满足 $r\leqslant2$. 由 $\boldsymbol{\alpha}_1^{\mathrm{T}}$，$\boldsymbol{\alpha}_2^{\mathrm{T}}$，$\boldsymbol{\alpha}_3^{\mathrm{T}}$ 中的向量 $\boldsymbol{\alpha}_1^{\mathrm{T}}$，$\boldsymbol{\alpha}_2^{\mathrm{T}}$ 线性无关，可知 $r\geqslant2$，因

此 $r=2$. 对矩阵$[\boldsymbol{\alpha}_1^{\mathrm{T}}\quad \boldsymbol{\alpha}_2^{\mathrm{T}}\quad \boldsymbol{\alpha}_3^{\mathrm{T}}\quad \boldsymbol{\beta}_1^{\mathrm{T}}\quad \boldsymbol{\beta}_2^{\mathrm{T}}]$进行初等行变换

$$\begin{bmatrix}1&2&1&1&2\\2&3&1&b&b^2\\3&5&a&c&c+1\end{bmatrix}\to\begin{bmatrix}1&2&1&1&2\\0&-1&-1&b-2&b^2-4\\0&-1&a-3&c-3&c-5\end{bmatrix}$$

$$\to\begin{bmatrix}1&2&1&1&2\\0&-1&-1&b-2&b^2-4\\0&0&a-2&c-b-1&c-b^2-1\end{bmatrix}=[\boldsymbol{\gamma}_1\quad\boldsymbol{\gamma}_2\quad\boldsymbol{\gamma}_3\quad\boldsymbol{\gamma}_4\quad\boldsymbol{\gamma}_5].$$

由“对矩阵进行初等行变换不改变矩阵的列向量组的线性相关性和线性组合关系”，可知 $\boldsymbol{\gamma}_1,\boldsymbol{\gamma}_2,\boldsymbol{\gamma}_3$ 与 $\boldsymbol{\gamma}_4,\boldsymbol{\gamma}_5$ 等价，于是 $a-2=0$, $c-b-1=0$, $c-b^2-1=0$.

从而有两种可能情形：(1) $a=2$, $b=0$, $c=1$；(2) $a=2$, $b=1$, $c=2$.

当 $a=2$, $b=0$, $c=1$ 时，$\boldsymbol{\gamma}_4,\boldsymbol{\gamma}_5$ 的秩等于 1，不合题意.

当 $a=2$, $b=1$, $c=2$ 时，

$$[\boldsymbol{\gamma}_1\,\boldsymbol{\gamma}_2\,\boldsymbol{\gamma}_3\,\boldsymbol{\gamma}_4\,\boldsymbol{\gamma}_5]\to\begin{bmatrix}1&2&1&1&2\\0&-1&-1&-1&-3\\0&0&0&0&0\end{bmatrix},$$

符合题意.

（方法二）显然方程组(Ⅱ)有非零解. 由(Ⅰ)与(Ⅱ)同解，可知 $|\boldsymbol{A}|=0$，解得 $a=2$. 代入方程组(Ⅰ)，求得方程组(Ⅰ)的通解为

$$\boldsymbol{x}=k(-1,\ -1,\ 1)^{\mathrm{T}},\ k\in\mathbf{R}.$$

将上述 $\boldsymbol{x}$ 代入方程组(Ⅱ)，求得 $b=0$, $c=1$ 或者 $b=1$, $c=2$.

当 $b=0$, $c=1$ 时，方程组(Ⅱ)的解空间的维数等于 2，不合题意.

当 $b=1$, $c=2$ 时，方程组(Ⅱ)的解空间的维数等于 1，符合题意.

二、填空题

1.【答】 4.

【解析】 由内积的性质可知

$$\begin{aligned}\langle\boldsymbol{\alpha}_1+2\boldsymbol{\alpha}_2,\ 2\boldsymbol{\alpha}_1+\boldsymbol{\alpha}_3\rangle&=\langle\boldsymbol{\alpha}_1,\ 2\boldsymbol{\alpha}_1+\boldsymbol{\alpha}_3\rangle+\langle2\boldsymbol{\alpha}_2,\ 2\boldsymbol{\alpha}_1+\boldsymbol{\alpha}_3\rangle\\&=\langle\boldsymbol{\alpha}_1,\ 2\boldsymbol{\alpha}_1\rangle+\langle\boldsymbol{\alpha}_1,\ \boldsymbol{\alpha}_3\rangle+\langle2\boldsymbol{\alpha}_2,\ 2\boldsymbol{\alpha}_1\rangle+\langle2\boldsymbol{\alpha}_2,\ \boldsymbol{\alpha}_3\rangle\\&=2\langle\boldsymbol{\alpha}_1,\ \boldsymbol{\alpha}_1\rangle+\langle\boldsymbol{\alpha}_1,\ \boldsymbol{\alpha}_3\rangle+4\langle\boldsymbol{\alpha}_2,\ \boldsymbol{\alpha}_1\rangle+2\langle\boldsymbol{\alpha}_2,\ \boldsymbol{\alpha}_3\rangle,\end{aligned}$$

再由题意，可知

$$\langle\boldsymbol{\alpha}_1,\ \boldsymbol{\alpha}_1\rangle=2,\ \langle\boldsymbol{\alpha}_1,\ \boldsymbol{\alpha}_3\rangle=-2,\ \langle\boldsymbol{\alpha}_2,\ \boldsymbol{\alpha}_1\rangle=2,\ \langle\boldsymbol{\alpha}_2,\ \boldsymbol{\alpha}_3\rangle=-3.$$

从而

$$\langle\boldsymbol{\alpha}_1+2\boldsymbol{\alpha}_2,\ 2\boldsymbol{\alpha}_1+\boldsymbol{\alpha}_3\rangle=4.$$

2.【答】 -1.

【解析】 设 $\boldsymbol{A}$ 对应于线性无关特征向量 $\boldsymbol{\alpha}_1,\boldsymbol{\alpha}_2$ 的两个相异特征值为 λ_1,λ_2，从而有

$$\boldsymbol{A}\boldsymbol{\alpha}_1=\lambda_1\boldsymbol{\alpha}_1,\ \boldsymbol{A}\boldsymbol{\alpha}_2=\lambda_2\boldsymbol{\alpha}_2,\ \boldsymbol{A}^2(\boldsymbol{\alpha}_1+\boldsymbol{\alpha}_2)=\boldsymbol{A}^2\boldsymbol{\alpha}_1+\boldsymbol{A}^2\boldsymbol{\alpha}_2=\lambda_1^2\boldsymbol{\alpha}_1+\lambda_2^2\boldsymbol{\alpha}_2.$$

由条件 $\boldsymbol{A}^2(\boldsymbol{\alpha}_1+\boldsymbol{\alpha}_2)=\boldsymbol{\alpha}_1+\boldsymbol{\alpha}_2$，可知

$$\boldsymbol{\alpha}_1+\boldsymbol{\alpha}_2=\lambda_1^2\boldsymbol{\alpha}_1+\lambda_2^2\boldsymbol{\alpha}_2,\ (\lambda_1^2-1)\boldsymbol{\alpha}_1+(\lambda_2^2-1)\boldsymbol{\alpha}_2=0,$$

$$\lambda_1^2-1=0,\ \lambda_2^2-1=0,\ \lambda_1=\pm1,\ \lambda_2=\pm1.$$

又由 λ_1，λ_2 为相异特征值，可知 $|\boldsymbol{A}| = \lambda_1\lambda_2 = -1$.

3.【答】 5.

【解析】 (方法一)依题意知 $\boldsymbol{\beta}_1, \boldsymbol{\beta}_2, \boldsymbol{\beta}_3$ 线性相关，否则，若 $\boldsymbol{\beta}_1, \boldsymbol{\beta}_2, \boldsymbol{\beta}_3$ 线性无关，则 $\boldsymbol{\beta}_1, \boldsymbol{\beta}_2, \boldsymbol{\beta}_3$ 为向量空间 $\mathbf{R}^3$ 的一组基，$\boldsymbol{\alpha}_1, \boldsymbol{\alpha}_2, \boldsymbol{\alpha}_3$ 能由 $\boldsymbol{\beta}_1, \boldsymbol{\beta}_2, \boldsymbol{\beta}_3$ 线性表示，矛盾. 记 $\boldsymbol{B} = [\boldsymbol{\beta}_1\ \boldsymbol{\beta}_2\ \boldsymbol{\beta}_3]$，则 $|\boldsymbol{B}| = 0$，解得 $a = 5$.

(方法二)令 $\boldsymbol{A} = [\boldsymbol{\beta}_1\ \boldsymbol{\beta}_2\ \boldsymbol{\beta}_3\ \boldsymbol{\alpha}_1\ \boldsymbol{\alpha}_2\ \boldsymbol{\alpha}_3] = \begin{bmatrix} 1 & 1 & 3 & 1 & 0 & 1 \\ 1 & 2 & 4 & 0 & 1 & 3 \\ 1 & 3 & a & 1 & 1 & 5 \end{bmatrix}$，对其进行初等行变换

$$\boldsymbol{A} \to \begin{bmatrix} 1 & 1 & 3 & 1 & 0 & 1 \\ 0 & 1 & 1 & -1 & 1 & 2 \\ 0 & 2 & a-3 & 0 & 1 & 4 \end{bmatrix} \to \begin{bmatrix} 1 & 1 & 3 & 1 & 0 & 1 \\ 0 & 1 & 1 & -1 & 1 & 2 \\ 0 & 0 & a-5 & 2 & -1 & 0 \end{bmatrix} = [\gamma_1\ \gamma_2\ \gamma_3\ \gamma_4\ \gamma_5\ \gamma_6].$$

由 $\boldsymbol{\alpha}_1, \boldsymbol{\alpha}_2, \boldsymbol{\alpha}_3$ 不能由 $\boldsymbol{\beta}_1, \boldsymbol{\beta}_2, \boldsymbol{\beta}_3$ 线性表示可知 $\gamma_4, \gamma_5, \gamma_6$ 不能由 $\gamma_1, \gamma_2, \gamma_3$ 线性表示，从而 $a = 5$.

4.【答】 $(1, 0, 0, 0)^{\mathrm{T}}$.

【解析】 由范德蒙行列式的性质可知 $|\boldsymbol{A}| \neq 0$，从而线性方程组 $\boldsymbol{Ax} = \boldsymbol{b}$ 有唯一解.

又由 $\begin{bmatrix} 1 & a_1 & a_1^2 & a_1^3 \\ 1 & a_2 & a_2^2 & a_2^3 \\ 1 & a_3 & a_3^2 & a_3^3 \\ 1 & a_4 & a_4^2 & a_4^3 \end{bmatrix}\begin{bmatrix} 1 \\ 0 \\ 0 \\ 0 \end{bmatrix} = \begin{bmatrix} 1 \\ 1 \\ 1 \\ 1 \end{bmatrix}$，可知 $\boldsymbol{Ax} = \boldsymbol{b}$ 的解为 $\begin{bmatrix} 1 \\ 0 \\ 0 \\ 0 \end{bmatrix}$.

5.【答】 $\boldsymbol{E}$.

【解析】 $\boldsymbol{A}$ 为 n 阶实对称矩阵且其特征值为 $\lambda_i = (-1)^i (i = 1, 2, \cdots, n)$，从而存在可逆矩阵 $\boldsymbol{P}$ 使得 $\boldsymbol{P}^{-1}\boldsymbol{AP} = \begin{bmatrix} \lambda_1 & 0 & \cdots & 0 \\ 0 & \lambda_2 & \cdots & 0 \\ \vdots & \vdots & & \vdots \\ 0 & 0 & \cdots & \lambda_n \end{bmatrix}$，即

$$\boldsymbol{A} = \boldsymbol{P}\begin{bmatrix} \lambda_1 & 0 & \cdots & 0 \\ 0 & \lambda_2 & \cdots & 0 \\ \vdots & \vdots & & \vdots \\ 0 & 0 & \cdots & \lambda_n \end{bmatrix}\boldsymbol{P}^{-1} = \boldsymbol{P}\begin{bmatrix} -1 & 0 & \cdots & 0 \\ 0 & 1 & \cdots & 0 \\ \vdots & \vdots & & \vdots \\ 0 & 0 & \cdots & (-1)^n \end{bmatrix}\boldsymbol{P}^{-1},$$

从而有 $\boldsymbol{A}^{100} = \boldsymbol{P}\begin{bmatrix} (-1)^{100} & 0 & \cdots & 0 \\ 0 & 1 & \cdots & 0 \\ \vdots & \vdots & & \vdots \\ 0 & 0 & \cdots & ((-1)^n)^{100} \end{bmatrix}\boldsymbol{P}^{-1} = \boldsymbol{PEP}^{-1} = \boldsymbol{E}.$

6.【答】 $\boldsymbol{A}^{\mathrm{T}}\boldsymbol{A}$.

【解析】 对二次型的表达式进行变形得

$$\sum_{i=1}^{n} (a_{i1}x_1 + a_{i2}x_2 + \cdots + a_{in}x_n)^2 = [a_{11}x_1 + \cdots + a_{1n}x_n\ a_{21}x_1 + \cdots + a_{2n}x_n \cdots a_{n1}x_1 + \cdots$$

$$+a_{nn}x_n]\begin{bmatrix} a_{11}x_1+a_{12}x_2+\cdots+a_{1n}x_n \\ a_{21}x_1+a_{22}x_2+\cdots+a_{2n}x_n \\ \vdots \\ a_{n1}x_1+a_{n2}x_2+\cdots+a_{nn}x_n \end{bmatrix}$$

$$=\begin{bmatrix} a_{11}x_1+a_{12}x_2+\cdots+a_{1n}x_n \\ a_{21}x_1+a_{22}x_2+\cdots+a_{2n}x_n \\ \vdots \\ a_{n1}x_1+a_{n2}x_2+\cdots+a_{nn}x_n \end{bmatrix}^{\mathrm{T}}\begin{bmatrix} a_{11}x_1+a_{12}x_2+\cdots+a_{1n}x_n \\ a_{21}x_1+a_{22}x_2+\cdots+a_{2n}x_n \\ \vdots \\ a_{n1}x_1+a_{n2}x_2+\cdots+a_{nn}x_n \end{bmatrix}$$

$$=\left(\begin{bmatrix} a_{11} & a_{12} & \cdots & a_{1n} \\ a_{21} & a_{22} & \cdots & a_{2n} \\ \vdots & \vdots & & \vdots \\ a_{n1} & a_{n2} & \cdots & a_{nn} \end{bmatrix}\begin{bmatrix} x_1 \\ x_2 \\ \vdots \\ x_n \end{bmatrix}\right)^{\mathrm{T}}\begin{bmatrix} a_{11} & a_{12} & \cdots & a_{1n} \\ a_{21} & a_{22} & \cdots & a_{2n} \\ \vdots & \vdots & & \vdots \\ a_{n1} & a_{n2} & \cdots & a_{nn} \end{bmatrix}\begin{bmatrix} x_1 \\ x_2 \\ \vdots \\ x_n \end{bmatrix}$$

$$=(\boldsymbol{Ax})^{\mathrm{T}}\boldsymbol{Ax}=\boldsymbol{x}^{\mathrm{T}}\boldsymbol{A}^{\mathrm{T}}\boldsymbol{Ax},$$

因此$f(x_1, x_2, \cdots, x_n)=\sum\limits_{i=1}^{n}(a_{i1}x_1+a_{i2}x_2+\cdots+a_{in}x_n)^2$的矩阵为$\boldsymbol{A}^{\mathrm{T}}\boldsymbol{A}$.

三、计算与证明题

1.【解】 从第$n-1$行开始，依次乘以(-1)加到下一行，再把第n列加到前面各列，得

$$\begin{vmatrix} 1 & 2 & 3 & \cdots & n-1 & n \\ 2 & 1 & 2 & \cdots & n-2 & n-1 \\ 3 & 2 & 1 & \cdots & n-3 & n-2 \\ \vdots & \vdots & \vdots & & \vdots & \vdots \\ n-1 & n-2 & n-3 & \cdots & 1 & 2 \\ n & n-1 & n-2 & \cdots & 2 & 1 \end{vmatrix}=\begin{vmatrix} 1 & 2 & 3 & \cdots & n-1 & n \\ 1 & -1 & -1 & \cdots & -1 & -1 \\ 1 & 1 & -1 & \cdots & -1 & -1 \\ \vdots & \vdots & \vdots & & \vdots & \vdots \\ 1 & 1 & 1 & \cdots & -1 & -1 \\ 1 & 1 & 1 & \cdots & 1 & -1 \end{vmatrix}$$

$$=\begin{vmatrix} n+1 & n+2 & n+3 & \cdots & 2n-1 & n \\ 0 & -2 & -2 & \cdots & -2 & -1 \\ 0 & 0 & -2 & \cdots & -2 & -1 \\ \vdots & \vdots & \vdots & & \vdots & \vdots \\ 0 & 0 & 0 & \cdots & -2 & -1 \\ 0 & 0 & 0 & \cdots & 0 & -1 \end{vmatrix}$$

$$=(-1)^{n-1}2^{n-2}(n+1).$$

2.【解 1】记

$$\boldsymbol{A}=[\boldsymbol{\alpha}_1\ \ \boldsymbol{\alpha}_2\ \ \boldsymbol{\alpha}_3]=\begin{bmatrix} 1 & 2 & 1 \\ 0 & 1 & 1 \\ -1 & 1 & 1 \end{bmatrix}, \boldsymbol{B}=[\boldsymbol{\beta}_1\ \ \boldsymbol{\beta}_2\ \ \boldsymbol{\beta}_3]=\begin{bmatrix} 0 & -1 & 0 \\ 1 & 1 & 2 \\ 1 & 0 & 1 \end{bmatrix},$$

设由基$\boldsymbol{\alpha}_1, \boldsymbol{\alpha}_2, \boldsymbol{\alpha}_3$到基$\boldsymbol{\beta}_1, \boldsymbol{\beta}_2, \boldsymbol{\beta}_3$的过渡矩阵为$\boldsymbol{C}$，则

$$[\boldsymbol{\beta}_1\ \ \boldsymbol{\beta}_2\ \ \boldsymbol{\beta}_3]=[\boldsymbol{\alpha}_1\ \ \boldsymbol{\alpha}_2\ \ \boldsymbol{\alpha}_3]\boldsymbol{C},$$

即$\boldsymbol{B}=\boldsymbol{AC}$，因为$\boldsymbol{u}$在$\boldsymbol{\alpha}_1, \boldsymbol{\alpha}_2, \boldsymbol{\alpha}_3$下的坐标是$\boldsymbol{x}=(1, 2, -3)^{\mathrm{T}}$，所以$\boldsymbol{u}$在$\boldsymbol{\beta}_1, \boldsymbol{\beta}_2, \boldsymbol{\beta}_3$

下的坐标是

$$y = C^{-1}x = B^{-1}Ax.$$

又

$$[B\quad A] = \begin{bmatrix} 0 & -1 & 0 & 1 & 2 & 1 \\ 1 & 1 & 2 & 0 & 1 & 1 \\ 1 & 0 & 1 & -1 & 1 & 1 \end{bmatrix} \to \begin{bmatrix} 1 & 0 & 1 & -1 & 1 & 1 \\ 0 & 1 & 1 & 1 & 0 & 0 \\ 0 & -1 & 0 & 1 & 2 & 1 \end{bmatrix}$$

$$\to \begin{bmatrix} 1 & 0 & 1 & -1 & 1 & 1 \\ 0 & 1 & 1 & 1 & 0 & 0 \\ 0 & 0 & 1 & 2 & 2 & 1 \end{bmatrix} \to \begin{bmatrix} 1 & 0 & 0 & -3 & -1 & 0 \\ 0 & 1 & 0 & -1 & -2 & -1 \\ 0 & 0 & 1 & 2 & 2 & 1 \end{bmatrix},$$

则向量 $u = \alpha_1 + 2\alpha_2 - 3\alpha_3$ 在基 β_1, β_2, β_3 下的坐标

$$y = B^{-1}Ax = \begin{bmatrix} -3 & -1 & 0 \\ -1 & -2 & -1 \\ 2 & 2 & 1 \end{bmatrix} \begin{bmatrix} 1 \\ 2 \\ -3 \end{bmatrix} = \begin{bmatrix} -5 \\ -2 \\ 3 \end{bmatrix}.$$

【解 2】记

$$A = [\alpha_1\quad \alpha_2\quad \alpha_3] = \begin{bmatrix} 1 & 2 & 1 \\ 0 & 1 & 1 \\ -1 & 1 & 1 \end{bmatrix},\ B = [\beta_1\quad \beta_2\quad \beta_3] = \begin{bmatrix} 0 & -1 & 0 \\ 1 & 1 & 2 \\ 1 & 0 & 1 \end{bmatrix},$$

设 u 在 α_1, α_2, α_3 下的坐标是 $x = (1, 2, -3)^{\mathrm{T}}$, 在 β_1, β_2, β_3 下的坐标是 y, 则

$$u = [\alpha_1\quad \alpha_2\quad \alpha_3]x = [\beta_1\quad \beta_2\quad \beta_3]y,$$

即 $Ax = By$, 因为 B 可逆, 所以 $y = B^{-1}Ax$. 又

$$[B\quad Ax] = \begin{bmatrix} 0 & -1 & 0 & 2 \\ 1 & 1 & 2 & -1 \\ 1 & 0 & 1 & -2 \end{bmatrix} \to \begin{bmatrix} 1 & 0 & 1 & -2 \\ 0 & 1 & 1 & 1 \\ 0 & -1 & 0 & 2 \end{bmatrix} \to \begin{bmatrix} 1 & 0 & 1 & -2 \\ 0 & 1 & 1 & 1 \\ 0 & 0 & 1 & 3 \end{bmatrix} \to \begin{bmatrix} 1 & 0 & 0 & -5 \\ 0 & 1 & 0 & -2 \\ 0 & 0 & 1 & 3 \end{bmatrix},$$

所以向量 $u = \alpha_1 + 2\alpha_2 - 3\alpha_3$ 在基 β_1, β_2, β_3 下的坐标为 $y = (-5, -2, 3)^{\mathrm{T}}$.

3.【解】（1）二次型及其对应的标准形的矩阵分别为

$$A = \begin{bmatrix} 1 & -1 & -1 \\ -1 & 1 & a \\ -1 & a & 1 \end{bmatrix},\ B = \begin{bmatrix} 2 & & \\ & 2 & \\ & & b \end{bmatrix}.$$

因为 $A \sim B$, 所以 A 的特征值为 2, 2, b, 从而由

$$|2E - A| = -a^2 - 2a - 1 = 0,$$

知 $a = -1$. 又 $\mathrm{tr}A = \mathrm{tr}B$, 则 $b = -1$. 于是 A 的特征值为 2, 2, -1.

对于 $\lambda = 2$, 解 $(2E - A)x = 0$ 得对应的线性无关特征向量为 $p_1 = (1, 0, -1)^{\mathrm{T}}$, $p_2 = (1, -2, 1)^{\mathrm{T}}$, 单位化得

$$q_1 = \frac{1}{\sqrt{2}}(1, 0, -1)^{\mathrm{T}},\ q_2 = \frac{1}{\sqrt{6}}(1, -2, 1)^{\mathrm{T}}.$$

对于 $\lambda = -1$, 解 $(-E - A)x = 0$ 得对应的特征向量为 $p_3 = (1, 1, 1)^{\mathrm{T}}$, 单位化得

$$q_3 = \frac{1}{\sqrt{3}}(1, 1, 1)^{\mathrm{T}}.$$

所求正交矩阵为

$$Q=[q_1\ q_2\ q_3]=\frac{1}{\sqrt{6}}\begin{bmatrix}\sqrt{3} & 1 & \sqrt{2}\\ 0 & -2 & \sqrt{2}\\ -\sqrt{3} & 1 & \sqrt{2}\end{bmatrix}.$$

(2)因$\boldsymbol{A}$的特征值为2，2，-1，故$\boldsymbol{A}+2\boldsymbol{E}$的特征值为4，4，1，则$\boldsymbol{A}+2\boldsymbol{E}$的所有特征值为正，从而$\boldsymbol{A}+2\boldsymbol{E}$为正定矩阵.

4.(1)【证】因矩阵$\boldsymbol{A}$有三个不同的特征值，则$\boldsymbol{A}$可对角化，$\boldsymbol{A}$的非零特征值至少有两个，即$\mathrm{rank}\boldsymbol{A}\geqslant 2$. 又$\boldsymbol{\alpha}_3=\boldsymbol{\alpha}_1+2\boldsymbol{\alpha}_2$，则$\boldsymbol{A}$的列向量组线性相关，从而$\mathrm{rank}\boldsymbol{A}<3$，故$\mathrm{rank}\boldsymbol{A}=2$.

(2)【解】因为$\mathrm{rank}\boldsymbol{A}=2$，所以齐次线性方程组$\boldsymbol{Ax}=\boldsymbol{0}$的基础解系只有一个解向量，而由$\boldsymbol{\alpha}_3=\boldsymbol{\alpha}_1+2\boldsymbol{\alpha}_2$知$\boldsymbol{\alpha}_1+2\boldsymbol{\alpha}_2-\boldsymbol{\alpha}_3=\boldsymbol{0}$，即$(1,2,-1)^{\mathrm{T}}$为$\boldsymbol{Ax}=\boldsymbol{0}$的基础解系，又由$\boldsymbol{\beta}=\boldsymbol{\alpha}_1+\boldsymbol{\alpha}_2+\boldsymbol{\alpha}_3$知$(1,1,1)^{\mathrm{T}}$为$\boldsymbol{Ax}=\boldsymbol{\beta}$的解，则方程组$\boldsymbol{Ax}=\beta$的通解为

$$k(1,2,-1)^{\mathrm{T}}+(1,1,1)^{\mathrm{T}}，其中 k 为任意常数.$$

5.【解】

(1)由$\boldsymbol{AB}=\boldsymbol{A}+\boldsymbol{B}$得$(\boldsymbol{A}-\boldsymbol{E})(\boldsymbol{B}-\boldsymbol{E})=\boldsymbol{E}$，因此$\boldsymbol{A}-\boldsymbol{E}$可逆.

(2)由$(\boldsymbol{A}-\boldsymbol{E})(\boldsymbol{B}-\boldsymbol{E})=\boldsymbol{E}$得$(\boldsymbol{B}-\boldsymbol{E})(\boldsymbol{A}-\boldsymbol{E})=\boldsymbol{E}$，因此

$$\boldsymbol{AB}=\boldsymbol{A}+\boldsymbol{B}=\boldsymbol{B}+\boldsymbol{A}=\boldsymbol{BA}.$$

(3)由$\boldsymbol{AB}=\boldsymbol{A}+\boldsymbol{B}$得$\boldsymbol{A}=(\boldsymbol{A}-\boldsymbol{E})\boldsymbol{B}$，而$\boldsymbol{A}-\boldsymbol{E}$可逆，故$\mathrm{rank}\boldsymbol{A}=\mathrm{rank}\boldsymbol{B}$.

(4)由$\boldsymbol{AB}=\boldsymbol{A}+\boldsymbol{B}$得$\boldsymbol{A}(\boldsymbol{B}-\boldsymbol{E})=\boldsymbol{B}$，而$\boldsymbol{B}-\boldsymbol{E}$可逆，故$\boldsymbol{A}=\boldsymbol{B}(\boldsymbol{B}-\boldsymbol{E})^{-1}$. 又

$$(\boldsymbol{B}-\boldsymbol{E})^{-1}=\begin{bmatrix}0 & -3 & 0\\ 2 & 0 & 0\\ 0 & 0 & 1\end{bmatrix}^{-1}=\begin{bmatrix}0 & 1/2 & 0\\ -1/3 & 0 & 0\\ 0 & 0 & 1\end{bmatrix},$$

故

$$\boldsymbol{A}=\boldsymbol{B}(\boldsymbol{B}-\boldsymbol{E})^{-1}=\begin{bmatrix}1 & 1/2 & 0\\ -1/3 & 1 & 0\\ 0 & 0 & 2\end{bmatrix}.$$

6.【证】 (1)矩阵方程$\boldsymbol{AX}=\boldsymbol{B}$有解的充要条件是$\mathrm{rank}\boldsymbol{A}=\mathrm{rank}[\boldsymbol{A}\quad \boldsymbol{B}]$，而

$$[\boldsymbol{A}\quad \boldsymbol{B}]=\begin{bmatrix}2 & 2 & 4 & b\\ 2 & a & 3 & 1\end{bmatrix},$$

其中存在2阶子式$\begin{vmatrix}2 & 4\\ 2 & 3\end{vmatrix}=-2\neq 0$，故$\mathrm{rank}[\boldsymbol{A}\quad \boldsymbol{B}]=2$，若$\mathrm{rank}\boldsymbol{A}=2$，则$a\neq 2$.

又矩阵方程$\boldsymbol{BY}=\boldsymbol{A}$无解的充要条件是$\mathrm{rank}\boldsymbol{B}\neq\mathrm{rank}[\boldsymbol{A}\quad \boldsymbol{B}]$，因为$\mathrm{rank}[\boldsymbol{A}\quad \boldsymbol{B}]=2$，故$\mathrm{rank}\boldsymbol{B}=1$，从而$b=\frac{4}{3}$.

(2)一方面，若$\boldsymbol{A}$与$\boldsymbol{B}$相似，则$\mathrm{tr}\boldsymbol{A}=\mathrm{tr}\boldsymbol{B}$，$|\boldsymbol{A}|=|\boldsymbol{B}|$，因此$a=3$，$b=\frac{2}{3}$.

反之，当$a=3$，$b=\frac{2}{3}$时，矩阵$\boldsymbol{A}$与$\boldsymbol{B}$的特征多项式都是$\lambda^2-5\lambda+2$，即$\boldsymbol{A}$与$\boldsymbol{B}$有相同的两个相异特征值，则$\boldsymbol{A}$与$\boldsymbol{B}$与同一对角矩阵相似，因此$\boldsymbol{A}$与$\boldsymbol{B}$相似.

(3)对称矩阵$\boldsymbol{A}$合同于对角矩阵$\begin{bmatrix}2 & 0\\ 0 & a-2\end{bmatrix}$，又已知矩阵$\boldsymbol{B}$合同于$\boldsymbol{A}$，因此$\boldsymbol{B}$为对

称矩阵，从而 $\boldsymbol{b}=3$.

此时与 $\boldsymbol{B}$ 合同的矩阵为 $\begin{bmatrix} 4 & 0 \\ 0 & -5/4 \end{bmatrix}$，由于对称矩阵 $\boldsymbol{A}$ 与 $\boldsymbol{B}$ 合同的充要条件是 $\boldsymbol{A}$ 与 $\boldsymbol{B}$ 有相同的正负惯性指数，当且仅当 $a<2$，$b=3$.

2018—2019 学年秋季学期(B)卷解析

一、单选题

1.【答】 D.

【解析】 由伴随矩阵 $\boldsymbol{A}^* \neq \boldsymbol{O}$，可知 n 阶矩阵 $\boldsymbol{A}$ 的秩大于等于 $n-1$. 又由 $\boldsymbol{Ax}=\boldsymbol{\beta}$ 有两个不同的解，可知 rank $\boldsymbol{A}<n$，于是 rank $\boldsymbol{A}=n-1$，且 $\dim N(\boldsymbol{A})=1$，从而 $\boldsymbol{\xi}_1-\boldsymbol{\xi}_2$ 是 $\boldsymbol{Ax}=\boldsymbol{0}$ 的基础解系.

2.【答】 A.

【解析】 记$\begin{bmatrix}1&1&0\\0&1&1\\0&0&1\end{bmatrix}=\boldsymbol{A}$，若 $\boldsymbol{A}$，$\boldsymbol{B}$ 相似，则 $\boldsymbol{A}-\boldsymbol{E}$，$\boldsymbol{B}-\boldsymbol{E}$ 相似，从而 rank $(\boldsymbol{A}-\boldsymbol{E})=$ rank $(\boldsymbol{B}-\boldsymbol{E})=2$，因此可以得出(B)(C)(D)选项中的矩阵均不与$\begin{bmatrix}1&1&0\\0&1&1\\0&0&1\end{bmatrix}$相似.

3.【答】 D.

【解析】 考虑由 $\boldsymbol{\alpha}_1$，$\boldsymbol{\alpha}_2$，$\boldsymbol{\alpha}_3$，$\boldsymbol{\alpha}_4$ 生成的向量空间 $\boldsymbol{V}$，由 $\boldsymbol{\alpha}_1$，$\boldsymbol{\alpha}_2$，$\boldsymbol{\alpha}_3$，$\boldsymbol{\alpha}_4$ 线性无关，可知 $\boldsymbol{\alpha}_1$，$\boldsymbol{\alpha}_2$，$\boldsymbol{\alpha}_3$，$\boldsymbol{\alpha}_4$ 是向量空间 $\boldsymbol{V}$ 的一个基，向量空间 $\boldsymbol{V}$ 中一组向量 $\boldsymbol{\beta}_1$，$\boldsymbol{\beta}_2$，$\boldsymbol{\beta}_3$，$\boldsymbol{\beta}_4$ 的线性相关性的讨论等价于这些向量在上述基下的坐标向量 $\boldsymbol{X}_1$，$\boldsymbol{X}_2$，$\boldsymbol{X}_3$，$\boldsymbol{X}_4$ 的线性相关性的讨论.

在(A)选项中，向量 $\boldsymbol{\alpha}_1+\boldsymbol{\alpha}_2$，$\boldsymbol{\alpha}_2+\boldsymbol{\alpha}_3$，$\boldsymbol{\alpha}_3+\boldsymbol{\alpha}_4$，$\boldsymbol{\alpha}_4+\boldsymbol{\alpha}_1$ 在 $\boldsymbol{\alpha}_1$，$\boldsymbol{\alpha}_2$，$\boldsymbol{\alpha}_3$，$\boldsymbol{\alpha}_4$ 下的坐标向量分别为 $\begin{bmatrix}1\\1\\0\\0\end{bmatrix}$，$\begin{bmatrix}0\\1\\1\\0\end{bmatrix}$，$\begin{bmatrix}0\\0\\1\\1\end{bmatrix}$，$\begin{bmatrix}1\\0\\0\\1\end{bmatrix}$，由于 $\begin{bmatrix}1&0&0&1\\1&1&0&0\\0&1&1&0\\0&0&1&1\end{bmatrix}$可经初等行变换化简为 $\begin{bmatrix}1&0&0&1\\0&1&0&-1\\0&0&1&1\\0&0&0&0\end{bmatrix}$，故$\begin{bmatrix}1\\1\\0\\0\end{bmatrix}$，$\begin{bmatrix}0\\1\\1\\0\end{bmatrix}$，$\begin{bmatrix}0\\0\\1\\1\end{bmatrix}$，$\begin{bmatrix}1\\0\\0\\1\end{bmatrix}$线性相关.

在(B)选项中，向量 $\boldsymbol{\alpha}_1-\boldsymbol{\alpha}_2$，$\boldsymbol{\alpha}_2-\boldsymbol{\alpha}_3$，$\boldsymbol{\alpha}_3-\boldsymbol{\alpha}_4$，$\boldsymbol{\alpha}_4-\boldsymbol{\alpha}_1$ 在 $\boldsymbol{\alpha}_1$，$\boldsymbol{\alpha}_2$，$\boldsymbol{\alpha}_3$，$\boldsymbol{\alpha}_4$ 下的坐标向量分别为$\begin{bmatrix}1\\-1\\0\\0\end{bmatrix}$，$\begin{bmatrix}0\\1\\-1\\0\end{bmatrix}$，$\begin{bmatrix}0\\0\\1\\-1\end{bmatrix}$，$\begin{bmatrix}-1\\0\\0\\1\end{bmatrix}$，由于$\begin{bmatrix}1&0&0&-1\\-1&1&0&0\\0&-1&1&0\\0&0&-1&1\end{bmatrix}$可经初等行变换化

简为$\begin{bmatrix}1&0&0&-1\\0&1&0&-1\\0&0&1&-1\\0&0&0&0\end{bmatrix}$，故$\begin{bmatrix}1\\-1\\0\\0\end{bmatrix}$，$\begin{bmatrix}0\\1\\-1\\0\end{bmatrix}$，$\begin{bmatrix}0\\0\\1\\-1\end{bmatrix}$，$\begin{bmatrix}-1\\0\\0\\1\end{bmatrix}$线性相关.

在(C)选项中，向量$\boldsymbol{\alpha}_1+\boldsymbol{\alpha}_2$，$\boldsymbol{\alpha}_2+\boldsymbol{\alpha}_3$，$\boldsymbol{\alpha}_3-\boldsymbol{\alpha}_4$，$\boldsymbol{\alpha}_4-\boldsymbol{\alpha}_1$ 在$\boldsymbol{\alpha}_1$，$\boldsymbol{\alpha}_2$，$\boldsymbol{\alpha}_3$，$\boldsymbol{\alpha}_4$ 下的坐标向量分别为$\begin{bmatrix}1\\1\\0\\0\end{bmatrix}$，$\begin{bmatrix}0\\1\\1\\0\end{bmatrix}$，$\begin{bmatrix}0\\0\\1\\-1\end{bmatrix}$，$\begin{bmatrix}-1\\0\\0\\1\end{bmatrix}$，由于$\begin{vmatrix}1&0&0&-1\\1&1&0&0\\0&1&1&0\\0&0&-1&1\end{vmatrix}=\begin{vmatrix}1&0&0&0\\1&1&0&1\\0&1&1&0\\0&0&-1&1\end{vmatrix}=$
$\begin{vmatrix}1&0&1\\1&1&0\\0&-1&1\end{vmatrix}=0$，故$\begin{bmatrix}1\\1\\0\\0\end{bmatrix}$，$\begin{bmatrix}0\\1\\1\\0\end{bmatrix}$，$\begin{bmatrix}0\\0\\1\\-1\end{bmatrix}$，$\begin{bmatrix}-1\\0\\0\\1\end{bmatrix}$线性相关.

在(D)选项中，向量$\boldsymbol{\alpha}_1+\boldsymbol{\alpha}_2$，$\boldsymbol{\alpha}_2-\boldsymbol{\alpha}_3$，$\boldsymbol{\alpha}_3-\boldsymbol{\alpha}_4$，$\boldsymbol{\alpha}_4-\boldsymbol{\alpha}_1$ 在$\boldsymbol{\alpha}_1$，$\boldsymbol{\alpha}_2$，$\boldsymbol{\alpha}_3$，$\boldsymbol{\alpha}_4$ 下的坐标向量分别为$\begin{bmatrix}1\\1\\0\\0\end{bmatrix}$，$\begin{bmatrix}0\\1\\-1\\0\end{bmatrix}$，$\begin{bmatrix}0\\0\\1\\-1\end{bmatrix}$，$\begin{bmatrix}-1\\0\\0\\1\end{bmatrix}$，由于$\begin{bmatrix}1&0&0&-1\\1&1&0&0\\0&-1&1&0\\0&0&-1&1\end{bmatrix}$可经初等行变换化简为
$\begin{bmatrix}1&0&0&-1\\0&1&0&1\\0&0&1&1\\0&0&0&2\end{bmatrix}$，故$\begin{bmatrix}1\\1\\0\\0\end{bmatrix}$，$\begin{bmatrix}0\\1\\-1\\0\end{bmatrix}$，$\begin{bmatrix}0\\0\\1\\-1\end{bmatrix}$，$\begin{bmatrix}-1\\0\\0\\1\end{bmatrix}$线性无关，$\boldsymbol{\alpha}_1+\boldsymbol{\alpha}_2$，$\boldsymbol{\alpha}_2-\boldsymbol{\alpha}_3$，$\boldsymbol{\alpha}_3-\boldsymbol{\alpha}_4$，$\boldsymbol{\alpha}_4-\boldsymbol{\alpha}_1$ 线性无关.

4.【答】 C.

【解析】 由$\boldsymbol{A}$，$\boldsymbol{B}$相似，可知$\boldsymbol{A}-\boldsymbol{E}$，$\boldsymbol{B}-\boldsymbol{E}$相似，$\boldsymbol{A}-3\boldsymbol{E}$，$\boldsymbol{B}-3\boldsymbol{E}$相似，从而$\boldsymbol{A}-\boldsymbol{E}$与$\boldsymbol{B}-\boldsymbol{E}$有相同的秩，$\boldsymbol{A}-3\boldsymbol{E}$与$\boldsymbol{B}-3\boldsymbol{E}$有相同的秩，由已知条件可求得$\operatorname{rank}(\boldsymbol{B}-\boldsymbol{E})=4$，$\operatorname{rank}(\boldsymbol{B}-3\boldsymbol{E})=2$. 因此$\operatorname{rank}(\boldsymbol{A}-\boldsymbol{E})+\operatorname{rank}(\boldsymbol{A}-3\boldsymbol{E})=6$.

5.【答】 B.

【解析】 由“初等变换与初等矩阵之间的联系”，可知$\begin{bmatrix}1&1&0\\0&1&0\\0&0&1\end{bmatrix}\boldsymbol{A}=\boldsymbol{B}$，$\boldsymbol{B}\begin{bmatrix}1&-1&0\\0&1&0\\0&0&1\end{bmatrix}=\boldsymbol{C}$，因此$\boldsymbol{C}=\boldsymbol{PAP}^{-1}$.

6.【答】 A.

【解析】 由$\boldsymbol{A}^2+2\boldsymbol{A}-3\boldsymbol{E}=\boldsymbol{0}$，可知$\boldsymbol{A}$的特征值$\lambda$必满足关系式$\lambda^2+2\lambda-3=0$，从而$\boldsymbol{A}$的特征值为1或$-3$. 又由$\operatorname{rank}(\boldsymbol{A}-\boldsymbol{E})=1$，可知$|\boldsymbol{E}-\boldsymbol{A}|=0$，从而1为$\boldsymbol{A}$的特征值，且其几何重数为$4-\operatorname{rank}(\boldsymbol{A}-\boldsymbol{E})=3$，代数重数大于等于3. 又由$\boldsymbol{A}$为实对称矩阵，可知$\boldsymbol{A}$必可相似于对角矩阵，且其每个特征值的几何重数等于代数重数，从而$\boldsymbol{A}$的特征值1的代数重数为3，-3必为$\boldsymbol{A}$的特征值且其代数重数为1. 因此二次型$\boldsymbol{x}^{\mathrm{T}}\boldsymbol{Ax}$在正交变换下的标准形是$y_1^2+y_2^2+y_3^2-3y_4^2$.

二、填空题

1.【答】 2.

【解析】 利用行列式的性质可得

$$\begin{aligned}|[\boldsymbol{\alpha}_3\ \ \boldsymbol{\alpha}_2\ \ \boldsymbol{\alpha}_1\ \ \boldsymbol{\beta}_1+\boldsymbol{\beta}_2]| &= |[\boldsymbol{\alpha}_3\ \ \boldsymbol{\alpha}_2\ \ \boldsymbol{\alpha}_1\ \ \boldsymbol{\beta}_1]|+|[\boldsymbol{\alpha}_3\ \ \boldsymbol{\alpha}_2\ \ \boldsymbol{\alpha}_1\ \ \boldsymbol{\beta}_2]|\\ &= -|[\boldsymbol{\alpha}_1\ \ \boldsymbol{\alpha}_2\ \ \boldsymbol{\alpha}_3\ \ \boldsymbol{\beta}_1]|-|[\boldsymbol{\alpha}_1\ \ \boldsymbol{\alpha}_2\ \ \boldsymbol{\alpha}_3\ \ \boldsymbol{\beta}_2]|\\ &= -|[\boldsymbol{\alpha}_1\ \ \boldsymbol{\alpha}_2\ \ \boldsymbol{\alpha}_3\ \ \boldsymbol{\beta}_1]|+|[\boldsymbol{\alpha}_1\ \ \boldsymbol{\alpha}_2\ \ \boldsymbol{\beta}_2\ \ \boldsymbol{\alpha}_3]|=2.\end{aligned}$$

2.【答】 2.

【解析】 令 $\boldsymbol{B}=[\boldsymbol{\alpha}_1\ \boldsymbol{\alpha}_2\ \boldsymbol{\alpha}_3]$，$\boldsymbol{C}=[\boldsymbol{A}\boldsymbol{\alpha}_1\ \boldsymbol{A}\boldsymbol{\alpha}_2\ \boldsymbol{A}\boldsymbol{\alpha}_3]$. 由 $\boldsymbol{\alpha}_1$，$\boldsymbol{\alpha}_2$，$\boldsymbol{\alpha}_3$ 为线性无关的 3 维列向量可知 $\boldsymbol{B}$ 为可逆矩阵，从而由 $\boldsymbol{C}=\boldsymbol{AB}$ 可知 $\boldsymbol{C}$ 的秩等于 $\boldsymbol{A}$ 的秩. 再由 $\operatorname{rank}\boldsymbol{A}=2$，以及 $\boldsymbol{A}\boldsymbol{\alpha}_1$，$\boldsymbol{A}\boldsymbol{\alpha}_2$，$\boldsymbol{A}\boldsymbol{\alpha}_3$ 的秩等于 $\boldsymbol{C}$ 的秩，可知 $\boldsymbol{A}\boldsymbol{\alpha}_1$，$\boldsymbol{A}\boldsymbol{\alpha}_2$，$\boldsymbol{A}\boldsymbol{\alpha}_3$ 的秩等于 2.

3.【答】 $6^{n-1}\boldsymbol{A}$.

【解析】 由 $\boldsymbol{A}=\begin{bmatrix}3 & -1\\ -9 & 3\end{bmatrix}=\begin{bmatrix}1\\ -3\end{bmatrix}[3\ \ -1]$，可知

$$\begin{aligned}\boldsymbol{A}^n &=\left(\begin{bmatrix}1\\ -3\end{bmatrix}[3\ \ -1]\right)^n=\left(\begin{bmatrix}1\\ -3\end{bmatrix}[3\ \ -1]\right)\left(\begin{bmatrix}1\\ -3\end{bmatrix}[3\ \ -1]\right)\cdots\left(\begin{bmatrix}1\\ -3\end{bmatrix}[3\ \ -1]\right)\\ &=\begin{bmatrix}1\\ -3\end{bmatrix}\left([3\ \ -1]\begin{bmatrix}1\\ -3\end{bmatrix}\right)\left([3\ \ -1]\begin{bmatrix}1\\ -3\end{bmatrix}\right)\cdots\left([3\ \ -1]\begin{bmatrix}1\\ -3\end{bmatrix}\right)[3\ \ -1]\\ &=6^{n-1}\begin{bmatrix}1\\ -3\end{bmatrix}[3\ \ -1].\end{aligned}$$

4.【答】 0.

【解析】 由 6 阶方阵 $\boldsymbol{A}$ 的秩为 4，可知 $\boldsymbol{A}$ 的所有 5 阶子式全等于 0，从而行列式 $|\boldsymbol{A}|$ 中每个元素的余子式都等于 0，从而伴随矩阵 $\boldsymbol{A}^*$ 为零矩阵，于是 $\boldsymbol{A}^*$ 的秩等于 0.

5.【答】 $(1+n)^r$.

【解析】 设 λ 为 $\boldsymbol{A}$ 的特征值，则 $\boldsymbol{E}+\boldsymbol{A}+\boldsymbol{A}^2+\cdots+\boldsymbol{A}^n$ 有特征值 $1+\lambda+\lambda^2+\cdots+\lambda^n$. 由 $\boldsymbol{A}^2=\boldsymbol{A}$，可知 $\boldsymbol{A}$ 的特征值 λ 必满足关系式 $\lambda^2=\lambda$，从而 $\boldsymbol{A}$ 的特征值为 0 或 1. 又由 $\boldsymbol{A}$ 为实对称矩阵，可知 $\boldsymbol{A}$ 可相似于对角矩阵 $\begin{bmatrix}\lambda_1 & & & \\ & \lambda_2 & & \\ & & \ddots & \\ & & & \lambda_n\end{bmatrix}$. 再由 $\operatorname{rank}(\boldsymbol{A})=r$，可知 $\boldsymbol{A}$ 的特征值为 $\lambda_1=\lambda_2=\cdots=\lambda_r=1$，$\lambda_{r+1}=\lambda_{r+2}=\cdots=\lambda_n=0$. 因此 $\boldsymbol{E}+\boldsymbol{A}+\boldsymbol{A}^2+\cdots+\boldsymbol{A}^n$ 的特征值为 $\lambda_1'=\lambda_2'=\cdots=\lambda_r'=n+1$，$\lambda_{r+1}'=\lambda_{r+2}'=\cdots=\lambda_n'=1$. 于是 $|\boldsymbol{E}+\boldsymbol{A}+\boldsymbol{A}^2+\cdots+\boldsymbol{A}^n|=\lambda_1'\lambda_2'\cdots\lambda_n'=(1+n)^r$.

6.【答】 $\boldsymbol{x}=k(1,\ -1,\ -1,\ -1)^{\mathrm{T}}$，$k\in\mathbf{R}$.

【解析】 对方程组(Ⅱ)的系数矩阵进行初等行变换

$$\begin{bmatrix}1 & 1 & 0 & 0\\ 0 & 1 & 0 & -1\end{bmatrix}\to\begin{bmatrix}1 & 0 & 0 & 1\\ 0 & 1 & 0 & -1\end{bmatrix},$$

得其通解为 $l_1\begin{bmatrix}-1\\ 1\\ 0\\ 1\end{bmatrix}+l_2\begin{bmatrix}0\\ 0\\ 1\\ 0\end{bmatrix}$，其中 l_1，l_2 为任意常数.

于是方程组(Ⅰ)、(Ⅱ)的所有公共解 $\boldsymbol{x}$ 满足 $\boldsymbol{x}=l_1\begin{bmatrix}-1\\1\\0\\1\end{bmatrix}+l_2\begin{bmatrix}0\\0\\1\\0\end{bmatrix}=k_1\begin{bmatrix}0\\1\\1\\0\end{bmatrix}+k_2\begin{bmatrix}-1\\2\\2\\1\end{bmatrix}$.

现讨论以 l_1, l_2, k_1, k_2 为未知参数的线性方程组(Ⅲ)

$$l_1\begin{bmatrix}-1\\1\\0\\1\end{bmatrix}+l_2\begin{bmatrix}0\\0\\1\\0\end{bmatrix}-k_1\begin{bmatrix}0\\1\\1\\0\end{bmatrix}-k_2\begin{bmatrix}-1\\2\\2\\1\end{bmatrix}=\mathbf{0},$$

对其系数矩阵进行初等行变换

$$\begin{bmatrix}-1&0&0&1\\1&0&-1&-2\\0&1&-1&-2\\1&0&0&-1\end{bmatrix}\to\begin{bmatrix}-1&0&0&1\\0&0&-1&-1\\0&1&-1&-2\\0&0&0&0\end{bmatrix}\to\begin{bmatrix}-1&0&0&1\\0&0&-1&-1\\0&1&0&-1\\0&0&0&0\end{bmatrix},$$

得线性方程组(Ⅲ)的通解为 $\begin{bmatrix}l_1\\l_2\\k_1\\k_2\end{bmatrix}=k\begin{bmatrix}1\\1\\-1\\1\end{bmatrix}$. 因此方程组(Ⅰ)、(Ⅱ)的所有公共解为 $\boldsymbol{x}=$

$k\begin{bmatrix}-1\\1\\1\\1\end{bmatrix}$, $k\in\mathbf{R}$.

三、计算与证明题

1.【解】 (1) 由于 $2A_{31}-3A_{32}+A_{33}+5A_{34}$ 表示行列式 D 中第一行各元素与第三行对应元素的代数余子式乘积之和，因此

$$2A_{31}-3A_{32}+A_{33}+5A_{34}=0.$$

(2) 因为 $M_{14}+M_{24}+M_{34}+M_{44}=-A_{14}+A_{24}-A_{34}+A_{44}$，所以

$$M_{14}+M_{24}+M_{34}+M_{44}=\begin{vmatrix}2&-3&1&-1\\-1&5&7&1\\2&2&2&-1\\0&1&-1&1\end{vmatrix}=\begin{vmatrix}2&-2&0&-1\\-1&4&8&1\\2&3&1&-1\\0&0&0&1\end{vmatrix}$$

$$=\begin{vmatrix}2&-2&0\\-1&4&8\\2&3&1\end{vmatrix}=\begin{vmatrix}2&0&0\\-1&3&8\\2&5&1\end{vmatrix}=-74.$$

2.【解】 因为 $n=4$，$n-\operatorname{rank}\mathbf{A}=2$，所以 $\operatorname{rank}\mathbf{A}=2$.

对 $\mathbf{A}$ 进行初等行变换，得

$$\mathbf{A}=\begin{bmatrix}1&2&1&2\\0&1&t&t\\1&t&0&1\end{bmatrix}\to\begin{bmatrix}1&2&1&2\\0&1&t&t\\0&t-2&-1&-1\end{bmatrix}$$

$$\to\begin{bmatrix}1&2&1&2\\0&1&t&t\\0&0&-(1-t)^2&-(1-t)^2\end{bmatrix}\to\begin{bmatrix}1&0&1-2t&2-2t\\0&1&t&t\\0&0&-(1-t)^2&-(1-t)^2\end{bmatrix},$$

要使 rank $\boldsymbol{A}=2$，则必有 $t=1$.

此时，与 $\boldsymbol{Ax}=\boldsymbol{0}$ 同解的方程组为$\begin{cases}x_1=x_3,\\x_2=-x_3-x_4,\end{cases}$ 得基础解系为

$$\boldsymbol{\xi}_1=\begin{bmatrix}1\\-1\\1\\0\end{bmatrix},\quad \boldsymbol{\xi}_2=\begin{bmatrix}0\\-1\\0\\1\end{bmatrix},$$

方程组的通解为 $\boldsymbol{x}=k_1\boldsymbol{\xi}_1+k_2\boldsymbol{\xi}_2$（$k_1$，$k_2$ 为任意常数）.

3.【解】（1）令 $\boldsymbol{A}=[\boldsymbol{\alpha}_1\ \ \boldsymbol{\alpha}_2\ \ \boldsymbol{\alpha}_3\ \ \boldsymbol{\alpha}_4]$，因为 $|\boldsymbol{A}|=8\neq0$，所以向量组 $\boldsymbol{\alpha}_1$，$\boldsymbol{\alpha}_2$，$\boldsymbol{\alpha}_3$，$\boldsymbol{\alpha}_4$ 线性无关.

（2）令 $\boldsymbol{\beta}=x_1\boldsymbol{\alpha}_1+x_2\boldsymbol{\alpha}_2+x_3\boldsymbol{\alpha}_3+x_4\boldsymbol{\alpha}_4$，即

$$\begin{cases}2x_1+2x_2+x_3+3x_4=-1,\\4x_1+5x_2+2x_3+x_4=3,\\4x_3+2x_4=2,\\2x_3+2x_4=2,\end{cases}$$

解得 $x_1=-12$，$x_2=10$，$x_3=0$，$x_4=1$，从而 $\boldsymbol{\beta}$ 能由 $\boldsymbol{\alpha}_1$，$\boldsymbol{\alpha}_2$，$\boldsymbol{\alpha}_3$，$\boldsymbol{\alpha}_4$ 线性表示为

$$\boldsymbol{\beta}=-12\boldsymbol{\alpha}_1+10\boldsymbol{\alpha}_2+\boldsymbol{\alpha}_4.$$

4.【证】 由

$$\boldsymbol{A}^{-1}+\boldsymbol{B}^{-1}=\boldsymbol{A}^{-1}\boldsymbol{E}+\boldsymbol{E}\boldsymbol{B}^{-1}=\boldsymbol{A}^{-1}\boldsymbol{B}\boldsymbol{B}^{-1}+\boldsymbol{A}^{-1}\boldsymbol{A}\boldsymbol{B}^{-1}=\boldsymbol{A}^{-1}(\boldsymbol{A}+\boldsymbol{B})\boldsymbol{B}^{-1},$$

以及条件 $\boldsymbol{A}$，$\boldsymbol{B}$，$\boldsymbol{A}+\boldsymbol{B}$ 可逆，可知 $\boldsymbol{A}^{-1}$，$\boldsymbol{B}^{-1}$，$\boldsymbol{A}+\boldsymbol{B}$ 都可逆，所以 $\boldsymbol{A}^{-1}+\boldsymbol{B}^{-1}$ 可逆，且

$$(\boldsymbol{A}^{-1}+\boldsymbol{B}^{-1})^{-1}=\boldsymbol{B}(\boldsymbol{A}+\boldsymbol{B})^{-1}\boldsymbol{A}.$$

又

$$\boldsymbol{A}^{-1}+\boldsymbol{B}^{-1}=\boldsymbol{E}\boldsymbol{A}^{-1}+\boldsymbol{B}^{-1}\boldsymbol{E}=\boldsymbol{B}^{-1}\boldsymbol{B}\boldsymbol{A}^{-1}+\boldsymbol{B}^{-1}\boldsymbol{A}\boldsymbol{A}^{-1}=\boldsymbol{B}^{-1}(\boldsymbol{A}+\boldsymbol{B})\boldsymbol{A}^{-1},$$

则

$$(\boldsymbol{A}^{-1}+\boldsymbol{B}^{-1})^{-1}=\boldsymbol{A}(\boldsymbol{A}+\boldsymbol{B})^{-1}\boldsymbol{B}.$$

5.【证】（1）设 λ 是 $\boldsymbol{B}$ 的特征值，则 $|\lambda\boldsymbol{E}-\boldsymbol{B}|=0$，而

$$|\lambda\boldsymbol{E}-\boldsymbol{B}|=(-1)^{n+1}(\lambda^n+\sum_{i=0}^{n-1}a_i\lambda^i)(-1)^{n-1},$$

故

$$\lambda^n+\sum_{i=0}^{n-1}a_i\lambda^i=0.$$

令 $\boldsymbol{p}=(1,\lambda,\cdots,\lambda^{n-1})^{\mathrm{T}}$，则有

$$\boldsymbol{Bp}=\begin{bmatrix}0&1&0&\cdots&0&0\\0&0&1&\cdots&0&0\\\vdots&\vdots&\vdots&&\vdots&\vdots\\0&0&0&\cdots&0&1\\-a_0&-a_1&-a_2&\cdots&-a_{n-2}&-a_{n-1}\end{bmatrix}\begin{bmatrix}1\\\lambda\\\vdots\\\lambda^{n-1}\end{bmatrix}=\begin{bmatrix}\lambda\\\lambda^2\\\vdots\\-\sum_{i=0}^{n-1}a_i\lambda^i\end{bmatrix}=\begin{bmatrix}\lambda\\\lambda^2\\\vdots\\\lambda^n\end{bmatrix}=\lambda p,$$

因此 $\boldsymbol{p}$ 是 $\boldsymbol{B}$ 的对应于 λ 的特征向量.

(2) 由(1)知

$\boldsymbol{p}_1=(1, \lambda_1, \cdots, \lambda_1^{n-1})^{\mathrm{T}}, \boldsymbol{p}_2=(1, \lambda_2, \cdots, \lambda_2^{n-1})^{\mathrm{T}}, \cdots, \boldsymbol{p}_n=(1, \lambda_n, \cdots, \lambda_n^{n-1})^{\mathrm{T}}$

依次是 $\boldsymbol{B}$ 的对应于 $\lambda_1, \lambda_2, \cdots, \lambda_n$ 的特征向量.

令 $\boldsymbol{P}=[\boldsymbol{p}_1 \ \ \boldsymbol{p}_2 \ \ \cdots \ \ \boldsymbol{p}_n]$, 因为 $\boldsymbol{p}_1, \boldsymbol{p}_2, \cdots, \boldsymbol{p}_n$ 是 $\boldsymbol{B}$ 的相异特征值对应的特征向量, 所以 $\boldsymbol{P}$ 可逆, 并且 $\boldsymbol{P}^{-1}\boldsymbol{BP}=\mathrm{diag}(\lambda_1, \lambda_2, \cdots, \lambda_n)$.

6.【解】 (1) 由 $f(x_1, x_2, x_3)=0$ 得方程组

$$\begin{cases} x_1-x_2+x_3=0, \\ x_2+x_3=0, \\ x_1+ax_3=0. \end{cases}$$

则

$$\boldsymbol{A}=\begin{bmatrix} 1 & -1 & 1 \\ 0 & 1 & 1 \\ 1 & 0 & a \end{bmatrix} \to \begin{bmatrix} 1 & -1 & 1 \\ 0 & 1 & 1 \\ 0 & 1 & a-1 \end{bmatrix} \to \begin{bmatrix} 1 & -1 & 1 \\ 0 & 1 & 1 \\ 0 & 0 & a-2 \end{bmatrix},$$

当 $a\neq 2$ 时, 方程组只有零解.

当 $a=2$ 时,

$$\boldsymbol{A}\to\begin{bmatrix} 1 & -1 & 1 \\ 0 & 1 & 1 \\ 0 & 0 & 0 \end{bmatrix} \to \begin{bmatrix} 1 & 0 & 2 \\ 0 & 1 & 1 \\ 0 & 0 & 0 \end{bmatrix},$$

则对应的齐次方程组为 $\begin{cases} x_1=-2x_3, \\ x_2=-x_3, \\ x_3=x_3. \end{cases}$ 其通解为 $\begin{bmatrix} x_1 \\ x_2 \\ x_3 \end{bmatrix}=k\begin{bmatrix} 2 \\ 1 \\ -1 \end{bmatrix}$, 其中 k 为任意常数.

(2) 由(1)知, 当 $a\neq 2$ 时, $\boldsymbol{A}$ 可逆, 令

$$z_1=x_1-x_2+x_3, \ z_2=x_2+x_3, \ z_3=x_1+ax_3,$$

则由可逆线性变换 $\boldsymbol{z}=\boldsymbol{Ax}$, 得二次型的规范形为 $f(x_1, x_2, x_3)=z_1^2+z_2^2+z_3^2$.

当 $a=2$ 时,

(方法一) 因

$$\begin{aligned} f(x_1, x_2, x_3) &= (x_1-x_2+x_3)^2+(x_2+x_3)^2+(x_1+2x_3)^2 \\ &= 2x_1^2+2x_2^2+6x_3^2-2x_1x_2+6x_1x_3, \end{aligned}$$

记二次型的矩阵为 $\boldsymbol{B}=\begin{bmatrix} 2 & -1 & 3 \\ -1 & 2 & 0 \\ 3 & 0 & 6 \end{bmatrix}$, 则

$$|\lambda\boldsymbol{E}-\boldsymbol{B}|=\begin{vmatrix} \lambda-2 & 1 & -3 \\ 1 & \lambda-2 & 0 \\ -3 & 0 & \lambda-6 \end{vmatrix}=\lambda(\lambda^2-10\lambda+18)=0,$$

从而矩阵 $\boldsymbol{B}$ 的特征值为 $\lambda_1=0$, $\lambda_2=5+\sqrt{7}$, $\lambda_3=5-\sqrt{7}$, 则规范形为 $f(x_1, x_2, x_3)=z_1^2+z_2^2$.

(方法二) 因 $f(x_1, x_2, x_3)=2x_1^2+2x_2^2+6x_3^2-2x_1x_2+6x_1x_3$, 经配方得

$$f(x_1, x_2, x_3)=2\left(x_1-\frac{1}{2}x_2+\frac{3}{2}x_3\right)^2+\frac{3}{2}(x_2+x_3)^2.$$

令

$$z_1=\sqrt{2}\left(x_1-\frac{1}{2}x_2+\frac{3}{2}x_3\right),\ z_2=\sqrt{\frac{3}{2}}(x_2+x_3),\ z_3=x_3,$$

则规范形为$f(x_1,x_2,x_3)=z_1^2+z_2^2$.

2019—2020 学年秋季学期(A)卷解析

一、单选题

1.【答】 D.

【解析】 由"向量组 $\boldsymbol{\alpha}_1, \boldsymbol{\alpha}_2, \cdots, \boldsymbol{\alpha}_r$ 线性相关当且仅当其中至少存在一个向量可用其余的向量线性表示",可知"向量组 $\boldsymbol{\alpha}_1, \boldsymbol{\alpha}_2, \cdots, \boldsymbol{\alpha}_r$ 线性无关当且仅当其中任意一个向量都不能用其余的向量线性表示".

2.【答】 A.

【解析】 由 $\boldsymbol{QP}=\boldsymbol{O}$ 且 $\boldsymbol{Q}$ 为可逆矩阵,可知 $\boldsymbol{Q}^{-1}\boldsymbol{QP}=\boldsymbol{Q}^{-1}\boldsymbol{O}$,从而 $\boldsymbol{P}=\boldsymbol{O}$,$\boldsymbol{P}$ 的秩等于0.

3.【答】 B.

【解析】 考虑由 $\boldsymbol{\alpha}_1, \boldsymbol{\alpha}_2, \boldsymbol{\alpha}_3, \boldsymbol{\alpha}_4$ 生成的向量空间 $\boldsymbol{V}$,由 $\boldsymbol{\alpha}_1, \boldsymbol{\alpha}_2, \boldsymbol{\alpha}_3, \boldsymbol{\alpha}_4$ 线性无关,可知 $\boldsymbol{\alpha}_1, \boldsymbol{\alpha}_2, \boldsymbol{\alpha}_3, \boldsymbol{\alpha}_4$ 是向量空间 $\boldsymbol{V}$ 的一个基,向量空间 $\boldsymbol{V}$ 中一组向量 $\boldsymbol{\beta}_1, \boldsymbol{\beta}_2, \boldsymbol{\beta}_3, \boldsymbol{\beta}_4$ 的线性相关性的讨论等价于这些向量在上述基下的坐标向量 $\boldsymbol{X}_1, \boldsymbol{X}_2, \boldsymbol{X}_3, \boldsymbol{X}_4$ 的线性相关性的讨论.

在(A)选项中,向量 $\boldsymbol{\alpha}_1+\boldsymbol{\alpha}_2, \boldsymbol{\alpha}_2, \boldsymbol{\alpha}_3, \boldsymbol{\alpha}_4$ 在 $\boldsymbol{\alpha}_1, \boldsymbol{\alpha}_2, \boldsymbol{\alpha}_3, \boldsymbol{\alpha}_4$ 下的坐标向量分别为 $\begin{bmatrix}1\\1\\0\\0\end{bmatrix}, \begin{bmatrix}0\\1\\0\\0\end{bmatrix}, \begin{bmatrix}0\\0\\1\\0\end{bmatrix}, \begin{bmatrix}0\\0\\0\\1\end{bmatrix}$,由于 $\begin{bmatrix}1&0&0&0\\1&1&0&0\\0&0&1&0\\0&0&0&1\end{bmatrix}$ 可经初等行变换化简为 $\begin{bmatrix}1&0&0&0\\0&1&0&0\\0&0&1&0\\0&0&0&1\end{bmatrix}$,故 $\begin{bmatrix}1\\1\\0\\0\end{bmatrix}$, $\begin{bmatrix}0\\1\\0\\0\end{bmatrix}, \begin{bmatrix}0\\0\\1\\0\end{bmatrix}, \begin{bmatrix}0\\0\\0\\1\end{bmatrix}$ 线性无关,$\boldsymbol{\alpha}_1+\boldsymbol{\alpha}_2, \boldsymbol{\alpha}_2, \boldsymbol{\alpha}_3, \boldsymbol{\alpha}_4$ 线性无关.

同理可证:(C)选项中 $\boldsymbol{\alpha}_1+\boldsymbol{\alpha}_2, \boldsymbol{\alpha}_2+\boldsymbol{\alpha}_3, \boldsymbol{\alpha}_3+\boldsymbol{\alpha}_4, \boldsymbol{\alpha}_4-\boldsymbol{\alpha}_1$ 线性无关;(D)选项中的 $\boldsymbol{\alpha}_1$, $\boldsymbol{\alpha}_2+\boldsymbol{\alpha}_3, \boldsymbol{\alpha}_3-\boldsymbol{\alpha}_4, \boldsymbol{\alpha}_4+\boldsymbol{\alpha}_3$ 线性无关.

在(B)选项中,向量 $\boldsymbol{\alpha}_2-\boldsymbol{\alpha}_1, \boldsymbol{\alpha}_3-\boldsymbol{\alpha}_2, \boldsymbol{\alpha}_3-\boldsymbol{\alpha}_4, \boldsymbol{\alpha}_4-\boldsymbol{\alpha}_1$ 在 $\boldsymbol{\alpha}_1, \boldsymbol{\alpha}_2, \boldsymbol{\alpha}_3, \boldsymbol{\alpha}_4$ 下的坐标向量分别为 $\begin{bmatrix}-1\\1\\0\\0\end{bmatrix}, \begin{bmatrix}0\\-1\\1\\0\end{bmatrix}, \begin{bmatrix}0\\0\\1\\-1\end{bmatrix}, \begin{bmatrix}-1\\0\\0\\1\end{bmatrix}$,由于 $\begin{bmatrix}-1&0&0&-1\\1&-1&0&0\\0&1&1&0\\0&0&-1&1\end{bmatrix}$ 可经初等行变换化简为 $\begin{bmatrix}1&0&0&1\\0&1&0&1\\0&0&1&-1\\0&0&0&0\end{bmatrix}$,故 $\begin{bmatrix}-1\\1\\0\\0\end{bmatrix}, \begin{bmatrix}0\\-1\\1\\0\end{bmatrix}, \begin{bmatrix}0\\0\\1\\-1\end{bmatrix}, \begin{bmatrix}-1\\0\\0\\1\end{bmatrix}$ 线性相关.

4.【答】 C.

【解析】 由$\boldsymbol{A}^2=\boldsymbol{A}$，可知$\boldsymbol{A}$的特征值$\lambda$必满足关系式$\lambda^2=\lambda$，从而$\boldsymbol{A}$的特征值$\lambda$为1或0. 由$\boldsymbol{A}^2=\boldsymbol{A}$，可知$\boldsymbol{A}(\boldsymbol{E}-\boldsymbol{A})=\boldsymbol{O}$，再利用秩的不等式得$\text{rank}\,\boldsymbol{A}+\text{rank}(\boldsymbol{E}-\boldsymbol{A})\leqslant n$，$\text{rank}\,\boldsymbol{A}+\text{rank}(\boldsymbol{E}-\boldsymbol{A})\geqslant\text{rank}(\boldsymbol{A}+\boldsymbol{E}-\boldsymbol{A})=\text{rank}\,\boldsymbol{E}=n$，因此$\text{rank}\,\boldsymbol{A}+\text{rank}(\boldsymbol{E}-\boldsymbol{A})=n$. 当$\lambda=1$为$\boldsymbol{A}$的特征值时，考虑齐次线性方程组$(\boldsymbol{E}-\boldsymbol{A})\boldsymbol{x}=\boldsymbol{0}$，其解空间的维数为$n-\text{rank}(\boldsymbol{E}-\boldsymbol{A})$，从而特征值1的几何重数为$n-\text{rank}(\boldsymbol{A}-\boldsymbol{E})$. 当$\lambda=0$为$\boldsymbol{A}$的特征值时，考虑齐次线性方程组$(0\boldsymbol{E}-\boldsymbol{A})\boldsymbol{x}=\boldsymbol{0}$，其解空间的维数为$n-\text{rank}\,\boldsymbol{A}$，从而特征值0的几何重数为$n-\text{rank}\,\boldsymbol{A}$. 由$(n-\text{rank}\,\boldsymbol{A})+[n-\text{rank}(\boldsymbol{E}-\boldsymbol{A})]=n$，可知$\boldsymbol{A}$有$n$个线性无关的特征向量，从而$\boldsymbol{A}$可相似对角化.

5.【答】 C.

【解析】 由等价、合同、相似的定义，可知合同的矩阵必等价，相似的矩阵必等价，反之不一定成立. 此外，相似与合同之间一般不存在必然联系.

6.【答】 B.

【解析】 由二次型正定性的判别条件，可知：二次型$\boldsymbol{x}^{\mathrm{T}}\boldsymbol{A}\boldsymbol{x}$正定的充要条件是$\boldsymbol{A}$的任意阶顺序主子式都大于零；负定的充要条件是$\boldsymbol{A}$的奇数阶顺序主子式都小于零、偶数阶顺序主子式都大于零.

二、填空题

1.【答】 $\dfrac{108}{11}$.

【解析】 由 $\begin{vmatrix}1&2&3&4\\5&6&7&8\\0&0&9&x\\0&0&11&12\end{vmatrix}=\begin{vmatrix}1&2\\5&6\end{vmatrix}\begin{vmatrix}9&x\\11&12\end{vmatrix}=(-4)(108-11x)=0$，可知$x=\dfrac{108}{11}$.

2.【答】 $-\dfrac{1}{n-1}$.

【解析】 由方阵的秩为$n-1$，可知方阵的行列式等于0，又由$\begin{vmatrix}1&a&\cdots&a\\a&1&\cdots&a\\\vdots&\vdots&&\vdots\\a&a&\cdots&1\end{vmatrix}=[1+(n-1)a](1-a)^{n-1}$可知$a=1$或者$a=-\dfrac{1}{n-1}$. 当$a=1$时，$\begin{bmatrix}1&a&\cdots&a\\a&1&\cdots&a\\\vdots&\vdots&&\vdots\\a&a&\cdots&1\end{bmatrix}$的秩等于1，不合题意. 当$a=-\dfrac{1}{n-1}$时，$\begin{bmatrix}1&a&\cdots&a\\a&1&\cdots&a\\\vdots&\vdots&&\vdots\\a&a&\cdots&1\end{bmatrix}$的$n-1$阶顺序主子式不等于

0, 从而$\begin{bmatrix} 1 & a & \cdots & a \\ a & 1 & \cdots & a \\ \vdots & \vdots & & \vdots \\ a & a & \cdots & 1 \end{bmatrix}$的秩等于 $n-1$, 符合题意.

3.【答】 0, 1, 1.

【解析】 由题意可知 $\boldsymbol{\alpha}^{\mathrm{T}}\boldsymbol{\alpha}=1$. 令 $\boldsymbol{\alpha}\boldsymbol{\alpha}^{\mathrm{T}}=\boldsymbol{A}$, 利用矩阵的秩的不等式, 可知 $\operatorname{rank}\boldsymbol{A}=\operatorname{rank}\boldsymbol{\alpha}\boldsymbol{\alpha}^{\mathrm{T}}\leqslant\operatorname{rank}\boldsymbol{\alpha}=1$, 又因 $\boldsymbol{A}$ 不等于零矩阵, 从而 $\operatorname{rank}\boldsymbol{A}\geqslant 1$, 因此 $\operatorname{rank}\boldsymbol{A}=1$.

由 $\boldsymbol{A}\boldsymbol{\alpha}=\boldsymbol{\alpha}\boldsymbol{\alpha}^{\mathrm{T}}\boldsymbol{\alpha}=\boldsymbol{\alpha}$, 可知 $\boldsymbol{\alpha}$ 是 $\boldsymbol{A}$ 对应于特征值 1 的一个特征向量. 由 $\operatorname{rank}\boldsymbol{A}=1$ 及 $\boldsymbol{A}^{\mathrm{T}}=\boldsymbol{A}$, 故 $\boldsymbol{A}$ 可相似对角化为$\begin{bmatrix} 1 & 0 & 0 \\ 0 & 0 & 0 \\ 0 & 0 & 0 \end{bmatrix}$. 因此 $\boldsymbol{\alpha}\boldsymbol{\alpha}^{\mathrm{T}}$ 的 3 个特征值为 1, 0, 0, $\boldsymbol{E}-\boldsymbol{\alpha}\boldsymbol{\alpha}^{\mathrm{T}}$ 的 3 个特征值为 0, 1, 1.

4.【答】 $-\sqrt{2}<a<\sqrt{2}$.

【解析】 二次型的对称矩阵为 $\boldsymbol{A}=\begin{bmatrix} 1 & a & 1 \\ a & 4 & 0 \\ 1 & 0 & 2 \end{bmatrix}$, 由二次型为正定, 可知 $\boldsymbol{A}$ 的顺序主子式全大于零, 即

$$|1|=1>0,\quad \begin{vmatrix} 1 & a \\ a & 4 \end{vmatrix}=4-a^2>0,\quad |\boldsymbol{A}|=\begin{vmatrix} 1 & a & 1 \\ a & 4 & 0 \\ 1 & 0 & 2 \end{vmatrix}=-2a^2+4>0,$$

得 a 的取值范围为 $-\sqrt{2}<a<\sqrt{2}$.

5.【答】 $\begin{bmatrix} 1 & -a & a^2 \\ 0 & 1 & -a \\ 0 & 0 & 1 \end{bmatrix}$.

【解析】 由

$$\begin{bmatrix} 1 & a & 0 & 1 & 0 & 0 \\ 0 & 1 & a & 0 & 1 & 0 \\ 0 & 0 & 1 & 0 & 0 & 1 \end{bmatrix}\to\begin{bmatrix} 1 & a & 0 & 1 & 0 & 0 \\ 0 & 1 & 0 & 0 & 1 & -a \\ 0 & 0 & 1 & 0 & 0 & 1 \end{bmatrix}\to\begin{bmatrix} 1 & 0 & 0 & 1 & -a & a^2 \\ 0 & 1 & 0 & 0 & 1 & -a \\ 0 & 0 & 1 & 0 & 0 & 1 \end{bmatrix},$$

可知$\begin{bmatrix} 1 & a & 0 \\ 0 & 1 & a \\ 0 & 0 & 1 \end{bmatrix}^{-1}=\begin{bmatrix} 1 & -a & a^2 \\ 0 & 1 & -a \\ 0 & 0 & 1 \end{bmatrix}$.

6.【答】 $\begin{bmatrix} 1 & 2^{101}-2 & 0 \\ 0 & 2^{100} & 0 \\ 0 & \frac{5}{3}(1-2^{100}) & 1 \end{bmatrix}$.

【解析】 由 $|\lambda\boldsymbol{A}-\boldsymbol{E}|=\begin{vmatrix} \lambda-1 & -2 & 0 \\ 0 & \lambda-2 & 0 \\ 2 & 1 & \lambda+1 \end{vmatrix}=(\lambda+1)\begin{vmatrix} \lambda-1 & -2 \\ 0 & \lambda-2 \end{vmatrix}=(\lambda+1)(\lambda-1)(\lambda-2)$, 可知 $\boldsymbol{A}$ 的特征值为 $\lambda_1=-1$, $\lambda_2=1$, $\lambda_3=2$. 因 $\boldsymbol{A}$ 的三个特征值互异, 因此 $\boldsymbol{A}$ 可相似对角化. 通过求解齐次线性方程组 $(\lambda\boldsymbol{E}-\boldsymbol{A})\boldsymbol{x}=\boldsymbol{0}$ 的方式, 可求得 $\boldsymbol{A}$ 对应于

特征值 $\lambda_1=-1$，$\lambda_2=1$，$\lambda_3=2$ 的特征向量分别为 $k\begin{bmatrix}0\\0\\1\end{bmatrix}$，$l\begin{bmatrix}1\\0\\-1\end{bmatrix}$，$r\begin{bmatrix}2\\1\\-\frac{5}{3}\end{bmatrix}$，其中 k，l，r 均不为 0.

令 $\boldsymbol{P}=\begin{bmatrix}0&1&2\\0&0&1\\1&-1&-\frac{5}{3}\end{bmatrix}$，则有 $\boldsymbol{P}^{-1}\boldsymbol{AP}=\begin{bmatrix}-1&0&0\\0&1&0\\0&0&2\end{bmatrix}$，$\boldsymbol{A}=\boldsymbol{P}\begin{bmatrix}-1&0&0\\0&1&0\\0&0&2\end{bmatrix}\boldsymbol{P}^{-1}$，再利用矩阵乘法的运算规律可知

$$\boldsymbol{A}^{100}=\left(P\begin{bmatrix}-1&0&0\\0&1&0\\0&0&2\end{bmatrix}\boldsymbol{P}^{-1}\right)^{100}=\boldsymbol{P}\begin{bmatrix}-1&0&0\\0&1&0\\0&0&2\end{bmatrix}^{100}\boldsymbol{P}^{-1}=\boldsymbol{P}\begin{bmatrix}1&0&0\\0&1&0\\0&0&2^{100}\end{bmatrix}\boldsymbol{P}^{-1}$$

$$=\begin{bmatrix}0&1&2\\0&0&1\\1&-1&-\frac{5}{3}\end{bmatrix}\begin{bmatrix}1&0&0\\0&1&0\\0&0&2^{100}\end{bmatrix}\begin{bmatrix}1&-\frac{1}{3}&1\\1&-2&0\\0&1&0\end{bmatrix}=\begin{bmatrix}1&2^{101}-2&0\\0&2^{100}&0\\0&\frac{5}{3}(1-2^{100})&1\end{bmatrix}.$$

三、计算与证明题

1.【解】（方法一）

将原行列式各列加到第一列并提取公因式

$$\begin{vmatrix}1&2&3&4+x\\1&2&3+x&4\\1&2+x&3&4\\1+x&2&3&4\end{vmatrix}=(10+x)\begin{vmatrix}1&2&3&4+x\\1&2&3+x&4\\1&2+x&3&4\\1&2&3&4\end{vmatrix}$$

$$=(10+x)\begin{vmatrix}1&0&0&x\\1&0&x&0\\1&x&0&0\\1&0&0&0\end{vmatrix}=(10+x)x^3.$$

解方程 $(10+x)x^3=0$ 得 $x=-10$ 和 $x=0$.

（方法二）

将原行列式按各列写成两个子列之和，然后分解为 2^4 个行列式之和，只考虑不为零的行列式，共有 5 个：

$$\begin{vmatrix}1&2&3&4+x\\1&2&3+x&4\\1&2+x&3&4\\1+x&2&3&4\end{vmatrix}=\begin{vmatrix}1&0&0&x\\1&0&x&0\\1&x&0&0\\1&0&0&0\end{vmatrix}+\begin{vmatrix}0&2&0&x\\0&2&x&0\\0&2&0&0\\x&2&0&0\end{vmatrix}+\begin{vmatrix}0&0&3&x\\0&0&3&0\\0&x&3&0\\x&0&3&0\end{vmatrix}$$

$$+\begin{vmatrix}0&0&0&4\\0&0&x&4\\0&x&0&4\\x&0&0&4\end{vmatrix}+\begin{vmatrix}0&0&0&x\\0&0&x&0\\0&x&0&0\\x&0&0&0\end{vmatrix}$$

$$=x^3+2x^3+3x^3+4x^3+x^4=(10+x)x^3.$$

解方程$(10+x)x^3=0$得$x=-10$和$x=0$.

2.【解】 (1)将原矩阵分拆为两个矩阵的和

$$\begin{bmatrix}1&a&b\\0&1&a\\0&0&1\end{bmatrix}=\begin{bmatrix}1&0&0\\0&1&0\\0&0&1\end{bmatrix}+\begin{bmatrix}0&a&b\\0&0&a\\0&0&0\end{bmatrix}=\boldsymbol{E}+\boldsymbol{A}_1,$$

注意到第二个矩阵$\boldsymbol{A}_1=\begin{bmatrix}0&a&b\\0&0&a\\0&0&0\end{bmatrix}$满足$\boldsymbol{A}_1^3=0$，且$\boldsymbol{A}_1^2=\begin{bmatrix}0&0&a^2\\0&0&0\\0&0&0\end{bmatrix}$.

根据二项式定理得

$$\boldsymbol{A}^n=\boldsymbol{E}+n\boldsymbol{A}_1+\frac{n(n-1)}{2}\boldsymbol{A}_1^2=\begin{bmatrix}1&na&\frac{n(n-1)}{2}a^2+nb\\0&1&na\\0&0&1\end{bmatrix}.$$

(2)

$$\begin{bmatrix}1&a&b&1&0&0\\0&1&a&0&1&0\\0&0&1&0&0&1\end{bmatrix}\to\begin{bmatrix}1&a&b&1&0&0\\0&1&0&0&1&-a\\0&0&1&0&0&1\end{bmatrix}\to\begin{bmatrix}1&a&0&1&0&-b\\0&1&0&0&1&-a\\0&0&1&0&0&1\end{bmatrix}\to$$

$$\begin{bmatrix}1&0&0&1&-a&a^2-b\\0&1&0&0&1&-a\\0&0&1&0&0&1\end{bmatrix},$$

于是$\boldsymbol{A}^{-1}=\begin{bmatrix}1&-a&a^2-b\\0&1&-a\\0&0&1\end{bmatrix}$.

3.【解】 由 rank $\boldsymbol{A}=3$ 可知，齐次线性方程组$\boldsymbol{Ax}=\boldsymbol{0}$的解空间是 1 维的.

又由$\boldsymbol{\alpha}_1,\boldsymbol{\alpha}_2,\boldsymbol{\alpha}_3$是线性方程组$\boldsymbol{Ax}=\boldsymbol{b}$的解，得

$$\boldsymbol{\beta}_1=\frac{\boldsymbol{\alpha}_1+\boldsymbol{\alpha}_2}{2}=(1,1,2,3)^{\mathrm{T}},\ \boldsymbol{\beta}_2=\frac{\boldsymbol{\alpha}_1+2\boldsymbol{\alpha}_3}{3}=(0,1,0,2)^{\mathrm{T}}$$

是原方程组的两个解，$\boldsymbol{\beta}_1-\boldsymbol{\beta}_2=(1,0,2,1)^{\mathrm{T}}$是齐次线性方程组$\boldsymbol{Ax}=\boldsymbol{0}$的一个基础解系. 故原方程组的通解为$k(\boldsymbol{\beta}_1-\boldsymbol{\beta}_2)+\boldsymbol{\beta}_1=k(1,0,2,1)^{\mathrm{T}}+(1,1,2,3)^{\mathrm{T}}$.

注:本题中$\boldsymbol{Ax}=\boldsymbol{0}$的基础解系、$\boldsymbol{Ax}=\boldsymbol{b}$的特解的选择方法不唯一.

4.【解】 由已知$\boldsymbol{A}$与$\boldsymbol{B}$相似，得到它们具有相同的迹$\mathrm{tr}(\boldsymbol{A})=x-1=\mathrm{tr}(\boldsymbol{B})=y+1$，另$\boldsymbol{A}$有特征值$-2$，于是$-2$也是$\boldsymbol{B}$的特征值，于是得到$x=0$，$y=-2$.

对$\boldsymbol{A}$的特征值$-1,2,-2$，分别求出对应的特征向量为

$$\boldsymbol{\alpha}_1=(0,2,-1),\ \boldsymbol{\alpha}_2=(0,1,1),\ \boldsymbol{\alpha}_3=(1,0,-1).$$

于是有可逆矩阵$\boldsymbol{P}=\begin{bmatrix}0&0&1\\2&1&0\\-1&1&-1\end{bmatrix}$，满足$\boldsymbol{P}^{-1}\boldsymbol{AP}=\boldsymbol{B}$.

5.【解】 令$\boldsymbol{A}$为二次型f对应的对称矩阵，则由题意可得$\boldsymbol{A}$的特征值为$0,1,4$.

于是有$\mathrm{tr}(\boldsymbol{A})=2+a=5$，得$a=3$.

又由 $|\boldsymbol{A}|=0$，得 $b=1$.

代入得 $\boldsymbol{A}=\begin{bmatrix}1&1&1\\1&3&1\\1&1&1\end{bmatrix}$. 于是可分别求出对应于特征值0，1，4 的三个特征向量

$$\boldsymbol{\alpha}_1=(1,\ 0,\ -1)^{\mathrm{T}},\ \boldsymbol{\alpha}_2=(1,\ -1,\ 1)^{\mathrm{T}},\ \boldsymbol{\alpha}_3=(1,\ 2,\ 1)^{\mathrm{T}}.$$

分别单位化后得

$$\boldsymbol{\varepsilon}_1=\left(\frac{1}{\sqrt{2}},\ 0,\ -\frac{1}{\sqrt{2}}\right)^{\mathrm{T}},\ \boldsymbol{\varepsilon}_2=\left(\frac{1}{\sqrt{3}},\ -\frac{1}{\sqrt{3}},\ \frac{1}{\sqrt{3}}\right)^{\mathrm{T}},\ \boldsymbol{\varepsilon}_3=\left(\frac{1}{\sqrt{6}},\ \frac{2}{\sqrt{6}},\ \frac{1}{\sqrt{6}}\right)^{\mathrm{T}}.$$

于是得到正交矩阵 $\boldsymbol{P}=\begin{bmatrix}\frac{1}{\sqrt{2}}&\frac{1}{\sqrt{3}}&\frac{1}{\sqrt{6}}\\0&-\frac{1}{\sqrt{3}}&\frac{2}{\sqrt{6}}\\-\frac{1}{\sqrt{2}}&\frac{1}{\sqrt{3}}&\frac{1}{\sqrt{6}}\end{bmatrix}$.

6.【证】 (1)必要性

若 $\boldsymbol{A}$ 可以相似对角化，即存在可逆矩 $\boldsymbol{P}$ 使得 $\boldsymbol{P}^{-1}\boldsymbol{AP}$ 是对角矩阵，则由于 $\boldsymbol{P}^{-1}\boldsymbol{A}^2\boldsymbol{P}=\boldsymbol{P}^{-1}\boldsymbol{APP}^{-1}\boldsymbol{AP}$ 也为对角矩阵，从而 $\boldsymbol{A}^2$ 可以相似对角化.

(2)充分性

假设 $\boldsymbol{A}$ 有不同的特征值 $\lambda_1,\ \lambda_2,\ \cdots,\ \lambda_s$，则易知 $\boldsymbol{A}^2$ 有特征值 $\lambda_1^2,\ \lambda_2^2,\ \cdots,\ \lambda_s^2$. 不妨设 $\lambda_1^2,\ \lambda_2^2,\ \cdots,\ \lambda_s^2$ 中两两不相同的为 $\lambda_1^2,\ \lambda_2^2,\ \cdots,\ \lambda_r^2$.

由已知 $\boldsymbol{A}^2$ 可相似对角化，故 $\lambda_1^2,\ \lambda_2^2,\ \cdots,\ \lambda_r^2$ 的几何重数之和等于 n.

下面证明 $\lambda_1,\ \lambda_2,\ \cdots,\ \lambda_s$ 的几何重数之和也等于 n.

取 $\boldsymbol{A}^2$ 的特征值 λ_1^2，若 $-\lambda_1$ 不是 $\boldsymbol{A}$ 的特征值，可知 $\operatorname{rank}(\lambda_1^2\boldsymbol{E}-\boldsymbol{A}^2)=\operatorname{rank}(\lambda_1\boldsymbol{E}-\boldsymbol{A})$，故 λ_1 的几何重数等于 λ_1^2 的几何重数.

若 $-\lambda_1$ 也是 $\boldsymbol{A}$ 的特征值，则 $\lambda_1^2,\ \lambda_1,\ -\lambda_1$ 的特征子空间分别对应线性方程组

$$\begin{cases}(\lambda_1^2\boldsymbol{E}-\boldsymbol{A}^2)\boldsymbol{x}=\boldsymbol{0},\\(\lambda_1\boldsymbol{E}-\boldsymbol{A})\boldsymbol{x}=\boldsymbol{0},\\(-\lambda_1\boldsymbol{E}-\boldsymbol{A})\boldsymbol{x}=\boldsymbol{0}\end{cases}$$

的解空间.

设 $\boldsymbol{\alpha}_1,\ \boldsymbol{\alpha}_2,\ \cdots,\ \boldsymbol{\alpha}_{n_1}$ 和 $\boldsymbol{\beta}_1,\ \boldsymbol{\beta}_2,\ \cdots,\ \boldsymbol{\beta}_{n_2}$ 分别是方程组 $(\lambda_1\boldsymbol{E}-\boldsymbol{A})\boldsymbol{x}=\boldsymbol{0}$ 和 $(-\lambda_1\boldsymbol{E}-\boldsymbol{A})\boldsymbol{x}=\boldsymbol{0}$ 的一个基础解系.

易知向量组 $\boldsymbol{\alpha}_1,\ \boldsymbol{\alpha}_2,\ \cdots,\ \boldsymbol{\alpha}_{n_1},\ \boldsymbol{\beta}_1,\ \boldsymbol{\beta}_2,\ \cdots,\ \boldsymbol{\beta}_{n_2}$ 线性无关，且它们都是方程组 $(\lambda_1^2\boldsymbol{E}-\boldsymbol{A}^2)\boldsymbol{x}=\boldsymbol{0}$ 的解.

设 γ 是 $(\lambda_1^2\boldsymbol{E}-\boldsymbol{A}^2)\boldsymbol{x}=\boldsymbol{0}$ 的一个解，由

$$(\lambda_1^2\boldsymbol{E}-\boldsymbol{A}^2)\gamma=(\lambda_1\boldsymbol{E}-\boldsymbol{A})(\lambda_1\boldsymbol{E}+\boldsymbol{A})\gamma=(\lambda_1\boldsymbol{E}+\boldsymbol{A})(\lambda_1\boldsymbol{E}-\boldsymbol{A})\gamma=\boldsymbol{0},$$

得 $V_1=(\lambda_1\boldsymbol{E}-\boldsymbol{A})\gamma$ 属于 $\boldsymbol{\beta}_1,\ \boldsymbol{\beta}_2,\ \cdots,\ \boldsymbol{\beta}_{n_2}$ 生成的子空间，$V_2=(\lambda_1\boldsymbol{E}+\boldsymbol{A})\gamma$ 属于 $\boldsymbol{\alpha}_1,\ \boldsymbol{\alpha}_2,\ \cdots,\ \boldsymbol{\alpha}_{n_1}$ 生成的子空间. 从而 $\gamma=\frac{1}{2\lambda_1}(V_1+V_2)$ 属于由 $\boldsymbol{\alpha}_1,\ \boldsymbol{\alpha}_2,\ \cdots,\ \boldsymbol{\alpha}_{n_1},\ \boldsymbol{\beta}_1,\ \boldsymbol{\beta}_2,\ \cdots,\ \boldsymbol{\beta}_{n_2}$ 生成的子空间. 从而有 $\boldsymbol{\alpha}_1,\ \boldsymbol{\alpha}_2,\ \cdots,\ \boldsymbol{\alpha}_{n_1},\ \boldsymbol{\beta}_1,\ \boldsymbol{\beta}_2,\ \cdots,\ \boldsymbol{\beta}_{n_2}$ 是方程组 $(\lambda_1^2\boldsymbol{E}-\boldsymbol{A}^2)\boldsymbol{x}=\boldsymbol{0}$ 的

一个基础解系，于是此时 λ_1^2 的几何重数等于 λ_1 的几何重数加 $-\lambda_1$ 的几何重数.

综上可得 λ_1，λ_2，…，λ_s 的几何重数之和等于 λ_1^2，λ_2^2，…，λ_r^2 的几何重数之和，故 $\boldsymbol{A}$ 可以相似对角化.

2019—2020 学年秋季学期(B)卷解析

一、单选题

1.【答】 B.

【解析】 若对任意一组不全为零的数 $k_1, k_2, \cdots, k_r$，都有 $\sum_{i=1}^{r} k_i\boldsymbol{\alpha}_i \neq \mathbf{0}$，则不存在不全为零的数 $k_1, k_2, \cdots, k_r$，使得 $\sum_{i=1}^{r} k_i\boldsymbol{\alpha}_i = \mathbf{0}$，由向量组线性无关的定义可知 $\boldsymbol{\alpha}_1, \boldsymbol{\alpha}_2, \cdots, \boldsymbol{\alpha}_r$ 线性无关.

2.【答】 B.

【解析】 由 $\boldsymbol{QP}=\boldsymbol{E}$，可知 $|\boldsymbol{QP}| = |\boldsymbol{E}|$，$|\boldsymbol{Q}||\boldsymbol{P}| = 1$，从而 $|\boldsymbol{P}| \neq 0$，$\boldsymbol{P}$ 为可逆矩阵，$\boldsymbol{P}$ 的秩等于 n.

3.【答】 C.

【解析】 由 $\boldsymbol{\alpha}_1, \boldsymbol{\alpha}_2, \boldsymbol{\alpha}_3, \boldsymbol{\alpha}_4$ 线性无关，可知 $\boldsymbol{\alpha}_1, \boldsymbol{\alpha}_2, \boldsymbol{\alpha}_3, \boldsymbol{\alpha}_4$ 的秩等于 4. 考虑 $\boldsymbol{\alpha}_1, \boldsymbol{\alpha}_2, \boldsymbol{\alpha}_3, \boldsymbol{\alpha}_4$ 生成的向量空间 V，由 $\boldsymbol{\alpha}_1, \boldsymbol{\alpha}_2, \boldsymbol{\alpha}_3, \boldsymbol{\alpha}_4$ 线性无关，可知 $\boldsymbol{\alpha}_1, \boldsymbol{\alpha}_2, \boldsymbol{\alpha}_3, \boldsymbol{\alpha}_4$ 是向量空间 V 的一个基，向量空间 V 中一组向量 $\boldsymbol{\beta}_1, \boldsymbol{\beta}_2, \boldsymbol{\beta}_3, \boldsymbol{\beta}_4$ 的线性相关性的讨论等价于这些向量在上述基下的坐标向量 $\boldsymbol{X}_1, \boldsymbol{X}_2, \boldsymbol{X}_3, \boldsymbol{X}_4$ 的线性相关性的讨论.

在(A)选项中，向量 $\boldsymbol{\alpha}_1+\boldsymbol{\alpha}_2, \boldsymbol{\alpha}_2+\boldsymbol{\alpha}_3, \boldsymbol{\alpha}_3+\boldsymbol{\alpha}_4, \boldsymbol{\alpha}_4+\boldsymbol{\alpha}_1$ 在 $\boldsymbol{\alpha}_1, \boldsymbol{\alpha}_2, \boldsymbol{\alpha}_3, \boldsymbol{\alpha}_4$ 下的坐标向量分别为 $\begin{bmatrix}1\\1\\0\\0\end{bmatrix}, \begin{bmatrix}0\\1\\1\\0\end{bmatrix}, \begin{bmatrix}0\\0\\1\\1\end{bmatrix}, \begin{bmatrix}1\\0\\0\\1\end{bmatrix}$. 由于 $\begin{vmatrix}1&0&0&1\\1&1&0&0\\0&1&1&0\\0&0&1&1\end{vmatrix}=0$，故 $\begin{bmatrix}1\\1\\0\\0\end{bmatrix}, \begin{bmatrix}0\\1\\1\\0\end{bmatrix}, \begin{bmatrix}0\\0\\1\\1\end{bmatrix}, \begin{bmatrix}1\\0\\0\\1\end{bmatrix}$ 的秩小于 4，$\boldsymbol{\alpha}_1+\boldsymbol{\alpha}_2, \boldsymbol{\alpha}_2+\boldsymbol{\alpha}_3, \boldsymbol{\alpha}_3+\boldsymbol{\alpha}_4, \boldsymbol{\alpha}_4+\boldsymbol{\alpha}_1$ 与 $\boldsymbol{\alpha}_1, \boldsymbol{\alpha}_2, \boldsymbol{\alpha}_3, \boldsymbol{\alpha}_4$ 不等价.

同理可证:(B)选项中的 $\boldsymbol{\alpha}_1-\boldsymbol{\alpha}_2, \boldsymbol{\alpha}_2-\boldsymbol{\alpha}_3, \boldsymbol{\alpha}_3-\boldsymbol{\alpha}_4, \boldsymbol{\alpha}_4-\boldsymbol{\alpha}_1$ 与 $\boldsymbol{\alpha}_1, \boldsymbol{\alpha}_2, \boldsymbol{\alpha}_3, \boldsymbol{\alpha}_4$ 不等价;(D)选项中的 $\boldsymbol{\alpha}_1+\boldsymbol{\alpha}_2, \boldsymbol{\alpha}_2+\boldsymbol{\alpha}_3, \boldsymbol{\alpha}_3-\boldsymbol{\alpha}_4, \boldsymbol{\alpha}_4-\boldsymbol{\alpha}_1$ 与 $\boldsymbol{\alpha}_1, \boldsymbol{\alpha}_2, \boldsymbol{\alpha}_3, \boldsymbol{\alpha}_4$ 不等价.

在(C)选项中，向量 $\boldsymbol{\alpha}_1+\boldsymbol{\alpha}_2, \boldsymbol{\alpha}_2+\boldsymbol{\alpha}_3, \boldsymbol{\alpha}_3+\boldsymbol{\alpha}_4, \boldsymbol{\alpha}_4-\boldsymbol{\alpha}_1$ 在 $\boldsymbol{\alpha}_1, \boldsymbol{\alpha}_2, \boldsymbol{\alpha}_3, \boldsymbol{\alpha}_4$ 下的坐标向量分别为 $\begin{bmatrix}1\\1\\0\\0\end{bmatrix}, \begin{bmatrix}0\\1\\1\\0\end{bmatrix}, \begin{bmatrix}0\\0\\1\\1\end{bmatrix}, \begin{bmatrix}-1\\0\\0\\1\end{bmatrix}$，由于 $\begin{vmatrix}1&0&0&-1\\1&1&0&0\\0&1&1&0\\0&0&1&1\end{vmatrix}=2$，故 $\begin{bmatrix}1\\1\\0\\0\end{bmatrix}, \begin{bmatrix}0\\1\\1\\0\end{bmatrix}, \begin{bmatrix}0\\0\\1\\1\end{bmatrix}, \begin{bmatrix}-1\\0\\0\\1\end{bmatrix}$ 的秩等于 4，$\boldsymbol{\alpha}_1+\boldsymbol{\alpha}_2, \boldsymbol{\alpha}_2+\boldsymbol{\alpha}_3, \boldsymbol{\alpha}_3+\boldsymbol{\alpha}_4, \boldsymbol{\alpha}_4-\boldsymbol{\alpha}_1$ 与 $\boldsymbol{\alpha}_1, \boldsymbol{\alpha}_2, \boldsymbol{\alpha}_3, \boldsymbol{\alpha}_4$ 等价.

4.【答】 A.

【解析】 若 n 阶非零方阵 $\boldsymbol{A}$ 的所有特征值的几何重数之和等于 n，则 $\boldsymbol{A}$ 必可相似对角化，$\boldsymbol{A}$ 的每个特征值的几何重数与代数重数相等. 另外，任意 n 阶方阵 $\boldsymbol{A}$ 必有 n 个特征值，即所有特征值的代数重数之和必等于 n. 故(B)(C)(D)选项都正确.

5.【答】 A.

【解析】 若 n 阶方阵 $\boldsymbol{A}$, $\boldsymbol{B}$ 相似，则存在 n 阶可逆矩阵 $\boldsymbol{P}$ 使得 $\boldsymbol{P}^{-1}\boldsymbol{AP}=\boldsymbol{B}$，从而 $|\boldsymbol{P}^{-1}\boldsymbol{AP}|=|\boldsymbol{B}|$，$|\boldsymbol{P}^{-1}||\boldsymbol{A}||\boldsymbol{P}|=|\boldsymbol{B}|$，$|\boldsymbol{A}|=|\boldsymbol{B}|$，从而相似的矩阵具有相同的行列式. 类似可以得出，当 $\boldsymbol{A}$, $\boldsymbol{B}$ 合同或等价时，其行列式不一定相等.

6.【答】 B.

【解析】 由二次型正定性的判别条件可知：n 元二次型 $\boldsymbol{x}^{\mathrm{T}}\boldsymbol{Ax}$ 正定的充要条件为 $\boldsymbol{A}$ 的正惯性指数等于 n；负定的充要条件为 $\boldsymbol{A}$ 的负惯性指数等于 n；半正定的充要条件为 $\boldsymbol{A}$ 的正惯性指数小于等于 n 且负惯性指数等于零.

二、填空题

1.【答】 $x=0$ 或 $x=-(a_1+a_2+a_3+a_4)$.

【解析】 利用行列式的性质，可得

$$\begin{vmatrix} a_1 & a_2 & a_3 & a_4+x \\ a_1 & a_2 & a_3+x & a_4 \\ a_1 & a_2+x & a_3 & a_4 \\ a_1+x & a_2 & a_3 & a_4 \end{vmatrix} = \begin{vmatrix} a_1+a_2+a_3+a_4+x & a_2 & a_3 & a_4+x \\ a_1+a_2+a_3+a_4+x & a_2 & a_3+x & a_4 \\ a_1+a_2+a_3+a_4+x & a_2+x & a_3 & a_4 \\ a_1+a_2+a_3+a_4+x & a_2 & a_3 & a_4 \end{vmatrix}$$

$$= \begin{vmatrix} a_1+a_2+a_3+a_4+x & a_2 & a_3 & a_4+x \\ 0 & 0 & x & -x \\ 0 & x & 0 & -x \\ 0 & 0 & 0 & -x \end{vmatrix} = (a_1+a_2+a_3+a_4+x)x^3.$$

由题意可知 $x=0$ 或 $x=-(a_1+a_2+a_3+a_4)$.

2.【答】 3.

【解析】 对矩阵进行初等变换

$$\begin{bmatrix} 0 & 2 & 3 & 1 & 5 \\ 1 & 2 & 0 & 1 & 3 \\ 3 & 0 & 2 & 0 & 5 \end{bmatrix} \to \begin{bmatrix} 0 & 2 & 3 & 1 & 5 \\ 1 & 2 & 0 & 1 & 3 \\ 0 & -6 & 2 & -3 & -4 \end{bmatrix} \to \begin{bmatrix} 0 & 2 & 3 & 1 & 5 \\ 1 & 2 & 0 & 1 & 3 \\ 0 & 0 & 11 & 0 & 11 \end{bmatrix},$$

可知矩阵的秩等于 3.

3.【答】 -1.

【解析】 由 $|2\boldsymbol{A}|=2^3|\boldsymbol{A}|=-48$，可知 $|\boldsymbol{A}|=-6$. 又由"方阵的行列式等于其特征值之积"，可知 $|\boldsymbol{A}|=2\times3\times\lambda=-6$，因此 $\lambda=-1$.

4.【答】 $\begin{bmatrix} 0 & -10 & 6 \\ 0 & 4 & -2 \\ 1 & 0 & 0 \end{bmatrix}$.

【解析】 由 $\left(\dfrac{1}{2}\begin{bmatrix} 0 & 0 & 2 \\ 1 & 3 & 0 \\ 2 & 5 & 0 \end{bmatrix}\right)^{-1} = 2\begin{bmatrix} 0 & 0 & 2 \\ 1 & 3 & 0 \\ 2 & 5 & 0 \end{bmatrix}^{-1}$ 以及

$$\begin{bmatrix} 0 & 0 & 2 & 1 & 0 & 0 \\ 1 & 3 & 0 & 0 & 1 & 0 \\ 2 & 5 & 0 & 0 & 0 & 1 \end{bmatrix} \to \begin{bmatrix} 0 & 0 & 1 & \frac{1}{2} & 0 & 0 \\ 1 & 3 & 0 & 0 & 1 & 0 \\ 0 & -1 & 0 & 0 & -2 & 1 \end{bmatrix} \to \begin{bmatrix} 0 & 0 & 1 & \frac{1}{2} & 0 & 0 \\ 1 & 0 & 0 & 0 & -5 & 3 \\ 0 & -1 & 0 & 0 & -2 & 1 \end{bmatrix} \to$$

$$\begin{bmatrix}1&0&0&0&-5&3\\0&1&0&0&2&-1\\0&0&1&\frac{1}{2}&0&0\end{bmatrix},$$

可得$\left(\frac{1}{2}\begin{bmatrix}0&0&2\\1&3&0\\2&5&0\end{bmatrix}\right)^{-1}=\begin{bmatrix}0&-10&6\\0&4&-2\\1&0&0\end{bmatrix}$.

5.【答】 $\begin{bmatrix}-2^{100}+2&-2^{101}+2&0\\2^{100}-1&2^{101}-1&0\\2^{100}-1&2^{101}-2&1\end{bmatrix}$.

【解析】 由

$$|\lambda A-E|=\begin{vmatrix}\lambda-4&-6&0\\3&\lambda+5&0\\3&6&\lambda-1\end{vmatrix}=(\lambda-1)\begin{vmatrix}\lambda-4&-6\\3&\lambda+5\end{vmatrix}=(\lambda-1)^2(\lambda+2),$$

可知$\boldsymbol{A}$的特征值为$\lambda_1=\lambda_2=1$，$\lambda_3=-2$. 通过求解齐次线性方程组$(\boldsymbol{E}-\boldsymbol{A})\boldsymbol{x}=\boldsymbol{0}$的方式，可得$\boldsymbol{A}$对应于特征值$\lambda_1=\lambda_2=1$的两个线性无关的特征向量分别为$\begin{bmatrix}-2\\1\\0\end{bmatrix}$，$\begin{bmatrix}0\\0\\1\end{bmatrix}$，通过求解$(-2\boldsymbol{E}-\boldsymbol{A})\boldsymbol{x}=\boldsymbol{0}$，可得$\boldsymbol{A}$对应于特征值$\lambda_3=-2$的一个特征向量为$\begin{bmatrix}-1\\1\\1\end{bmatrix}$.

令$\boldsymbol{P}=\begin{bmatrix}-2&0&-1\\1&0&1\\0&1&1\end{bmatrix}$，则有$\boldsymbol{P}^{-1}\boldsymbol{AP}=\begin{bmatrix}1&0&0\\0&1&0\\0&0&-2\end{bmatrix}$，$\boldsymbol{A}=\boldsymbol{P}\begin{bmatrix}1&0&0\\0&1&0\\0&0&-2\end{bmatrix}\boldsymbol{P}^{-1}$，再利用矩阵乘法的运算规律可知

$$\boldsymbol{A}^{100}=\left(\boldsymbol{P}\begin{bmatrix}1&0&0\\0&1&0\\0&0&-2\end{bmatrix}\boldsymbol{P}^{-1}\right)^{100}=\boldsymbol{P}\begin{bmatrix}1&0&0\\0&1&0\\0&0&-2\end{bmatrix}^{100}\boldsymbol{P}^{-1}=\boldsymbol{P}\begin{bmatrix}1&0&0\\0&1&0\\0&0&2^{100}\end{bmatrix}\boldsymbol{P}^{-1}$$

$$=\begin{bmatrix}-2&0&-1\\1&0&1\\0&1&1\end{bmatrix}\begin{bmatrix}1&0&0\\0&1&0\\0&0&2^{100}\end{bmatrix}\begin{bmatrix}-1&-1&0\\-1&-2&1\\1&2&0\end{bmatrix}=\begin{bmatrix}-2^{100}+2&-2^{101}+2&0\\2^{100}-1&2^{101}-1&0\\2^{100}-1&2^{101}-2&1\end{bmatrix}.$$

6.【答】 $\begin{bmatrix}a_1^2&a_1a_2&a_1a_3\\a_1a_2&a_2^2&a_2a_3\\a_1a_3&a_2a_3&a_3^2\end{bmatrix}$.

【解析】 对二次型进行变形

$$(a_1x_1+a_2x_2+a_3x_3)^2=\left(\begin{bmatrix}a_1&a_2&a_3\end{bmatrix}\begin{bmatrix}x_1\\x_2\\x_3\end{bmatrix}\right)^{\mathrm{T}}\begin{bmatrix}a_1&a_2&a_3\end{bmatrix}\begin{bmatrix}x_1\\x_2\\x_3\end{bmatrix}$$

$$=\begin{bmatrix}x_1\\x_2\\x_3\end{bmatrix}^{\mathrm{T}}[a_1\quad a_2\quad a_3]^{\mathrm{T}}[a_1\quad a_2\quad a_3]\begin{bmatrix}x_1\\x_2\\x_3\end{bmatrix}=\begin{bmatrix}x_1\\x_2\\x_3\end{bmatrix}^{\mathrm{T}}\begin{bmatrix}a_1\\a_2\\a_3\end{bmatrix}[a_1\quad a_2\quad a_3]\begin{bmatrix}x_1\\x_2\\x_3\end{bmatrix}$$

$$=\begin{bmatrix}x_1\\x_2\\x_3\end{bmatrix}^{\mathrm{T}}\begin{bmatrix}a_1^2 & a_1a_2 & a_1a_3\\a_1a_2 & a_2^2 & a_2a_3\\a_1a_3 & a_2a_3 & a_3^2\end{bmatrix}\begin{bmatrix}x_1\\x_2\\x_3\end{bmatrix}.$$

三、计算与证明题

1.【解】（方法一）

若任意 $a_i\neq0$，

$$\begin{vmatrix}1 & 1 & 1 & \cdots & 1 & 1\\0 & 1+a_1 & 1 & \cdots & 1 & 1\\0 & 2 & 2+a_2 & \cdots & 2 & 2\\\vdots & \vdots & \vdots & & \vdots & \vdots\\0 & n-1 & n-1 & \cdots & n-1+a_{n-1} & n-1\\0 & n & n & \cdots & n & n+a_n\end{vmatrix}=\begin{vmatrix}1 & 1 & 1 & \cdots & 1 & 1\\-1 & a_1 & 0 & \cdots & 0 & 0\\-2 & 0 & a_2 & \cdots & 0 & 0\\\vdots & \vdots & \vdots & & \vdots & \vdots\\1-n & 0 & 0 & \cdots & a_{n-1} & 0\\-n & 0 & 0 & \cdots & 0 & a_n\end{vmatrix}$$

$$=\begin{vmatrix}1+\sum\limits_{i=1}^{n}\dfrac{i}{a_i} & 1 & 1 & \cdots & 1 & 1\\0 & a_1 & 0 & \cdots & 0 & 0\\0 & 0 & a_2 & \cdots & 0 & 0\\\vdots & \vdots & \vdots & & \vdots & \vdots\\0 & 0 & 0 & \cdots & a_{n-1} & 0\\0 & 0 & 0 & \cdots & 0 & a_n\end{vmatrix}=a_1a_2\cdots a_n\left(1+\sum_{i=1}^{n}\frac{i}{a_i}\right).$$

若某个 $a_i=0$，则由原行列式第 j 行分别减去第 i 行的 $\dfrac{j}{i}$ 倍，再利用第 i 列展开即得原行列式等于 $a_1a_2\cdots a_{i-1}ia_{i+1}\cdots a_n$.

若 a_1，a_2，…，a_n 中至少有两个元素等于 0，则行列式中存在相同的两列，从而行列式等于 0.

（方法二）

首先将原行列式按最后一列分拆为两个行列式的和

$$\begin{vmatrix}1+a_1 & 1 & 1 & \cdots & 1 & 1\\2 & 2+a_2 & 2 & \cdots & 2 & 2\\3 & 3 & 3+a_3 & \cdots & 3 & 3\\\vdots & \vdots & \vdots & & \vdots & \vdots\\n-1 & n-1 & n-1 & \cdots & n-1+a_{n-1} & n-1\\n & n & n & \cdots & n & n+a_n\end{vmatrix}=$$

$$\begin{vmatrix} 1+a_1 & 1 & 1 & \cdots & 1 & 1 \\ 2 & 2+a_2 & 2 & \cdots & 2 & 2 \\ 3 & 3 & 3+a_3 & \cdots & 3 & 3 \\ \vdots & \vdots & \vdots & & \vdots & \vdots \\ n-1 & n-1 & n-1 & \cdots & n-1+a_{n-1} & n-1 \\ n & n & n & \cdots & n & n \end{vmatrix} + \begin{vmatrix} 1+a_1 & 1 & 1 & \cdots & 1 & 0 \\ 2 & 2+a_2 & 2 & \cdots & 2 & 0 \\ 3 & 3 & 3+a_3 & \cdots & 3 & 0 \\ \vdots & \vdots & \vdots & & \vdots & \vdots \\ n-1 & n-1 & n-1 & \cdots & n-1+a_{n-1} & 0 \\ n & n & n & \cdots & n & a_n \end{vmatrix}$$

对第一个行列式每一列减去最后一列，第二个行列式按最后一列展开得到

$$na_1a_2\cdots a_{n-1}+a_n\begin{vmatrix} 1+a_1 & 1 & 1 & \cdots & 1 & 1 \\ 2 & 2+a_2 & 2 & \cdots & 2 & 2 \\ 3 & 3 & 3+a_3 & \cdots & 3 & 3 \\ \vdots & \vdots & \vdots & & \vdots & \vdots \\ n-2 & n-2 & n-2 & \cdots & n-2+a_{n-2} & n-2 \\ n-1 & n-1 & n-1 & \cdots & n-1 & n-1+a_{n-1} \end{vmatrix},$$

利用归纳法得原行列式为 $a_1a_2\cdots a_n+\sum\limits_{i=1}^{n}a_1a_2\cdots a_{i-1}ia_{i+1}\cdots a_n$.

2.【解】 由 $\boldsymbol{AB}=\boldsymbol{A}-2\boldsymbol{B}$ 得 $\boldsymbol{AB}+2\boldsymbol{B}=\boldsymbol{A}$，即 $(\boldsymbol{A}+2\boldsymbol{E})\boldsymbol{B}=\boldsymbol{A}$.

由 $|\boldsymbol{A}+2\boldsymbol{E}|=-1$，可知 $\boldsymbol{A}+2\boldsymbol{E}$ 可逆，则 $\boldsymbol{B}=(\boldsymbol{A}+2\boldsymbol{E})^{-1}\boldsymbol{A}$.

求出 $\boldsymbol{A}+2\boldsymbol{E}$ 的逆 $(\boldsymbol{A}+2\boldsymbol{E})^{-1}=\begin{bmatrix} -4 & -3 & 1 \\ -5 & -3 & 1 \\ 6 & 4 & -1 \end{bmatrix}$.

从而 $\boldsymbol{B}=(\boldsymbol{A}+2\boldsymbol{E})^{-1}\boldsymbol{A}=\begin{bmatrix} 9 & 6 & -2 \\ 10 & 7 & -2 \\ -12 & -8 & 3 \end{bmatrix}$.

3.【解】 由系数矩阵 $\boldsymbol{A}$ 有一个 2 阶子式不等于零得到 $\operatorname{rank}\boldsymbol{A}\geqslant 2$.

由已知得 $\boldsymbol{\alpha}_1-\boldsymbol{\alpha}_2=\frac{5}{3}(1,1,1)^{\mathrm{T}}$ 是齐次线性方程组 $\boldsymbol{Ax}=\boldsymbol{0}$ 的一个非零解，从而 $\operatorname{rank}\boldsymbol{A}=2$.

因此该方程组的通解为 $\begin{bmatrix} 2 \\ 1/3 \\ 2/3 \end{bmatrix}+k\begin{bmatrix} 1 \\ 1 \\ 1 \end{bmatrix}$.

4.【解】 由 $|\lambda\boldsymbol{E}-\boldsymbol{A}|=(\lambda-2)^2(\lambda-8)$ 得 $\boldsymbol{A}$ 的特征值为 2，2，8.

对特征值 2 解齐次线性方程组 $(2\boldsymbol{E}-\boldsymbol{A})\boldsymbol{x}=\boldsymbol{0}$，得到解向量

$$\boldsymbol{\alpha}_1=(-1,1,0)^{\mathrm{T}},\ \boldsymbol{\alpha}_2=(-1,0,1)^{\mathrm{T}}$$

对特征值 8 解齐次线性方程组 $(8\boldsymbol{E}-\boldsymbol{A})\boldsymbol{x}=\boldsymbol{0}$，得到解向量

$$\boldsymbol{\alpha}_3=(1,1,1)^{\mathrm{T}}$$

对向量组 $\boldsymbol{\alpha}_1=(-1,1,0)^{\mathrm{T}}$，$\boldsymbol{\alpha}_2=(-1,0,1)^{\mathrm{T}}$；$\boldsymbol{\alpha}_3=(1,1,1)^{\mathrm{T}}$ 分别作 Schmit 正交化得

$$\boldsymbol{\varepsilon}_1=\left(-\frac{1}{\sqrt{2}},\frac{1}{\sqrt{2}},0\right)^{\mathrm{T}},\ \boldsymbol{\varepsilon}_2=\left(-\frac{1}{\sqrt{6}},-\frac{1}{\sqrt{6}},\frac{2}{\sqrt{6}}\right)^{\mathrm{T}},\ \boldsymbol{\varepsilon}_3=\left(\frac{1}{\sqrt{3}},\frac{1}{\sqrt{3}},\frac{1}{\sqrt{3}}\right)^{\mathrm{T}}.$$

于是得正交矩阵 $\boldsymbol{P}=\begin{bmatrix}-\frac{1}{\sqrt{2}} & -\frac{1}{\sqrt{6}} & \frac{1}{\sqrt{3}}\\ \frac{1}{\sqrt{2}} & -\frac{1}{\sqrt{6}} & \frac{1}{\sqrt{3}}\\ 0 & \frac{2}{\sqrt{6}} & \frac{1}{\sqrt{3}}\end{bmatrix}$，满足

$$\boldsymbol{P}^{\mathrm{T}}\boldsymbol{A}\boldsymbol{P}=\begin{bmatrix}2 & & \\ & 2 & \\ & & 8\end{bmatrix}.$$

5.【证】 对 $\boldsymbol{A}$ 按行进行分块得到 $\boldsymbol{A}=\begin{bmatrix}\boldsymbol{\alpha}_1^{\mathrm{T}}\\ \boldsymbol{\alpha}_2^{\mathrm{T}}\\ \vdots\\ \boldsymbol{\alpha}_n^{\mathrm{T}}\end{bmatrix}$，由已知 $\boldsymbol{A}$ 的秩为 1，于是行向量组 $\boldsymbol{\alpha}_1^{\mathrm{T}}$，$\boldsymbol{\alpha}_2^{\mathrm{T}}$，…，$\boldsymbol{\alpha}_n^{\mathrm{T}}$ 的秩为 1.

不妨设 $\boldsymbol{\alpha}_1^{\mathrm{T}}$ 为其一个极大线性无关组，于是有常数 a_2，a_3，…，a_n 使得

$\boldsymbol{\alpha}_2^{\mathrm{T}}=a_2\boldsymbol{\alpha}_1^{\mathrm{T}}$，$\boldsymbol{\alpha}_3^{\mathrm{T}}=a_3\boldsymbol{\alpha}_1^{\mathrm{T}}$，…，$\boldsymbol{\alpha}_n^{\mathrm{T}}=a_n\boldsymbol{\alpha}_1^{\mathrm{T}}$成立，即 $\boldsymbol{A}=\begin{bmatrix}1\\ a_2\\ \vdots\\ a_n\end{bmatrix}\boldsymbol{\alpha}_1^{\mathrm{T}}$.

于是 $\boldsymbol{A}^2=\begin{bmatrix}1\\ a_2\\ \vdots\\ a_n\end{bmatrix}\boldsymbol{\alpha}_1^{\mathrm{T}}\begin{bmatrix}1\\ a_2\\ \vdots\\ a_n\end{bmatrix}\boldsymbol{\alpha}_1^{\mathrm{T}}=\left(\boldsymbol{\alpha}_1^{\mathrm{T}}\begin{bmatrix}1\\ a_2\\ \vdots\\ a_n\end{bmatrix}\right)\boldsymbol{\alpha}_1^{\mathrm{T}}\begin{bmatrix}1\\ a_2\\ \vdots\\ a_n\end{bmatrix}=k\boldsymbol{A}$. 由 $\left(\boldsymbol{\alpha}_1^{\mathrm{T}}\begin{bmatrix}1\\ a_2\\ \vdots\\ a_n\end{bmatrix}\right)=k$，$\boldsymbol{A}\begin{bmatrix}1\\ a_2\\ \vdots\\ a_n\end{bmatrix}=$ $\begin{bmatrix}1\\ a_2\\ \vdots\\ a_n\end{bmatrix}\boldsymbol{\alpha}_1^{\mathrm{T}}\begin{bmatrix}1\\ a_2\\ \vdots\\ a_n\end{bmatrix}=k\begin{bmatrix}1\\ a_2\\ \vdots\\ a_n\end{bmatrix}$得 k 必为 $\boldsymbol{A}$ 的特征值，且由 $\boldsymbol{A}^2=k\boldsymbol{A}$，及 $\boldsymbol{A}$ 的秩为 1 得到 $\boldsymbol{A}$ 的特征值只能是 k 和 0，且特征值 k 的几何重数大于等于 1.

另一方面，若 k 不等于零，则特征值 0 的几何重数等于方程组 $\boldsymbol{Ax}=\boldsymbol{0}$ 的解空间维数，即 $n-\mathrm{rank}\boldsymbol{A}=n-1$. 于是 $\boldsymbol{A}$ 的所有特征值的几何重数之和等于 n，故 $\boldsymbol{A}$ 一定可以相似对角化.

6.【证】 (1)充分性

设方阵 $\boldsymbol{B}$ 的 n 个特征值为 γ_1，γ_2，…，γ_n. 若有可逆矩阵 $\boldsymbol{P}$ 使得 $\boldsymbol{P}^{-1}\boldsymbol{AP}$ 和 $\boldsymbol{P}^{-1}\boldsymbol{BP}$ 都是对角矩阵，则易知

$$\boldsymbol{P}^{-1}\boldsymbol{AP}=\mathrm{diag}\{\lambda_1,\ \lambda_2,\ \cdots,\ \lambda_n\},\ \boldsymbol{P}^{-1}\boldsymbol{BP}=\mathrm{diag}\{\gamma_1,\ \gamma_2,\ \cdots,\ \gamma_n\}.$$

于是有

$$\boldsymbol{P}^{-1}\boldsymbol{APP}^{-1}\boldsymbol{BP}=\boldsymbol{P}^{-1}\boldsymbol{ABP}=\mathrm{diag}\{\lambda_1,\ \lambda_2,\ \cdots,\ \lambda_n\}\mathrm{diag}\{\gamma_1,\ \gamma_2,\ \cdots,\ \gamma_n\}$$
$$=\mathrm{diag}\{\gamma_1,\ \gamma_2,\ \cdots,\ \gamma_n\}\mathrm{diag}\{\lambda_1,\ \lambda_2,\ \cdots,\ \lambda_n\}=\boldsymbol{P}^{-1}\boldsymbol{BPP}^{-1}\boldsymbol{AP}=\boldsymbol{P}^{-1}\boldsymbol{BAP}.$$

又由 $\boldsymbol{P}$ 可逆得到 $\boldsymbol{AB}=\boldsymbol{BA}$.

(2)必要性

由 $\boldsymbol{A}$ 有 n 个相异的特征值 $\lambda_1, \lambda_2, \cdots, \lambda_n$ 可知存在可逆矩阵 $\boldsymbol{P}$ 使得 $\boldsymbol{P}^{-1}\boldsymbol{AP}$ 是对角矩阵，即 $\boldsymbol{P}^{-1}\boldsymbol{AP} = \mathrm{diag}\{\lambda_1, \lambda_2, \cdots, \lambda_n\}$.

又由 $\boldsymbol{AB} = \boldsymbol{BA}$，得

$$\begin{aligned}\mathrm{diag}\{\lambda_1, \lambda_2, \cdots, \lambda_n\}\boldsymbol{P}^{-1}\boldsymbol{BP} &= \boldsymbol{P}^{-1}\boldsymbol{APP}^{-1}\boldsymbol{BP} = \boldsymbol{P}^{-1}\boldsymbol{ABP} \\ &= \boldsymbol{P}^{-1}\boldsymbol{BAP} = \boldsymbol{P}^{-1}\boldsymbol{BPP}^{-1}\boldsymbol{AP} = \boldsymbol{P}^{-1}\boldsymbol{BP}\mathrm{diag}\{\lambda_1, \lambda_2, \cdots, \lambda_n\},\end{aligned}$$

即矩阵 $\boldsymbol{P}^{-1}\boldsymbol{BP}$ 与 $\mathrm{diag}\{\lambda_1, \lambda_2, \cdots, \lambda_n\}$乘积可交换.

根据已知 $\lambda_1, \lambda_2, \cdots, \lambda_n$ 互不相同，于是得到 $\boldsymbol{P}^{-1}\boldsymbol{BP}$ 必为对角矩阵.

2020—2021 学年秋季学期(A)卷解析

一、单选题

1.【答】 C.

【解析】 由 $\boldsymbol{A}^2-3\boldsymbol{A}+2\boldsymbol{E}=\boldsymbol{O}$，可知 $\boldsymbol{A}(\boldsymbol{A}-3\boldsymbol{E})=-2\boldsymbol{E}$，$\boldsymbol{A}\dfrac{\boldsymbol{A}-3\boldsymbol{E}}{-2}=\boldsymbol{E}$，因此 $\boldsymbol{A}$ 为可逆矩阵，故非齐次线性方程组 $\boldsymbol{Ax}=\boldsymbol{b}$ 有唯一解 $\boldsymbol{x}=\boldsymbol{A}^{-1}\boldsymbol{b}$.

2.【答】 C.

【解析】 由 $\operatorname{rank}\boldsymbol{A}^*=1$，可知 4 阶方阵 $\boldsymbol{A}$ 的秩等于 3，$|\boldsymbol{A}|=0$. 由 $\begin{vmatrix} a & b & b & b \\ b & a & b & b \\ b & b & a & b \\ b & b & b & a \end{vmatrix}=(a+3b)(a-b)^3$，可知 $a+3b=0$ 或 $a-b=0$. 当 $a=b$ 时，$\boldsymbol{A}$ 的秩等于 1，不符合题意. 当 $a=-3b$ 时，$\boldsymbol{A}$ 的 3 阶顺序主子式为 $\begin{vmatrix} a & b & b \\ b & a & b \\ b & b & a \end{vmatrix}=(a+2b)(a-b)^2\neq 0$，此时 $\boldsymbol{A}$ 的秩等于 3，符合题意. 因此 $a\neq b$ 且 $a+3b=0$.

3.【答】 B.

【解析】 由 $\boldsymbol{\xi}_1$，$\boldsymbol{\xi}_2$ 是 $\boldsymbol{Ax}=\boldsymbol{0}$ 的基础解系，可知 $\boldsymbol{Ax}=0$ 的解空间的维数为 2. 由 $\boldsymbol{\eta}_1$，$\boldsymbol{\eta}_2$ 是 $\boldsymbol{Ax}=\boldsymbol{b}$ 的两个不同解，可知 $\dfrac{2\boldsymbol{\eta}_1+\boldsymbol{\eta}_2}{3}$，$\dfrac{2\boldsymbol{\eta}_1-\boldsymbol{\eta}_2}{3}$ 分别是 $\boldsymbol{Ax}=\boldsymbol{b}$，$\boldsymbol{Ax}=\boldsymbol{0}$ 的一个解向量.

(A)选项，由 $\dfrac{2\boldsymbol{\eta}_1-\boldsymbol{\eta}_2}{3}$ 不是 $\boldsymbol{Ax}=\boldsymbol{b}$ 的一个解向量，可知 $k_1\boldsymbol{\xi}_1+k_2(\boldsymbol{\xi}_1+\boldsymbol{\xi}_2)+\dfrac{2\boldsymbol{\eta}_1-\boldsymbol{\eta}_2}{3}$ 不能成为 $\boldsymbol{Ax}=\boldsymbol{b}$ 的通解. 同理可知，(C)选项中的 $k_1\boldsymbol{\xi}_1+k_2(\boldsymbol{\eta}_1-\boldsymbol{\eta}_2)+\dfrac{2\boldsymbol{\eta}_1-\boldsymbol{\eta}_2}{3}$ 也不能成为 $\boldsymbol{Ax}=\boldsymbol{b}$ 的通解.

(B)选项，由 $\boldsymbol{\xi}_1$，$\boldsymbol{\xi}_2$ 是 $\boldsymbol{Ax}=\boldsymbol{0}$ 的基础解系，可知 $\boldsymbol{\xi}_1$，$\boldsymbol{\xi}_2$ 线性无关，$\boldsymbol{\xi}_1$，$\boldsymbol{\xi}_1+\boldsymbol{\xi}_2$ 也线性无关并且也能成为 $\boldsymbol{Ax}=\boldsymbol{0}$ 的基础解系. 又由于 $\dfrac{2\boldsymbol{\eta}_1+\boldsymbol{\eta}_2}{3}$ 是 $\boldsymbol{Ax}=\boldsymbol{b}$ 的一个解向量，从而 $k_1\boldsymbol{\xi}_1+k_2(\boldsymbol{\xi}_1+\boldsymbol{\xi}_2)+\dfrac{2\boldsymbol{\eta}_1+\boldsymbol{\eta}_2}{3}$ 是 $\boldsymbol{Ax}=\boldsymbol{b}$ 的通解.

(D)选项，虽然 $\boldsymbol{\eta}_1-\boldsymbol{\eta}_2$ 是 $\boldsymbol{Ax}=\boldsymbol{0}$ 的一个解向量，但是 $\boldsymbol{\xi}_1$，$\boldsymbol{\eta}_1-\boldsymbol{\eta}_2$ 有可能线性相关，从而 $\boldsymbol{\xi}_1$，$\boldsymbol{\eta}_1-\boldsymbol{\eta}_2$ 不一定能成为 $\boldsymbol{Ax}=\boldsymbol{0}$ 的基础解系，从而 $k_1\boldsymbol{\xi}_1+k_2(\boldsymbol{\eta}_1-\boldsymbol{\eta}_2)+\dfrac{2\boldsymbol{\eta}_1+\boldsymbol{\eta}_2}{3}$ 不

一定能成为 $\boldsymbol{A}\boldsymbol{x}=\boldsymbol{b}$ 的通解.

4.【答】 C.

【解析】 由题意可知 $[\boldsymbol{\beta}_1\ \boldsymbol{\beta}_2\ \boldsymbol{\beta}_3]=[\boldsymbol{\alpha}_1\ \boldsymbol{\alpha}_2\ \boldsymbol{\alpha}_3]\begin{bmatrix}1&1&1\\0&1&1\\0&0&1\end{bmatrix}$，从而 $\boldsymbol{\beta}_1,\boldsymbol{\beta}_2,\boldsymbol{\beta}_3$ 到 $\boldsymbol{\alpha}_1,\boldsymbol{\alpha}_2$，$\boldsymbol{\alpha}_3$ 的过渡矩阵是 $\begin{bmatrix}1&1&1\\0&1&1\\0&0&1\end{bmatrix}^{-1}$，即 $\begin{bmatrix}1&-1&0\\0&1&-1\\0&0&1\end{bmatrix}$.

5.【答】 A.

【解析】 由 $|\lambda\boldsymbol{E}-\boldsymbol{A}|=\begin{vmatrix}\lambda-1&-1&-1\\-1&\lambda-1&-1\\-1&-1&\lambda-1\end{vmatrix}=(\lambda-3)\lambda^2$，可知 $\boldsymbol{A}$ 的特征值为 $\lambda_1=3$，$\lambda_2=\lambda_3=0$. 又由 $\boldsymbol{A}$ 为实对称矩阵，可知 $\boldsymbol{A}$ 与对角矩阵 $\begin{bmatrix}\lambda_1&0&0\\0&\lambda_2&0\\0&0&\lambda_3\end{bmatrix}=\begin{bmatrix}3&0&0\\0&0&0\\0&0&0\end{bmatrix}$ 既相似又合同.

6.【答】 B.

【解析】 先将二次型进行化简变形

$(x_1+x_2)^2+(x_2+x_3)^2-(x_3-x_1)^2=2x_2^2+2x_1x_2+2x_2x_3+2x_1x_3$，

二次型的对称矩阵为 $\boldsymbol{A}=\begin{bmatrix}0&1&1\\1&2&1\\1&1&0\end{bmatrix}$，由

$$|\lambda\boldsymbol{A}-\boldsymbol{E}|=\begin{vmatrix}\lambda&-1&-1\\-1&\lambda-2&-1\\-1&-1&\lambda\end{vmatrix}=\begin{vmatrix}\lambda+1&-1&-1\\0&\lambda-2&-1\\-1-\lambda&-1&\lambda\end{vmatrix}=\begin{vmatrix}\lambda+1&-1&-1\\0&\lambda-2&-1\\0&-2&\lambda-1\end{vmatrix}$$

$$=(\lambda+1)\begin{vmatrix}\lambda-2&-1\\-2&\lambda-1\end{vmatrix}=\lambda(\lambda+1)(\lambda-3),$$

可知 $\boldsymbol{A}$ 的特征值为 $\lambda_1=0$，$\lambda_2=-1$，$\lambda_3=3$，因此二次型在正交变换的作用下可化为 $-y_2^2+3y_3^2$，$\boldsymbol{A}$ 的三个特征值互异，故二次型的正负惯性指数分别为 1，1.

在本题中，虽然二次型可经线性变换 $\begin{cases}y_1=x_1+x_2,\\y_2=x_2+x_3,\\y_3=x_3-x_1\end{cases}$ 变形为标准形 $y_1^2+y_2^2-y_3^2$，但是由于该线性变换的矩阵 $\begin{bmatrix}1&0&-1\\1&1&0\\0&1&1\end{bmatrix}$ 不可逆，从而它不是可逆线性变换，所以不能通过 $y_1^2+y_2^2-y_3^2$ 来求原来二次型的正负惯性指数.

二、填空题

1.【答】 $(x-a)^{n-1}$.

【解析】 根据“行列式中某个元素的余子式只与该元素所处的位置有关，与该元素本身的取值无关”，可知第二行元素的代数余子式之和等于 $\begin{vmatrix} x & a & \cdots & a \\ 1 & 1 & \cdots & 1 \\ \vdots & \vdots & & \vdots \\ a & a & \cdots & x \end{vmatrix}$，再利用行列式的性质，可知

$$\begin{vmatrix} x & a & \cdots & a \\ 1 & 1 & \cdots & 1 \\ \vdots & \vdots & & \vdots \\ a & a & \cdots & x \end{vmatrix} = \begin{vmatrix} x-a & 0 & 0 & \cdots & 0 \\ 1 & 1 & 1 & \cdots & 1 \\ 0 & 0 & x-a & \cdots & 0 \\ \vdots & \vdots & \vdots & & \vdots \\ 0 & 0 & 0 & \cdots & x-a \end{vmatrix} = (x-a)\begin{vmatrix} 1 & 1 & \cdots & 1 \\ 0 & x-a & \cdots & 0 \\ \vdots & \vdots & & \vdots \\ 0 & 0 & \cdots & x-a \end{vmatrix}$$

$=(x-a)^{n-1}$.

2.【答】 $\begin{bmatrix} \boldsymbol{O} & \boldsymbol{C}^{-1} \\ \boldsymbol{B}^{-1} & \boldsymbol{O} \end{bmatrix}$.

【解析】 设$\begin{bmatrix} \boldsymbol{O} & \boldsymbol{B} \\ \boldsymbol{C} & \boldsymbol{O} \end{bmatrix}^{-1} = \begin{bmatrix} \boldsymbol{X}_{11} & \boldsymbol{X}_{12} \\ \boldsymbol{X}_{21} & \boldsymbol{X}_{22} \end{bmatrix}$，则有$\begin{bmatrix} \boldsymbol{O} & \boldsymbol{B} \\ \boldsymbol{C} & \boldsymbol{O} \end{bmatrix}\begin{bmatrix} \boldsymbol{X}_{11} & \boldsymbol{X}_{12} \\ \boldsymbol{X}_{21} & \boldsymbol{X}_{22} \end{bmatrix} = \boldsymbol{E}$，即满足

$$\begin{bmatrix} \boldsymbol{BX}_{21} & \boldsymbol{BX}_{22} \\ \boldsymbol{CX}_{11} & \boldsymbol{CX}_{12} \end{bmatrix} = \begin{bmatrix} \boldsymbol{E}_1 & \boldsymbol{O} \\ \boldsymbol{O} & \boldsymbol{E}_2 \end{bmatrix}.$$

即$\begin{cases} \boldsymbol{BX}_{21} = \boldsymbol{E}_1, \\ \boldsymbol{BX}_{22} = \boldsymbol{O}, \\ \boldsymbol{CX}_{11} = \boldsymbol{O}, \\ \boldsymbol{CX}_{12} = \boldsymbol{E}_2. \end{cases}$求得$\begin{cases} \boldsymbol{X}_{11} = \boldsymbol{O}, \\ \boldsymbol{X}_{12} = \boldsymbol{C}^{-1}, \\ \boldsymbol{X}_{21} = \boldsymbol{B}^{-1}, \\ \boldsymbol{X}_{22} = \boldsymbol{O}. \end{cases}$

于是$\begin{bmatrix} \boldsymbol{O} & \boldsymbol{B} \\ \boldsymbol{C} & \boldsymbol{O} \end{bmatrix}^{-1} = \begin{bmatrix} \boldsymbol{O} & \boldsymbol{C}^{-1} \\ \boldsymbol{B}^{-1} & \boldsymbol{O} \end{bmatrix}$.

3.【答】 2.

【解析】 在向量空间 V 中取向量 $\boldsymbol{\alpha}_1=(1,0,0,1)$，$\boldsymbol{\alpha}_2=(0,2,4,0)$. 一方面 $\boldsymbol{\alpha}_1$，$\boldsymbol{\alpha}_2$ 线性无关，另一方面 V 中的任意向量均可由 $\boldsymbol{\alpha}_1$，$\boldsymbol{\alpha}_2$ 线性表示，从而 $\boldsymbol{\alpha}_1$，$\boldsymbol{\alpha}_2$ 为向量空间 V 的一组基，因此 V 的维数为 2.

4.【答】 0.

【解析】 设 $\boldsymbol{A}$ 的 n 个特征值为 λ_1，λ_2，$\cdots$，λ_n，记 $\boldsymbol{PAP}^{-1}=\boldsymbol{C}=[c_{ij}]$，$\boldsymbol{P}^{-1}\boldsymbol{AP}=\boldsymbol{D}=[d_{ij}]$，$\boldsymbol{B}=[b_{ij}]$，则 $\boldsymbol{C}$，$\boldsymbol{D}$ 均与 $\boldsymbol{A}$ 相似，从而 $\boldsymbol{A}$，$\boldsymbol{C}$，$\boldsymbol{D}$ 有相同的特征值，且 $\lambda_1+\lambda_2+\cdots+\lambda_n=c_{11}+c_{22}+\cdots+c_{nn}=d_{11}+d_{22}+\cdots+d_{nn}$. 设 $\boldsymbol{B}$ 的 n 个特征值为 λ_1'，λ_2'，$\cdots$，λ_n'，则有 $\lambda_1'+\lambda_2'+\cdots+\lambda_n'=b_{11}+b_{22}+\cdots+b_{nn}$. 又由 $\boldsymbol{B}=\boldsymbol{C}-\boldsymbol{D}$，可知主对角线上的元素满足 $b_{ii}=c_{ii}-d_{ii}$，$i=1,2,\cdots,n$，从而 $\lambda_1'+\lambda_2'+\cdots+\lambda_n'=0$，即 $\boldsymbol{B}$ 的特征值之和等于 0.

5.【答】 0.

【解析】 由 $\boldsymbol{A}$ 与 $\boldsymbol{B}$ 相似，且 $\boldsymbol{A}$ 的特征值为 2，3，4，5，可知 $\boldsymbol{B}$ 的特征值也为 2，3，

4, 5, 从而 $\boldsymbol{B}-2\boldsymbol{E}$ 的特征值为 0, 1, 2, 3, 因此 $|\boldsymbol{B}-2\boldsymbol{E}|=0\times1\times2\times3=0$.

6.【答】 $-4<\lambda<2$.

【解析】 二次型的对称矩阵为 $\boldsymbol{A}=\begin{bmatrix}1&1&-1\\1&4&\lambda\\-1&\lambda&4\end{bmatrix}$, 由二次型为正定, 可知 A 的顺序主子式全大于零, 即

$$|1|=1>0,\ \begin{vmatrix}1&1\\1&4\end{vmatrix}=3>0,\ \begin{vmatrix}1&1&-1\\1&4&\lambda\\-1&\lambda&4\end{vmatrix}=8-2\lambda-\lambda^2>0,$$

从而 λ 的取值范围是 $-4<\lambda<2$.

三、计算与证明题

1.【解】

$$D_n=\begin{vmatrix}0&2&2&\cdots&2\\2&0&2&\cdots&2\\2&2&0&\cdots&2\\\vdots&\vdots&\vdots&&\vdots\\2&2&2&\cdots&0\end{vmatrix}=(n-1)\begin{vmatrix}2&2&2&\cdots&2\\2&0&2&\cdots&2\\2&2&0&\cdots&2\\\vdots&\vdots&\vdots&&\vdots\\2&2&2&\cdots&0\end{vmatrix}$$

$$=(n-1)\begin{vmatrix}2&2&2&\cdots&2\\0&-2&0&\cdots&0\\0&0&-2&\cdots&0\\\vdots&\vdots&\vdots&&\vdots\\0&0&0&\cdots&-2\end{vmatrix}=(n-1)(-1)^{n-1}2^n.$$

2.【解】 由关系式 $\boldsymbol{A}^{-1}\boldsymbol{B}\boldsymbol{A}=\boldsymbol{A}^{-1}\boldsymbol{B}+2\boldsymbol{E}$ 进行变形, 依次可得 $\boldsymbol{A}(\boldsymbol{A}^{-1}\boldsymbol{B}\boldsymbol{A})\boldsymbol{A}^{-1}=\boldsymbol{A}(\boldsymbol{A}^{-1}\boldsymbol{B}+2\boldsymbol{E})\boldsymbol{A}^{-1}$, $\boldsymbol{B}=\boldsymbol{B}\boldsymbol{A}^{-1}+2\boldsymbol{E}$, $\boldsymbol{B}(\boldsymbol{E}-\boldsymbol{A}^{-1})=2\boldsymbol{E}$, 故 $\boldsymbol{B}=2(\boldsymbol{E}-\boldsymbol{A}^{-1})^{-1}$. 根据 $|\boldsymbol{A}^*|=|\boldsymbol{A}|^{n-1}$ 可知 $|\boldsymbol{A}|^2=4$. 又因 $|\boldsymbol{A}|>0$, 故 $|\boldsymbol{A}|=2$.

从而 $\boldsymbol{A}^{-1}=\dfrac{\boldsymbol{A}^*}{|\boldsymbol{A}|}=\begin{bmatrix}2&0&0\\1&\frac{1}{2}&0\\-\frac{1}{2}&0&\frac{1}{2}\end{bmatrix}$, $\boldsymbol{E}-\boldsymbol{A}^{-1}=\begin{bmatrix}-1&0&0\\-1&\frac{1}{2}&0\\\frac{1}{2}&0&\frac{1}{2}\end{bmatrix}$. 由

$$[\boldsymbol{E}-\boldsymbol{A}^{-1}\quad \boldsymbol{E}]=\begin{bmatrix}-1&0&0&1&0&0\\-1&\frac{1}{2}&0&0&1&0\\\frac{1}{2}&0&\frac{1}{2}&0&0&1\end{bmatrix}\to\begin{bmatrix}1&0&0&-1&0&0\\0&1&0&-2&2&0\\0&0&1&1&0&2\end{bmatrix},$$

可得 $(\boldsymbol{E}-\boldsymbol{A}^{-1})^{-1}=\begin{bmatrix}-1&0&0\\-2&2&0\\1&0&2\end{bmatrix}$, 进而 $\boldsymbol{B}=2(\boldsymbol{E}-\boldsymbol{A}^{-1})^{-1}=\begin{bmatrix}-2&0&0\\-4&4&0\\2&0&4\end{bmatrix}$.

3.【解】 对方程组的增广矩阵进行初等行变换

$$[\boldsymbol{A}\quad \boldsymbol{b}]=\begin{bmatrix}-1&2&-4&5\\2&3&1&4\\3&8&-2&13\\-4&1&-9&6\end{bmatrix}\to\begin{bmatrix}-1&2&-4&5\\0&7&-7&14\\0&14&-14&28\\0&-7&7&-14\end{bmatrix}$$

$$\to\begin{bmatrix}1&-2&4&-5\\0&1&-1&2\\0&0&0&0\\0&0&0&0\end{bmatrix}\to\begin{bmatrix}1&0&2&-1\\0&1&-1&2\\0&0&0&0\\0&0&0&0\end{bmatrix},$$

得到同解方程组

$$\begin{cases}x_1+2x_3=-1,\\x_2-x_3=2.\end{cases}$$

求得方程组的通解为 $\boldsymbol{x}=k\begin{bmatrix}-2\\1\\1\end{bmatrix}+\begin{bmatrix}-1\\2\\0\end{bmatrix}$, $k\in\mathbf{R}$.

4.【解】 (1) $\boldsymbol{A}[\boldsymbol{x}\quad \boldsymbol{Ax}\quad \boldsymbol{A}^2\boldsymbol{x}]=[\boldsymbol{Ax}\quad \boldsymbol{A}^2\boldsymbol{x}\quad \boldsymbol{A}^3\boldsymbol{x}]=[\boldsymbol{Ax}\quad \boldsymbol{A}^2\boldsymbol{x}\quad 3\boldsymbol{Ax}-2\boldsymbol{A}^2\boldsymbol{x}]$

$$=[\boldsymbol{x}\quad \boldsymbol{Ax}\quad \boldsymbol{A}^2\boldsymbol{x}]\begin{bmatrix}0&0&0\\1&0&3\\0&1&-2\end{bmatrix}=\boldsymbol{P}\begin{bmatrix}0&0&0\\1&0&3\\0&1&-2\end{bmatrix},$$

即 $\boldsymbol{AP}=\boldsymbol{P}\begin{bmatrix}0&0&0\\1&0&3\\0&1&-2\end{bmatrix}$, 故 $\boldsymbol{A}=\boldsymbol{PBP}^{-1}$, 其中 $\boldsymbol{B}=\begin{bmatrix}0&0&0\\1&0&3\\0&1&-2\end{bmatrix}$.

(2) 由(1)知, $\boldsymbol{A}$ 与 $\boldsymbol{B}$ 相似, 故 $\boldsymbol{A}+\boldsymbol{E}$ 与 $\boldsymbol{B}+\boldsymbol{E}$ 也相似.

于是有 $|\boldsymbol{A}+\boldsymbol{E}|=|\boldsymbol{B}+\boldsymbol{E}|=\begin{vmatrix}1&0&0\\1&1&3\\0&1&-1\end{vmatrix}=-4$.

5.【解】 (1) 由 $\boldsymbol{A\alpha}_1=\lambda_1\boldsymbol{\alpha}_1$, 知

$$\boldsymbol{B\alpha}_1=(\boldsymbol{A}^5-4\boldsymbol{A}^3+\boldsymbol{E})\boldsymbol{\alpha}_1=(\lambda_1^5-4\lambda_1^3+1)\boldsymbol{\alpha}_1=-2\boldsymbol{\alpha}_1,$$

因而 $\boldsymbol{\alpha}_1$ 是 $\boldsymbol{B}$ 属于特征值 -2 的一个特征向量.

因为 $\boldsymbol{A}$ 的所有特征值为 $\lambda_1=1$, $\lambda_2=2$, $\lambda_3=-2$, 故 $\boldsymbol{B}=\boldsymbol{A}^5-4\boldsymbol{A}^3+\boldsymbol{E}$ 的特征值为 $\lambda^5-4\lambda^3+1$, 分别将 $\boldsymbol{A}$ 的特征值代入得 $\boldsymbol{B}$ 的特征值为 -2, 1, 1.

由 $\boldsymbol{\alpha}_1$ 是矩阵 $\boldsymbol{B}$ 的属于特征值 -2 的一个特征向量, 可得 $\boldsymbol{B}$ 的属于 -2 的全部特征向量为 $k_1\boldsymbol{\alpha}_1$(k_1 为任意非零常数).

又因为矩阵 $\boldsymbol{A}$ 是实对称矩阵, 故 $\boldsymbol{B}$ 也是实对称矩阵, 从而属于 $\boldsymbol{B}$ 不同特征值的特征向量相互正交. 设 $(x_1, x_2, x_3)^{\mathrm{T}}$ 是 $\boldsymbol{B}$ 的属于特征值 1 的特征向量, 则 $x_1-x_2+x_3=0$, 其基础解系 $\boldsymbol{\alpha}_2=(1, 1, 0)^{\mathrm{T}}$, $\boldsymbol{\alpha}_3=(-1, 0, 1)^{\mathrm{T}}$, 故矩阵 $\boldsymbol{B}$ 属于特征值 1 的全部特征向量为 $k_2\boldsymbol{\alpha}_2+k_3\boldsymbol{\alpha}_3$, 其中 k_2, k_3 为不全为零的任意常数.

(2) 令 $\boldsymbol{P}=[\boldsymbol{\alpha}_1\quad \boldsymbol{\alpha}_2\quad \boldsymbol{\alpha}_3]$, 则 $\boldsymbol{B}=\boldsymbol{P}\begin{bmatrix}-2&&\\&1&\\&&1\end{bmatrix}\boldsymbol{P}^{-1}$. 由 $\boldsymbol{P}=\begin{bmatrix}1&1&-1\\-1&1&0\\1&0&1\end{bmatrix}$, 得其逆

矩阵为$P^{-1}=\frac{1}{3}\begin{bmatrix}1&-1&1\\1&2&1\\-1&1&2\end{bmatrix}$，于是

$$B=\frac{1}{3}\begin{bmatrix}1&1&-1\\-1&1&0\\1&0&1\end{bmatrix}\begin{bmatrix}-2&&\\&1&\\&&1\end{bmatrix}\begin{bmatrix}1&-1&1\\1&2&1\\-1&1&2\end{bmatrix}=\begin{bmatrix}0&1&-1\\1&0&1\\-1&1&0\end{bmatrix}.$$

6.【解】 二次型的矩阵为$A=\begin{bmatrix}1&1&-2\\1&-2&1\\-2&1&1\end{bmatrix}$，其特征多项式为$|\lambda E-A|=\lambda(\lambda-3)(\lambda+3)$，特征值为$\lambda_1=3$，$\lambda_2=-3$，$\lambda_3=0$.

当$\lambda_1=3$时，求$3(E-A)x=\mathbf{0}$的非零解，

$$3E-A=\begin{bmatrix}2&-1&2\\-1&5&-1\\2&-1&2\end{bmatrix}\to\begin{bmatrix}1&0&1\\0&1&0\\0&0&0\end{bmatrix}，得\ \xi_1=\begin{bmatrix}-1\\0\\1\end{bmatrix}.$$

同理可得$\lambda_2=-3$和$\lambda_3=0$对应的特征向量分别为$\xi_2=\begin{bmatrix}1\\-2\\1\end{bmatrix}$和$\xi_3=\begin{bmatrix}1\\1\\1\end{bmatrix}$.

令正交矩阵$Q=\left[\frac{\xi_1}{|\xi_1|}\quad\frac{\xi_2}{|\xi_2|}\quad\frac{\xi_3}{|\xi_3|}\right]=\begin{bmatrix}-\frac{1}{\sqrt2}&\frac{1}{\sqrt6}&\frac{1}{\sqrt3}\\0&-\frac{2}{\sqrt6}&\frac{1}{\sqrt3}\\\frac{1}{\sqrt2}&\frac{1}{\sqrt6}&\frac{1}{\sqrt3}\end{bmatrix}$，于是正交变换$x=Qy$化二次型为标准形$f=3y_1^2-3y_2^2$.

2020—2021 学年秋季学期(B)卷解析

一、单选题

1.【答】 C.

【解析】 若 $\boldsymbol{AC}=\boldsymbol{O}$，则 $\boldsymbol{A}^{-1}\boldsymbol{AC}=\boldsymbol{A}^{-1}\boldsymbol{O}$，$\boldsymbol{C}=\boldsymbol{O}$.

2.【答】 D.

【解析】 由 $\boldsymbol{\alpha}_4=4\boldsymbol{\alpha}_5$ 可知 $\boldsymbol{\alpha}_4$，$\boldsymbol{\alpha}_5$ 线性相关. 由 $\boldsymbol{\alpha}_1+2\boldsymbol{\alpha}_2+3\boldsymbol{\alpha}_3=\boldsymbol{0}$，可知 $\boldsymbol{\alpha}_1$，$\boldsymbol{\alpha}_2$，$\boldsymbol{\alpha}_3$ 线性相关，$\boldsymbol{\alpha}_1$，$\boldsymbol{\alpha}_2$，$\boldsymbol{\alpha}_3$ 中任意一个向量均可由其余两个向量线性表示. 再由 $\boldsymbol{\alpha}_1$，$\boldsymbol{\alpha}_2$，$\boldsymbol{\alpha}_3$，$\boldsymbol{\alpha}_4$，$\boldsymbol{\alpha}_5$ 的秩为 3，可知 $\boldsymbol{\alpha}_4$，$\boldsymbol{\alpha}_5$ 均不等于零向量，$\boldsymbol{\alpha}_1$，$\boldsymbol{\alpha}_2$，$\boldsymbol{\alpha}_4$；$\boldsymbol{\alpha}_1$，$\boldsymbol{\alpha}_2$，$\boldsymbol{\alpha}_5$；$\boldsymbol{\alpha}_1$，$\boldsymbol{\alpha}_3$，$\boldsymbol{\alpha}_4$；$\boldsymbol{\alpha}_1$，$\boldsymbol{\alpha}_3$，$\boldsymbol{\alpha}_5$；$\boldsymbol{\alpha}_2$，$\boldsymbol{\alpha}_3$，$\boldsymbol{\alpha}_4$；$\boldsymbol{\alpha}_2$，$\boldsymbol{\alpha}_3$，$\boldsymbol{\alpha}_5$ 均线性无关，它们都能成为 $\boldsymbol{\alpha}_1$，$\boldsymbol{\alpha}_2$，$\boldsymbol{\alpha}_3$，$\boldsymbol{\alpha}_4$，$\boldsymbol{\alpha}_5$ 的极大线性无关组.

3.【答】 D.

【解析】 由 $\boldsymbol{\alpha}_1$，$\boldsymbol{\alpha}_2$，$\boldsymbol{\alpha}_3$ 是向量空间 V 的一个基，可知向量空间 V 的维数等于 3，V 中 3 个向量 $\boldsymbol{\beta}_1$，$\boldsymbol{\beta}_2$，$\boldsymbol{\beta}_3$ 也能成为基的充要条件是 $\boldsymbol{\beta}_1$，$\boldsymbol{\beta}_2$，$\boldsymbol{\beta}_3$ 线性无关. $\boldsymbol{\beta}_1$，$\boldsymbol{\beta}_2$，$\boldsymbol{\beta}_3$ 的线性相关性的讨论等价于这些向量在基 $\boldsymbol{\alpha}_1$，$\boldsymbol{\alpha}_2$，$\boldsymbol{\alpha}_3$ 下的坐标向量 $\boldsymbol{X}_1$，$\boldsymbol{X}_2$，$\boldsymbol{X}_3$，的线性相关性的讨论.

在(A)选项中，向量 $\boldsymbol{\alpha}_1+\boldsymbol{\alpha}_2$，$\boldsymbol{\alpha}_2+\boldsymbol{\alpha}_3$，$\boldsymbol{\alpha}_3-\boldsymbol{\alpha}_1$ 在 $\boldsymbol{\alpha}_1$，$\boldsymbol{\alpha}_2$，$\boldsymbol{\alpha}_3$ 下的坐标向量分别为 $\begin{bmatrix}1\\1\\0\end{bmatrix}$，$\begin{bmatrix}0\\1\\1\end{bmatrix}$，$\begin{bmatrix}-1\\0\\1\end{bmatrix}$，由于 $\begin{vmatrix}1&0&-1\\1&1&0\\0&1&1\end{vmatrix}=0$，因此 $\begin{bmatrix}1\\1\\0\end{bmatrix}$，$\begin{bmatrix}0\\1\\1\end{bmatrix}$，$\begin{bmatrix}-1\\0\\1\end{bmatrix}$ 线性相关，$\boldsymbol{\alpha}_1+\boldsymbol{\alpha}_2$，$\boldsymbol{\alpha}_2+\boldsymbol{\alpha}_3$，$\boldsymbol{\alpha}_3-\boldsymbol{\alpha}_1$ 线性相关，$\boldsymbol{\alpha}_1+\boldsymbol{\alpha}_2$，$\boldsymbol{\alpha}_2+\boldsymbol{\alpha}_3$，$\boldsymbol{\alpha}_3-\boldsymbol{\alpha}_1$ 不能成为 V 的基.

同理可证：(B)选项中的 $\boldsymbol{\alpha}_1-\boldsymbol{\alpha}_2$，$\boldsymbol{\alpha}_2-\boldsymbol{\alpha}_3$，$\boldsymbol{\alpha}_3-\boldsymbol{\alpha}_1$ 不能成为 V 的基；(C)选项中的 $\boldsymbol{\alpha}_1+2\boldsymbol{\alpha}_2+\boldsymbol{\alpha}_3$，$\boldsymbol{\alpha}_1+\boldsymbol{\alpha}_2+3\boldsymbol{\alpha}_3$，$\boldsymbol{\alpha}_2-2\boldsymbol{\alpha}_3$ 不能成为 V 的基.

在(D)选项中，向量 $\boldsymbol{\alpha}_1+\boldsymbol{\alpha}_2$，$\boldsymbol{\alpha}_2+\boldsymbol{\alpha}_3$，$\boldsymbol{\alpha}_3+\boldsymbol{\alpha}_1$ 在 $\boldsymbol{\alpha}_1$，$\boldsymbol{\alpha}_2$，$\boldsymbol{\alpha}_3$ 下的坐标向量分别为 $\begin{bmatrix}1\\1\\0\end{bmatrix}$，$\begin{bmatrix}0\\1\\1\end{bmatrix}$，$\begin{bmatrix}1\\0\\1\end{bmatrix}$，由于 $\begin{vmatrix}1&0&1\\1&1&0\\0&1&1\end{vmatrix}=2\neq0$，因此 $\begin{bmatrix}1\\1\\0\end{bmatrix}$，$\begin{bmatrix}0\\1\\1\end{bmatrix}$，$\begin{bmatrix}1\\0\\1\end{bmatrix}$ 线性无关，$\boldsymbol{\alpha}_1+\boldsymbol{\alpha}_2$，$\boldsymbol{\alpha}_2+\boldsymbol{\alpha}_3$，$\boldsymbol{\alpha}_3+\boldsymbol{\alpha}_1$ 线性无关，$\boldsymbol{\alpha}_1+\boldsymbol{\alpha}_2$，$\boldsymbol{\alpha}_2+\boldsymbol{\alpha}_3$，$\boldsymbol{\alpha}_3+\boldsymbol{\alpha}_1$ 是 V 的基.

4.【答】 A.

【解析】 由 $\boldsymbol{A}=\boldsymbol{\alpha\beta}^{\mathrm{T}}$ 可知 $\boldsymbol{AA}=(\boldsymbol{\alpha\beta}^{\mathrm{T}})(\boldsymbol{\alpha\beta}^{\mathrm{T}})=\boldsymbol{\alpha}(\boldsymbol{\beta}^{\mathrm{T}}\boldsymbol{\alpha})\boldsymbol{\beta}^{\mathrm{T}}=(\boldsymbol{\beta}^{\mathrm{T}}\boldsymbol{\alpha})\boldsymbol{\alpha\beta}^{\mathrm{T}}=(\boldsymbol{\beta}^{\mathrm{T}}\boldsymbol{\alpha})\boldsymbol{A}$，从而 $\boldsymbol{A}$ 的特征值 λ 必满足关系式 $\lambda^2=(\boldsymbol{\beta}^{\mathrm{T}}\boldsymbol{\alpha})\lambda$，于是 $\lambda=\boldsymbol{\beta}^{\mathrm{T}}\boldsymbol{\alpha}$ 或者 $\lambda=0$. 又由 $\boldsymbol{\alpha}^{\mathrm{T}}\boldsymbol{\beta}=0$，可知 $\boldsymbol{\beta}^{\mathrm{T}}\boldsymbol{\alpha}=(\boldsymbol{\alpha}^{\mathrm{T}}\boldsymbol{\beta})^{\mathrm{T}}=\boldsymbol{\alpha}^{\mathrm{T}}\boldsymbol{\beta}=0$，因此 $\boldsymbol{A}$ 的特征值全等于零.

5.【答】 B.

【解析】 由 $\boldsymbol{A}$ 为可逆矩阵，可知 $\boldsymbol{A}$ 的秩等于 n，伴随矩阵 $\boldsymbol{A}^*$ 的秩也等于 n，$\boldsymbol{A}^*$ 为可

逆矩阵. 由 $\boldsymbol{A}$ 可相似对角化, 可知存在可逆矩阵 $\boldsymbol{P}$ 使得 $\boldsymbol{P}^{-1}\boldsymbol{A}\boldsymbol{P}=\begin{bmatrix}\lambda_1 & & & \\ & \lambda_2 & & \\ & & \ddots & \\ & & & \lambda_n\end{bmatrix}$.

于是

$$(\boldsymbol{P}^{-1}\boldsymbol{A}\boldsymbol{P})^{-1}=\begin{bmatrix}\lambda_1 & & & \\ & \lambda_2 & & \\ & & \ddots & \\ & & & \lambda_n\end{bmatrix}^{-1}, \text{即 } \boldsymbol{P}^{-1}\boldsymbol{A}^{-1}\boldsymbol{P}=\begin{bmatrix}\frac{1}{\lambda_1} & & & \\ & \frac{1}{\lambda_2} & & \\ & & \ddots & \\ & & & \frac{1}{\lambda_n}\end{bmatrix}.$$

再由 $\boldsymbol{A}^{-1}=\dfrac{\boldsymbol{A}^*}{|\boldsymbol{A}|}$, 可知 $\boldsymbol{P}^{-1}\boldsymbol{A}^*\boldsymbol{P}=\begin{bmatrix}\frac{|\boldsymbol{A}|}{\lambda_1} & & & \\ & \frac{|\boldsymbol{A}|}{\lambda_2} & & \\ & & \ddots & \\ & & & \frac{|\boldsymbol{A}|}{\lambda_n}\end{bmatrix}$. 因此 $\boldsymbol{A}^*$ 可逆且可相似对角化.

6.【答】 C.

【解析】 由 $\boldsymbol{A}, \boldsymbol{B}$ 为 n 阶正定矩阵, 可知 $\boldsymbol{A}, \boldsymbol{B}$ 均为可逆矩阵, $|\boldsymbol{A}|\neq 0$, $|\boldsymbol{B}|\neq 0$, 因此 $|\boldsymbol{AB}|=|\boldsymbol{A}||\boldsymbol{B}|\neq 0$, $\boldsymbol{AB}$ 可逆.

此外, 虽然由 $\boldsymbol{A}, \boldsymbol{B}$ 为 n 阶正定矩阵, 可知 $\boldsymbol{A}, \boldsymbol{B}$ 均为对称矩阵, 但是由 $(\boldsymbol{AB})^{\mathrm{T}}=\boldsymbol{B}^{\mathrm{T}}\boldsymbol{A}^{\mathrm{T}}=\boldsymbol{BA}$ 以及矩阵乘法不满足交换律可知 $\boldsymbol{AB}$ 不一定为对称矩阵, 从而 $\boldsymbol{AB}$ 不一定是正定矩阵. 例如 $\boldsymbol{A}=\begin{bmatrix}1 & 0 & 0\\ 0 & 2 & 0\\ 0 & 0 & 3\end{bmatrix}$, $\boldsymbol{B}=\begin{bmatrix}4 & 1 & 1\\ 1 & 4 & 1\\ 1 & 1 & 4\end{bmatrix}$ 均为正定矩阵, 但 $\boldsymbol{AB}=\begin{bmatrix}4 & 1 & 1\\ 2 & 8 & 4\\ 3 & 3 & 12\end{bmatrix}$ 不是正定矩阵.

二、填空题

1.【答】 $\begin{bmatrix}1 & -1 & 0 & 0\\ 0 & 1 & -1 & 0\\ 0 & 0 & 1 & -1\\ 0 & 0 & 0 & 1\end{bmatrix}$.

【解析】 对 $[\boldsymbol{A} \quad \boldsymbol{E}]$ 进行初等行变换

$$\begin{bmatrix}1 & 1 & 1 & 1 & 1 & 0 & 0 & 0\\ 0 & 1 & 1 & 1 & 0 & 1 & 0 & 0\\ 0 & 0 & 1 & 1 & 0 & 0 & 1 & 0\\ 0 & 0 & 0 & 1 & 0 & 0 & 0 & 1\end{bmatrix}\to\begin{bmatrix}1 & 0 & 0 & 0 & 1 & -1 & 0 & 0\\ 0 & 1 & 0 & 0 & 0 & 1 & -1 & 0\\ 0 & 0 & 1 & 0 & 0 & 0 & 1 & -1\\ 0 & 0 & 0 & 1 & 0 & 0 & 0 & 1\end{bmatrix},$$

可知$\begin{bmatrix}1&1&1&1\\0&1&1&1\\0&0&1&1\\0&0&0&1\end{bmatrix}^{-1}=\begin{bmatrix}1&-1&0&0\\0&1&-1&0\\0&0&1&-1\\0&0&0&1\end{bmatrix}$.

2.【答】 1.

【解析】 由伴随矩阵$\boldsymbol{A}^*\neq\boldsymbol{O}$，可知$\operatorname{rank}\boldsymbol{A}\geqslant n-1$. 又由题意可知$\boldsymbol{Ax}=\boldsymbol{b}$有解且解不唯一，可见$\operatorname{rank}\boldsymbol{A}=\operatorname{rank}[\boldsymbol{A}\quad\boldsymbol{b}]<n$，因此$\operatorname{rank}\boldsymbol{A}=n-1$，$\operatorname{rank}\boldsymbol{A}^*=1$.

3.【答】 $km=1$.

【解析】 令$\boldsymbol{A}=[\boldsymbol{\alpha}_1\quad\boldsymbol{\alpha}_2\quad\boldsymbol{\alpha}_3]=\begin{bmatrix}0&k&1\\1&0&-3\\0&1&m\end{bmatrix}$. 由$\boldsymbol{\alpha}_1$，$\boldsymbol{\alpha}_2$，$\boldsymbol{\alpha}_3$线性相关，可知$|\boldsymbol{A}|=0$，再由$\begin{vmatrix}0&k&1\\1&0&-3\\0&1&m\end{vmatrix}=1-km$，可知$km=1$.

4.【答】 $\left(\frac{1}{\sqrt{2}},0,-\frac{1}{\sqrt{2}}\right)^{\mathrm{T}}$或$\left(-\frac{1}{\sqrt{2}},0,\frac{1}{\sqrt{2}}\right)^{\mathrm{T}}$.

【解析】 设$\boldsymbol{A}$对应于特征值3的特征向量为$\boldsymbol{x}=\begin{bmatrix}x_1\\x_2\\x_3\end{bmatrix}$，从而满足关系式$\langle\boldsymbol{\alpha}_1,\boldsymbol{x}\rangle=0$，$\langle\boldsymbol{\alpha}_2,\boldsymbol{x}\rangle=0$，即齐次线性方程组$\begin{cases}x_1+x_2+x_3=0,\\x_1-2x_2+x_3=0.\end{cases}$利用高斯消元法求出该方程组的一个基础解系$(1,0,-1)^{\mathrm{T}}$，从而$\boldsymbol{A}$对应于特征值3的一个单位特征向量可取为$\left(\frac{1}{\sqrt{2}},0,-\frac{1}{\sqrt{2}}\right)^{\mathrm{T}}$或$\left(-\frac{1}{\sqrt{2}},0,\frac{1}{\sqrt{2}}\right)^{\mathrm{T}}$.

5.【答】 1，1，1.

【解析】 由$\boldsymbol{A}^2=\boldsymbol{A}$可知$\boldsymbol{A}$的特征值$\lambda$必满足关系式$\lambda^2=\lambda$，于是$\boldsymbol{A}$的特征值为1或者0. 又由$\boldsymbol{A}$为可逆矩阵，可知$\boldsymbol{A}$的特征值不可能等于零. 从而$\boldsymbol{A}$的三个特征值都为1.

6.【答】 2.

【解析】 先将二次型进行化简变形

$$(x_1+2x_2)^2+(2x_2+x_3)^2+(x_1-x_3)^2=2x_1^2+8x_2^2+2x_3^2+4x_1x_2+4x_2x_3-2x_1x_3,$$

二次型的对称矩阵为$\boldsymbol{A}=\begin{bmatrix}2&2&-1\\2&8&2\\-1&2&2\end{bmatrix}$，对其进行初等变换

$$\begin{bmatrix}2&2&-1\\2&8&2\\-1&2&2\end{bmatrix}\to\begin{bmatrix}0&6&3\\0&12&6\\-1&2&2\end{bmatrix}\to\begin{bmatrix}-1&2&2\\0&12&6\\0&0&0\end{bmatrix},$$

可知$\boldsymbol{A}$的秩等于2，故二次型的秩等于2.

三、计算与证明题

1.【解】

$$D_n=2\begin{vmatrix}2&0&0&\cdots&0&2\\-1&2&0&\cdots&0&2\\0&-1&2&\cdots&0&2\\\vdots&\vdots&\vdots&&\vdots&\vdots\\0&0&0&\cdots&2&2\\0&0&0&\cdots&-1&2\end{vmatrix}_{n-1}+\begin{vmatrix}0&0&0&\cdots&0&2\\-1&2&0&\cdots&0&2\\0&-1&2&\cdots&0&2\\\vdots&\vdots&\vdots&&\vdots&\vdots\\0&0&0&\cdots&2&2\\0&0&0&\cdots&-1&2\end{vmatrix}_{n-1}$$

$=2D_{n-1}+2.$

因此 $D_n+2=2(D_{n-1}+2)=2^2(D_{n-2}+2)=\cdots=2^{n-2}(D_2+2)$.

将 $D_2=\begin{vmatrix}2&2\\-1&2\end{vmatrix}=6$ 代入得 $D_n+2=2^{n-2}\times8=2^{n+1}$. 从而 $D_n=2^{n+1}-2$.

2.【解】 由 $\boldsymbol{A}^{-1}(\boldsymbol{E}+\boldsymbol{B}\boldsymbol{B}^{\mathrm{T}}\boldsymbol{A}^{-1})^{-1}\boldsymbol{C}^{-1}=\boldsymbol{E}$ 知

$[\boldsymbol{A}^{-1}(\boldsymbol{E}+\boldsymbol{B}\boldsymbol{B}^{\mathrm{T}}\boldsymbol{A}^{-1})^{-1}\boldsymbol{C}^{-1}]^{-1}=\boldsymbol{E}^{-1}$, $\boldsymbol{C}(\boldsymbol{E}+\boldsymbol{B}\boldsymbol{B}^{\mathrm{T}}\boldsymbol{A}^{-1})\boldsymbol{A}=\boldsymbol{E}$, $\boldsymbol{C}(\boldsymbol{A}+\boldsymbol{B}\boldsymbol{B}^{\mathrm{T}})=\boldsymbol{E}$,

故 $\boldsymbol{C}=(\boldsymbol{A}+\boldsymbol{B}\boldsymbol{B}^{\mathrm{T}})^{-1}$.

因 $\boldsymbol{B}\boldsymbol{B}^{\mathrm{T}}=\begin{bmatrix}0\\1\\-1\end{bmatrix}(0,1,-1)=\begin{bmatrix}0&0&0\\0&1&-1\\0&-1&1\end{bmatrix}$, 故 $\boldsymbol{A}+\boldsymbol{B}\boldsymbol{B}^{\mathrm{T}}=\begin{bmatrix}\frac{1}{2}&0&0\\0&2&-\frac{7}{4}\\0&-\frac{5}{3}&2\end{bmatrix}$.

从而有 $\boldsymbol{C}=(\boldsymbol{A}+\boldsymbol{B}\boldsymbol{B}^{\mathrm{T}})^{-1}=\begin{bmatrix}2&0&0\\0&\frac{24}{13}&\frac{21}{13}\\0&\frac{20}{13}&\frac{24}{13}\end{bmatrix}$.

3.【解】 线性方程组的系数矩阵和常数列分别为

$$\boldsymbol{A}=\begin{bmatrix}1&1&\lambda\\1&\lambda&1\\\lambda&1&1\end{bmatrix},\ \boldsymbol{b}=\begin{bmatrix}1\\1\\1\end{bmatrix}.$$

系数行列式为

$$|\boldsymbol{A}|=\begin{vmatrix}\lambda+2&1&\lambda\\\lambda+2&\lambda&1\\\lambda+2&1&1\end{vmatrix}=(\lambda+2)\begin{vmatrix}1&1&\lambda\\1&\lambda&1\\1&1&1\end{vmatrix}=-(\lambda+2)(\lambda-1)^2.$$

(1) 当 $\lambda\neq1$ 且 $\lambda\neq-2$ 时, $\operatorname{rank}\boldsymbol{A}=\operatorname{rank}[\boldsymbol{A}\quad\boldsymbol{b}]=3$, 线性方程组有唯一解.

(2) 当 $\lambda=-2$ 时, $\operatorname{rank}\boldsymbol{A}<\operatorname{rank}[\boldsymbol{A}\quad\boldsymbol{b}]$, 线性方程组无解.

(3) 当 $\lambda=1$ 时, $[\boldsymbol{A}\quad\boldsymbol{b}]=\begin{bmatrix}1&1&1&1\\1&1&1&1\\1&1&1&1\end{bmatrix}\to\begin{bmatrix}1&1&1&1\\0&0&0&0\\0&0&0&0\end{bmatrix}$, 线性方程组有无穷多解,

通解为 $\boldsymbol{x}=k_1\xi_1+k_2\xi_2+\eta=k_1\begin{bmatrix}-1\\1\\0\end{bmatrix}+k_2\begin{bmatrix}-1\\0\\1\end{bmatrix}+\begin{bmatrix}1\\0\\0\end{bmatrix}$(其中 k_1, k_2 为任意实数).

4.【解】 因为 $\boldsymbol{A}$ 与 $\boldsymbol{B}$ 相似, 故存在可逆矩阵 $\boldsymbol{P}$, 使得 $\boldsymbol{P}^{-1}\boldsymbol{AP}=\boldsymbol{B}$, 从而

$$|\boldsymbol{B}|=|\boldsymbol{P}^{-1}\boldsymbol{AP}|=|\boldsymbol{P}^{-1}||\boldsymbol{A}||\boldsymbol{P}|=|\boldsymbol{A}|.$$

由 $\boldsymbol{A}$ 为 n 阶可逆矩阵, 知 $|\boldsymbol{A}|\neq 0$, 因此

$$|\boldsymbol{B}|\neq 0,\ \boldsymbol{B}^{-1}=(\boldsymbol{P}^{-1}\boldsymbol{AP})^{-1}=\boldsymbol{P}^{-1}\boldsymbol{A}^{-1}\boldsymbol{P},\ \frac{\boldsymbol{B}^*}{|\boldsymbol{B}|}=\boldsymbol{P}^{-1}\frac{\boldsymbol{A}^*}{|\boldsymbol{A}|}\boldsymbol{P}.$$

故 $\boldsymbol{P}^{-1}\boldsymbol{A}^*\boldsymbol{P}=\boldsymbol{B}^*$, 即矩阵 $\boldsymbol{A}^*$ 与 $\boldsymbol{B}^*$ 相似.

5.【解】 因为

$$|\lambda\boldsymbol{E}-\boldsymbol{A}|=\begin{vmatrix}\lambda-2 & -1 & 0\\-1 & \lambda-2 & 0\\-1 & -a & \lambda-b\end{vmatrix}=(\lambda-b)(\lambda-3)(\lambda-1),$$

从而 $\lambda_1=b$, $\lambda_2=3$, $\lambda_3=1$. 由于 $\boldsymbol{A}$ 仅有两个不同的特征值, 则 $b=3$ 或 $b=1$.

当 $b=3$ 时, 由 $\boldsymbol{A}$ 相似于对角矩阵, 则 rank $(3\boldsymbol{E}-\boldsymbol{A})=1$, 而

$$3\boldsymbol{E}-\boldsymbol{A}=\begin{bmatrix}1 & -1 & 0\\-1 & 1 & 0\\-1 & -a & 0\end{bmatrix},$$

故 $a=-1$. 此时 $\boldsymbol{A}$ 对应于特征值 3 的两个线性无关的特征向量为 $\boldsymbol{\xi}_1=(1,1,0)^{\mathrm{T}}$, $\boldsymbol{\xi}_2=(0,0,1)^{\mathrm{T}}$.

当 $\lambda_3=1$ 时, $\boldsymbol{E}-\boldsymbol{A}=\begin{bmatrix}-1 & -1 & 0\\-1 & -1 & 0\\-1 & 1 & -2\end{bmatrix}\to\begin{bmatrix}1 & 0 & 1\\0 & 1 & -1\\0 & 0 & 0\end{bmatrix}$, $\boldsymbol{A}$ 对应于特征值 1 的一个特征向量为 $\boldsymbol{\xi}_3=(-1,1,1)^{\mathrm{T}}$.

令 $\boldsymbol{P}=[\boldsymbol{\xi}_1\quad\boldsymbol{\xi}_2\quad\boldsymbol{\xi}_3]=\begin{bmatrix}1 & 0 & -1\\1 & 0 & 1\\0 & 1 & 1\end{bmatrix}$, 则 $\boldsymbol{P}^{-1}\boldsymbol{AP}=\begin{bmatrix}3 & & \\ & 3 & \\ & & 1\end{bmatrix}$.

当 $b=1$ 时, 由 $\boldsymbol{A}$ 相似于对角矩阵, 则 rank $(\boldsymbol{E}-\boldsymbol{A})=1$, 而

$$\boldsymbol{E}-\boldsymbol{A}=\begin{bmatrix}-1 & -1 & 0\\-1 & -1 & 0\\-1 & -a & 0\end{bmatrix},$$

故 $a=1$. 此时 $\boldsymbol{A}$ 对应于特征值 1 的两个线性无关的特征向量为 $\boldsymbol{\xi}_1=(1,-1,0)^{\mathrm{T}}$, $\boldsymbol{\xi}_2=(0,0,1)^{\mathrm{T}}$.

当 $\lambda_1=3$ 时, $3\boldsymbol{E}-\boldsymbol{A}=\begin{bmatrix}-1 & -1 & 0\\-1 & 1 & 0\\-1 & -1 & 2\end{bmatrix}\to\begin{bmatrix}1 & 0 & -1\\0 & 1 & -1\\0 & 0 & 0\end{bmatrix}$, $\boldsymbol{A}$ 对应于特征值 3 的一个特征向量为 $\boldsymbol{\xi}_3=(1,1,1)^{\mathrm{T}}$.

令 $\boldsymbol{P}=[\boldsymbol{\xi}_1\quad\boldsymbol{\xi}_2\quad\boldsymbol{\xi}_3]=\begin{bmatrix}1 & 0 & 1\\-1 & 0 & 1\\0 & 1 & 1\end{bmatrix}$, 则 $\boldsymbol{P}^{-1}\boldsymbol{AP}=\begin{bmatrix}1 & & \\ & 1 & \\ & & 3\end{bmatrix}$.

6.【解】 由特征多项式得

$$|\lambda \boldsymbol{E}-\boldsymbol{A}|=(\lambda^2-1)[\lambda^2-(k+2)\lambda+2k-1].$$

当 $\lambda=3$ 时，代入上式解得 $k=2$. 于是

$$\boldsymbol{A}=\begin{bmatrix}0&1&0&0\\1&0&0&0\\0&0&2&1\\0&0&1&2\end{bmatrix}.$$

$\boldsymbol{A}^{\mathrm{T}}\boldsymbol{A}=\boldsymbol{A}^2$，其特征值为 $\lambda_1=\lambda_2=\lambda_3=1$，$\lambda_4=9$.

当 $\lambda_1=\lambda_2=\lambda_3=1$ 时，线性无关的特征向量为

$$\boldsymbol{\xi}_1=(1,0,0,0)^{\mathrm{T}},\ \boldsymbol{\xi}_2=(0,1,0,0)^{\mathrm{T}},\ \boldsymbol{\xi}_3=(0,0,-1,1)^{\mathrm{T}}.$$

当 $\lambda_4=9$ 时，特征向量为 $\boldsymbol{\xi}_4=(0,0,1,1)^{\mathrm{T}}$.

此时特征向量是相互正交的，令

$$\boldsymbol{Q}=\left[\frac{\boldsymbol{\xi}_1}{|\boldsymbol{\xi}_1|}\ \frac{\boldsymbol{\xi}_2}{|\boldsymbol{\xi}_2|}\ \frac{\boldsymbol{\xi}_3}{|\boldsymbol{\xi}_3|}\ \frac{\boldsymbol{\xi}_4}{|\boldsymbol{\xi}_4|}\right]=\begin{bmatrix}1&0&0&0\\0&1&0&0\\0&0&-\frac{1}{\sqrt{2}}&\frac{1}{\sqrt{2}}\\0&0&\frac{1}{\sqrt{2}}&\frac{1}{\sqrt{2}}\end{bmatrix},$$

于是正交变换 $\boldsymbol{x}=\boldsymbol{Q}\boldsymbol{y}$ 化二次型 $f(x_1,x_2,x_3,x_4)=\boldsymbol{x}^{\mathrm{T}}\boldsymbol{A}^{\mathrm{T}}\boldsymbol{A}\boldsymbol{x}$ 为标准形

$$f=y_1^2+y_2^2+y_3^2+9y_4^2.$$

2020—2021 学年春季学期(A)卷解析

一、单选题

1.【答】 B.

【解析】 由 $\boldsymbol{A}$ 是 $m\times n$ 矩阵，$\boldsymbol{B}$ 是 $n\times m$ 矩阵，可知 $\boldsymbol{AB}$ 是 m 阶方阵. $|\boldsymbol{AB}|\neq 0$ 当且仅当 $\operatorname{rank}\boldsymbol{AB}=m$. 由矩阵的秩的不等式 $\operatorname{rank}\boldsymbol{AB}\leqslant\min\{\operatorname{rank}\boldsymbol{A},\operatorname{rank}\boldsymbol{B}\}$，$\operatorname{rank}\boldsymbol{A}\leqslant\min\{m,n\}$，可知当 $m>n$ 时，$\operatorname{rank}\boldsymbol{AB}\leqslant n<m$，$|\boldsymbol{AB}|=0$.

2.【答】 B.

【解析】 由伴随矩阵的定义，可知 $\boldsymbol{A}^*=\begin{bmatrix}A_{11}&A_{21}&\cdots&A_{n1}\\A_{12}&A_{22}&\cdots&A_{n2}\\\vdots&\vdots&&\vdots\\A_{1n}&A_{2n}&\cdots&A_{nn}\end{bmatrix}$，其中 A_{ij} 为矩阵 $\boldsymbol{A}=\begin{bmatrix}a_{11}&a_{12}&\cdots&a_{1n}\\a_{21}&a_{22}&\cdots&a_{2n}\\\vdots&\vdots&&\vdots\\a_{n1}&a_{n2}&\cdots&a_{nn}\end{bmatrix}$的行列式 $|\boldsymbol{A}|$ 中元素 a_{ij} 的代数余子式. 记 $k\boldsymbol{A}=\boldsymbol{B}=[b_{ij}]$，则有 $b_{ij}=ka_{ij}$，$|\boldsymbol{B}|$ 中元素 b_{ij} 的代数余子式是 $|\boldsymbol{A}|$ 中元素 a_{ij} 的代数余子式的 k^{n-1} 倍，即 $k^{n-1}A_{ij}$. 因此 $(k\boldsymbol{A})^*=k^{n-1}\boldsymbol{A}^*$.

3.【答】 A.

【解析】 由 $\boldsymbol{A}$ 是 $m\times n$ 矩阵，$\boldsymbol{B}$ 是 $n\times m$ 矩阵，可知 $\boldsymbol{AB}$ 是 m 阶方阵. 由 $\boldsymbol{AB}=\boldsymbol{E}$，可知 $\operatorname{rank}\boldsymbol{AB}=m$. 由矩阵的秩的不等式 $\operatorname{rank}\boldsymbol{AB}\leqslant\min\{\operatorname{rank}\boldsymbol{A},\operatorname{rank}\boldsymbol{B}\}$，$\operatorname{rank}\boldsymbol{A}\leqslant\min\{m,n\}$，可知 $\operatorname{rank}\boldsymbol{A}=m$，$\operatorname{rank}\boldsymbol{B}=m$.

4.【答】 C.

【解析】 由题意可知 $\boldsymbol{\alpha}_1,\boldsymbol{\alpha}_2,\boldsymbol{\alpha}_3,\boldsymbol{\alpha}_4$ 的秩等于 3，并且 $(2,0,0,1)^{\mathrm{T}}$ 是原线性方程组的一个解，$(1,-1,1,0)^{\mathrm{T}}$ 是导出的齐次线性方程组 $x_1\boldsymbol{\alpha}_1+x_2\boldsymbol{\alpha}_2+x_3\boldsymbol{\alpha}_3+x_4\boldsymbol{\alpha}_4=\boldsymbol{0}$ 的一个解，于是有 $\boldsymbol{\beta}=2\boldsymbol{\alpha}_1+\boldsymbol{\alpha}_4$，$\boldsymbol{\alpha}_1-\boldsymbol{\alpha}_2+\boldsymbol{\alpha}_3=\boldsymbol{0}$. 从而 $\boldsymbol{\alpha}_1,\boldsymbol{\alpha}_2,\boldsymbol{\alpha}_3$ 线性相关，其中任意一个向量均可由其余两个向量线性表示. 因此 $\boldsymbol{\beta}$ 可由 $\boldsymbol{\alpha}_1,\boldsymbol{\alpha}_4$ 线性表示，也可由 $\boldsymbol{\alpha}_2,\boldsymbol{\alpha}_3,\boldsymbol{\alpha}_4$ 线性表示. 由 $\boldsymbol{\alpha}_1,\boldsymbol{\alpha}_2,\boldsymbol{\alpha}_3,\boldsymbol{\alpha}_4$ 的秩等于 3，以及关系式 $\boldsymbol{\alpha}_1-\boldsymbol{\alpha}_2+\boldsymbol{\alpha}_3=\boldsymbol{0}$，还可得出 $\boldsymbol{\alpha}_1,\boldsymbol{\alpha}_2,\boldsymbol{\alpha}_3$ 的秩等于 2，$\boldsymbol{\alpha}_4$ 不可由 $\boldsymbol{\alpha}_1,\boldsymbol{\alpha}_2,\boldsymbol{\alpha}_3$ 线性表示.

5.【答】 C.

【解析】 由题意可知 $[\boldsymbol{\alpha}_1\ \ \boldsymbol{\alpha}_2\ \ \boldsymbol{\alpha}_3]=[\boldsymbol{\beta}_1\ \ \boldsymbol{\beta}_2\ \ \boldsymbol{\beta}_3]\begin{bmatrix}1&0&0\\1&1&0\\1&1&1\end{bmatrix}$，从而 $\boldsymbol{\alpha}_1,\boldsymbol{\alpha}_2,\boldsymbol{\alpha}_3$ 到

$\boldsymbol{\beta}_1, \boldsymbol{\beta}_2, \boldsymbol{\beta}_3$ 的过渡矩阵是$\begin{bmatrix}1&0&0\\1&1&0\\1&1&1\end{bmatrix}^{-1}$，即$\begin{bmatrix}1&0&0\\-1&1&0\\0&-1&1\end{bmatrix}$.

6.【答】 D.

【解析】 记对角矩阵$\begin{bmatrix}1&0&0\\0&0&0\\0&0&2\end{bmatrix}$为 $\boldsymbol{B}$. 由题意可知存在可逆矩阵 $\boldsymbol{P}$ 使得 $\boldsymbol{P}^{-1}\boldsymbol{AP}=\boldsymbol{B}$, 从而有

$\boldsymbol{P}^{-1}(\boldsymbol{A}^3-2\boldsymbol{A}^2+3\boldsymbol{E})\boldsymbol{P}=\boldsymbol{P}^{-1}\boldsymbol{A}^3\boldsymbol{P}-2\boldsymbol{P}^{-1}\boldsymbol{A}^2\boldsymbol{P}+3\boldsymbol{P}^{-1}\boldsymbol{EP}=(\boldsymbol{P}^{-1}\boldsymbol{AP})^3-2(\boldsymbol{P}^{-1}\boldsymbol{AP})^2+3\boldsymbol{E}=\boldsymbol{B}^3-2\boldsymbol{B}^2+3\boldsymbol{E}$,

因此 $\boldsymbol{A}^3-2\boldsymbol{A}^2+3\boldsymbol{E}$ 相似于

$$\begin{bmatrix}1&0&0\\0&0&0\\0&0&2\end{bmatrix}^3-2\begin{bmatrix}1&0&0\\0&0&0\\0&0&2\end{bmatrix}^2+3\boldsymbol{E}=\begin{bmatrix}1&0&0\\0&0&0\\0&0&8\end{bmatrix}-2\begin{bmatrix}1&0&0\\0&0&0\\0&0&4\end{bmatrix}+3\boldsymbol{E}=\begin{bmatrix}2&0&0\\0&3&0\\0&0&3\end{bmatrix}.$$

二、填空题

1.【答】 2.

【解析】 利用行列式的性质和矩阵的运算规律可知

$$\begin{aligned}|\boldsymbol{B}|&=|[\boldsymbol{\alpha}_1+\boldsymbol{\alpha}_2+\boldsymbol{\alpha}_3\ \boldsymbol{\alpha}_1+2\boldsymbol{\alpha}_2+4\boldsymbol{\alpha}_3\ \boldsymbol{\alpha}_1+3\boldsymbol{\alpha}_2+9\boldsymbol{\alpha}_3]|\\&=|[\boldsymbol{\alpha}_1+\boldsymbol{\alpha}_2+\boldsymbol{\alpha}_3\ \boldsymbol{\alpha}_2+3\boldsymbol{\alpha}_3\ 2\boldsymbol{\alpha}_2+8\boldsymbol{\alpha}_3]|=|[\boldsymbol{\alpha}_1+\boldsymbol{\alpha}_2+\boldsymbol{\alpha}_3\ \boldsymbol{\alpha}_2+3\boldsymbol{\alpha}_3\ 2\boldsymbol{\alpha}_3]|\\&=2|[\boldsymbol{\alpha}_1+\boldsymbol{\alpha}_2+\boldsymbol{\alpha}_3\ \boldsymbol{\alpha}_2+3\boldsymbol{\alpha}_3\ \boldsymbol{\alpha}_3]|=2|[\boldsymbol{\alpha}_1+\boldsymbol{\alpha}_2\ \boldsymbol{\alpha}_2\ \boldsymbol{\alpha}_3]|=2|[\boldsymbol{\alpha}_1\ \boldsymbol{\alpha}_2\ \boldsymbol{\alpha}_3]|\\&=2|\boldsymbol{A}|=2.\end{aligned}$$

2.【答】 $k=-3$.

【解析】 由 $r(\boldsymbol{A})=3$，可知 $|\boldsymbol{A}|=0$. 由 $\begin{vmatrix}k&1&1&1\\1&k&1&1\\1&1&k&1\\1&1&1&k\end{vmatrix}=(k+3)(k-1)^3$，可知 $k=1$ 或 $k=-3$. 当 $k=1$ 时，$r(\boldsymbol{A})=1$，不合题意. 当 $k=-3$ 时，$\boldsymbol{A}$ 的 3 阶顺序主子式 $\begin{vmatrix}k&1&1\\1&k&1\\1&1&k\end{vmatrix}=(k+2)(k-1)^2=-16\neq 0$，符合题意.

3.【答】 $5n$.

【解析】 由伴随矩阵的性质 $\boldsymbol{A}^*\boldsymbol{A}=\boldsymbol{AA}^*=|\boldsymbol{A}|\boldsymbol{E}$，以及 $|\boldsymbol{A}|=5$，可知 $\boldsymbol{B}=5\boldsymbol{E}$，因此 $\boldsymbol{B}$ 的迹等于 $5n$.

4.【答】 30.

【解析】 由 $\boldsymbol{A}$ 及 $\boldsymbol{E}-\boldsymbol{A}$，$\boldsymbol{E}+\boldsymbol{A}$，$3\boldsymbol{E}-\boldsymbol{A}$ 不可逆，可知它们的行列式满足关系式 $|\boldsymbol{A}|=0$，$|\boldsymbol{E}-\boldsymbol{A}|=0$，$|\boldsymbol{E}+\boldsymbol{A}|=0$，$|3\boldsymbol{E}-\boldsymbol{A}|=0$，从而 $\boldsymbol{A}$ 的特征值为 $\lambda_1=0$，$\lambda_2=1$，$\lambda_3=-1$，$\lambda_4=3$，$\boldsymbol{A}+2\boldsymbol{E}$ 的特征值为 $\lambda_1'=2$，$\lambda_2'=3$，$\lambda_3'=1$，$\lambda_4'=5$，因此 $|\boldsymbol{A}+2\boldsymbol{E}|=\lambda_1'\lambda_2'\lambda_3'\lambda_4'=30$.

5.【答】 $\begin{bmatrix}0&0&0\\0&0&0\\0&0&0\end{bmatrix}$.

【解析】 由题意可知 $\boldsymbol{A}-4\boldsymbol{E}=\begin{bmatrix}-2&0&2\\0&0&0\\2&0&-2\end{bmatrix}$, $(\boldsymbol{A}-4\boldsymbol{E})\boldsymbol{A}=\begin{bmatrix}0&0&0\\0&0&0\\0&0&0\end{bmatrix}$, 因此 $\boldsymbol{A}^n-4\boldsymbol{A}^{n-1}=(\boldsymbol{A}-4\boldsymbol{E})\boldsymbol{A}\boldsymbol{A}^{n-2}=\begin{bmatrix}0&0&0\\0&0&0\\0&0&0\end{bmatrix}$.

6.【答】 $-2<a<1$.

【解析】 二次型的对称矩阵为 $\boldsymbol{A}=\begin{bmatrix}1&a&-1\\a&4&2\\-1&2&4\end{bmatrix}$, 由二次型为正定, 可知 $\boldsymbol{A}$ 的顺序主子式全大于零, 即

$$|1|=1>0,\quad \begin{vmatrix}1&a\\a&4\end{vmatrix}=4-a^2>0,\quad \begin{vmatrix}1&a&-1\\a&4&2\\-1&2&4\end{vmatrix}=8-4a-4a^2>0,$$

即 $-2<a<2$, $-2<a<1$, 从而 a 的取值范围是 $-2<a<1$.

三、计算与证明题

1.【解】 考虑到 $abcd=1$, 则

$$D=(abcd)^2D=\begin{vmatrix}a^4+1&a^3&a&a^2\\b^4+1&b^3&b&b^2\\c^4+1&c^3&c&c^2\\d^4+1&d^3&d&d^2\end{vmatrix}=\begin{vmatrix}a^4&a^3&a&a^2\\b^4&b^3&b&b^2\\c^4&c^3&c&c^2\\d^4&d^3&d&d^2\end{vmatrix}+\begin{vmatrix}1&a^3&a&a^2\\1&b^3&b&b^2\\1&c^3&c&c^2\\1&d^3&d&d^2\end{vmatrix},$$

而

$$\begin{vmatrix}a^4&a^3&a&a^2\\b^4&b^3&b&b^2\\c^4&c^3&c&c^2\\d^4&d^3&d&d^2\end{vmatrix}=abcd\begin{vmatrix}a^3&a^2&1&a\\b^3&b^2&1&b\\c^3&c^2&1&c\\d^3&d^2&1&d\end{vmatrix}=\begin{vmatrix}a^3&a^2&1&a\\b^3&b^2&1&b\\c^3&c^2&1&c\\d^3&d^2&1&d\end{vmatrix}$$

$$=-\begin{vmatrix}1&a^2&a^3&a\\1&b^2&b^3&b\\1&c^2&c^3&c\\1&d^2&d^3&d\end{vmatrix}=\begin{vmatrix}1&a^2&a&a^3\\1&b^2&b&b^3\\1&c^2&c&c^3\\1&d^2&d&d^3\end{vmatrix}=-\begin{vmatrix}1&a^3&a&a^2\\1&b^3&b&b^2\\1&c^3&c&c^2\\1&d^3&d&d^2\end{vmatrix}.$$

因此 $D=0$.

2.【解】 对 $\boldsymbol{X}-\boldsymbol{X}\boldsymbol{A}^2-\boldsymbol{A}\boldsymbol{X}+\boldsymbol{A}\boldsymbol{X}\boldsymbol{A}^2=\boldsymbol{E}$ 适当变形:

$$\boldsymbol{X}-\boldsymbol{A}\boldsymbol{X}-\boldsymbol{X}\boldsymbol{A}^2+\boldsymbol{A}\boldsymbol{X}\boldsymbol{A}^2=\boldsymbol{E},\ (\boldsymbol{E}-\boldsymbol{A})\boldsymbol{X}-(\boldsymbol{E}-\boldsymbol{A})\boldsymbol{X}\boldsymbol{A}^2=\boldsymbol{E}.$$

$$(\boldsymbol{E}-\boldsymbol{A})(\boldsymbol{X}-\boldsymbol{X}\boldsymbol{A}^2)=\boldsymbol{E},\ (\boldsymbol{E}-\boldsymbol{A})\boldsymbol{X}(\boldsymbol{E}-\boldsymbol{A}^2)=\boldsymbol{E}.$$

由于

$$\boldsymbol{E}-\boldsymbol{A}=\begin{bmatrix}1&-1&0\\-1&1&1\\0&-1&1\end{bmatrix},\ \boldsymbol{E}-\boldsymbol{A}^2=\begin{bmatrix}0&0&1\\0&1&0\\-1&0&2\end{bmatrix},$$

且

$$(\boldsymbol{E}-\boldsymbol{A})^{-1}=\begin{bmatrix}1&-1&0\\-1&1&1\\0&-1&1\end{bmatrix}^{-1}=\begin{bmatrix}2&1&-1\\1&1&-1\\1&1&0\end{bmatrix},$$

$$(\boldsymbol{E}-\boldsymbol{A}^2)^{-1}=\begin{bmatrix}0&0&1\\0&1&0\\-1&0&2\end{bmatrix}^{-1}=\begin{bmatrix}2&0&-1\\0&1&0\\1&0&0\end{bmatrix},$$

所以

$$\boldsymbol{X}=(\boldsymbol{E}-\boldsymbol{A})^{-1}(\boldsymbol{E}-\boldsymbol{A}^2)^{-1}=\begin{bmatrix}2&1&-1\\1&1&-1\\1&1&0\end{bmatrix}\begin{bmatrix}2&0&-1\\0&1&0\\1&0&0\end{bmatrix}=\begin{bmatrix}3&1&-2\\1&1&-1\\2&1&-1\end{bmatrix}.$$

3.【证】 由题知 $\boldsymbol{A}\boldsymbol{x}_i=\lambda_i\boldsymbol{x}_i\ (i=1,2,\cdots,k)$，考虑到 $\boldsymbol{\alpha}=\boldsymbol{x}_1+\boldsymbol{x}_2+\cdots+\boldsymbol{x}_k$，故有

$$\boldsymbol{A}\boldsymbol{\alpha}=\boldsymbol{A}\boldsymbol{x}_1+\boldsymbol{A}\boldsymbol{x}_2+\cdots+\boldsymbol{A}\boldsymbol{x}_k=\lambda_1\boldsymbol{x}_1+\lambda_2\boldsymbol{x}_2+\cdots+\lambda_k\boldsymbol{x}_k,$$
$$\boldsymbol{A}^2\boldsymbol{\alpha}=\boldsymbol{A}^2\boldsymbol{x}_1+\boldsymbol{A}^2\boldsymbol{x}_2+\cdots+\boldsymbol{A}^2\boldsymbol{x}_k=\lambda_1^2\boldsymbol{x}_1+\lambda_2^2\boldsymbol{x}_2+\cdots+\lambda_k^2\boldsymbol{x}_k,$$
$$\cdots\cdots$$
$$\boldsymbol{A}^{k-1}\boldsymbol{\alpha}=\boldsymbol{A}^{k-1}\boldsymbol{x}_1+\boldsymbol{A}^{k-1}\boldsymbol{x}_2+\cdots+\boldsymbol{A}^{k-1}\boldsymbol{x}_k=\lambda_1^{k-1}\boldsymbol{x}_1+\lambda_2^{k-1}\boldsymbol{x}_2+\cdots+\lambda_k^{k-1}\boldsymbol{x}_k,$$

进而有

$$[\boldsymbol{\alpha}\quad \boldsymbol{A}\boldsymbol{\alpha}\quad \cdots\quad \boldsymbol{A}^{k-1}\boldsymbol{\alpha}]=[\boldsymbol{x}_1\quad \boldsymbol{x}_2\quad \cdots\quad \boldsymbol{x}_k]\begin{bmatrix}1&\lambda_1&\cdots&\lambda_1^{k-1}\\1&\lambda_2&\cdots&\lambda_2^{k-1}\\\vdots&\vdots&&\vdots\\1&\lambda_k&\cdots&\lambda_k^{k-1}\end{bmatrix}.$$

因为 $\lambda_1,\lambda_2,\cdots,\lambda_k$ 互不相同，所以 $\boldsymbol{x}_1,\boldsymbol{x}_2,\cdots,\boldsymbol{x}_k$ 线性无关. 再根据范德蒙德行列式可知上式右边的系数矩阵是可逆的.

从而有 $\operatorname{rank}\{\boldsymbol{\alpha},\boldsymbol{A}\boldsymbol{\alpha},\cdots,\boldsymbol{A}^{k-1}\boldsymbol{\alpha}\}=\operatorname{rank}\{\boldsymbol{x}_1,\boldsymbol{x}_2,\cdots,\boldsymbol{x}_k\}=k$，故得证.

4.【解】 设 $x_1\boldsymbol{\alpha}_1+x_2\boldsymbol{\alpha}_2+x_3\boldsymbol{\alpha}_3+x_4\boldsymbol{\alpha}_4=[\boldsymbol{\alpha}_1\ \boldsymbol{\alpha}_2\ \boldsymbol{\alpha}_3\ \boldsymbol{\alpha}_4]\begin{bmatrix}x_1\\x_2\\x_3\\x_4\end{bmatrix}=0$，对系数矩阵进行初等行变换

$$\boldsymbol{A}=[\boldsymbol{\alpha}_1\ \boldsymbol{\alpha}_2\ \boldsymbol{\alpha}_3\ \boldsymbol{\alpha}_4]=\begin{bmatrix}1&-1&5&2\\0&-3&6&-1\\2&2&2&0\\4&5&2&2\end{bmatrix}\to\begin{bmatrix}1&0&3&0\\0&1&-2&0\\0&0&0&1\\0&0&0&0\end{bmatrix}=[\boldsymbol{\beta}_1\quad \boldsymbol{\beta}_2\quad \boldsymbol{\beta}_3\quad \boldsymbol{\beta}_4]=B.$$

(1) $\boldsymbol{\alpha}_1,\boldsymbol{\alpha}_2,\boldsymbol{\alpha}_3,\boldsymbol{\alpha}_4$ 的秩等于 3，$\boldsymbol{\alpha}_1,\boldsymbol{\alpha}_2,\boldsymbol{\alpha}_3,\boldsymbol{\alpha}_4$ 线性相关.

(2) $\boldsymbol{\alpha}_1,\boldsymbol{\alpha}_2,\boldsymbol{\alpha}_4$ 为 $\boldsymbol{\alpha}_1,\boldsymbol{\alpha}_2,\boldsymbol{\alpha}_3,\boldsymbol{\alpha}_4$ 的一个极大线性无关组，且 $\boldsymbol{\alpha}_3=3\boldsymbol{\alpha}_1-2\boldsymbol{\alpha}_2$.

5.【解】 对方程组的增广矩阵进行初等行变换，得

$$[\boldsymbol{A}\quad\boldsymbol{b}]=\begin{bmatrix}1&1&1&1&0\\0&1&2&2&1\\0&-1&a-3&-2&b\\3&2&1&a&-1\end{bmatrix}\to\begin{bmatrix}1&1&1&1&0\\0&1&2&2&1\\0&0&a-1&0&b+1\\0&0&0&a-1&0\end{bmatrix}.$$

当 $a\neq1$ 时，$r(\boldsymbol{A})=r[\boldsymbol{A}\quad\boldsymbol{b}]=4$，方程组有唯一解.

当 $a=1$，且 $b\neq-1$ 时，$r(\boldsymbol{A})<r[\boldsymbol{A}\quad\boldsymbol{b}]$，方程组无解.

当 $a=1$，且 $b=-1$ 时，$r(\boldsymbol{A})=r[\boldsymbol{A}\quad\boldsymbol{b}]=2<n=4$，方程组有无穷多解，得

$$[\boldsymbol{A}\quad\boldsymbol{b}]\to\begin{bmatrix}1&1&1&1&0\\0&1&2&2&1\\0&0&0&0&0\\0&0&0&0&0\end{bmatrix}\to\begin{bmatrix}1&0&-1&-1&-1\\0&1&2&2&1\\0&0&0&0&0\\0&0&0&0&0\end{bmatrix},$$

其通解为

$$x=c_1\begin{bmatrix}1\\-2\\1\\0\end{bmatrix}+c_2\begin{bmatrix}1\\-2\\0\\1\end{bmatrix}+\begin{bmatrix}-1\\1\\0\\0\end{bmatrix}，其中 c_1，c_2 为任意常数.$$

6.【解】 记 $\boldsymbol{B}=[\boldsymbol{\xi}_1\quad\boldsymbol{\xi}_2]$，则有 $\boldsymbol{A}\boldsymbol{\xi}_1=0\boldsymbol{\xi}_1$，$\boldsymbol{A}\boldsymbol{\xi}_2=6\boldsymbol{\xi}_2$，因此 $\boldsymbol{A}$ 有特征值 $\lambda_1=0$，对应的特征向量为 $\boldsymbol{\xi}_1=(1,2,1)^{\mathrm{T}}$，$\boldsymbol{A}$ 有特征值 $\lambda_2=6$，对应的特征向量为 $\boldsymbol{\xi}_2=(1,0,-1)^{\mathrm{T}}$.

又由 $|2\boldsymbol{E}-\boldsymbol{A}|=0$ 知 $\boldsymbol{A}$ 有特征值 $\lambda_3=2$，对应的特征向量设为 $\boldsymbol{\xi}_3=(x_1,x_2,x_3)^{\mathrm{T}}$，则 $\begin{cases}x_1+2x_2+x_3=0,\\x_1-x_3=0;\end{cases}$ 可取 $\boldsymbol{\xi}_3=(1,-1,1)^{\mathrm{T}}$. 将这三个向量单位化得

$$\boldsymbol{\varepsilon}_1=\left(\frac{1}{\sqrt6},\frac{2}{\sqrt6},\frac{1}{\sqrt6}\right)^{\mathrm{T}},\ \boldsymbol{\varepsilon}_2=\left(\frac{1}{\sqrt2},0,-\frac{1}{\sqrt2}\right)^{\mathrm{T}},\ \boldsymbol{\varepsilon}_3=\left(\frac{1}{\sqrt3},-\frac{1}{\sqrt3},\frac{1}{\sqrt3}\right)^{\mathrm{T}}.$$

令 $\boldsymbol{Q}=[\boldsymbol{\varepsilon}_1\quad\boldsymbol{\varepsilon}_2\quad\boldsymbol{\varepsilon}_3]=\begin{bmatrix}\frac{1}{\sqrt6}&\frac{1}{\sqrt2}&\frac{1}{\sqrt3}\\\frac{2}{\sqrt6}&0&-\frac{1}{\sqrt3}\\\frac{1}{\sqrt6}&-\frac{1}{\sqrt2}&\frac{1}{\sqrt3}\end{bmatrix}$，则有 $\boldsymbol{Q}^{\mathrm{T}}\boldsymbol{A}\boldsymbol{Q}=\begin{bmatrix}0&0&0\\0&6&0\\0&0&2\end{bmatrix}$.

故正交变换 $\boldsymbol{x}=\boldsymbol{Q}\boldsymbol{y}$ 可将二次型化为标准形 $f=6y_2^2+2y_3^2$.

2020—2021 学年春季学期(B)卷解析

一、单选题

1.【答】 C.

【解析】 利用初等矩阵与初等变换的联系，由题意可知

$$\begin{bmatrix}1&0&0\\0&1&0\\0&1&1\end{bmatrix}\boldsymbol{A}=\boldsymbol{B},\ \boldsymbol{B}\begin{bmatrix}1&0&0\\0&1&1\\0&0&1\end{bmatrix}=\boldsymbol{C}.$$

因此$\boldsymbol{P}^{\mathrm{T}}\boldsymbol{A}\boldsymbol{P}=\boldsymbol{C}$.

2.【答】 D.

【解析】 由$|\boldsymbol{A}|=\begin{vmatrix}x&y&y\\y&x&y\\y&y&x\end{vmatrix}=(x+2y)(x-y)^2$，可知当$x=y$或者$x=-2y$时，$|\boldsymbol{A}|=0$，$\mathrm{rank}\boldsymbol{A}\leqslant 2$. 进一步分析，可知当$x=y\neq 0$时$\mathrm{rank}\boldsymbol{A}=1$；当$x=y=0$时，$\mathrm{rank}\boldsymbol{A}=0$；当$x=-2y\neq 0$时，$\mathrm{rank}\boldsymbol{A}=2$；当$x\neq -2y$，$x=y\neq 0$时，$\mathrm{rank}\boldsymbol{A}=1$；当$x\neq -2y$，$x\neq y$时，$\mathrm{rank}\boldsymbol{A}=3$.

3.【答】 A.

【解析】 记线性方程组为$\boldsymbol{Ax}=\boldsymbol{b}$. 由$|\boldsymbol{A}|=-5abc$，可知当$abc\neq 0$时，方程组必有唯一解.

当$a=0$时，增广矩阵为$\begin{bmatrix}b&0&0&0\\0&-2c&3b&bc\\c&0&0&0\end{bmatrix}$，方程组有解.

当$b=0$时，增广矩阵为$\begin{bmatrix}0&-a&0&-2ad\\0&-2c&0&0\\c&0&a&0\end{bmatrix}$，方程组有解.

当$c=0$时，增广矩阵为$\begin{bmatrix}b&-a&0&-2ad\\0&0&3b&0\\0&0&a&0\end{bmatrix}$，方程组有解.

因此当a，b，c取任意实数时，方程组均有解.

4.【答】 B.

【解析】 由$a_{ij}=A_{ij}$，可知$\boldsymbol{A}=[a_{ij}]$的伴随矩阵$\boldsymbol{A}^*$满足$\boldsymbol{A}^*=\boldsymbol{A}^{\mathrm{T}}$. 再由$\boldsymbol{AA}^*=\boldsymbol{A}^*\boldsymbol{A}=|\boldsymbol{A}|\boldsymbol{E}$以及$|\boldsymbol{A}|=1$，可知$a_{13}^2+a_{23}^2+a_{33}^2=1$，又由$a_{33}=-1$可知$a_{13}=a_{23}=0$，$\boldsymbol{A}\begin{bmatrix}0\\0\\-1\end{bmatrix}=$

$\begin{bmatrix}0\\0\\1\end{bmatrix}$. 再由 $|A|=1$ 可知 $\mathrm{rank}A=3$，方程组 $Ax=\begin{bmatrix}0\\0\\1\end{bmatrix}$有唯一解$\begin{bmatrix}0\\0\\-1\end{bmatrix}$.

5.【答】 A.

【解析】 由 $ABA=C^{-1}$，以及矩阵的秩的不等式可知

$$n=\mathrm{rank}C^{-1}=\mathrm{rank}ABA\leqslant\min\{\mathrm{rank}A,\ \mathrm{rank}B\}\leqslant n,$$

因此 $\mathrm{rank}A=n$，$\mathrm{rank}B=n$，A，B 均为可逆矩阵.

由 $ABA=C^{-1}$，可知 $C=(C^{-1})^{-1}=(ABA)^{-1}=A^{-1}B^{-1}A^{-1}$，从而

$$BAC=(BA)(A^{-1}B^{-1}A^{-1})=B(AA^{-1})(B^{-1}A^{-1})=BB^{-1}A^{-1}=A^{-1},$$

$$CAB=(A^{-1}B^{-1}A^{-1})(AB)=A^{-1}B^{-1}(AA^{-1})B=A^{-1}B^{-1}B=A^{-1},$$

因此 $BAC=CAB$.

对(B)选项，可举反例：当 $A=\begin{bmatrix}0&1\\-1&0\end{bmatrix}$时，$E+A=\begin{bmatrix}1&1\\-1&1\end{bmatrix}$，$(E+A)^{-1}=\frac{1}{2}\begin{bmatrix}1&-1\\1&1\end{bmatrix}$，$(E+A)^{-1}$不是正交矩阵.

对(C)选项，可举反例：线性方程组$\begin{cases}x_1+x_2+x_3=1,\\x_1+2x_2+2x_3=2,\\2x_1+3x_2+3x_3=3\end{cases}$与$\begin{cases}x_1+x_2+x_3=1,\\x_1+2x_2+2x_3=2\end{cases}$同解，但其增广矩阵$\begin{bmatrix}1&1&1&1\\1&2&2&2\\2&3&3&3\end{bmatrix}$与$\begin{bmatrix}1&1&1&1\\1&2&2&2\end{bmatrix}$不是同型矩阵、不等价.

对(D)选项，可举反例：线性方程组$\begin{cases}x_1+x_2+x_3=1,\\x_1+2x_2+2x_3=2\end{cases}$的增广矩阵$\begin{bmatrix}1&1&1&1\\1&2&2&2\end{bmatrix}$与$\begin{cases}x_1+x_2+x_3=1,\\x_1+3x_2+3x_3=4\end{cases}$的增广矩阵$\begin{bmatrix}1&1&1&1\\1&3&3&4\end{bmatrix}$等价，但这两个线性方程组不同解.

6.【答】 D.

【解析】 当 $\lambda_1=\lambda_2$ 时，A 对应于 λ_1 的两个特征向量 ξ_1，ξ_2 均来自齐次线性方程组 $(\lambda_1A-E)x=0$ 的解空间，当该解空间的维数等于 1 时，ξ_1，ξ_2 必成比例；当该解空间的维数大于 1 时，ξ_1，ξ_2 可能成比例，也可能不成比例. 当 $\lambda_1\neq\lambda_2$ 时，由“A 对应于不同特征值的特征向量是线性无关的”可知 ξ_1 与 ξ_2 必不成比例.

二、填空题

1.【答】 $-\frac{16}{27}$.

【解析】 由求逆公式 $A^{-1}=\frac{A^*}{|A|}$ 以及 $|A|=\frac{1}{2}$，可知 $A^*=\frac{1}{2}A^{-1}$，$|(3A)^{-1}-2A^*|=\left|\frac{1}{3}A^{-1}-A^{-1}\right|=\left(-\frac{2}{3}\right)^3|A^{-1}|=\left(-\frac{2}{3}\right)^3\frac{1}{|A|}=-\frac{16}{27}$.

2.【答】 $2E_n$.

【解析】 由 $A^2-4A+4E=O$，可知 A 的特征值 λ 必满足关系式 $\lambda^2-4\lambda+4=0$，从

而 $\lambda=2$. 再由 $\boldsymbol{A}$ 为实对称矩阵，可知存在正交矩阵 $\boldsymbol{P}$ 使得 $\boldsymbol{P}^{-1}\boldsymbol{AP}=\boldsymbol{P}^{\mathrm{T}}\boldsymbol{AP}$

$$=\begin{bmatrix}2&0&\cdots&0\\0&2&\cdots&0\\\vdots&\vdots&&\vdots\\0&0&\cdots&2\end{bmatrix},$$

从而 $\boldsymbol{A}=\boldsymbol{P}\begin{bmatrix}2&0&\cdots&0\\0&2&\cdots&0\\\vdots&\vdots&&\vdots\\0&0&\cdots&2\end{bmatrix}\boldsymbol{P}^{-1}=2\boldsymbol{E}_n$.

3.【答】 $\begin{bmatrix}1&0&0\\-1&2&0\\0&-2&3\end{bmatrix}$.

【解析】 由题意和矩阵的运算规律可得

$$(\boldsymbol{E}+\boldsymbol{B})^{-1}=[\boldsymbol{E}+(\boldsymbol{E}+\boldsymbol{A})^{-1}(\boldsymbol{E}-\boldsymbol{A})]^{-1}=[(\boldsymbol{E}+\boldsymbol{A})^{-1}(\boldsymbol{E}+\boldsymbol{A})+(\boldsymbol{E}+\boldsymbol{A})^{-1}(\boldsymbol{E}-\boldsymbol{A})]^{-1}$$
$$=\{(\boldsymbol{E}+\boldsymbol{A})^{-1}[(\boldsymbol{E}+\boldsymbol{A})+(\boldsymbol{E}-\boldsymbol{A})]\}^{-1}=[(\boldsymbol{E}+\boldsymbol{A})^{-1}2\boldsymbol{E}]^{-1}$$
$$=[2(\boldsymbol{E}+\boldsymbol{A})^{-1}]^{-1}=\frac{1}{2}(\boldsymbol{E}+\boldsymbol{A}).$$

因此 $(\boldsymbol{E}+\boldsymbol{B})^{-1}=\begin{bmatrix}1&0&0\\-1&2&0\\0&-2&3\end{bmatrix}$.

4.【答】 2.

【解析】 由题意可知 $\boldsymbol{AB}=\begin{bmatrix}4&5\\2&3\end{bmatrix}$，$|\boldsymbol{AB}|=2$，$\boldsymbol{BA}$ 为 3 阶方阵，而 $\operatorname{rank}\boldsymbol{AB}\leqslant\operatorname{rank}\boldsymbol{A}=2$，因此 $|\boldsymbol{BA}|=0$. 于是 $|\boldsymbol{AB}|-|\boldsymbol{BA}|=2$.

5.【答】 z_1^2.

【解析】 二次型 $f(x_1, x_2, \cdots, x_n)=\sum\limits_{i,j=1}^{n}a_ia_jx_ix_j$ 的对称矩阵为 $\boldsymbol{A}=\begin{bmatrix}a_1^2&a_1a_2&\cdots&a_1a_n\\a_2a_1&a_2^2&\cdots&a_2a_n\\\vdots&\vdots&&\vdots\\a_na_1&a_na_2&\cdots&a_n^2\end{bmatrix}$，记 $\boldsymbol{\alpha}=\begin{bmatrix}a_1\\a_2\\\vdots\\a_n\end{bmatrix}$，$\|\boldsymbol{\alpha}\|=k$，则 $\boldsymbol{A}=\boldsymbol{\alpha\alpha}^{\mathrm{T}}$. 由 $\boldsymbol{A\alpha}=(\boldsymbol{\alpha\alpha}^{\mathrm{T}})\boldsymbol{\alpha}=\boldsymbol{\alpha}(\boldsymbol{\alpha}^{\mathrm{T}}\boldsymbol{\alpha})=(\boldsymbol{\alpha}^{\mathrm{T}}\boldsymbol{\alpha})\boldsymbol{\alpha}=k^2\boldsymbol{\alpha}$，可知 k^2 为 $\boldsymbol{A}$ 的一个非零特征值，再由 $\boldsymbol{A}$ 为实对称矩阵且 $\operatorname{rank}\boldsymbol{A}=1$，可知存在正交矩阵 $\boldsymbol{C}$ 使得 $\boldsymbol{C}^{-1}\boldsymbol{AC}=\boldsymbol{C}^{\mathrm{T}}\boldsymbol{AC}=\begin{bmatrix}\lambda_1&&&\\&\lambda_2&&\\&&\ddots&\\&&&\lambda_n\end{bmatrix}$，其中 $\lambda_1, \lambda_2, \cdots, \lambda_n$ 为 $\boldsymbol{A}$ 的特征值，且 $\lambda_1=k^2$，$\lambda_2=\cdots=\lambda_n=0$，从而存在可逆线性变换 $\boldsymbol{x}=\boldsymbol{Pz}$ 能将二次型 $f(x_1, x_2, \cdots, x_n)$ 化为规范形 $g(z_1, z_2, \cdots, z_n)=z_1^2$.

6.【答】 1.

【解析】 由 $\boldsymbol{A}=\boldsymbol{P}^{\mathrm{T}}\boldsymbol{Q}$ 以及矩阵的秩的不等式，可知 $\operatorname{rank}\boldsymbol{A}=\operatorname{rank}\boldsymbol{P}^{\mathrm{T}}\boldsymbol{Q}\leqslant\operatorname{rank}\boldsymbol{P}=1$，又

由 $\boldsymbol{A}$ 不等于零矩阵，可知 $\text{rank}\boldsymbol{A} \geqslant 1$，因此 $\text{rank}\boldsymbol{A} = 1$.

$$\text{rank}\boldsymbol{A}^{2021} = \text{rank}\,(\boldsymbol{P}^{\mathrm{T}}\boldsymbol{Q})^{2021} = \text{rank}(\boldsymbol{P}^{\mathrm{T}}\boldsymbol{Q})(\boldsymbol{P}^{\mathrm{T}}\boldsymbol{Q})\cdots(\boldsymbol{P}^{\mathrm{T}}\boldsymbol{Q})$$
$$= \text{rank}\,\boldsymbol{P}^{\mathrm{T}}(\boldsymbol{Q}\boldsymbol{P}^{\mathrm{T}})(\boldsymbol{Q}\boldsymbol{P}^{\mathrm{T}})\cdots(\boldsymbol{Q}\boldsymbol{P}^{\mathrm{T}})\boldsymbol{Q} = \text{rank}10^{2020}\boldsymbol{P}^{\mathrm{T}}\boldsymbol{Q} = \text{rank}(10^{2020}\boldsymbol{A}) = 1.$$

三、计算与证明题

1.【解】

$$(1)D_n = \begin{vmatrix} x & 4 & 4 & 4 & \cdots & 4 \\ 1 & x & 2 & 2 & \cdots & 2 \\ 1 & 2 & x & 2 & \cdots & 2 \\ 1 & 2 & 2 & x & \cdots & 2 \\ \vdots & \vdots & \vdots & \vdots & & \vdots \\ 1 & 2 & 2 & 2 & \cdots & x \end{vmatrix} = \begin{vmatrix} x & 4 & 4 & 4 & \cdots & 4+0 \\ 1 & x & 2 & 2 & \cdots & 2+0 \\ 1 & 2 & x & 2 & \cdots & 2+0 \\ 1 & 2 & 2 & x & \cdots & 2+0 \\ \vdots & \vdots & \vdots & \vdots & & \vdots \\ 1 & 2 & 2 & 2 & \cdots & 2+(x-2) \end{vmatrix}$$

$$= \begin{vmatrix} x & 4 & 4 & 4 & \cdots & 0 \\ 1 & x & 2 & 2 & \cdots & 0 \\ 1 & 2 & x & 2 & \cdots & 0 \\ 1 & 2 & 2 & x & \cdots & 0 \\ \vdots & \vdots & \vdots & \vdots & & \vdots \\ 1 & 2 & 2 & 2 & \cdots & x-2 \end{vmatrix} + \begin{vmatrix} x & 4 & 4 & 4 & \cdots & 4 \\ 1 & x & 2 & 2 & \cdots & 2 \\ 1 & 2 & x & 2 & \cdots & 2 \\ 1 & 2 & 2 & x & \cdots & 2 \\ \vdots & \vdots & \vdots & \vdots & & \vdots \\ 1 & 2 & 2 & 2 & \cdots & 2 \end{vmatrix}$$

$$= (x-2)D_{n-1} + \begin{vmatrix} x-2 & 0 & 0 & 0 & \cdots & 0 \\ 0 & x-2 & 0 & 0 & \cdots & 0 \\ 0 & 0 & x-2 & 0 & \cdots & 0 \\ 0 & 0 & 0 & x-2 & \cdots & 0 \\ \vdots & \vdots & \vdots & \vdots & & \vdots \\ 1 & 2 & 2 & 2 & \cdots & 2 \end{vmatrix}$$

$$= (x-2)D_{n-1} + 2\,(x-2)^{n-1}.$$

(2) $D_n = (x-2)D_{n-1} + 2\,(x-2)^{n-1}$

$= (x-2)[\,(x-2)D_{n-2} + 2\,(x-2)^{n-2}\,] + 2\,(x-2)^{n-1}$

$= (x-2)^2 D_{n-2} + 4\,(x-2)^{n-1} = \cdots = (x-2)^{n-1}D_1 + 2(n-1)(x-2)^{n-1}$

$= x\,(x-2)^{n-1} + 2(n-1)(x-2)^{n-1} = (x+2n-2)(x-2)^{n-1}.$

2.【解】 由题设得 $\boldsymbol{AX}(\boldsymbol{A}-\boldsymbol{B}) + \boldsymbol{BX}(\boldsymbol{B}-\boldsymbol{A}) = \boldsymbol{E}$，即$(\boldsymbol{A}-\boldsymbol{B})\boldsymbol{X}(\boldsymbol{A}-\boldsymbol{B}) = \boldsymbol{E}$.

由于行列式 $|\boldsymbol{A}-\boldsymbol{B}| = \begin{vmatrix} 1 & -1 & -1 \\ 0 & 1 & -1 \\ 0 & 0 & 1 \end{vmatrix} \neq 0$，所以矩阵 $\boldsymbol{A}-\boldsymbol{B}$ 可逆.

$$(\boldsymbol{A}-\boldsymbol{B})^{-1} = \begin{bmatrix} 1 & 1 & 2 \\ 0 & 1 & 1 \\ 0 & 0 & 1 \end{bmatrix},$$

$$\boldsymbol{X} = (\boldsymbol{A}-\boldsymbol{B})^{-1}(\boldsymbol{A}-\boldsymbol{B})^{-1} = \begin{bmatrix} 1 & 2 & 5 \\ 0 & 1 & 2 \\ 0 & 0 & 1 \end{bmatrix}.$$

3.【解】 由 $\text{rank}\boldsymbol{B} = 2$ 得方程组有无穷多解，因此 $\text{rank}\boldsymbol{A} = \text{rank}[\boldsymbol{A}\quad \boldsymbol{b}] \leqslant 2$. 又

$$[\boldsymbol{A}\quad \boldsymbol{b}]=\begin{bmatrix}1&2&-1&1\\2&-1&\lambda&-2\\3&1&-1&-1\end{bmatrix}\to\begin{bmatrix}1&2&-1&1\\0&-5&\lambda+2&-4\\0&0&\lambda&0\end{bmatrix},$$

所以 $\lambda=0$.

$$[\boldsymbol{A}\quad \boldsymbol{b}]=\begin{bmatrix}1&2&-1&1\\2&-1&0&-2\\3&1&-1&-1\end{bmatrix}\to\begin{bmatrix}1&2&-1&1\\0&-5&2&-4\\0&0&0&0\end{bmatrix}\to\begin{bmatrix}1&0&-\frac{1}{5}&-\frac{3}{5}\\0&1&-\frac{2}{5}&\frac{4}{5}\\0&0&0&0\end{bmatrix},$$

则方程组的通解为$\begin{bmatrix}x_1\\x_2\\x_3\end{bmatrix}=k\begin{bmatrix}1\\2\\5\end{bmatrix}+\begin{bmatrix}-\frac{3}{5}\\\frac{4}{5}\\1\end{bmatrix}$，其中 k 为任意常数.

4.【证】 对 $\boldsymbol{BAB}=\boldsymbol{A}^{-1}$两边同时左乘 $\boldsymbol{A}$ 得 $\boldsymbol{ABAB}=\boldsymbol{E}$，即

$$\boldsymbol{E}-\boldsymbol{ABAB}=\boldsymbol{0},\ (\boldsymbol{E}+\boldsymbol{AB})(\boldsymbol{E}-\boldsymbol{AB})=\boldsymbol{O}.$$

由秩的性质知 $\operatorname{rank}(\boldsymbol{E}+\boldsymbol{AB})+\operatorname{rank}(\boldsymbol{E}-\boldsymbol{AB})\leqslant n$.

又 $n=\operatorname{rank}(2\boldsymbol{E})=\operatorname{rank}[(\boldsymbol{E}+\boldsymbol{AB})+(\boldsymbol{E}-\boldsymbol{AB})]\leqslant\operatorname{rank}(\boldsymbol{E}+\boldsymbol{AB})+\operatorname{rank}(\boldsymbol{E}-\boldsymbol{AB})$.

综上可得 $\operatorname{rank}(\boldsymbol{E}+\boldsymbol{AB})+\operatorname{rank}(\boldsymbol{E}-\boldsymbol{AB})=n$.

5.【证】 (1)设存在一组数 k_1，k_2，k_3 使 $k_1\boldsymbol{\alpha}_1+k_2\boldsymbol{\alpha}_2+k_3\boldsymbol{\alpha}_3=\boldsymbol{0}$ 成立，两边同时左乘 $\boldsymbol{A}$ 得

$$k_1\boldsymbol{A\alpha}_1+k_2\boldsymbol{A\alpha}_2+k_3\boldsymbol{A\alpha}_3=\boldsymbol{0}.\qquad (*)$$

又已知 $\boldsymbol{A\alpha}_1=2\boldsymbol{\alpha}_1$，$\boldsymbol{A\alpha}_2=5\boldsymbol{\alpha}_2$，$\boldsymbol{A\alpha}_3=-2\boldsymbol{\alpha}_1-5\boldsymbol{\alpha}_2+2\boldsymbol{\alpha}_3$，因此有

$$2(k_1-k_3)\boldsymbol{\alpha}_1+5(k_2-k_3)\boldsymbol{\alpha}_2+2k_3\boldsymbol{\alpha}_3=\boldsymbol{0}\qquad (**)$$

由$(*)$、$(**)$得

$$-2k_3\boldsymbol{\alpha}_1+(3k_2-5k_3)\boldsymbol{\alpha}_2=\boldsymbol{0}.$$

由 $\boldsymbol{\alpha}_1$，$\boldsymbol{\alpha}_2$ 为 $\boldsymbol{A}$ 分别对应于2，5 的特征向量，可知 $\boldsymbol{\alpha}_1$，$\boldsymbol{\alpha}_2$ 线性无关，从而 $k_2=k_3=0$. 代入 $k_1\boldsymbol{\alpha}_1+k_2\boldsymbol{\alpha}_2+k_3\boldsymbol{\alpha}_3=\boldsymbol{0}$，得 $k_1=0$. 故 $\boldsymbol{\alpha}_1$，$\boldsymbol{\alpha}_2$，$\boldsymbol{\alpha}_3$ 线性无关.

(2)由 $\boldsymbol{A\alpha}_1=2\boldsymbol{\alpha}_1$，$\boldsymbol{A\alpha}_2=5\boldsymbol{\alpha}_2$，$\boldsymbol{A\alpha}_3=-2\boldsymbol{\alpha}_1-5\boldsymbol{\alpha}_2+2\boldsymbol{\alpha}_3$，得

$$\begin{aligned}\boldsymbol{AP}&=\boldsymbol{A}[\boldsymbol{\alpha}_1\quad\boldsymbol{\alpha}_2\quad\boldsymbol{\alpha}_3]=[\boldsymbol{A\alpha}_1\quad\boldsymbol{A\alpha}_2\quad\boldsymbol{A\alpha}_3]\\&=[2\boldsymbol{\alpha}_1\quad 5\boldsymbol{\alpha}_2\quad -2\boldsymbol{\alpha}_1-5\boldsymbol{\alpha}_2+2\boldsymbol{\alpha}_3]\\&=[\boldsymbol{\alpha}_1\quad\boldsymbol{\alpha}_2\quad\boldsymbol{\alpha}_3]\begin{bmatrix}2&0&-2\\0&5&-5\\0&0&2\end{bmatrix}=\boldsymbol{P}\begin{bmatrix}2&0&-2\\0&5&-5\\0&0&2\end{bmatrix}.\end{aligned}$$

由前面分析可知 $\boldsymbol{P}$ 可逆，上式两边同时左乘 $\boldsymbol{P}^{-1}$得

$$\boldsymbol{P}^{-1}\boldsymbol{AP}=\begin{bmatrix}2&0&-2\\0&5&-5\\0&0&2\end{bmatrix}.$$

6.【解】 (1) 由 $\boldsymbol{A}$ 为实对称矩阵，知存在正交矩阵 $\boldsymbol{Q}$ 使得

$$\boldsymbol{Q}^{\mathrm{T}}\boldsymbol{AQ}=\boldsymbol{Q}^{-1}\boldsymbol{AQ}=\operatorname{diag}(\lambda_1,\lambda_2,\cdots,\lambda_n).$$

对任意 $\boldsymbol{x}=(x_1,x_2,\cdots,x_n)^{\mathrm{T}}\in\mathbf{R}^n$，取$(y_1,y_2,\cdots,y_n)^{\mathrm{T}}\triangleq\boldsymbol{y}=\boldsymbol{Q}^{-1}\boldsymbol{x}=\boldsymbol{Q}^{\mathrm{T}}\boldsymbol{x}$，则有

$$\|\boldsymbol{x}\|^2 = <\boldsymbol{x}, \boldsymbol{x}> = \boldsymbol{x}^{\mathrm{T}}\boldsymbol{x} = (\boldsymbol{Q}\boldsymbol{y})^{\mathrm{T}}(\boldsymbol{Q}\boldsymbol{y}) = \boldsymbol{y}^{\mathrm{T}}\boldsymbol{Q}^{\mathrm{T}}\boldsymbol{Q}\boldsymbol{y} = \boldsymbol{y}^{\mathrm{T}}\boldsymbol{y} = \|\boldsymbol{y}\|^2,$$

$$g(x_1, x_2, \cdots, x_n) = \boldsymbol{x}^{\mathrm{T}}\boldsymbol{A}\boldsymbol{x} = \boldsymbol{y}^{\mathrm{T}}(\boldsymbol{Q}^{\mathrm{T}}\boldsymbol{A}\boldsymbol{Q})\boldsymbol{y} = \boldsymbol{y}^{\mathrm{T}}\mathrm{diag}(\lambda_1, \lambda_2, \cdots, \lambda_n)\boldsymbol{y}$$

$$= \lambda_1 y_1^2 + \lambda_2 y_2^2 + \cdots + \lambda_n y_n^2.$$

又由

$$\lambda_1 y_1^2 + \lambda_2 y_2^2 + \cdots + \lambda_n y_n^2 \leqslant \lambda_n(y_1^2 + y_2^2 + \cdots + y_n^2) = \lambda_n \|\boldsymbol{y}\|^2 = \lambda_n \|\boldsymbol{x}\|^2,$$

$$\lambda_1 y_1^2 + \lambda_2 y_2^2 + \cdots + \lambda_n y_n^2 \geqslant \lambda_1(y_1^2 + y_2^2 + \cdots + y_n^2) = \lambda_1 \|\boldsymbol{y}\|^2 = \lambda_1 \|\boldsymbol{x}\|^2,$$

得

$$\lambda_1 \|\boldsymbol{x}\|^2 \leqslant \boldsymbol{x}^{\mathrm{T}}\boldsymbol{A}\boldsymbol{x} \leqslant \lambda_n \|\boldsymbol{x}\|^2,$$

即 $\lambda_1 \boldsymbol{x}^{\mathrm{T}}\boldsymbol{x} \leqslant \boldsymbol{x}^{\mathrm{T}}\boldsymbol{A}\boldsymbol{x} \leqslant \lambda_n \boldsymbol{x}^{\mathrm{T}}\boldsymbol{x}$.

(2) 当 $\boldsymbol{x} = (x_1, x_2, \cdots, x_n)^{\mathrm{T}}$ 为 $\boldsymbol{A}$ 的对应于最大(小)特征值 $\lambda_n(\lambda_1)$ 的特征向量时，有 $g(x_1, x_2, \cdots, x_n) = \boldsymbol{x}^{\mathrm{T}}\boldsymbol{A}\boldsymbol{x} = \lambda_n \|\boldsymbol{x}\|^2 (g(x_1, x_2, \cdots, x_n) = \lambda_1 \|\boldsymbol{x}\|^2)$.

2021—2022 学年秋季学期(A)卷解析

一、单选题

1.【答】 C.

【解析】 由伴随矩阵 $\boldsymbol{A}^*$ 的秩等于 1，可知 3 阶方阵 $\boldsymbol{A}$ 的秩等于 2，因此 $|\boldsymbol{A}|=\begin{vmatrix} a & b & b \\ b & a & b \\ b & b & a \end{vmatrix}=(a+2b)(a-b)^2=0$，$a-b=0$ 或 $a+2b=0$. 但是当 $a=b$ 时，$\mathrm{rank}\boldsymbol{A}=\mathrm{rank}\begin{bmatrix} a & a & a \\ a & a & a \\ a & b & a \end{bmatrix}<2$，可见 $a\neq b$. 当 $a\neq b$ 且 $a+2b=0$ 时，方阵 $\boldsymbol{A}$ 的 2 阶顺序主子式为 $\begin{vmatrix} a & b \\ b & a \end{vmatrix}=a^2-b^2\neq 0$，$\mathrm{rank}\boldsymbol{A}=2$，符合题意.

2.【答】 C.

【解析】 $(\boldsymbol{A}^{-1}+\boldsymbol{B}^{-1})^{-1}=(\boldsymbol{E}\boldsymbol{A}^{-1}+\boldsymbol{B}^{-1}\boldsymbol{E})^{-1}=(\boldsymbol{B}^{-1}\boldsymbol{B}\boldsymbol{A}^{-1}+\boldsymbol{B}^{-1}\boldsymbol{A}\boldsymbol{A}^{-1})^{-1}$

$=[\boldsymbol{B}^{-1}(\boldsymbol{B}+\boldsymbol{A})\boldsymbol{A}^{-1}]^{-1}=(\boldsymbol{A}^{-1})^{-1}(\boldsymbol{B}+\boldsymbol{A})^{-1}(\boldsymbol{B}^{-1})^{-1}=\boldsymbol{A}(\boldsymbol{B}+\boldsymbol{A})^{-1}\boldsymbol{B}.$

3.【答】 B.

【解析】 由 $km\neq 0$ 可知 $k\neq 0$，$m\neq 0$，再由 $k\boldsymbol{\alpha}+l\boldsymbol{\beta}+m\boldsymbol{\gamma}=\boldsymbol{0}$ 可得 $\boldsymbol{\alpha}=-\frac{l}{k}\boldsymbol{\beta}-\frac{m}{k}\boldsymbol{\gamma}$，从而 $\boldsymbol{\alpha}$，$\boldsymbol{\beta}$ 可由 $\boldsymbol{\beta}$，$\boldsymbol{\gamma}$ 线性表示，也可得 $\boldsymbol{\gamma}=-\frac{k}{m}\boldsymbol{\alpha}-\frac{l}{m}\boldsymbol{\beta}$，从而 $\boldsymbol{\beta}$，$\boldsymbol{\gamma}$ 可由 $\boldsymbol{\alpha}$，$\boldsymbol{\beta}$ 线性表示. 因此，$\boldsymbol{\alpha}$，$\boldsymbol{\beta}$ 与 $\boldsymbol{\beta}$，$\boldsymbol{\gamma}$ 等价.

4.【答】 A.

【解析】 由 $\begin{vmatrix} \lambda-4 & -2 & 0 \\ -2 & \lambda-4 & 0 \\ 0 & 0 & \lambda+8 \end{vmatrix}=(\lambda+8)(\lambda-6)(\lambda-2)$ 可知 $\begin{bmatrix} 4 & 2 & 0 \\ 2 & 4 & 0 \\ 0 & 0 & -8 \end{bmatrix}$ 的特征值为 2，6，-8，即它的正惯性指数为 2、负惯性指数为 1. 类似可求出 $\begin{bmatrix} 1 & 0 & 0 \\ 0 & 1 & 0 \\ 0 & 0 & -1 \end{bmatrix}$ 的正惯性指数为 2、负惯性指数为 1，$\begin{bmatrix} 1 & 0 & 0 \\ 0 & 1 & 0 \\ 0 & 0 & 0 \end{bmatrix}$ 的正惯性指数为 2、负惯性指数为 0，$\begin{bmatrix} 1 & 0 & 0 \\ 0 & -1 & 0 \\ 0 & 0 & 0 \end{bmatrix}$ 的正惯性指数为 1、负惯性指数为 1，$\begin{bmatrix} 1 & 0 & 0 \\ 0 & -1 & 0 \\ 0 & 0 & -1 \end{bmatrix}$ 的正惯性指数为 1、负

惯性指数为 2. 又由于两个同型实对称矩阵合同当且仅当其正惯性指数相等、负惯性指数相等, 从而$\begin{bmatrix}1&0&0\\0&1&0\\0&0&-1\end{bmatrix}$与$\begin{bmatrix}4&2&0\\2&4&0\\0&0&-8\end{bmatrix}$合同.

5.【答】 B.

【解析】 由于 $\lambda_1 \neq \lambda_2$, 因此特征向量 $\boldsymbol{\alpha}_1$, $\boldsymbol{\alpha}_2$ 线性无关. 考虑 $\boldsymbol{\alpha}_1$, $\boldsymbol{\alpha}_2$ 生成的向量空间 $\boldsymbol{V}$, 显然 $\boldsymbol{\alpha}_1$, $\boldsymbol{\alpha}_2$ 为 $\boldsymbol{V}$ 的一组基. $\boldsymbol{V}$ 中向量组 $\boldsymbol{\beta}_1$, $\boldsymbol{\beta}_2$, $\cdots$, $\boldsymbol{\beta}_s$ 的线性相关性的讨论等价于这些向量在基 $\boldsymbol{\alpha}_1$, $\boldsymbol{\alpha}_2$ 下的坐标向量 $\boldsymbol{X}_1$, $\boldsymbol{X}_2$, $\cdots$, $\boldsymbol{X}_s$ 的线性相关性的讨论. 再由 $\boldsymbol{A}(\boldsymbol{\alpha}_1+\boldsymbol{\alpha}_2)=\lambda_1\boldsymbol{\alpha}_1+\lambda_2\boldsymbol{\alpha}_2$, 可知 $\boldsymbol{A}(\boldsymbol{\alpha}_1+\boldsymbol{\alpha}_2)$, $\boldsymbol{\alpha}_1$ 线性无关的充要条件是$\begin{bmatrix}\lambda_1\\\lambda_2\end{bmatrix}$, $\begin{bmatrix}1\\0\end{bmatrix}$线性无关, 即 $\lambda_2 \neq 0$.

6.【答】 C.

【解析】 由 $\boldsymbol{A}$ 为 n 阶正定矩阵, 可知 $\boldsymbol{A}$ 的特征值 λ 均大于零且 $|\boldsymbol{A}|>0$, $\boldsymbol{A}^{-1}$的特征值$\dfrac{1}{\lambda}$也均大于零, 从而 $\boldsymbol{A}^{-1}$为正定矩阵. 同理 $\boldsymbol{B}^{-1}$也为正定矩阵. $\forall \boldsymbol{x}\in\mathbf{R}^n$, $\boldsymbol{x}\neq\mathbf{0}$, 有

$$\boldsymbol{x}^{\mathrm{T}}(\boldsymbol{A}^{-1}+\boldsymbol{B}^{-1})\boldsymbol{x}=\boldsymbol{x}^{\mathrm{T}}\boldsymbol{A}^{-1}\boldsymbol{x}+\boldsymbol{x}^{\mathrm{T}}\boldsymbol{B}^{-1}\boldsymbol{x}>0,$$

从而$\boldsymbol{A}^{-1}+\boldsymbol{B}^{-1}$为正定矩阵.

对(B)选项, 由$\boldsymbol{A}^{-1}=\dfrac{\boldsymbol{A}^*}{|\boldsymbol{A}|}$,可知$\boldsymbol{A}^*=|\boldsymbol{A}|\boldsymbol{A}^{-1}$,$\dfrac{|\boldsymbol{A}|}{\lambda}$为$\boldsymbol{A}^*$的特征值且大于零,即$\boldsymbol{A}^*$为正定矩阵,同理 $\boldsymbol{B}^*$ 也为正定矩阵.

当 $kl>0$, $k>0$, $l>0$ 时, $\forall \boldsymbol{x}\in\mathbf{R}^n$, $\boldsymbol{x}\neq\mathbf{0}$,有

$$\boldsymbol{x}^{\mathrm{T}}\boldsymbol{A}^*\boldsymbol{x}>0,\ \boldsymbol{x}^{\mathrm{T}}\boldsymbol{B}^*\boldsymbol{x}>0,\ \boldsymbol{x}^{\mathrm{T}}(k\boldsymbol{A}^*+l\boldsymbol{B}^*)\boldsymbol{x}=k\boldsymbol{x}^{\mathrm{T}}\boldsymbol{A}^*\boldsymbol{x}+l\boldsymbol{x}^{\mathrm{T}}\boldsymbol{B}^*\boldsymbol{x}>0,$$

从而 $k\boldsymbol{A}^*+l\boldsymbol{B}^*$ 为正定矩阵.

当 $kl>0$, $k<0$, $l<0$ 时, $\forall \boldsymbol{x}\in\mathbf{R}^n$, $\boldsymbol{x}\neq\mathbf{0}$, 有 $\boldsymbol{x}^{\mathrm{T}}(k\boldsymbol{A}^*+l\boldsymbol{B}^*)\boldsymbol{x}=k\boldsymbol{x}^{\mathrm{T}}\boldsymbol{A}^*\boldsymbol{x}+l\boldsymbol{x}^{\mathrm{T}}\boldsymbol{B}^*\boldsymbol{x}<0$, 从而 $k\boldsymbol{A}^*+l\boldsymbol{B}^*$ 为负定矩阵.

二、填空题

1.【答】 1.

【解析】 由矩阵的乘法运算可知 $\boldsymbol{A}^2=\begin{bmatrix}0&0&1&0\\0&0&0&1\\0&0&0&0\\0&0&0&0\end{bmatrix}$, $\boldsymbol{A}^3=\boldsymbol{A}\boldsymbol{A}^2=\begin{bmatrix}0&0&0&1\\0&0&0&0\\0&0&0&0\\0&0&0&0\end{bmatrix}$, 从而 $\boldsymbol{A}^3$ 的秩等于 1.

2.【答】 $\begin{bmatrix}-3&2\\2&-1\end{bmatrix}$.

【解析】 由题意可知$[\boldsymbol{\beta}_1\ \boldsymbol{\beta}_2]=[\boldsymbol{\alpha}_1\ \boldsymbol{\alpha}_2]\begin{bmatrix}1&2\\2&3\end{bmatrix}$, 从而 $\boldsymbol{\beta}_1$, $\boldsymbol{\beta}_2$ 到 $\boldsymbol{\alpha}_1$, $\boldsymbol{\alpha}_2$ 的过渡矩阵是$\begin{bmatrix}1&2\\2&3\end{bmatrix}^{-1}$, 即$\begin{bmatrix}-3&2\\2&-1\end{bmatrix}$.

3.【答】 $y_1^2+y_2^2-y_3^2$.

【解析】 二次型$f(x_1, x_2, x_3)=2x_1x_2-2x_1x_3+2x_2x_3$的矩阵为$A=\begin{bmatrix}0&1&-1\\1&0&1\\-1&1&0\end{bmatrix}$，

由$|\lambda E-A|=\begin{vmatrix}\lambda&-1&1\\-1&\lambda&-1\\1&-1&\lambda\end{vmatrix}=\begin{vmatrix}\lambda-1&-1&1\\0&\lambda&-1\\1-\lambda&-1&\lambda\end{vmatrix}=\begin{vmatrix}\lambda-1&-1&1\\0&\lambda&-1\\0&-2&\lambda+1\end{vmatrix}=(\lambda-1)^2\cdot$ $(\lambda+2)$，可得A的特征值为$\lambda_1=\lambda_2=1$，$\lambda_3=-2$，从而$f(x_1, x_2, x_3)=2x_1x_2-2x_1x_3+2x_2x_3$的规范形为$y_1^2+y_2^2-y_3^2$.

4.【答】 27.

【解析】 由$A^2-2A=O$，可知A的特征值λ及对应的特征向量$\boldsymbol{\xi}$必满足关系式$(\lambda^2-2\lambda)\boldsymbol{\xi}=\mathbf{0}$，从而$\lambda^2-2\lambda=0$，则$\lambda=2$或$\lambda=0$. 再由$A$为实对称矩阵以及$\text{rank}A=3$，可知$A$能相似于对角矩阵$\begin{bmatrix}2&0&0&0&0\\0&2&0&0&0\\0&0&2&0&0\\0&0&0&0&0\end{bmatrix}$，即$A$的特征值为2，2，2，0，0，从而$A+E$的特征值为3，3，3，1，1，$|A+E|=27$.

5.【答】 $\begin{bmatrix}0\\0\\3\end{bmatrix}$.

【解析】 对A进行列分块$A=[\boldsymbol{\beta}_1\quad\boldsymbol{\beta}_2\quad\boldsymbol{\beta}_3]$. 由$A=[a_{ij}]_{3\times3}$是正交矩阵，可知$\text{rank}A=3$且$A$的列向量组$\boldsymbol{\beta}_1,\boldsymbol{\beta}_2,\boldsymbol{\beta}_3$为标准正交向量组，再由$a_{33}=1$可知$\boldsymbol{\beta}_3=\begin{bmatrix}0\\0\\1\end{bmatrix}$. 由线性方程组$Ax=b$的等价表示形式$x_1\boldsymbol{\beta}_1+x_2\boldsymbol{\beta}_2+x_3\boldsymbol{\beta}_3=b$，可得$x=\begin{bmatrix}0\\0\\3\end{bmatrix}$为方程组的一个解，又由于$\text{rank}A=\text{rank}[A\ b]=3$，从而方程组有唯一解$x=\begin{bmatrix}0\\0\\3\end{bmatrix}$.

6.【答】 $\begin{bmatrix}1&0&0\\0&0&1\\-1&1&0\end{bmatrix}$.

【解析】 由初等变换与初等矩阵的联系及题意，可知$A\begin{bmatrix}1&0&0\\1&1&0\\0&0&1\end{bmatrix}=B$，$\begin{bmatrix}1&0&0\\0&0&1\\0&1&0\end{bmatrix}B=E$，从而$A$满足关系式$\begin{bmatrix}1&0&0\\0&0&1\\0&1&0\end{bmatrix}A\begin{bmatrix}1&0&0\\1&1&0\\0&0&1\end{bmatrix}=E$，于是

$$A=\begin{bmatrix}1&0&0\\0&0&1\\0&1&0\end{bmatrix}^{-1}E\begin{bmatrix}1&0&0\\1&1&0\\0&0&1\end{bmatrix}^{-1}=\begin{bmatrix}1&0&0\\0&0&1\\0&1&0\end{bmatrix}\begin{bmatrix}1&0&0\\-1&1&0\\0&0&1\end{bmatrix}=\begin{bmatrix}1&0&0\\0&0&1\\-1&1&0\end{bmatrix}.$$

三、计算与证明题

1.【解】

$$f(x)=\begin{vmatrix} x & x & 1 & 2x \\ 1 & x & 2 & -1 \\ 2 & 1 & x & 1 \\ 2 & -1 & 1 & x \end{vmatrix}=\begin{vmatrix} x-4 & x+2 & -1 & 0 \\ 1 & x & 2 & -1 \\ 2 & 1 & x & 1 \\ 2 & -1 & 1 & x \end{vmatrix}=\begin{vmatrix} x-5 & 2 & -3 & 1 \\ 1 & x & 2 & -1 \\ 2 & 1 & x & 1 \\ 2 & -1 & 1 & x \end{vmatrix},$$

含 x^4 和 x^3 的项只在对角线上四个元相乘的项中出现，则 $f(x)$ 中 x^3 的系数为 -5.

2.【解】 由已知得 $\boldsymbol{AA}^*\boldsymbol{BA}=2\boldsymbol{ABA}-8\boldsymbol{A}$，又因为 $|\boldsymbol{A}|=-2\neq 0$，故 $\boldsymbol{A}$ 是可逆矩阵，得 $|\boldsymbol{A}|\boldsymbol{B}=2\boldsymbol{AB}-8\boldsymbol{E}\Rightarrow(2\boldsymbol{A}+2\boldsymbol{E})\boldsymbol{B}=8\boldsymbol{E}\Rightarrow(\boldsymbol{A}+\boldsymbol{E})\boldsymbol{B}=4\boldsymbol{E}.$

$$\boldsymbol{A}+\boldsymbol{E}=\begin{bmatrix} 1 & 0 & 0 \\ 0 & -2 & 0 \\ 0 & 0 & 1 \end{bmatrix}+\begin{bmatrix} 1 & 0 & 0 \\ 0 & 1 & 0 \\ 0 & 0 & 1 \end{bmatrix}=\begin{bmatrix} 2 & 0 & 0 \\ 0 & -1 & 0 \\ 0 & 0 & 2 \end{bmatrix}$$是可逆矩阵，且

$$(\boldsymbol{A}+\boldsymbol{E})^{-1}=\begin{bmatrix} \frac{1}{2} & 0 & 0 \\ 0 & -1 & 0 \\ 0 & 0 & \frac{1}{2} \end{bmatrix},$$

于是 $\boldsymbol{B}=4(\boldsymbol{A}+\boldsymbol{E})^{-1}=\begin{bmatrix} 2 & 0 & 0 \\ 0 & -4 & 0 \\ 0 & 0 & 2 \end{bmatrix}.$

3.【解】 设方程组为 $\boldsymbol{Ax}=\boldsymbol{b}$，$|\boldsymbol{A}|=-(\lambda-1)(\lambda-10)$.

当 $|\boldsymbol{A}|\neq 0$，即 $\lambda\neq 1$ 且 $\lambda\neq 10$ 时，方程组有唯一解.

当 $\lambda=10$ 时，$[\boldsymbol{A}\quad \boldsymbol{b}]\to\begin{bmatrix} 1 & 1 & 0 & 0 \\ 0 & 1 & -2 & 1/4 \\ 0 & 0 & 0 & 9/4 \end{bmatrix}$，方程组无解.

当 $\lambda=1$ 时，$[\boldsymbol{A}\quad \boldsymbol{b}]\to\begin{bmatrix} 1 & 0 & -1/4 & -1/4 \\ 0 & 1 & 1/4 & 1/4 \\ 0 & 0 & 0 & 0 \end{bmatrix}$，方程组有无穷多解，且其通解为

$$\boldsymbol{x}=k\begin{bmatrix} 1/4 \\ -1/4 \\ 1 \end{bmatrix}+\begin{bmatrix} -1/4 \\ 1/4 \\ 0 \end{bmatrix}(k\in\mathbf{R}).$$

4.【证】 设 $\mathbf{A}=[\boldsymbol{\beta}_1\,\boldsymbol{\beta}_2\cdots\boldsymbol{\beta}_m]$，则

$$\mathbf{A}^{\mathrm{T}}\mathbf{A}=\begin{bmatrix} \boldsymbol{\beta}_1^{\mathrm{T}} \\ \boldsymbol{\beta}_2^{\mathrm{T}} \\ \vdots \\ \boldsymbol{\beta}_m^{\mathrm{T}} \end{bmatrix}[\boldsymbol{\beta}_1\,\boldsymbol{\beta}_2\cdots\boldsymbol{\beta}_m]=\begin{bmatrix} \boldsymbol{\beta}_1^{\mathrm{T}}\boldsymbol{\beta}_1 & \boldsymbol{\beta}_1^{\mathrm{T}}\boldsymbol{\beta}_2 & \cdots & \boldsymbol{\beta}_1^{\mathrm{T}}\boldsymbol{\beta}_m \\ \boldsymbol{\beta}_2^{\mathrm{T}}\boldsymbol{\beta}_1 & \boldsymbol{\beta}_2^{\mathrm{T}}\boldsymbol{\beta}_2 & \cdots & \boldsymbol{\beta}_2^{\mathrm{T}}\boldsymbol{\beta}_m \\ \vdots & \vdots & & \vdots \\ \boldsymbol{\beta}_m^{\mathrm{T}}\boldsymbol{\beta}_1 & \boldsymbol{\beta}_m^{\mathrm{T}}\boldsymbol{\beta}_2 & \cdots & \boldsymbol{\beta}_m^{\mathrm{T}}\boldsymbol{\beta}_m \end{bmatrix}.$$

由于 $r(\mathbf{A}^{\mathrm{T}}\mathbf{A})\leqslant r(\mathbf{A})$，以及线性方程组 $\mathbf{A}^{\mathrm{T}}\mathbf{A}\boldsymbol{x}=\mathbf{0}$ 的解都是方程组 $\mathbf{A}\boldsymbol{x}=0$ 的解，$\mathrm{N}(\mathbf{A}^{\mathrm{T}}\mathbf{A})\subseteq\mathrm{N}(\mathbf{A})$，$m-r(\mathbf{A}^{\mathrm{T}}\mathbf{A})\leqslant m-r(\mathbf{A})$，$r(\mathbf{A}^{\mathrm{T}}\mathbf{A})\geqslant r(\mathbf{A})$，从而 $r(\mathbf{A}^{\mathrm{T}}\mathbf{A})=r(\mathbf{A})$.

$$\begin{vmatrix} \boldsymbol{\beta}_1^{\mathrm{T}}\boldsymbol{\beta}_1 & \boldsymbol{\beta}_1^{\mathrm{T}}\boldsymbol{\beta}_2 & \cdots & \boldsymbol{\beta}_1^{\mathrm{T}}\boldsymbol{\beta}_m \\ \boldsymbol{\beta}_2^{\mathrm{T}}\boldsymbol{\beta}_1 & \boldsymbol{\beta}_2^{\mathrm{T}}\boldsymbol{\beta}_2 & \cdots & \boldsymbol{\beta}_2^{\mathrm{T}}\boldsymbol{\beta}_m \\ \vdots & \vdots & & \vdots \\ \boldsymbol{\beta}_m^{\mathrm{T}}\boldsymbol{\beta}_1 & \boldsymbol{\beta}_m^{\mathrm{T}}\boldsymbol{\beta}_2 & \cdots & \boldsymbol{\beta}_m^{\mathrm{T}}\boldsymbol{\beta}_m \end{vmatrix} \neq 0 \Leftrightarrow r(\boldsymbol{A}^{\mathrm{T}}\boldsymbol{A}) = m \Leftrightarrow r(\boldsymbol{A}) = m \Leftrightarrow \boldsymbol{\beta}_1, \boldsymbol{\beta}_2, \cdots, \boldsymbol{\beta}_m$$ 线性无关.

5.【证】 已知 $\boldsymbol{\alpha}=(a_1, a_2, \cdots, a_n)^{\mathrm{T}}$, $\boldsymbol{\beta}=(b_1, b_2, \cdots, b_n)^{\mathrm{T}}$, 则

$$|\lambda \boldsymbol{E}-\boldsymbol{A}| = \begin{vmatrix} \lambda - a_1b_1 & -a_1b_2 & \cdots & -a_1b_n \\ -a_2b_1 & \lambda - a_2b_2 & \cdots & -a_2b_n \\ \vdots & \vdots & & \vdots \\ -a_nb_1 & -a_nb_2 & \cdots & \lambda - a_nb_n \end{vmatrix} = \lambda^{n-1}(\lambda - \sum_{i=1}^{n} a_ib_i),$$

故 $\boldsymbol{A}$ 的全部特征值为 $\lambda_1=\lambda_2=\cdots=\lambda_{n-1}=0$, $\lambda_n=\sum\limits_{i=1}^{n} a_ib_i$.

由 $\boldsymbol{A\alpha}=\boldsymbol{\alpha\beta}^{\mathrm{T}}\boldsymbol{\alpha}=(\boldsymbol{\beta}^{\mathrm{T}}\boldsymbol{\alpha})\boldsymbol{\alpha}$ 和条件 $\boldsymbol{\beta}^{\mathrm{T}}\boldsymbol{\alpha}\neq 0$, 可知 $\boldsymbol{A}$ 有非零特征值 $\lambda_n=\boldsymbol{\beta}^{\mathrm{T}}\boldsymbol{\alpha}$.

由 $\boldsymbol{A}=\boldsymbol{\alpha\beta}^{\mathrm{T}}\neq \boldsymbol{O}$ 及 $0<\mathrm{rank}\boldsymbol{A}\leqslant \min\{\mathrm{rank}\boldsymbol{\alpha}, \mathrm{rank}\boldsymbol{\beta}\}=1$ 得 $\mathrm{rank}\boldsymbol{A}=1$. $\boldsymbol{Ax}=\boldsymbol{0}$ 的解空间的维数为 $n-1$, $\boldsymbol{A}$ 的特征值 0 的代数重数和几何重数都为 $n-1$, 特征值 $\boldsymbol{\beta}^{\mathrm{T}}\boldsymbol{\alpha}\neq 0$ 的代数重数与几何重数都为 1, 从而 $\boldsymbol{A}$ 可相似对角化.

6.【解】 二次型的矩阵为 $\boldsymbol{A}=\begin{bmatrix} 3 & 0 & \frac{b}{2} \\ 0 & 2 & 0 \\ \frac{b}{2} & 0 & a \end{bmatrix}$, 由已知可得 $|\boldsymbol{A}|=10$, $3+2+a=1+2+5$, $b^2=4$, $b>0$, 故 $a=3$, $b=4$.

求得 $\boldsymbol{A}$ 对应于特征值 $\lambda_1=1$, $\lambda_2=2$, $\lambda_3=5$ 的一个特征向量分别为 $\boldsymbol{\xi}_1=(-1, 0, 1)^{\mathrm{T}}$, $\boldsymbol{\xi}_2=(0, 1, 0)^{\mathrm{T}}$, $\boldsymbol{\xi}_3=(1, 0, 1)^{\mathrm{T}}$.

单位化得 $\boldsymbol{\varepsilon}_1=(-\frac{1}{\sqrt{2}}, 0, \frac{1}{\sqrt{2}})^{\mathrm{T}}$, $\boldsymbol{\varepsilon}_2=(0, 1, 0)^{\mathrm{T}}$, $\boldsymbol{\varepsilon}_3=(\frac{1}{\sqrt{2}}, 0, \frac{1}{\sqrt{2}})^{\mathrm{T}}$. 故正交变换矩阵为 $\boldsymbol{P}=[\boldsymbol{\varepsilon}_1 \quad \boldsymbol{\varepsilon}_2 \quad \boldsymbol{\varepsilon}_3]=\begin{bmatrix} -\frac{1}{\sqrt{2}} & 0 & \frac{1}{\sqrt{2}} \\ 0 & 1 & 0 \\ \frac{1}{\sqrt{2}} & 0 & \frac{1}{\sqrt{2}} \end{bmatrix}$.

2021—2022 学年秋季学期(B)卷解析

一、单选题

1.【答】 D.

【解析】 由公式$\boldsymbol{A}^*\boldsymbol{A}_{n\times n}=|\boldsymbol{A}|\boldsymbol{E}_{n\times n}$可知

$$\begin{bmatrix}\boldsymbol{A}&\boldsymbol{O}\\\boldsymbol{O}&\boldsymbol{B}\end{bmatrix}^*\begin{bmatrix}\boldsymbol{A}&\boldsymbol{O}\\\boldsymbol{O}&\boldsymbol{B}\end{bmatrix}=\begin{vmatrix}\boldsymbol{A}&\boldsymbol{O}\\\boldsymbol{O}&\boldsymbol{B}\end{vmatrix}\boldsymbol{E}_{2n\times 2n}=|\boldsymbol{A}||\boldsymbol{B}|\boldsymbol{E}_{2n\times 2n}=\begin{bmatrix}|\boldsymbol{A}||\boldsymbol{B}|\boldsymbol{E}_{n\times n}&\boldsymbol{O}\\\boldsymbol{O}&|\boldsymbol{A}||\boldsymbol{B}|\boldsymbol{E}_{n\times n}\end{bmatrix}.$$

再用排除法得出只有 D 选项中的分块矩阵满足上述关系式，即

$$\begin{bmatrix}|\boldsymbol{B}|\boldsymbol{A}^*&\boldsymbol{O}\\\boldsymbol{O}&|\boldsymbol{A}|\boldsymbol{B}^*\end{bmatrix}\begin{bmatrix}\boldsymbol{A}&\boldsymbol{O}\\\boldsymbol{O}&\boldsymbol{B}\end{bmatrix}=\begin{bmatrix}|\boldsymbol{B}|\boldsymbol{A}^*\boldsymbol{A}&\boldsymbol{O}\\\boldsymbol{O}&|\boldsymbol{A}|\boldsymbol{B}^*\boldsymbol{B}\end{bmatrix}=\begin{bmatrix}|\boldsymbol{A}||\boldsymbol{B}|\boldsymbol{E}_{n\times n}&\boldsymbol{O}\\\boldsymbol{O}&|\boldsymbol{A}||\boldsymbol{B}|\boldsymbol{E}_{n\times n}\end{bmatrix}.$$

2.【答】 D.

【解析】 先求得对角矩阵$\begin{bmatrix}2&0&0\\0&3&0\\0&0&4\end{bmatrix}$的特征值为 2，3，4，从而$\boldsymbol{A}$的特征值也为 2，3，4，$|\boldsymbol{A}|=24$，$\boldsymbol{A}^{-1}$的特征值为$\frac{1}{2}$，$\frac{1}{3}$，$\frac{1}{4}$. 再由求逆公式$\boldsymbol{A}^{-1}=\frac{\boldsymbol{A}^*}{|\boldsymbol{A}|}$可知$\boldsymbol{A}^*=|\boldsymbol{A}|\boldsymbol{A}^{-1}$，$\boldsymbol{A}^*$的特征值为 12，8，6. 由方阵特征值的性质，可知$\boldsymbol{A}^*$中主对角线上元素之和$A_{11}+A_{22}+A_{33}$等于$\boldsymbol{A}^*$的特征值之和，即 26.

3.【答】 B.

【解析】 由$\boldsymbol{A}$有三个线性无关的特征向量，可知$\boldsymbol{A}$的二重特征值$\lambda_2=\lambda_3=2$恰好对应 2 个线性无关的特征向量，从而齐次线性方程组$(\lambda_2\boldsymbol{E}-\boldsymbol{A})\boldsymbol{x}=\boldsymbol{0}$的解空间的维数为 2，该方程组的系数矩阵的秩等于 1，又由$2\boldsymbol{E}-\boldsymbol{A}=\begin{bmatrix}1&1&-1\\-2&-2&-x\\3&3&-3\end{bmatrix}\to\begin{bmatrix}1&1&-1\\0&0&-x-2\\0&0&0\end{bmatrix}$，可知$-x-2=0$，$x=-2$.

4.【答】 A.

【解析】 由$\boldsymbol{Q}=[\boldsymbol{\alpha}_1+\boldsymbol{\alpha}_2\ \boldsymbol{\alpha}_2\ \boldsymbol{\alpha}_3]=[\boldsymbol{\alpha}_1\ \boldsymbol{\alpha}_2\ \boldsymbol{\alpha}_3]\begin{bmatrix}1&0&0\\1&1&0\\0&0&1\end{bmatrix}=\boldsymbol{P}\begin{bmatrix}1&0&0\\1&1&0\\0&0&1\end{bmatrix}$，可知

$$\boldsymbol{Q}^{\mathrm{T}}\boldsymbol{A}\boldsymbol{Q}=\begin{bmatrix}1&0&0\\1&1&0\\0&0&1\end{bmatrix}^{\mathrm{T}}\boldsymbol{P}^{\mathrm{T}}\boldsymbol{A}\boldsymbol{P}\begin{bmatrix}1&0&0\\1&1&0\\0&0&1\end{bmatrix}=\begin{bmatrix}1&1&0\\0&1&0\\0&0&1\end{bmatrix}\begin{bmatrix}1&0&0\\0&1&0\\0&0&2\end{bmatrix}\begin{bmatrix}1&0&0\\1&1&0\\0&0&1\end{bmatrix}=\begin{bmatrix}2&1&0\\1&1&0\\0&0&2\end{bmatrix}.$$

5.【答】 B.

【解析】 由$\boldsymbol{\beta}_1$，$\boldsymbol{\beta}_2$为齐次线性方程组$\boldsymbol{Ax}=\boldsymbol{0}$的基础解系，可知$\boldsymbol{\beta}_1$，$\boldsymbol{\beta}_2$线性无关，从而$\boldsymbol{\beta}_1$，$\boldsymbol{\beta}_2-\boldsymbol{\beta}_1$也线性无关，$\boldsymbol{\beta}_1$，$\boldsymbol{\beta}_2-\boldsymbol{\beta}_1$也是方程组$\boldsymbol{Ax}=\boldsymbol{0}$的一个基础解系. 又由$\boldsymbol{\alpha}_1$，

$\boldsymbol{\alpha}_2$，$\boldsymbol{\alpha}_3$ 为非齐次线性方程组 $\boldsymbol{Ax}=\boldsymbol{b}$ 的解，可知 $\boldsymbol{A\alpha}_1=\boldsymbol{b}$，$\boldsymbol{A\alpha}_2=\boldsymbol{b}$，$\boldsymbol{A\alpha}_3=\boldsymbol{b}$，于是 $\boldsymbol{A}\dfrac{\boldsymbol{\alpha}_1+2\boldsymbol{\alpha}_2+3\boldsymbol{\alpha}_3}{6}=\boldsymbol{b}$，从而得出$\dfrac{\boldsymbol{\alpha}_1+2\boldsymbol{\alpha}_2+3\boldsymbol{\alpha}_3}{6}$为 $\boldsymbol{Ax}=\boldsymbol{b}$ 的一个解. 因此 $\boldsymbol{Ax}=\boldsymbol{b}$ 的通解可以写为 $k\boldsymbol{\beta}_1+l(\boldsymbol{\beta}_2-\boldsymbol{\beta}_1)+\dfrac{\boldsymbol{\alpha}_1+2\boldsymbol{\alpha}_2+3\boldsymbol{\alpha}_3}{6}$.

6.【答】 D.

【解析】 由$\boldsymbol{A}^2+\boldsymbol{A}=\boldsymbol{O}$，可知 $\boldsymbol{A}$ 的特征值 λ 及对应的特征向量 $\boldsymbol{\xi}$ 必满足关系式 $(\lambda^2+\lambda)\boldsymbol{\xi}=\boldsymbol{0}$，从而 $\lambda^2+\lambda=0$，即 $\lambda=-1$ 或 $\lambda=0$. 再由 $\boldsymbol{A}$ 为实对称矩阵以及 $\mathrm{rank}\boldsymbol{A}=3$，可知 $\boldsymbol{A}$ 能相似于对角矩阵$\begin{bmatrix}-1&0&0&0\\0&-1&0&0\\0&0&-1&0\\0&0&0&0\end{bmatrix}$，即 $\boldsymbol{A}$ 的特征值为 -1，-1，-1，0，从而二次型 $\boldsymbol{x}^{\mathrm{T}}\boldsymbol{Ax}$ 的正惯性指数为 0、负惯性指数为 3.

二、填空题

1.【答】 $(-1)^{mn}$.

【解析】 设 $\boldsymbol{A}=[a_{ij}]_{m\times m}$，$\boldsymbol{B}=[b_{ij}]_{n\times n}$，则将 $m+n$ 阶行列式$\begin{vmatrix}\boldsymbol{O}&\boldsymbol{A}\\\boldsymbol{B}&\boldsymbol{O}\end{vmatrix}$中的第 $n+1$ 列依次与第 n，$n-1$，…，1 列进行交换得

$$\begin{vmatrix}\boldsymbol{O}&\boldsymbol{A}\\\boldsymbol{B}&\boldsymbol{O}\end{vmatrix}=(-1)^n\begin{vmatrix}a_{11}&0&0&\cdots&0&a_{12}&\cdots&a_{1m}\\a_{21}&0&0&\cdots&0&a_{22}&\cdots&a_{2m}\\\vdots&\vdots&\vdots&&\vdots&\vdots&&\vdots\\a_{m1}&0&0&\cdots&0&a_{m2}&\cdots&a_{mm}\\0&b_{11}&b_{12}&\cdots&b_{1n}&0&\cdots&0\\0&b_{21}&b_{22}&\cdots&b_{2n}&0&\cdots&0\\\vdots&\vdots&\vdots&&\vdots&\vdots&&\vdots\\0&b_{n1}&b_{n2}&\cdots&b_{nn}&0&\cdots&0\end{vmatrix}.$$

类似地，再将上述行列式的第 $n+2$ 列依次与第 $n+1$，n，…，2 列进行交换，第 $n+3$ 列依次与第 $n+2$，$n+1$，…，3 列进行交换，…，第 $2n$ 列依次与第 $2n-1$，$2n-2$，…，n 列进行交换，得

$$\begin{vmatrix}\boldsymbol{O}&\boldsymbol{A}\\\boldsymbol{B}&\boldsymbol{O}\end{vmatrix}=(-1)^{mn}\begin{vmatrix}a_{11}&a_{12}&\cdots&a_{1m}&0&0&\cdots&0\\a_{21}&a_{22}&\cdots&a_{2m}&0&0&\cdots&0\\\vdots&\vdots&&\vdots&\vdots&\vdots&&\vdots\\a_{m1}&a_{m2}&\cdots&a_{mm}&0&0&\cdots&0\\0&0&\cdots&0&b_{11}&b_{12}&\cdots&b_{1n}\\0&0&\cdots&0&b_{21}&b_{22}&\cdots&b_{2n}\\\vdots&\vdots&&\vdots&\vdots&\vdots&&\vdots\\0&0&\cdots&0&b_{n1}&b_{n2}&\cdots&b_{nn}\end{vmatrix}$$

$$=(-1)^{mn}\begin{vmatrix}\boldsymbol{A}&\boldsymbol{O}\\\boldsymbol{O}&\boldsymbol{B}\end{vmatrix}=(-1)^{mn}|\boldsymbol{A}||\boldsymbol{B}|=(-1)^{mn}.$$

2.【答】 2.

【解析】 令 $\boldsymbol{A}=\begin{bmatrix}\boldsymbol{\alpha}_1\\\boldsymbol{\alpha}_2\\\boldsymbol{\alpha}_3\\\boldsymbol{\alpha}_4\end{bmatrix}$，对其进行初等变换

$$\boldsymbol{A}=\begin{bmatrix}1&2&3&4\\2&3&4&5\\3&4&5&6\\4&5&6&7\end{bmatrix}\to\begin{bmatrix}1&2&3&4\\1&1&1&1\\1&1&1&1\\1&1&1&1\end{bmatrix}\to\begin{bmatrix}1&2&3&4\\1&1&1&1\\0&0&0&0\\0&0&0&0\end{bmatrix},$$

从而可得向量组的秩等于2.

3.【答】 $\begin{bmatrix}1\\2\end{bmatrix}$.

【解析】 由条件可知 $\boldsymbol{\xi}$ 在基 $\boldsymbol{\alpha}_1$，$\boldsymbol{\alpha}_2$ 下的坐标为 $\begin{bmatrix}5\\7\end{bmatrix}$，$\boldsymbol{\alpha}_1$，$\boldsymbol{\alpha}_2$ 到 $\boldsymbol{\beta}_1$，$\boldsymbol{\beta}_2$ 的过渡矩阵为 $\begin{bmatrix}1&2\\1&3\end{bmatrix}$，从而 $\boldsymbol{\xi}$ 在 $\boldsymbol{\beta}_1$，$\boldsymbol{\beta}_2$ 下的坐标为 $\begin{bmatrix}1&2\\1&3\end{bmatrix}^{-1}\begin{bmatrix}5\\7\end{bmatrix}$，即 $\begin{bmatrix}1\\2\end{bmatrix}$.

4.【答】 0.

【解析】 由矩阵的秩的不等式可知 $\operatorname{rank}\boldsymbol{AB}\leqslant\operatorname{rank}\boldsymbol{A}\leqslant\min\{m,n\}=n<m$，从而 m 阶方阵 $\boldsymbol{AB}$ 的行列式等于0.

5.【答】 3.

【解析】 由0是矩阵 $\begin{bmatrix}1&0&1\\0&2&0\\3&0&a\end{bmatrix}$ 的特征值，可知该矩阵的行列式等于0，再由

$$\begin{vmatrix}1&0&1\\0&2&0\\3&0&a\end{vmatrix}=2(a-3),$$

可得 $a=3$.

6.【答】 6.

【解析】 由题意可知向量组 $\boldsymbol{\alpha}_1$，$\boldsymbol{\alpha}_2$，$\boldsymbol{\alpha}_3$ 的秩等于2，令 $\boldsymbol{A}=[\boldsymbol{\alpha}_1\ \boldsymbol{\alpha}_2\ \boldsymbol{\alpha}_3]$，对其进行初等变换

$$\boldsymbol{A}=\begin{bmatrix}1&1&2\\2&1&1\\-1&0&1\\0&2&t\end{bmatrix}\to\begin{bmatrix}1&1&2\\0&-1&-3\\0&1&3\\0&2&t\end{bmatrix}\to\begin{bmatrix}1&1&2\\0&-1&-3\\0&0&0\\0&0&t-6\end{bmatrix},$$

可知 $t-6=0$，$t=6$。

三、计算与证明题

1.【解】 $|\boldsymbol{B}|=\begin{vmatrix} a_{11}+x & a_{12}+x & \cdots & a_{1n}+x \\ a_{21}+x & a_{22}+x & \cdots & a_{2n}+x \\ \vdots & \vdots & & \vdots \\ a_{n1}+x & a_{n2}+x & \cdots & a_{nn}+x \end{vmatrix}$

$$=\begin{vmatrix} a_{11} & a_{12} & \cdots & a_{1n} \\ a_{21} & a_{22} & \cdots & a_{2n} \\ \vdots & \vdots & & \vdots \\ a_{n1} & a_{n2} & \cdots & a_{nn} \end{vmatrix}+\begin{vmatrix} x & a_{12} & \cdots & a_{1n} \\ x & a_{22} & \cdots & a_{2n} \\ \vdots & \vdots & & \vdots \\ x & a_{n2} & \cdots & a_{nn} \end{vmatrix}+\begin{vmatrix} a_{11} & x & \cdots & a_{1n} \\ a_{21} & x & \cdots & a_{2n} \\ \vdots & \vdots & & \vdots \\ a_{n1} & x & \cdots & a_{nn} \end{vmatrix}+\cdots+\begin{vmatrix} a_{11} & a_{12} & \cdots & x \\ a_{21} & a_{22} & \cdots & x \\ \vdots & \vdots & & \vdots \\ a_{n1} & a_{n2} & \cdots & x \end{vmatrix}$$

$$=|\boldsymbol{A}|+x\left(\sum_{i=1}^{n}A_{i1}+\sum_{i=1}^{n}A_{i2}+\cdots+\sum_{i=1}^{n}A_{in}\right)=|\boldsymbol{A}|+x\sum_{j=1}^{n}\sum_{i=1}^{n}A_{ij}.$$

2.【解】 先对给定关系式进行变形

$\boldsymbol{ABA}^{-1}=\boldsymbol{BA}^{-1}+3\boldsymbol{E}\Rightarrow(\boldsymbol{A}-\boldsymbol{E})\boldsymbol{BA}^{-1}=3\boldsymbol{E}\Rightarrow(\boldsymbol{A}-\boldsymbol{E})\boldsymbol{B}=3\boldsymbol{A}.$

由 $\boldsymbol{AA}^{*}=|\boldsymbol{A}|\boldsymbol{E}$，$|\boldsymbol{A}|^{3}=|\boldsymbol{A}^{*}|=8$，得 $|\boldsymbol{A}|=2$.

由公式 $\boldsymbol{A}^{-1}=\dfrac{\boldsymbol{A}^{*}}{|\boldsymbol{A}|}$ 可知 $\boldsymbol{A}=\left(\dfrac{\boldsymbol{A}^{*}}{|\boldsymbol{A}|}\right)^{-1}$，

$$\boldsymbol{A}=2(\boldsymbol{A}^{*})^{-1}=2\mathrm{diag}(1,1,1,8)^{-1}=2\mathrm{diag}\left(1,1,1,\frac{1}{8}\right)=\mathrm{diag}\left(2,2,2,\frac{1}{4}\right).$$

从而可得 $\boldsymbol{A}-\boldsymbol{E}=\mathrm{diag}\left(1,1,1,-\dfrac{3}{4}\right)$ 是可逆矩阵，$(\boldsymbol{A}-\boldsymbol{E})^{-1}=\mathrm{diag}\left(1,1,1,-\dfrac{4}{3}\right)$.

$$\boldsymbol{B}=3(\boldsymbol{A}-\boldsymbol{E})^{-1}\boldsymbol{A}=3\mathrm{diag}\left(1,1,1,-\frac{4}{3}\right)\mathrm{diag}\left(2,2,2,\frac{1}{4}\right)=\mathrm{diag}(6,6,6,-1).$$

3.【解】 因为 $n=4$，$n-\mathrm{rank}\boldsymbol{A}=2$，所以 $\mathrm{rank}\boldsymbol{A}=2$. 对矩阵 $\boldsymbol{A}$ 施行初等行变换得

$$A=\begin{bmatrix}1&2&1&2\\0&1&t&t\\1&t&0&1\end{bmatrix}\to\begin{bmatrix}1&2&1&2\\0&1&t&t\\0&t-2&-1&-1\end{bmatrix}\to\begin{bmatrix}1&2&1&2\\0&1&t&t\\0&0&-(1-t)^2&-(1-t)^2\end{bmatrix}$$

$$\to\begin{bmatrix}1&0&1-2t&2-2t\\0&1&t&t\\0&0&-(1-t)^2&-(1-t)^2\end{bmatrix}.$$

要使 $\mathrm{rank}\boldsymbol{A}=2$，则必有 $t=1$，此时与 $\boldsymbol{Ax}=\boldsymbol{0}$ 同解的方程组为 $\begin{cases}x_1=x_3,\\x_2=-x_3-x_4,\end{cases}$ 得基础解系为

$$\boldsymbol{\xi}_1=\begin{bmatrix}1\\-1\\1\\0\end{bmatrix},\ \boldsymbol{\xi}_2=\begin{bmatrix}0\\-1\\0\\1\end{bmatrix},$$

所以方程组 $\boldsymbol{Ax}=\mathbf{0}$ 的通解为 $x=k_1\boldsymbol{\xi}_1+k_2\boldsymbol{\xi}_2(k_1,\ k_2\in\mathbf{R})$.

4.【证】 设 λ 为 $\boldsymbol{A}$ 的特征值, $\boldsymbol{\xi}$ 为 $\boldsymbol{A}$ 对应于 λ 的特征向量, 则

$$(\boldsymbol{A}^3-2\boldsymbol{A}^2+\boldsymbol{A}-2\boldsymbol{E})\boldsymbol{\xi}=(\lambda^3-2\lambda^2+\lambda-2)\boldsymbol{\xi},$$

又由 $\boldsymbol{A}^3-2\boldsymbol{A}^2+\boldsymbol{A}-2\boldsymbol{E}=\boldsymbol{O}$, $\boldsymbol{\xi}\neq\mathbf{0}$, 得 $\lambda^3-2\lambda^2+\lambda-2=0$, 故 $\lambda=2$ 或 $\lambda=\pm\mathrm{i}$.

由实对称矩阵的特征值均为实数可知 $\lambda=2$, 因此 $\boldsymbol{A}$ 的特征值均为正数, 从而 $\boldsymbol{A}$ 为正定矩阵.

5.【解】 设 $\boldsymbol{A}=[\boldsymbol{\alpha}_1\ \boldsymbol{\alpha}_2\ \boldsymbol{\alpha}_3\ \boldsymbol{\alpha}_4]$, 则

$$|\boldsymbol{A}|=\begin{vmatrix}1+x&2&4&8\\1&2+x&4&8\\1&2&4+x&8\\1&2&4&8+x\end{vmatrix}=x^3(x+15),$$

由已知条件可得 $x=0$ 或者 $x=-15$.

当 $x=0$ 时, 进行初等行变换 $\boldsymbol{A}\to\begin{bmatrix}1&2&4&8\\0&0&0&0\\0&0&0&0\\0&0&0&0\end{bmatrix}$, 得 $\boldsymbol{\alpha}_1$ 为 $\boldsymbol{\alpha}_1$, $\boldsymbol{\alpha}_2$, $\boldsymbol{\alpha}_3$, $\boldsymbol{\alpha}_4$ 的极大线性无关组, $\boldsymbol{\alpha}_2=2\boldsymbol{\alpha}_1$, $\boldsymbol{\alpha}_3=4\boldsymbol{\alpha}_1$, $\boldsymbol{\alpha}_4=8\boldsymbol{\alpha}_1$.

当 $x=-15$ 时, $\boldsymbol{A}\to\begin{bmatrix}1&0&0&-1\\0&1&0&-1\\0&0&1&-1\\0&0&0&0\end{bmatrix}$, $\boldsymbol{\alpha}_1$, $\boldsymbol{\alpha}_2$, $\boldsymbol{\alpha}_3$ 为 $\boldsymbol{\alpha}_1$, $\boldsymbol{\alpha}_2$, $\boldsymbol{\alpha}_3$, $\boldsymbol{\alpha}_4$ 的极大线性无关组, $\boldsymbol{\alpha}_4=-\boldsymbol{\alpha}_1-\boldsymbol{\alpha}_2-\boldsymbol{\alpha}_3$.

6.【解】 二次型的矩阵为 $\boldsymbol{A}=\begin{bmatrix}0&1&1\\1&0&-1\\1&-1&0\end{bmatrix}$, 由 $|\lambda\boldsymbol{E}-\boldsymbol{A}|=(\lambda+2)(\lambda-1)^2$ 可得特征值为 $\lambda_1=-2$, $\lambda_2=\lambda_3=1$.

求得 $\boldsymbol{A}$ 对应于特征值 $\lambda_1=-2$ 的一个特征向量为 $\boldsymbol{\xi}_1=(-1,\ 1,\ 1)^{\mathrm{T}}$, 进行单位化得到 $\boldsymbol{\varepsilon}_1=\left(-\frac{1}{\sqrt{3}},\ \frac{1}{\sqrt{3}},\ \frac{1}{\sqrt{3}}\right)^{\mathrm{T}}$, 求得对应于特征值 $\lambda_2=\lambda_3=1$ 的两个线性无关的特征向量为 $\boldsymbol{\xi}_2=(1,\ 1,\ 0)^{\mathrm{T}}$, $\boldsymbol{\xi}_3=(1,\ 0,\ 1)^{\mathrm{T}}$, 进行标准正交化得到

$$\boldsymbol{\varepsilon}_2=\frac{1}{\sqrt{2}}(1,\ 1,\ 0)^{\mathrm{T}},\ \boldsymbol{\varepsilon}_3=\frac{1}{\sqrt{6}}(-1,\ 1,\ -2)^{\mathrm{T}}.$$

故取正交变换 $\boldsymbol{x}=\boldsymbol{P}\boldsymbol{y}=\begin{bmatrix} -\frac{1}{\sqrt{3}} & \frac{1}{\sqrt{2}} & -\frac{1}{\sqrt{6}} \\ \frac{1}{\sqrt{3}} & \frac{1}{\sqrt{2}} & \frac{1}{\sqrt{6}} \\ \frac{1}{\sqrt{3}} & 0 & -\frac{2}{\sqrt{6}} \end{bmatrix}\boldsymbol{y}$，可将二次型化为标准形 $-2y_1^2+y_2^2+y_3^2$.